"十二五"普通高等教育本科国家级规划教材
中国科学技术大学国家基础科学人才培养基地物理学丛书
主 编 杨国桢 副主编 程福臻 叶邦角

原子物理与量子力学(上册)

(第三版)

朱栋培 陈宏芳 石名俊 编著

科学出版社
北 京

内 容 简 介

本书根据普通物理与理论物理的内在联系和各自特点，将原子物理和量子力学两部分内容放在一个统一的框架下统筹安排，从理论与实际的结合上阐明科学规律的发现、归纳与应用的整个过程，加强整体性和系统性，避免不必要的重复.

本书分上、下两册，本书为上册，内容包括原子和量子，状态和薛定谔方程，力学量和算符，带电粒子在电磁场中的运动，原子核、粒子和宇宙演化.

本书可作为普通高等院校物理或应用物理专业本科生学习原子物理学和量子力学的教材，也可供相关专业的师生参考使用.

图书在版编目(CIP)数据

原子物理与量子力学. 上册 / 朱栋培，陈宏芳，石名俊编著. -- 3 版. 北京 ：科学出版社，2025. 6. --（“十二五”普通高等教育本科国家级规划教材）(中国科学技术大学国家基础科学人才培养基地物理学丛书/ 杨国桢主编). -- ISBN 978 - 7 - 03 - 081831 - 7

Ⅰ. O562；O413. 1

中国国家版本馆 CIP 数据核字第 2025L9B401 号

责任编辑：窦京涛　田轶静 / 责任校对：杨聪敏

责任印制：赵　博 / 封面设计：楠竹文化

科学出版社 出版

北京东黄城根北街 16 号

邮政编码：100717

http://www.sciencep.com

天津市新科印刷有限公司印刷

科学出版社发行　各地新华书店经销

*

2008 年 7 月第 一 版　开本：787×1092 1/16

2014 年 12 月第 二 版　印张：23 1/4

2025 年 6 月第 三 版　字数：509 000

2025 年 12 月第十四次印刷

定价：89.00 元

（如有印装质量问题，我社负责调换）

第三版丛书序

这套丛书是国内目前唯一一套普通物理和理论物理的完整的基础物理学教材，全国近50所大学将其作为教科书. 2008年正式出版，2013年进行了第二次修订，至今已经使用16年. 随着时间的推移，有不少学科新的发展内容需要补充，正如多年前我受命主编的《中国大百科全书》(第三版)物理学卷，与前二版相比修改、补充的词条多达约两千条. 这次的丛书修订工作增加了几位年轻作者，新老结合便于传承. 在此基础上，要继续保持丛书的两个特点：一是把CUSPEA的十年教学精华保留下来，二是将普通物理与理论物理融合思想体现其中.

一套物理学教材从写作到出版到修订再版的背后，是很多位物理学者数十年的坚持不懈，是几代人科学精神和教学理念的传承和发展. 科学出版社对本套丛书的出版和修订给予了大力支持，此致谢意，还要感谢修订过程中提出意见和建议的各高校老师们，特别要感谢参与本次修订的各本教材的作者们.

希望第三版丛书能在大学物理学基础教学中发挥它的作用，能为优秀拔尖人才的培养作出一点贡献.

杨国桢

2024年7月于北京

第二版丛书序

2008 年本套丛书正式出版，至今使用已五年，回想当初编书动机，有一点值得一提. 我初到中国科学技术大学理学院担任院长，一次拜访吴杭生先生，向他问起科大的特点在哪里，他回答在于它的本科教学，数理基础课教得认真，学生学得努力，特别体现在十年 CUSPEA 考试(中美联合招收赴美攻读物理博士生考试)中，科大学生表现突出. 接着谈起一所大学对社会最重要的贡献是什么，他认为是培养出优秀的学生，当前特别是培养出优秀的本科生. 这次交谈给了我很深的印象和启示. 后来一些参加过 CUSPEA 教学的老教师向我提出，编一套科大物理类本科生物理教材，我便欣然同意，并且在大家一致的请求下担任了主编. 我的期望是，通过编写本套丛书将 CUSPEA 教学的一些成果保留下来，进而发扬光大.

应该说这套书是在十年 CUSPEA 班的教学内容与经验基础上发展而来的，它所涵盖的内容有相当的深度与广度，系统性与科学的严谨性突出；另外，注重了普通物理与理论物理的关联与融合、各本书物理内容的相互呼应. 但是，使用了五年后，经过教师的教学实践与学生的互动，发现了一些不尽如人意的地方和错误，这次能纳入"'十二五'普通高等教育本科国家级规划教材"是一次很好的修改机会，同时大家也同意出版配套的习题解答，也许更便于校内外的教师选用. 为大学本科生教学做一点贡献是我们的责任，也是我们的荣幸. 盼望使用本套丛书的老师和同学提出宝贵建议.

杨国桢

2013 年 10 月于合肥

第一版丛书序

2008年是中国科学技术大学建校五十周年.值此筹备校庆之际,几位长年从事基础物理教学的老师建议,编著一套理科基础物理教程,向校庆五十周年献礼.这一建议在理学院很快达成了共识,并受到学校的高度重视和大力支持.随后,理学院立即组织了在理科基础物理教学方面有丰富教学经验的老师,组成了老、中、青相结合的班子,着手编著这套丛书,并以此进一步推动理科基础物理的教学改革与创新.

中国科学技术大学在老一辈物理学家、教育家吴有训先生、严济慈先生、钱临照先生、赵忠尧先生、施汝为先生的亲自带领和指导下,一贯重视基础物理教学,历经五十年如一日的坚持,现已形成良好的教学传统.特别是严济慈和钱临照两位先生在世时身体力行,多年讲授本科生的力学、理论力学、电磁学、电动力学等基础课.他们以渊博的学识、精湛的讲课艺术、高尚的师德,带领出一批又一批杰出的年轻教员,培养了一届又一届优秀学生.本套丛书的作者,应该说都直接或间接受到过两位先生的教诲.出版本套丛书也是表达作者对先生的深深感激和最好纪念.

本套丛书共九本:《力学与理论力学(上、下)》《电磁学与电动力学(上、下)》《光学》《原子物理与量子力学(上、下)》《热学　热力学与统计物理(上、下)》.每本约40万字,主要是为物理学相关专业本科生编写的,也可供工科专业物理教师参考.每本书的教学学时约为72学时.可以认为,这套丛书系列不仅是普通物理与理论物理横向关联、纵向自洽的基础物理教程,同时更加适合我校理科人才培养的教学安排,并充分考虑了与数学教学的相互配合.因此,在教材的设置上,《力学与理论力学(上、下)》和《电磁学与电动力学(上、下)》中,上册部分分别是普通物理内容,而下册部分为理论物理内容.还要指出的是,在《原子物理与量子力学(上、下)》和《热学　热力学与统计物理(上、下)》中,考虑到普通物理与理论物理内容的界限已不再那样泾渭分明,而比较直接地用现代的、实用的概念、物理图像和理论来阐述,这确实不失为一种有意义的尝试.

本套丛书在编著过程中,不仅广泛吸取了校内老师的经验,采纳了学生的意见,而且还征求了中国科学院许多相关专家的意见和建议,体现了"所系结合"的特点.同时,还聘请了兄弟院校及校内有丰富教学经验的教授进行双重审稿,期望将其错误率降至最低.

历经几年，在科学出版社大力支持下，本套丛书终于面世，愿她能在理科教学改革与创新中起到一点作用，成为引玉之砖，共同促进物理学教学水平的提高及其优秀人才的培养，并希望广大师生及有关专家们继续提出宝贵意见和建议，以便改进. 最后，对方方面面为本套丛书的编著与出版付出艰辛努力及给予关心、帮助的同志表示深切感谢！

中国科学技术大学理学院院长

杨国横 院士

2007 年 10 月

第三版前言

本书第三版上册的主要变动是，为了更好地讨论含时问题，我们在第 3 章加入了相互作用图像的内容，并且在此基础上讨论了受迫谐振子.

书中的错漏之处也作了修改，并恳请读者继续指正.

编　者

2025 年 3 月

第二版前言

本书在2008年出版后，除中国科学技术大学外，一些兄弟院校也在教学中使用，反馈了很好的意见.

现在再版，除了改正编排等方面的错漏外，主要有两处大的变动.

测量是量子物理中非常基础、内容丰富而又充满疑猜的部分. 本版专门加写了量子测量方面的内容，作为第10章.

对原来的"量子态的非定域性和纠缠特性"作了改写和更新，按内容顺序变为第11章，标题也改为"量子态的非定域性和量子关联".

虽然在实际教学中不断发现一些错漏并做了改正，但书中不当之处依然会存在，恳请读者继续指正.

编　者

2014年1月

第一版前言

本书的基础是作者在中国科学技术大学讲授原子物理和量子力学两门课程的讲义.

原子物理和量子力学是普通高校物理专业学生必修的两门基础课,分属普通物理和理论物理,过去都是分开教学.这两门课实际是实验与理论、基础与提高的关系.本书根据普通物理与理论物理的内在联系和各自特点,将这两门课有机地贯通在一起讲授,加强整体性和系统性,避免不必要的重复,提高教学质量.

本书包括原子物理(近代物理)与量子力学的内容,现在是放在一个统一的框架下,授课教师可统筹安排,从理论与实际的结合上讲清科学规律的发现、归纳与应用的整个过程.这样的安排可能更加符合科学的历史和实际.

本书一般需要讲两个学期.对于只需了解原子物理、近代物理基础和量子力学基本框架的学生,只需学习上册就可以了.而对于需要学习上、下两册的学生,在教学安排上,可以把上册的第 5 章(原子核、粒子和宇宙演化)安排在最后讲.

现在这种写法,只是我们的一种尝试,不当之处在所难免,恳请读者提出批评和建议.

编　者

2008 年 2 月

目　录

第 1 章　原子和量子

1.1 原子学说

世界是物质的，物质是运动的，运动是有规律的，规律是能被人认识和应用的，这是学习自然科学者的基本认识. 但什么是物质，它由什么组成，相互作用如何等，这些都不是简单的问题，是人类长期科学研究的内容.

在《费曼物理学讲义》的第一卷的第一章第二节，物理学家费曼(R. P. Feynman，1918～1988，美国)提出了这样一个问题：

"假如由于某种大灾难，所有的科学知识都丢失了，只有一句话传给下一代，那么怎样才能用最少的词汇来表达最多的信息呢？我相信这句话是关于原子的假设(或者说原子的事实，无论你愿意怎样称呼都行)：'所有的物体都是由原子构成的——这些原子是一些小小的粒子，它们永远不停地运动着. 当彼此略微离开时相互吸引，而过于接近时又互相排斥.'只要稍微想一下，你就会发现，在这一句话中包含了大量的有关世界的信息."

1.1.1　思辨的原子论

原子这个概念最早是在公元前 5～前 4 世纪由希腊的自然哲学家们引入的. 在希腊语中"原子"是"不可分割"的意思，即物质最小的组成成分，不可能再作进一步的分割. 公元前 5 世纪的古希腊哲学家留基伯(Leucippus)在致力于思考分割物质问题后，得出一个结论：分割过程不能永远继续下去，物质的碎片迟早会达到不可能分得更小的地步. 他的学生德谟克利特(Democritus，约公元前 460～约前 370，古希腊)接受了这种物质碎片会小到不可再分的观念，并称这种物质的最小组成单位为"原子". 亚里士多德(Aristotle，公元前 384～前 322，古希腊)认为水、火、空气和泥土是构成物质的基本元素，中国古代的哲学家早在周代就提出五行说，即万物都是由金、木、水、火、土五种基本要素构成. 这是思辨的原子论阶段.

1.1.2　化学原子论

直到 18 世纪，随着实验化学逐渐地量化，以及氢和氧的发现，拉瓦锡(A. -L. Lavoisier，1743～1794，法国)根据化学的观念，提出存在一些基本的元素，它们是不可分解的. 他称这为化学元素或简称元素. 任何物质都是由各种元素或元素的化合物组成的.

18～19 世纪，基于一系列实验事实，在化学反应实验中发现了定比定律（1799 年由普鲁斯特（J.-L. Proust，1754～1826，法国）提出，一种化合物无论用什么方法制得，其组成的元素间都有一定的质量比）. 1803 年化学家道尔顿（J. Dalton，1766～1844，英国）发现倍比定律（相同的两种元素生成两种或两种以上的化合物时，若其中一种元素的质量不变，另一种元素在化合物中的相对质量成简单的整数比）. 他在此基础上提出了科学的原子论，即物质由分子组成，分子是保持物质化学性质的最小单元，分子又是由一种或几种化学元素的原子组成. 原子是组成化学元素的非常微小的、不可再分割的物质微粒，在化学反应中原子保持其本来的性质，原子是化学元素的最小单元.

1811 年，阿伏伽德罗（A. Avogadro，1776～1856，意大利）在道尔顿的原子论及盖吕萨克（J. Gay-Lussac，1778～1850，法国）的关于化学反应气体的体积有简单的比例关系（如 1 体积的氮和 3 体积的氢反应生成 2 体积的氨）的基础上提出阿伏伽德罗假说（经许多实验证实，后来称为**阿伏伽德罗定律**），即在同样的温度和压力条件下，同体积的任何气体含有的分子数相同. 在道尔顿的原子论基础上，就可以比较不同原子（分子）的相对质量（称为**原子量**）. 通过化学的方法发现各种元素的原子量都几乎是氢原子量的整数倍，如氮的相对原子量为 14，氧为 16. 阿伏伽德罗定义 1 摩尔（mol）物质就是质量对应于相对分子量的克数的物质. 通过各种实验给出，在标准条件下（0℃和 101.3kPa），1mol 气体的体积为 22.4L，且在这体积中总是含有一定数目的分子，这个数称为**阿伏伽德罗常量**. 当时得到的阿伏伽德罗常量误差较大，为 $(40\sim120)\times10^{22}\,\mathrm{mol}^{-1}$，现在的实验值为 $N_A=(6.02214076\pm0.0000010)\times10^{23}\,\mathrm{mol}^{-1}$. 由摩尔质量和阿伏伽德罗常量就可以得出分子的绝对质量. 自 1961 年起，国际上统一决定以碳原子 ^{12}C 的原子量定义为 12 个原子质量单位，所以原子质量单位 1u（1amu）

$$
\begin{aligned}
1\mathrm{u} &= \frac{1}{12}\times\frac{A(^{12}\mathrm{C})}{N_A}=(1.6605389\pm0.0000003)\times10^{-27}\,\mathrm{kg}\\
&=(931.49404\pm0.00008)\,\mathrm{MeV}/c^2
\end{aligned}
$$

上式最后一个表示式是由爱因斯坦质能方程 $E=mc^2$ 转换得到的，MeV 是能量的度量单位，c 是光速. 以上阶段基本上是从化学方面来探讨物质的原子结构，故可称为**化学原子学说**.

1.1.3 物理原子论

19 世纪以后开始了原子论的物理阶段. 基于原子说，物理学家焦耳（J. P. Joule，1818～1889，英国）为气体分子理论的实验验证奠定了基础，焦耳认为原子（分子）是有一定质量和大小的小球，在气体中原子（分子）间的间隔很大. 在两个分子发生碰撞前，它们各自以一定的速度做直线运动. 高速运动的气体分子(原子)和器壁的碰撞，使容器壁受到压力，由此他首先导出气体分子的速度. 1827 年，植物学家布朗(R. Brown，1773～1858，英国)在显微镜下观察到了花粉颗粒在水中的无规则运动，即布朗运动. 这种运动是由花粉与气体或液体中高速无规则运动的分子进行激烈碰撞引起的. 物理学家麦克斯韦(J. C. Maxwell，1831～1879，英国)和物理学家玻尔兹曼(L. Boltzmann，1844～1906，奥地利)基于分子和原子学说，发展和建立的气体分子动力学和统计力学取得了很大成功. 根据这一理论，可以得到分子的平均自由程、气体的热容等，从而确立了物质的原子论. 在实验上，可以测量黏滞系数 η，晶格常数 d，以及范德瓦耳斯真实气体方程中的共体积 (covolume) b，根据这些结果，可以得到原子的半径为 10^{-10}m 数量级. 各种方法测得的不同原子半径数值见表 1.1.1. 1905 年爱因斯坦(A. Einstein，1879～1955)用分子论对布朗运动做出了理论说明. 1908～1913 年物理学家佩兰(J. B. Perrin，1870～1942，法国)进行了一系列实验，成功地验证了爱因斯坦的分子理论，在不同的实验条件下计算出了分子的大小和阿伏伽德罗常量. 佩兰的实验证实了分子、原子的真实存在. 他由于关于物质的非连续性结构的工作，特别是淀积平衡的发现，获得了 1926 年诺贝尔物理学奖.

表 1.1.1 各种方法测得的不同原子半径

物质	半径/($\times10^{-10}$m)		
	由 η 推得	由晶格常数 d 推得	由共体积 b 推得
氖(Ne)	1.18	1.60	1.2
氩(Ar)	1.44	1.90	1.48
氪(Kr)	1.58	1.97	1.58
氙(Xe)	1.75	2.20	1.72

从表 1.1.1 可以看到，不同方法测得的值并不一致. 原子的大小的含义究竟是什么？对一个刚性球，它的大小或半径是可以精确定义的，但对原子而言，它的大小是与所用的测量方法中对原子尺度的定义相关的. 不同的测量方法依据的常常是对原子不同方面性质的描述. 例如，由黏滞系数得到的是对原子热运动的间距的测量. 由于原子不是一个硬球，用这种方法测出的半径是速度的函数，另外也和原子的形状有关. 而实际气体的共体积 b 是在假设原子是弹性球的前提下推得的，晶格常数 d 实际上测量的是格点上粒子间的平衡距离.

曾经激烈反对原子论的奥斯特瓦尔德(W. Ostwald，1853～1932，德国)在 1908 年 9 月的《普通化学概论》第四版的序言中公开承认："我现在确信，我们最近已经具有物质离散性或颗粒性的实验证据了，这是千百年来原子假设劳而无功地寻求的证据. 一方面，分离和计数气体离子，汤姆孙长期而杰出的研究已获成功；另一方面，布朗运动与运动论的要求相一致，这一结论已由许多研究者并且最终由佩兰建立起来. 这一切使得最审慎的科学家现在也能理直气壮地谈论物质的原子本性的实验证据了. 原子假设于是被提升到有充分科学根据的理论地位……”

1869 年，门捷列夫(D. I. Mendeleev，1834～1907，俄国)指出，假如将元素按原子量大小的次序排列，则元素的性质呈现出周期性的行为. 对这种现象由原子论几乎不可能给出解释. 元素周期表显示出原子似乎并不是简单的不可再分的物质最小单元.

今天我们已经清楚地知道，原子只是物质结构的一个层次，原子本身也是有结构的.

1.2　电子和汤姆孙模型

1.2.1　电子的发现

19 世纪 70 年代，对气体放电现象有许多的研究. 将一对电极放在密闭的玻璃管内并加上几千伏的电压，当玻璃管中的气体压强降到较低时会发生放电的现象，称为**真空放电**，如图 1.2.1 所示. 随着气压的降低，管内气体放电时发光的现象会不一样，电极间有电流. 这一电流的载体是什么？实验还观察到在与阴极相对的玻璃壁上有磷光，认为是阴极发出的射线打在玻璃壁上引起的. 产生阴极射线的管子以它的发明人克鲁克斯(W. Crookes，1832～1919，英国)命名为克鲁克斯管. 克鲁克斯对阴极射线的性质做了许多研究：在真空管的阴极和管壁之间放一个十字形云母片，当放电时管端的壁上并不都有磷光，壁上会出现十字形的影像，见图 1.2.2. 这说明阴极射线确实是由阴极发出，并且是直线行进的，当它打在云母片上被阻挡住时就会形成阴影. 当时对阴极射线的理解有两种不同的观点，一派是以英国物理学家为主体，他们认为射线是阴极发出的快速带电的物体，而另外一派是以德国物理学家为主体，认为射线是某种以太的振动或波.

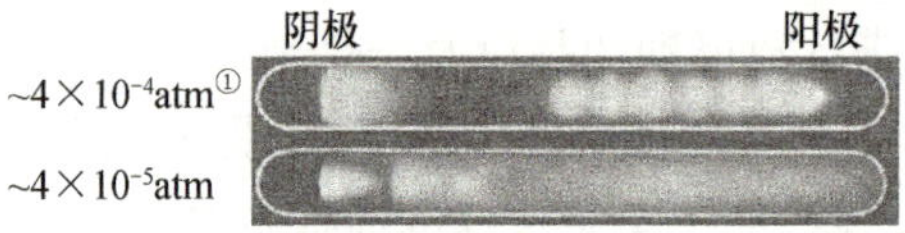

图 1.2.1　真空放电管

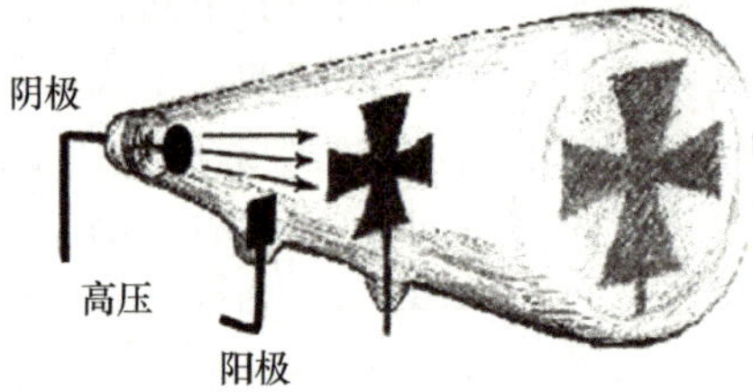

图 1.2.2　阴极射线打出阴影

人们发现阴极射线在磁场中会发生偏转，可以认为它是带电的. 但当观测它们在电场中的行为时，却没有得到肯定的结论. 物理学家汤姆孙(J. J. Thomson，1856～1940，英国)认为阴极射线是由阴极发出的带负电的高速运动粒子流. 在放

① 1atm=101325Pa.

电管的真空度得到进一步提高的基础上，他设计了如图 1.2.3 所示的实验装置，并在管内放置有几个电极，在阴极 C 和阳极 A 之间加上高压，阴极射线穿过空心阳极和狭缝(将阴极射线和放电区隔离)，通过平行板电极中间的电场区，到达管子右端带有标尺的荧光屏 S 上. 当平行板间电场为零时，射线打在标尺的零点. 若在平行板之间加上如图所示极性的电压 V、电场 E 时，则细束向下偏转 y(图 1.2.3(a)). 如果在平行板的区域加一个方向由纸面向外的磁场，则细束向上偏转，如图 1.2.3(b)所示. 调节磁感应强度 B，使细束在电场和磁场的作用下回到标尺零点. 由电场、磁感应强度和几何尺寸可测定射线粒子的电荷-质量的比(**荷质比**).

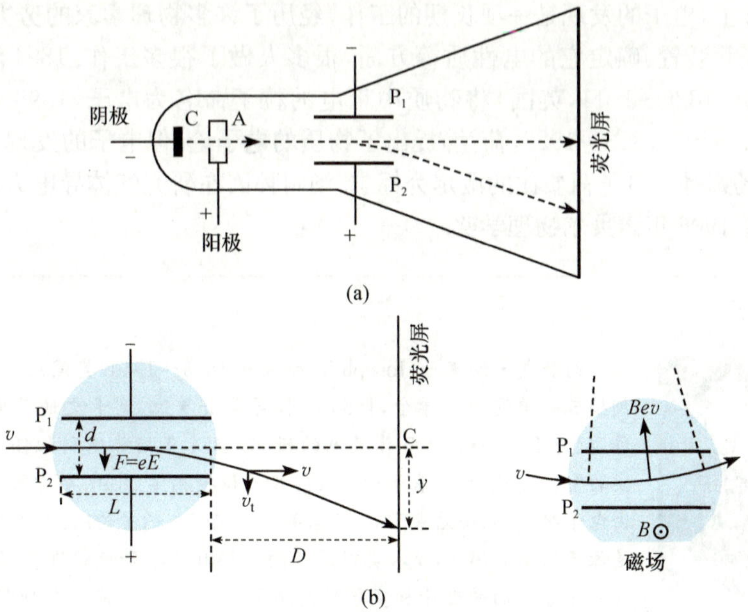

图 1.2.3 汤姆孙测量电子荷质比实验装置示意图(a)及相关尺寸(b)

设平行电极板长度为 L，极板到荧光屏的距离为 D，质量为 m 的带电粒子的电荷为 $-e$，则可以得到荷质比

$$\frac{e}{m}=\frac{Vy}{dL(D+L/2)B^2} \tag{1.2.1}$$

1897 年他测得组成阴极射线的粒子的荷质比. 当时的测量值为 $e/m=7.6\times10^{10}$ C/kg(库/千克)，并在各种不同条件下，例如，放电管中充入不同的气体、用不同的电极材料进行实验，测量的结果都是相同的. 这些结果说明这种粒子是各种元素的原子共有的. 由法拉第(M. Faraday，1791～1867，英国)电解定律知道氢离子的荷质比 $e/m=9.6\times10^7$ C/kg. 因此这种粒子的荷质比相比氢离子的荷质比约大 1000 倍. 这意味着阴极射线粒子的质量约是氢离子质量的 1/1000 或者它的电荷是氢离子

的 1000 倍,汤姆孙认为后者是不可能的,所以指出这只能是一种新粒子.这种粒子称为电子,它应是物质的一个普遍组成成分.

1899 年,汤姆孙利用威尔逊(C. T. R. Wilson,1869~1959,英国)发明的云室测定电子的电荷.测量结果表明电子的电荷和氢离子的电荷相近,为 1×10^{-19}C.更精确的测量是 1909 年物理学家密立根(R. A. Millikan,1868~1953,美国)进行的,他用著名的密立根油滴实验测定电荷的基本单位,给出电子的荷质比为 1.758×10^{11} C/kg,由此可得电子的质量 m_e=氢原子质量×1/1836.现在电子质量的精确值为 $m_e=9.1093826(16)\times10^{-31}$ kg=0.510998918(44)MeV/c^2(括号内的数字表示最后面数字的误差).

实际上,电子的发现是一项长期的工作,经历了许多物理学家的努力.在改进阴极射线管装置、确定它的电性质等方面,很多人做了很多工作.1894 年斯托尼(J. Stoney,1826~1911,英国)将物质中带电的粒子命名为电子,1895 年洛伦兹(H. A. Lorentz,1853~1928,荷兰)提出了物质的电子论.但电子的发现最后是以 1897 年汤姆孙对电子荷质比的测定为标志.汤姆孙因在研究气体导电方面的工作而获得了 1906 年诺贝尔物理学奖.

人物简介

约瑟夫·汤姆孙(Joseph Thomson,1856~1940,英国)1876 年获得剑桥三一学院的奖学金,1880 年取得学士学位,到卡文迪什实验室工作,致力于电磁理论、气体放电的研究.1884 年接替瑞利担任卡文迪什实验室物理教授.他基于对阴极射线的精确测量,1897 年宣布阴极射线由电子组成,从而结束了 35 年来关于阴极射线的争论.1903 年提出电子是原子的组成部分,使人类对原子的了解有了革命性的进步.他由于在气体导电方面的理论和实验研究而获得 1906 年的诺贝尔物理学奖.汤姆孙主持卡文迪什实验室多年.在他的领导下,建立了系统的研究生培养制度和良好的学风.他培养的研究生当中,如卢瑟福、朗之万、汤森德、麦克勒伦、W. L. 布拉格、C. T. R. 威尔逊、H. A. 威尔逊、里查森、巴克拉等,大有建树,其中多人获得诺贝尔奖.

1.2.2 汤姆孙模型

电子是组成原子的一个成分.电子带负电而原子又是中性的,那么原子中一定有带正电的部分,而且电荷大小和电子的总电荷相等.此外,电子质量很小,只占原子质量的很小的一部分,原子质量几乎全部由带正电的部分承担.那么,原子中的正、负电荷是怎样分布的呢?1904 年汤姆孙提出了一个原子模型,认为原子中的正电荷分布在整个原子空间,即在一个半径 $R\approx10^{-10}$ m 的球体范围内,电子嵌在布满正电荷的球内.由于电子间的相互作用,电子均匀分布在正电荷球内.当原子处于最低的能量状态时，电子处在其平衡位置上. 当原子被激发时，电子偏离平衡位置，由于和正电荷之间的静电力，所以它在平衡位置附近做简谐振动. 按照经典的电磁理论，做加速运动的带电物体将发射电磁辐射，所发射的电磁辐射的频率应等于简谐振动的频率.

例 1.2.1

按照汤姆孙模型，氢原子里的一个电子浸在正电荷 e 的均匀球内，在平衡位置附近做简谐振动. 已知氢原子的电离能为 13.6eV，求氢原子的半径和电子振动发出的辐射的波长.

解 半径为 R、电荷为 e 的均匀球的电荷密度为 $\rho=3e/4\pi R^3$. 离球心 r 处的电场强度为

$$E=\begin{cases}e/4\pi\varepsilon_0 r^2, & r\geqslant R\\ er/4\pi\varepsilon_0 R^3, & r<R\end{cases}$$

由此算出电子在此场中的电势为

$$V(r)=\begin{cases}-e^2/4\pi\varepsilon_0 r, & r\geqslant R\\ -e^2(3R^2-r^2)/8\pi\varepsilon_0 R^3, & r<R\end{cases}$$

(1) 由题给电离能 A

$$A=V(\infty)-V(0)=3e^2/8\pi\varepsilon_0 R=13.6\text{eV}$$

于是得氢原子半径

$$R=1.6\times10^{-10}\text{m}$$

(2) 电子微偏离平衡位置(球心)的位移为 r 时，受到的作用力为

$$F=-e^2 r/4\pi\varepsilon_0 R^3=-kr$$

$$k=e^2/4\pi\varepsilon_0 R^3$$

电子做振动，频率为

$$\nu=\frac{1}{2\pi}\sqrt{\frac{k}{m}}=\frac{1}{2\pi}\sqrt{\frac{e^2}{4\pi\varepsilon_0 mR^3}}$$

它就是电子发射出的电磁波的频率. 代入数据，可得

$$\nu=1.25\times10^{15}\text{Hz}$$

相应的电磁波波长为

$$\lambda=2.4\times10^{-7}\text{m}=240\text{nm}$$

在紫外线范围.

由此例可看出，汤姆孙模型可以给出大致合理的定量特征，能定性解释原子的辐射特性. 但是根据这样的估算，原子只发射一种频率的电磁辐射. 而实验测到的原子的特征谱却是由一系列不同频率的线谱组成的.

物理学家莱纳德(P. Lenard，1862～1947，德国)发现阴极射线可以穿透薄的金属片. 1898 年他制作了一个带铝窗(厚度约为 5×10^{-4} cm)的阴极射线管，成功

地将阴极射线引出，发现阴极射线射到空气中有相当长（几厘米）的射程，且其射程随阴极射线的速度增大而增加. 此实验证明电子可以穿透约 10000 个原子层. 如果原子是一个实体，不能被穿透，那么电子的平均自由程只有 10^{-5} cm. 实验说明对快电子而言，原子只有很小一部分是不可穿透的，原子内部是很空的. 莱纳德由于其在阴极射线研究上的贡献获得了 1905 年的诺贝尔物理学奖.

1.3 原子的核式结构

1.3.1 放射性的发现

为研究原子内部的结构和电荷分布，人们很自然地想到利用高速粒子去轰击原子，根据入射粒子的散射情况来了解原子内部的情形. 物理学家曾尝试过用电子撞击原子（莱纳德的实验），实验结果显示出电子被散射的概率比汤姆孙模型预言的要小，但难以得出定量的结论. 1896 年，贝可勒尔（H. Becquerel，1852～1908，法国）发现包在黑纸中的铀元素能使放在旁边的照相底板感光，还发现静电计对铀也灵敏，他认为这是一种射线. 1898 年居里夫妇（M. Curie，1867～1934，波兰，法国；P. Curie，1859～1906，法国）通过实验确定了放射性现象只和原子有关，与原子的化学状态无关. 他们发现沥青油矿的辐射比铀还强，最后从沥青油矿中提炼出钋和镭，发现了两种新的元素. 放射性这一名词也是居里夫人提出的. 贝可勒尔和居里夫妇由于放射性的发现和对放射性的研究获得了 1903 年的诺贝尔物理学奖. 对放射性物质辐射射线的进一步研究发现有 3 种射线：α 射线——带有正电荷的粒子；β 射线——带有负电荷，具有与电子相同的荷质比；γ 射线——电中性，具有与 X 射线相近的性质.

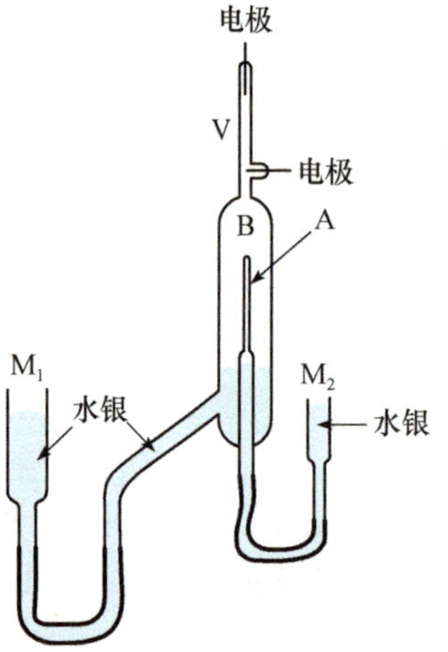

图 1.3.1 卢瑟福研究 α 粒子的性质的实验装置示意图

1.3.2 α 射线

利用 α 射线在磁场中的偏转等方法测量荷质比，证实 α 粒子带有两个正电荷，荷质比是氢离子的 1/2. 卢瑟福（E. Rutherford，1871～1937，英国）对 α 射线进行了系统的研究. 他用如图 1.3.1 所示的装置，将放射性气体密闭在薄玻璃管 A 内，由放射性气体发出的 α 射线穿透薄玻璃进入玻璃容器 B 内，经过几天的积累后，提升 M_1 的水银将 B 内的气体压到顶部，然后在电极两端加上高压使气体放电. 观察放电的光谱，发现它与氦原子的光谱完全一样，从而确认了在容器 B 内积累的是氦气. α 粒子由 A 进入 B 后从环境中获取了电子而成为氦原子. 为了对比，他将氦气放在 A 内,同样积累几天,但在容器 B 内没有发现氦气. 这说明 α 粒子可以穿透 A 的玻璃壁,但氦气不能. 因而证实 α 射线实际上是高速运动的带两个正电荷的氦离子. 他曾因此项工作而获得了 1908 年诺贝尔化学奖. 卢瑟福还首先发明用 α 粒子打在荧光屏上,通过对发光次数的计数来确定入射 α 粒子的数目的方法.

1.3.3 α 粒子散射实验

1909 年卢瑟福指导他的助手盖革(H. Geiger,1882～1945,德国)及学生马斯登(E. Marsden,1889～1970,英国)做 α 粒子和薄铂箔的散射实验,他们用如图 1.3.2 所示的装置进行实验测量. 在真空散射室中,从放射源 R 发出的 α 粒子打在室中心的金属箔 F 上,它们被散射到不同方向. 用显微镜观察打在闪烁屏上的散射粒子,以记录在各散射方向给定立体角内的粒子数. 实验观察到绝大部分 α 粒子几乎是直接穿过铂箔,但偶然有一些 α 粒子发生 90°或更大角度的散射. 得到的结果可归纳如下:

(1) 绝大多数 α 粒子经过铂箔散射后,只有很小角度的偏转,偏转角小于 2°;

(2) 有约 1/8000 的 α 粒子的散射角大于 90°.

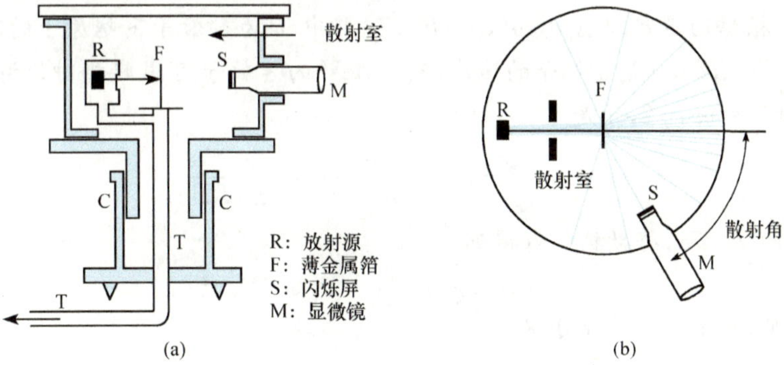

图 1.3.2 α 粒子散射实验装置

(a) 散射实验装置;(b) α 束被原子散射

为什么会出现这样的实验结果? 用当时在英国被公认的汤姆孙原子模型根本无法解释,因为汤姆孙原子模型认为原子是一个半径为 R 的球,正电荷 Ze 是均匀分布在整个球内的. 设铂箔的厚度是 10^{-6} m,原子半径约 10^{-10} m,所以 α 粒子大约要在铂箔内和原子经历 10000 次碰撞. 我们可估计每次碰撞引起的散射角,若不考虑原子内电子的影响,α 粒子的电荷 $q=2e$ 在 $r<R$ 处受到的库仑排斥力为

$$F_C = \frac{2Ze^2 r}{4\pi\varepsilon_0 R^3} \tag{1.3.1}$$

即离球心越近,所受库仑力越小,因此若在中心附近穿过原子,α 粒子几乎不偏转.

而在原子外，因为原子是中性的，α 粒子和原子间几乎没有相互作用，但在球面处它受到的库仑力为

$$F_{\max} = \frac{2Ze^2}{4\pi\varepsilon_0 R^2} \tag{1.3.2}$$

这时受到的作用力最大. 由运动学的计算可以得到，即使 α 粒子在球面处也只能发生小角度散射. 而且多次小角度散射也不可能引起大角度散射.

例 1.3.1

设入射 α 粒子的能量为 5MeV，散射体为厚 1 μm 的铂箔，用汤姆孙原子模型（图 1.3.3）估计散射 α 粒子的偏转角及发生大于 90°角散射的概率.

解 设原子的半径

$$R \approx 10^{-10}\,\text{m} = 1\,\text{Å}$$

(1) 计算 α 粒子和原子的单次碰撞. 由上文已知 α 粒子只有在原子表面处受到的库仑力最大，因此它的散射角也最大.

我们对这种情形作估算：

设 α 粒子质量为 m，穿过原子时，动量 p 的改变量可近似为 $\Delta p \approx p\times\theta$，$\theta$ 为偏转角. 根据动量定理 $\Delta p \approx p\times\theta = F\times T$，其中 T 为 α 粒子飞越原子的时间，可近似为 $T=R/v$，v 是 α 粒子的速度，对 5MeV 的 α 粒子可用非相对论运动学处理，能量 $E=mv^2/2$，于是

$$\theta = \frac{\Delta p}{p} \approx \frac{2Ze^2}{4\pi\varepsilon_0 R m v^2} = \frac{Ze^2}{4\pi\varepsilon_0 RE} \tag{1.3.3}$$

铂原子的 $Z=78$，将数据代入得到

$$\theta = 2\times 10^{-4}\,\text{rad} = 0.01°$$

由此可见，散射角是非常小的.

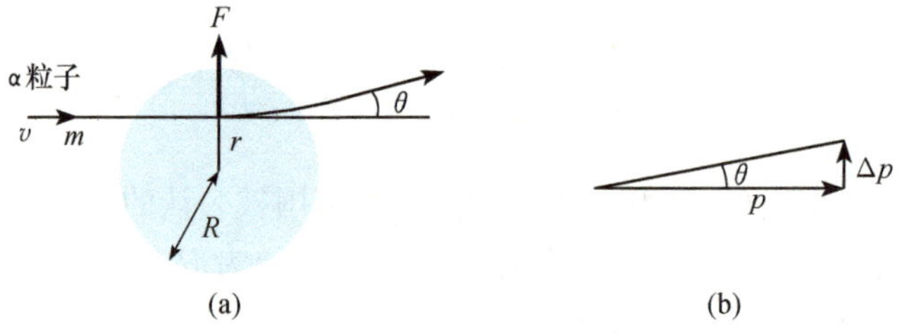

图 1.3.3 汤姆孙模型的 α 粒子散射

(2) α 粒子穿过铂箔时和许多原子发生的碰撞实际是一个多次散射过程，因此最后穿过散射体时的偏转方向是随机的，它服从统计规律. 多次散射后的偏转角的分布应服从高斯分布，于是 α 粒子散射在 $(\theta,\theta+\mathrm{d}\theta)$ 的概率为

$$f(\theta)\mathrm{d}\theta=\frac{1}{\sqrt{2\pi\overline{\theta}^2}}\exp\left(-\frac{\theta^2}{\overline{\theta}^2}\right)\mathrm{d}\theta \tag{1.3.4}$$

其中，$\overline{\theta}^2$ 是散射角的均方值，由(1)的估算可得单次碰撞的偏转角 θ，以及多次散射后散射角的均方值 $\overline{\theta}^2=N\theta^2$，其中 N 是碰撞次数，若设原子排满在铂箔内，由铂箔厚度可算得 $N\approx10^{-6}/10^{-10}=10^4$，所以 $\sqrt{\overline{\theta}^2}=100\times0.01°=1°$. 可见，散射的 α 粒子分布在很小的偏转角范围内.

(3) 由式(1.3.4)积分可计算经多次散射后发生大角散射的概率.

例如，$\theta>6°$ 的概率小于 2×10^{-8}，$\theta>90°$ 的概率小于 10^{-2000}.

1.3.4 卢瑟福核式模型

卢瑟福对散射实验的结果进行了将近两年的分析，于 1911 年提出原子的核式模型：原子中的正电荷集中在原子中心很小的区域内，并且原子的几乎全部质量也集中在这一区域，电子则分布在这一区域外面. 这个正电荷部分称为**原子核**.

当 α 粒子射向原子时，由于 α 粒子的质量比电子大得多，它和电子的相互作用几乎对它的运动没有影响，因此可暂不考虑. 由于原子中的正电荷集中在很小的区域内，α 粒子进入原子时，它基本上是在原子核外，因此受到全部正电荷的作用. 然而，当它与正电荷的距离很小时，正电荷对它的库仑作用力可以很大，因而有可能发生单次的大角度散射.

人物简介

欧内斯特·卢瑟福(Ernest Rutherford，1871～1937，英国)1899 年首先指出在铀的放射性中存在 α 和 β 射线，1900 年提出放射性的蜕变理论. 卢瑟福因"对元素的离解和放射性物质的化学研究"而被授予 1908 年诺贝尔化学奖. 1909 年由 α 粒子散射实验提出原子核概念. 1913 年和莫塞莱一起发现了元素的特征 X 射线. 1919 年，首次实现人工核反应. 他接替汤姆孙领导卡文迪什实验室后，鼓励并启发同事和学生进行创造性研究，其中查德威克、布莱克特、考克饶夫和瓦尔顿等取得重大成果，获得诺贝尔物理学奖.

1.3.5 卢瑟福散射公式

由卢瑟福核式模型可定量地解释散射实验的结果. 我们先计算单个靶原子对入射 α 粒子的散射角. 设靶原子的质量为 M，具有正电荷 Ze. 质量为 m、能量为 E、带有 $2e$ 正电荷的 α 粒子以速度 v_0 射向靶原子，如图 1.3.4 所示. 由于原子内的电

子和 α 粒子的库仑作用力所引起的散射角度极小，所以对大角度散射，只需考虑 α 粒子和原子核的相互作用. 将 α 粒子和原子核都看成是点电荷粒子，两者间的相互作用力为库仑力. α 粒子以速度 v_0 从无穷远处射向靶原子，设 α 粒子入射方向与原子核之间的垂直距离为 b，b 称作瞄准距离或碰撞参数. 对由重原子组成的靶，$m \ll M$，可以假定在散射过程中原子核基本上不运动. 我们将坐标原点取在原子核上，α 粒子和原子核间的矢径为 $\boldsymbol{r}$，库仑力 F 是有心力，其沿 $\boldsymbol{r}$ 方向，在散射过程中作用在 α 粒子上的力矩为零，因此 α 粒子对原点的角动量守恒. 具体的经典力学计算表明，α 粒子的轨迹是一双曲线. 双曲线的两条渐近线的夹角 θ 就是散射角. 我们只要算出 α 粒子散射到无穷远处其垂直于入射方向上的速度分量 $v_{\perp\infty}$，即可求得散射角.

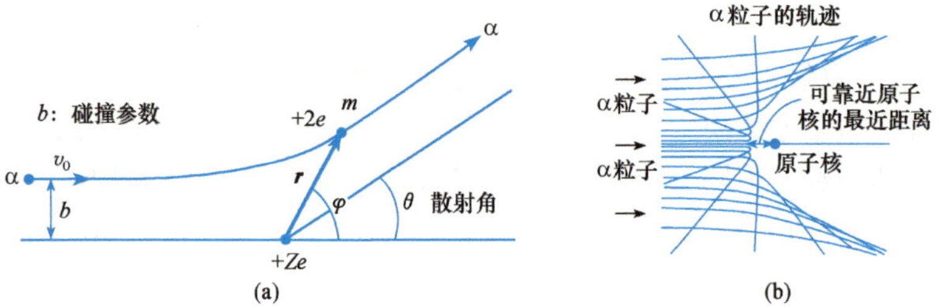

图 1.3.4　α 粒子库仑散射示意图

(a) 碰撞参数与散射角 θ；(b) α 粒子轨迹

已知 α 粒子初速度为 v_0，所以动量为 mv_0，角动量 $L=mv_0b$. 在散射过程中原子核对 α 粒子的作用力 F 在垂直于入射方向上的分量为

$$F_{\perp} = F\sin\varphi = \frac{2Ze^2}{4\pi\varepsilon_0 r^2}\sin\varphi$$

$$F_{\perp}\,\mathrm{d}t = m\mathrm{d}v_{\perp},\quad \mathrm{d}v_{\perp} = \frac{F_{\perp}}{m}\mathrm{d}t = \frac{2Ze^2\sin\varphi}{4\pi\varepsilon_0 r^2 m}\mathrm{d}t$$

由角动量守恒

$$L = mr^2\frac{\mathrm{d}\varphi}{\mathrm{d}t} = mv_0 b$$

得

$$\frac{1}{r^2} = \frac{1}{v_0 b}\frac{\mathrm{d}\varphi}{\mathrm{d}t}$$

于是

$$\mathrm{d}v_{\perp} = \frac{2Ze^2\sin\varphi}{4\pi\varepsilon_0 m v_0 b}\mathrm{d}\varphi$$

由图 1.3.4 可知，α 粒子入射时 $v_{\perp}=0$. α 粒子和靶原子是弹性散射，而且 $M\gg m$，可认为原子核在散射过程中不动，由于能量守恒，α 粒子散射到无穷远处，其动量值仍为 mv_0，散射角为 θ，所以它在垂直方向上的速度为 $v_{\perp\infty}=v_0\sin\theta$，

$$v_0\sin\theta=\int_{\pi}^{\theta}\frac{2Ze^2}{4\pi\varepsilon_0 mv_0 b}\sin\varphi\mathrm{d}\varphi=\frac{2Ze^2}{4\pi\varepsilon_0 mv_0 b}(1+\cos\theta)$$

将上式整理后得

$$\cot\frac{\theta}{2}=\frac{4\pi\varepsilon_0 mv_0^2}{2Ze^2}b=\frac{2b}{D} \tag{1.3.5}$$

$$D=\frac{zZe^2}{4\pi\varepsilon_0 E} \tag{1.3.6}$$

在式(1.3.6)中用 z 表示入射粒子的电荷数，当 α 粒子为入射粒子时 $z=2$.

由式(1.3.5)可知，在能量 E 一定时，瞄准距离 b 越小则散射角越大. 但实验时不可能测量单个 α 粒子对单个靶原子的瞄准距离. 实验测到的是大量 α 粒子和靶原子的散射事件，实验的数据应服从事件的统计规律. 所以，我们要由模型推出散射的 α 粒子数和散射角的关系，这样才能和实验结果进行比较. 由式(1.3.5)可知，如果 α 粒子打在瞄准距离 $(b, b+\mathrm{d}b)$ 的圆环内，则 α 粒子必定散射在张角为 $(\theta, \theta-\mathrm{d}\theta)$ 的锥壳所对应的立体角内，如图 1.3.5 所示.

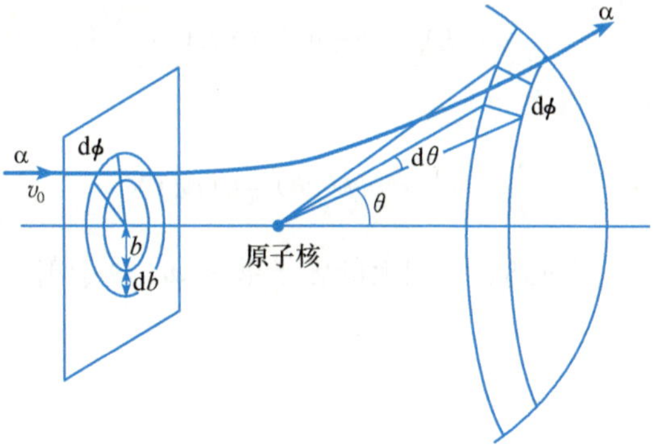

图 1.3.5　瞄准距离与散射微分截面

显然，α 粒子射在 $(b, b+\mathrm{d}b)$ 区域的概率和圆环的面积成正比，圆环面积 $\mathrm{d}\sigma$ 为

$$\mathrm{d}\sigma=2\pi b|\mathrm{d}b| \tag{1.3.7}$$

将式(1.3.5)微分得

$$\mathrm{d}b=-\frac{D}{4}\frac{\mathrm{d}\theta}{\sin^2(\theta/2)}$$

将它代入式(1.3.7)，则得

$$d\sigma = \frac{\pi D^2}{4}\frac{\cos(\theta/2)}{\sin^3(\theta/2)}d\theta$$

由几何关系可知，$(\theta,\theta-d\theta)$所对应的立体角 $d\Omega$ 为

$$d\Omega = 2\pi\sin\theta d\theta = 4\pi\sin(\theta/2)\cos(\theta/2)d\theta$$

代入上式得

$$d\sigma = \frac{D^2}{16}\frac{1}{\sin^4(\theta/2)}d\Omega \tag{1.3.8}$$

或写成微分截面形式

$$\frac{d\sigma}{d\Omega} = \frac{D^2}{16}\frac{1}{\sin^4(\theta/2)} = \left(\frac{Zze^2}{16\pi\varepsilon_0 E}\right)^2\frac{1}{\sin^4(\theta/2)} \tag{1.3.9}$$

其中，$d\sigma$ 代表入射粒子被一个靶原子散射到 θ 方向的 $d\Omega$ 内的概率；$\frac{d\sigma}{d\Omega}$为散射到 θ 方向上单位立体角内的概率. 式(1.3.9)称为原子的卢瑟福微分散射截面公式. 积分后，σ 就代表入射粒子被一个靶原子散射的概率. σ 的量纲是面积，通常以“靶恩”作单位，1 靶恩(记作 b)等于 $10^{-24}\,cm^2$.

如果入射 α 粒子射在一个薄的靶上，靶的厚度为 t，面积为 A，单位体积中所含的原子数为 N(原子个数/cm^3). 如果靶很薄，可以认为对入射 α 粒子来说靶内的原子核相互不重叠. 因此在瞄准距离为 b 时，所有原子的有效面积为

$$dA = 2\pi b(db)NtA$$

α 粒子射在有效面积的概率为

$$\frac{dA}{A} = 2\pi bNt(db) = (d\sigma)Nt$$

若入射 α 粒子数为 n，散射到 θ 方向上的粒子数为 dn，则散射到 θ 方向上的概率为

$$\frac{dn}{n} = \frac{dA}{A} = d\sigma Nt$$

粒子散射在单位立体角内的概率为

$$\frac{dn}{nd\Omega} = \frac{d\sigma}{d\Omega}Nt = \frac{D^2Nt}{16\sin^4(\theta/2)}$$

将式(1.3.6)代入，则

$$\frac{dn}{nd\Omega} = \left(\frac{1}{4\pi\varepsilon_0}\right)^2\left(\frac{zZe^2}{4E}\right)^2\frac{Nt}{\sin^4(\theta/2)} \tag{1.3.10}$$

这样，由实验条件给定的参数(z,E,N,t,Z)，就可计算出理论预期值. 而通过实验测量散射粒子的数目(dn)、n 及实验安排的 $d\Omega$ 就可以得到原子的微分散射截面数据，从而验证公式的正确性.

例 1.3.2

设将 10^6 个能量为 5.3MeV 的 α 粒子打在厚 1 μm 的金箔上,金的原子序数 $Z=79$,原子量 $A=197$,密度 $\rho=1.93\times10^4\,\mathrm{kg/m^3}$. 在离金箔距离 L 为 10cm 处,$\theta=20°$ 方向有一个面积 S 为 $1\mathrm{cm}^2$ 的计数器. 求由散射而进入计数器的 α 粒子的数目.

解 计数器对金箔靶所张的立体角

$$\Delta\Omega = S/L^2 = 0.01$$

而

$$\frac{\mathrm{d}n}{nNt} = \frac{\mathrm{d}\sigma}{\mathrm{d}\Omega}\times\Delta\Omega = \left(\frac{e^2}{4\pi\varepsilon_0}\right)^2\left(\frac{zZ}{4E}\right)^2\frac{1}{\sin^4(\theta/2)}\Delta\Omega$$

$$= (1.44\mathrm{eV}\cdot\mathrm{nm})^2\left(\frac{2\times79}{4\times5.3\times10^6}\right)^2\frac{0.01}{\sin^4(10°)}$$

$$= 1.27\times10^{-27}\mathrm{m}^2 = 0.00127\mathrm{b}(\text{靶恩}) = 1.27\mathrm{mb}(\text{毫靶})$$

单位面积内的靶原子数为

$$Nt = \frac{\rho N_{\mathrm{A}}}{A}t = 5.9\times10^{22}\mathrm{m}^{-2}$$

$$\mathrm{d}n = nNt\,\frac{\mathrm{d}\sigma}{\mathrm{d}\Omega}\Delta\Omega = 75$$

即散射进计数器的粒子数为 75 个.

1913 年盖革和马斯登用能量约为 5MeV 的 α 粒子做实验来检验散射公式,实验结果见图 1.3.6,证实当散射角在 5°~140°内时,理论值和实验值相符.

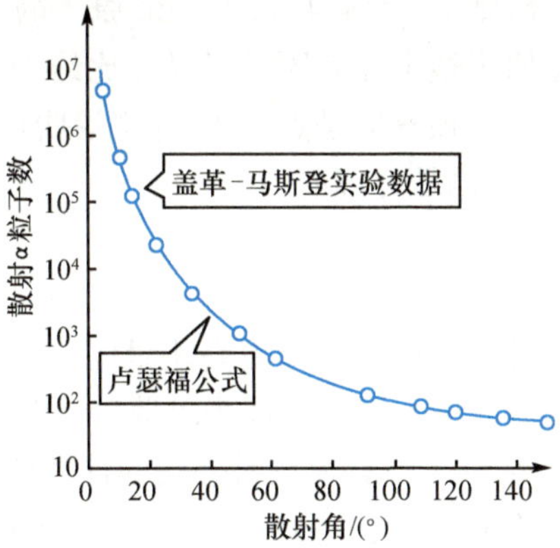

图 1.3.6 盖革-马斯登实验数据和卢瑟福公式的比较

1920 年查德威克(J. Chadwick,1891~1974,英国)在改进了盖革和马斯登所用仪器的基础上，利用此公式测定了几种原子的 Z，所得的 Z 与这些元素的原子序数相符. 从而证实了原子核的电荷数 Z 就等于该元素在周期表中的原子序数. α 粒子散射实验表明卢瑟福散射公式是正确的，从而确立了原子的核式结构模型.

1.3.6 原子核的大小

由卢瑟福散射公式与实验数据相符的角度范围，可以对原子核的大小做出估计. 由图 1.3.4(b)可知散射角越大，入射粒子就越接近原子核，它们的最小距离 $r_{\min}$ 就越小. 由 $r_{\min}$ 可以估计出原子核的大小或给出它的半径的上限. 设入射粒子的电荷为 z，当入射粒子飞行到离原子核最近处，即 $r=r_{\min}$ 时的速度为 v'. 由入射粒子运动过程的角动量守恒，得

$$mv_0 b = mv' r_{\min}$$

$$v' = \frac{v_0}{r_{\min}} b = \frac{v_0}{r_{\min}} \frac{D}{2} \cot(\theta/2)$$

我们讨论的是弹性散射过程，并且只考虑与重核散射，由于原子核质量很大，故而可以忽略核的反冲，由能量守恒可得

$$\frac{1}{2} m v'^2 + \frac{zZe^2}{4\pi\varepsilon_0 r_{\min}} = \frac{1}{2} m v_0^2$$

由上面两个式子可得

$$r_{\min} = \frac{D}{2}\left(1 + \frac{1}{\sin(\theta/2)}\right) \tag{1.3.11}$$

由式(1.3.11)可知，D 就是 $\theta=180°$，即对心碰撞时能达到的最小距离. 对金靶(Au)，$Z=79$，α 粒子能量为 5.3MeV 时，$D=4.3\times10^{-12}$ cm. 若散射实验数据在 150°时仍和理论公式符合，则 $r_{\min}=4.4\times10^{-14}$ m. 原子的半径 $R\approx10^{-10}$ m，用 $r_{\min}$ 近似原子核的半径，则得原子核半径和原子半径之比约为 10^{-4}. 所以，在入射粒子能量不是很大时，可以把原子核看成是点粒子. 这也说明卢瑟福散射公式推导时假设在薄箔内的原子核互不遮挡是合理的.

1.3.7 高能散射实验

随着加速器的发展，可以用比放射源更高能量的 α 粒子来进行卢瑟福散射实验. 在固定散射角的条件下测量不同入射能量时散射 α 粒子的强度. 图 1.3.7 给出 α 粒子打铅靶散射实验的结果与卢瑟福散射公式的计算值. 由图 1.3.7 中可看出，当 α 粒子的能量大于 27MeV 时，实验测到的散射粒子数目比理论预期值小，说明卢瑟福散射不能很好描述了. 在如此高的能量下 α 粒子已很接近原子核，散射粒子数比理论值小，说明这时 α 粒子和原子核间的相互作用除了电磁作用的排斥力外，还有很强的吸引力作用，这种作用力就是核力.

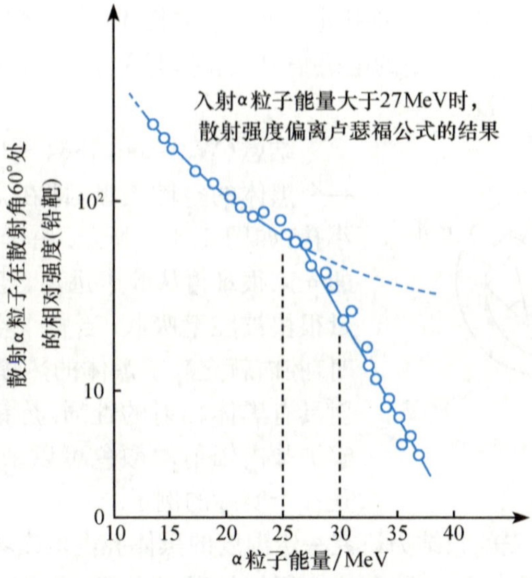

图 1.3.7 高能量的 α 粒子与铅核的散射实验结果

1.4 黑体辐射与能量子

1.4.1 黑体辐射实验

牛顿力学和麦克斯韦电磁理论是 19 世纪物理的基本理论，统称为**经典理论**. 但是在 19 世纪末到 20 世纪初显示出的一些问题，如以太、热辐射和原子光谱等，是经典理论难以解释的. 经典物理理论遇到了极大的困难.

物体受热会发出电磁波，称为**热辐射**，这是物体传热的三种方法之一. 我们知道常温下的铁块呈灰色. 若加热铁块，温度不断升高，它的颜色由暗红（～1000K）变到耀眼的橙黄光. 在较低温度时物体同样也辐射，只是辐射的强度弱，辐射谱的波长较长（红外）. 早在 19 世纪初人们就开始了对热辐射现象的研究，逐步认识到热辐射和光辐射都是电磁波；通过实验测量，研究热辐射的电磁波强度在不同频率的分布谱，发现它与物体的温度密切相关.

设想在一个密闭的绝热真空容器内放置几个物体，这样它们之间只能通过热辐射来交换能量. 在热平衡情况下，容器和容器内各物体最终一定趋于同一温度 T. 每个物体既能发射热辐射，也能吸收落在它上面的热辐射. 可以用发射本领 ε_i 来描写第 i 个物体在一定温度下发射电磁波的能力，用吸收系数 a_i 来描写物体吸收落在它上面的电磁波的比例，即它的吸收能力. 基尔霍夫（G. Kirchhoff，1824～

1887，德国）用热力学证明，热平衡时，各个物体的两种本领之比 ε_i/a_i 都相等，与具体的物体无关，是个常量. 于是可引进一个一般的物体，称为**黑体**，它的吸收系数为 1，即它能全部吸收到达它表面的电磁辐射. 这时，有关系 $\varepsilon_i/a_i=\varepsilon$，$\varepsilon$ 为黑体的辐射本领，是个普适的物理量.

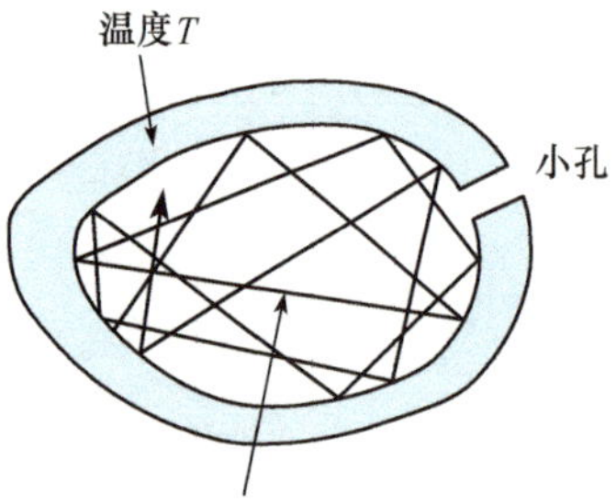

图 1.4.1　空腔

维恩（W. Wien，1864～1928，德国）提出了一个黑体的空腔模型，即在空腔的壁上挖一个小孔，如图 1.4.1 所示. 由于孔很小，射入小孔的光束很难再从腔中逃离，经过多次反射，其能量很快被腔壁吸收. 当整个空腔保持一定温度时，腔内就充满了黑体的热辐射，腔壁小孔的辐射具有黑体辐射的性质. 炼钢时从炉壁窗口观察炉膛内辐射的颜色可以来判断炉子温度，就是一个实际的例子.

研究热辐射，首先就归结为研究一定温度的黑体腔内电磁场的性质. 第一个量自然就是辐射的能量密度 u，即单位体积的热辐射强度. 但这显然还不够. 同一温度下，物体发出的光有各种颜色，即有不同频率的电磁波. 各种颜色的光的比例还随温度不同而不同. 设在一定温度下，频率在 $\nu\sim\nu+\mathrm{d}\nu$ 的热辐射强度为 $\rho\mathrm{d}\nu$，则称 ρ 为黑体辐射的**谱密度**. 显然，能量密度与谱密度之间有

$$u=\int\rho\mathrm{d}\nu \tag{1.4.1}$$

由于在实验上测量长度较容易，我们还可以定义一个以波长为变量的谱密度 E，在一定温度下波长在 $\lambda\sim\lambda+\mathrm{d}\lambda$ 的黑体辐射能量密度为 $E\mathrm{d}\lambda$，则显然也有

$$u=\int E\mathrm{d}\lambda \tag{1.4.2}$$

对电磁波而言，波长与频率之间有关系 $\nu\lambda=c$，于是可得两种不同变量的谱密度之间的联系

$$\rho=\frac{c}{\nu^2}E\bigg|_{\lambda=c/\nu} \tag{1.4.3}$$

实验上可以测量一定温度下黑体辐射的谱密度 E（或 ρ）. 对某个温度，测量谱密度与波长的关系，其形状见图 1.4.2. 对一定温度而言，谱密度曲线是单峰的.

1.4.2　基本结果

1859 年基尔霍夫用热力学证明，在平衡条件下，黑体辐射只和物体的温度有关，与构成黑体的材料组成、形状大小等其他因素无关. 用到谱密度上，我们就有它们只是温度和波长（频率）的函数：$E=E(T,\lambda)$，$\rho=\rho(T,\nu)$.

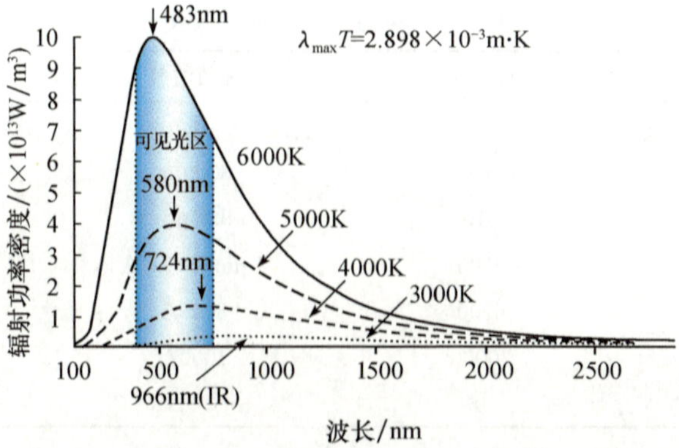

图 1.4.2 黑体辐射谱

如果在温度一定的黑体腔内放置一黑体，此时黑体一方面辐射出热辐射，另一方面也会吸收落在它表面的腔内的热辐射. 当热平衡时，这两部分热辐射应当平衡. 设黑体表面单位时间、单位面积辐射的热辐射能量为 P(称为**辐射功率**)，则它一定与腔中的热辐射能量密度 u 有关. 由此可以算出

$$P=\frac{c}{4}u \tag{1.4.4}$$

1879 年，斯特藩(J. Stefan，1835～1893，奥地利)用实验测得，黑体辐射功率 P 与其温度 T 之间有四次方关系

$$P=\sigma T^4 \tag{1.4.5}$$

1884 年他的学生玻尔兹曼从理论上证明了这一点，故被称为**斯特藩-玻尔兹曼定律**. 上式中的比例常量 σ 称为**斯特藩常量**，实验测得值为 $\sigma=5.67\times10^{-12}\,\mathrm{W/(cm^2\cdot K^4)}$. 斯特藩用他的公式可以测量发光恒星的温度.

换到黑体辐射能量密度，我们有

$$u=\frac{4\sigma}{c}T^4 \tag{1.4.6}$$

它显然就是图 1.4.2 中每个温度的分布曲线下面的面积.

从谱密度 E 曲线可以看到，对应每一个温度曲线都有一个极大值，此极大值所对应的波长称为**最概然波长**或**峰值波长**，记为 λ_{max}，它显然代表整个热辐射中占有成分最多的光的波长，因此它基本代表此温度下热辐射体的颜色. 维恩证明，λ_{max}与 T 成反比

$$\lambda_{max}T=b \tag{1.4.7}$$

实验测得常量 $b=0.2898\,\mathrm{cm\cdot K}$，此规律称为**维恩位移律**. 它经常被天文学家用来估计恒星的温度. 表 1.4.1 列出了几种物质系统的热辐射情况.

表 1.4.1　几种物质系统的热辐射情况

对象	温度/K	峰值波长	范围
宇宙背景辐射	3	1mm	微波（红外至无线电波）
分子云	10	300 μm	红外
人	310	9.7 μm	红外
白炽灯泡	3000	1 μm/10000Å	红外/可见
太阳	6000	5000Å	可见
高热恒星	30000	1000Å	紫外
星团内气体	10^8	0.3Å	X 射线

1.4.3　经典理论的解释

人们试图基于经典物理理论对黑体辐射做出解释，即从理论上计算腔内的热辐射能量密度谱.

维恩根据热力学原理以及位移定律，得到黑体辐射谱具有如下的函数形式：

$$E=\frac{C_1}{\lambda^5}e^{-\frac{C_2}{\lambda T}} \tag{1.4.8}$$

其中，两个常量 C_1、C_2 可由实验值确定. 这称为**维恩公式**. 维恩公式基本上给出了黑体辐射谱密度曲线的形状，和实验符合较好，只是在长波处有较大偏差，见图 1.4.3.

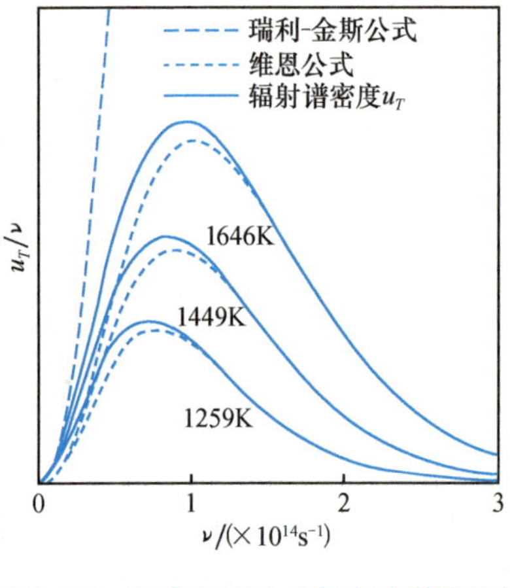

图 1.4.3　经典理论公式与实验谱的比较

热力学是从热平衡的角度来宏观处理物质的热性质. 考虑到热辐射是电磁波，我们完全可以根据电磁理论加上统计物理更细致地处理这个问题. 这时，黑体辐射能量密度就等于热平衡时单位体积运动自由度乘上每自由度平均能量. 对在有限空间的电磁波而言，这个运动自由度就是它的驻波模式. 根据驻波理论不难计算驻波模式数.

在间距为 L 的一维空间，形成驻波的条件为

$$L=n_1\cdot\frac{\lambda}{2}$$

其中，λ 为波长，而 n_1 必须为整数. 此时可写为

$$n_1^2=\left(\frac{2L}{\lambda}\right)^2=\left(\frac{2L\nu}{c}\right)^2$$

现在考虑在一个边长为 L 的立方腔内的电磁波的驻波条件，它变为

$$n_1^2+n_2^2+n_3^2=\left(\frac{2L\nu}{c}\right)^2$$

每一组整数解(n_1,n_2,n_3)代表一个驻波模式. 于是我们可以算出此腔中频率在 $\nu\sim\nu+\mathrm{d}\nu$ 的电磁波的驻波模式数

$$\frac{4\pi V}{c^3}\nu^2\mathrm{d}\nu$$

其中，$V=L^3$ 为腔的体积. 考虑到电磁波是横波，有两个偏振，于是空腔单位体积内频率在 $\nu\sim\nu+\mathrm{d}\nu$ 的电磁波的驻波模式数(运动自由度)等于

$$n\mathrm{d}\nu=\frac{8\pi}{c^3}\nu^2\mathrm{d}\nu \tag{1.4.9}$$

由此我们可得黑体辐射的谱密度分布为

$$\rho\mathrm{d}\nu=n\mathrm{d}\nu\bar{\varepsilon}=\frac{8\pi\nu^2}{c^3}\bar{\varepsilon}\mathrm{d}\nu \tag{1.4.10}$$

其中，$\bar{\varepsilon}$ 为单自由度平均能量.

从经典统计物理知道，热平衡时的能量分布是麦克斯韦-玻尔兹曼分布，即能量为 ε 的粒子数正比于 $\exp(-\varepsilon/kT)$，k 是玻尔兹曼常量，$k=1.380649\times10^{-23}\,\mathrm{J/K}$. 于是我们可以计算平均能量

$$\bar{\varepsilon}=\frac{\int_0^\infty\varepsilon\exp(-\varepsilon/kT)\mathrm{d}\varepsilon}{\int_0^\infty\exp(-\varepsilon/kT)\mathrm{d}\varepsilon}=kT \tag{1.4.11}$$

这就可得到

$$\rho\mathrm{d}\nu=\frac{8\pi\nu^2}{c^3}kT\mathrm{d}\nu \tag{1.4.12}$$

它被称为**瑞利-金斯公式**，由瑞利(J. W. Rayleigh，1842～1919，英国)和金斯(J. H. Jeans，1877～1946，英国)计算得到，其结果与实验谱的比较见图 1.4.3. 在低频部分，此公式与实验曲线符合很好. 由于谱的频率没有限制，态密度与 ν^2 成正比，高频时态密度很大，这就引出荒谬的结果，即当 $\nu\rightarrow\infty$时，$\rho\rightarrow\infty$，总的辐射能量也将是无穷大(即所谓的“紫外发散困难”)，这显然与实验不符.

1.4.4 普朗克公式

由上面的讨论知道，瑞利-金斯公式能在低频区和实验符合得很好，而维恩公

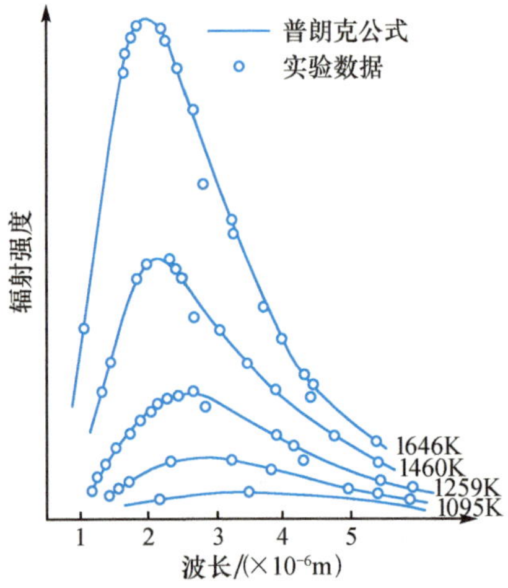

图 1.4.4　普朗克公式和实验数据的比较

式又在高频区和实验符合得很好. 普朗克(M. Planck, 1858～1947, 德国)多年来一直从事热力学和热辐射的研究工作, 他看到实验谱的曲线正是介于瑞利-金斯和维恩两条曲线的中间. 1900 年 10 月, 他提出一个内插的公式, 能适合于整个频率区.

$$\rho \mathrm{d}\nu = \frac{C_1}{c^3} \frac{1}{\mathrm{e}^{C_2\nu/T}-1} \nu^3 \mathrm{d}\nu \quad (1.4.13)$$

调节两个参量 C_1、C_2, 此公式可以很好地拟合实验曲线. 图 1.4.4 给出了计算值和实验的比较, 图的横坐标是波长, 图中的小圆圈是实验数据, 实线是由普朗克唯象公式计算的值.

人物简介

马克斯·普朗克(Max Planck, 1858～1947, 德国)1879 年获慕尼黑大学博士学位. 早期主要从事热力学方面的研究, 发表关于熵、热电方面的文章. 1900 年发表关于黑体辐射的论文, 推出了正确的公式, 提出能量子的概念. 第一个把离散性的思想引入物理, 开创了量子物理的新时代. 他因此工作而获得 1918 年诺贝尔物理学奖. 普朗克正直坚强, 扶掖后人. 受到普朗克许多帮助的爱因斯坦在普朗克的悼词中说道:"一个以伟大的创造性观念造福于世界的人, 不需要后人来赞扬. 他的成就本身就已给了他一个更高的报答."

1.4.5　能量子

普朗克的唯象公式与实验符合得很好, 但他并没有就此止步, 他希望能把他的公式置于更扎实的基础上. 将普朗克公式和瑞利-金斯公式比较, 可看到在实际情况下是不可以用能量均分定理的平均值 kT, 而应取 $kT\times P\left(\frac{C_2\nu}{T}\right)$. P 不应是 1, 而是一个函数, 即

$$P(x) = \frac{x}{\mathrm{e}^x - 1}$$

当 x 很小时它的值趋于 1, 而在 x 很大时, 它就会很小, 因此, 在 x 很大时(即频率 ν 很大时), 黑体辐射的谱密度会降低到很小.

在前面计算平均能量时，和经典物理一贯的做法一样，我们自然地假定能量可以取任意值，这导致结果 $P=1$. 为了得到符合实际的结果，普朗克走出了关键的一步. 他假定运动能量不能任意地连续取值，而只能是某个量的倍数

$$\varepsilon = n\varepsilon_0, \quad n = 0,1,2,\cdots \tag{1.4.14}$$

其中，ε_0 为一个小量. 如果 ε_0 不是无穷小，ε 就是不连续的，所以在求平均值时就不能用积分，而是

$$\bar{\varepsilon} = \frac{\sum_{n=0}^{\infty} n\varepsilon_0 \exp(-n\varepsilon_0/kT)}{\sum_{n=0}^{\infty} \exp(-n\varepsilon_0/kT)} = \frac{\varepsilon_0}{\exp(\varepsilon_0/kT)-1} \tag{1.4.15}$$

代入前面公式中

$$\rho \mathrm{d}\nu = n\mathrm{d}\nu\,\bar{\varepsilon} = \frac{8\pi\nu^2}{c^3}\frac{\varepsilon_0}{\mathrm{e}^{\varepsilon_0/kT}-1}\mathrm{d}\nu$$

此时公式中只有一个参数了. 与维恩从热力学推出的一般公式比较，必须有

$$\varepsilon_0 = h\nu \tag{1.4.16}$$

这样我们得到黑体辐射的普朗克公式

$$\rho \mathrm{d}\nu = n\mathrm{d}\nu\,\bar{\varepsilon} = \frac{8\pi h\nu^3}{c^3}\frac{1}{\mathrm{e}^{h\nu/kT}-1}\mathrm{d}\nu \tag{1.4.17}$$

用波长的分布来表示则为

$$E\mathrm{d}\lambda = \frac{8\pi hc}{\lambda^5}\frac{1}{\mathrm{e}^{hc/kT\lambda}-1}\mathrm{d}\lambda \tag{1.4.18}$$

其中，h 为**普朗克常量**，由实验定出 $h=6.62607015\times10^{-34}\,\mathrm{J\cdot s}$. ε_0 是个基本能量单位，普朗克称它为**能量子**.

从普朗克得到正确的黑体辐射公式的过程可以看到，他所利用的基本上还是经典物理的手段，只有一点，他提出了系统运动的能量状态不是任意的，而是一些离散的值. 与瑞利不同，在经典的麦克斯韦分布中，普朗克挑出一些离散的点来代替连续曲线. 显然，如果普朗克常量趋于无穷小：$h\to0$，那么粒子运动能量将变成连续，普朗克采用的离散分布就会变为经典物理中的连续曲线，而计算中的求和将改为积分，那就会完全回到经典的结果. 所以，在这里引进的普朗克常量 h 是一个表征微观世界的特征量，凡是 h 起重要作用的地方，就是量子规律起作用而经典物理麻烦的地方；而只要 $h\to0$，量子规律就会退化到经典规律. 所以，大和小并非纯粹是相对的，物质世界不像一套扳手那样，大的小的一模一样，按同一规律运动. 普朗克常量给了我们一个判别大小的证据，是物理学上的一个关键点，是我们认识深入的一个里程碑.

经典物理在黑体辐射问题上的碰壁迫使普朗克打破了经典物理中能量连续的概念的框框.其实我们仔细想一下,能量为什么非连续不可呢?连续不连续本来是相对的、有条件的.宏观看来连续的一块铁是由化学上的最小单位——铁原子组成的;连续不断的电流,只不过是电荷的"量子"——电子的运动.实物是既连续又不连续的.作为物体运动的量度的能量,过去认为它只有连续性,现在可以看到,它也具有粒子性,有着最小的单位——能量子.这一思想解放为以后认识原子世界能量和其他物理量的离散性打开了通道.

由于普朗克研究的是实物与辐射(电磁场)的能量平衡过程,因此他在能量子假设中把频率与能量联系了起来,从而建立了能量子与物质存在的另一形式——场之间的联系,这种联系蕴含了波动-粒子二象性认识的萌芽.这一观念的进一步应用是解释经典物理的另一困难——光电效应.

1.5 光电效应与光量子

1.5.1 光电效应

1887 年德国物理学家赫兹(H. Hertz,1857～1894,德国)在证明电磁波的存在和研究电磁波的传播的实验中,首先发现,实验装置中电磁波接收器产生的高频火花对紫外线灵敏.1888 年哈尔瓦克斯发现用紫外线照射后,不带电的金属板会带正电荷.接着汤姆孙和莱纳德分别进行的实验研究表明,当紫外线照射到真空中的金属表面时,会有电子从金属表面发射出来,这种电子称作**光电子**.光电子的荷质比与阴极射线的相同.莱纳德对光电子的动能和光强度的关系进行了研究.他在被光照射的金属板和收集板之间施加反向电压,使得飞向收集板的电子受到排斥,然后发现当反向电压的值到某一值 U(称为**截止电压**)时电流就停止了.U 应该反映了电子的最大动能.使他吃惊的是 U 基本与光的强度无关,而和光的颜色有关(图 1.5.1).

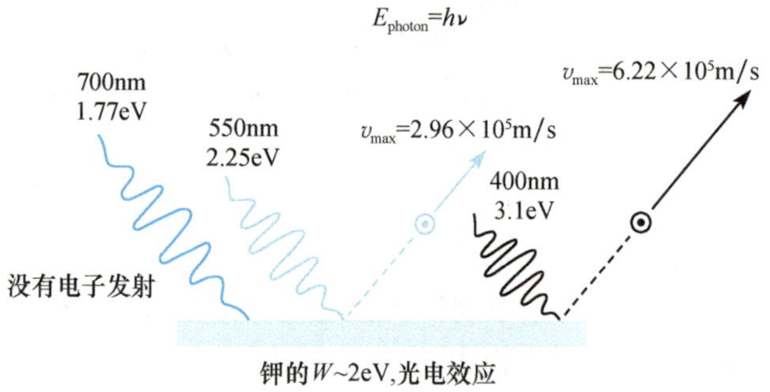

图 1.5.1　光电效应示意

后来陆续到 1902 年，实验有了肯定的结果，综合起来有下列规律：

(1) 对应于每一种金属材料的电极，有一个确定的临界频率 ν_0，当照射光的频率 $\nu<\nu_0$ 时，无论光的强度多大，也不会观察到光电子从电极逸出(图 1.5.2)；

(2) 从金属表面逸出的电子具有一定的初始动能，其动能的最大值只与照射光的频率有关，呈线性关系，随光的频率 ν 的增加而增加，而与光的强度无关(图 1.5.2)；

(3) 由光电效应发射的电子，光电流的大小和光的强度成正比(图 1.5.3)；

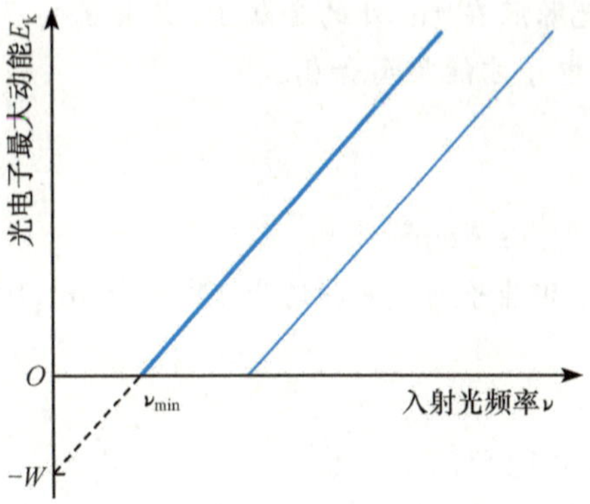

图 1.5.2　光电子最大动能与光频率

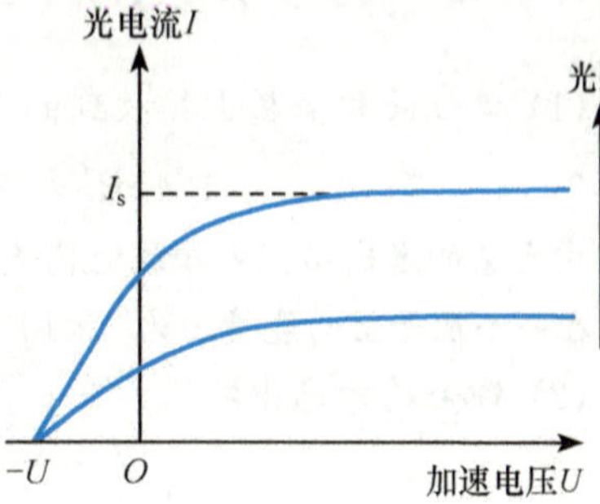

图 1.5.3　光电流与加速电压

(4) 当入射光的频率 $\nu>\nu_0$ 时，不管光多微弱，只要光照射到金属表面，几乎立刻就能观测到光电子，实验测得响应时间最短可达 10^{-9} s(图 1.5.4).

如何解释这些明确的实验结果，成了经典物理的难题.

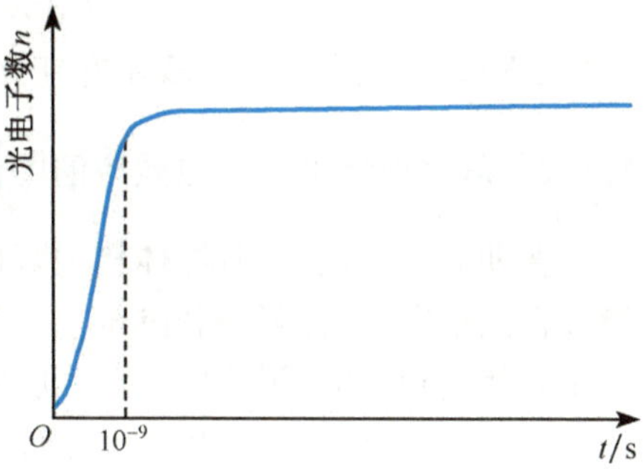

图 1.5.4　时间响应

电子在金属中基本上可以平动或振动，但是如果电子跑出金属表面，则必须要获得一份能量，这份能量称为**逸出功**，在里查森(O. W. Richardson，1879～1959，英国)对热电子发射的研究中已知道，它与金属的性质和表面特性有关(里查森获得 1928 年的诺贝尔物理学奖). 当一束光照到金属上时，金属板中的电子就会在入射电磁波的作用下做受迫振荡，获得能量. 当电子获得的能量超过了逸出功时，电子就可能从金属表面逸出. 几种元素的逸出功见表 1.5.1. 预期发射电子的数目和速度应与入射电磁波的强度有关. 光越强，电磁波的振幅越大，电子振荡幅度也越大，越强烈，因此就有更多的电子从金属中逸出来，且电子的速度也会更大，因而光电子数目及它的初始动能应与光强有关而和频率无关，不应存在什么临界频率. 光的频率越高，金属中一个电子逸出金属表面可能会越快. 当光很弱时，电子需要较长的时间来获得足够大的振动幅度才能脱离金属. 经典物理理论不能解释实验事实.

表 1.5.1　几种元素的逸出功

元素	Be	C	Na	Al	K	Ca	Fe	Cs	Ni	Pt
功函数/eV	5.0	4.81	2.28	4.08	2.3	2.9	4.5	2.1	5.01	6.35

例 1.5.1

试用经典理论估算：功率为 1W 的点光源照在 1m 处的金属上，若金属的逸出功为 2.3eV，需要多长时间的能量积累，电子才能脱离金属.

解　(1) 单位面积金属上接收到的光能为

$$1/4\pi R^2 \approx 8\times10^{-6}\text{J}/(\text{s}\cdot\text{cm}^2)$$

由元素的逸出功值可知该金属是钾，一个钾原子的截面积约为 $4\times10^{-16}\text{cm}^2$，所以打在一个原子上的能量约为 $3\times10^{-21}\text{J/s}$.

(2) 钾金属的逸出功

$$2.3\text{eV} = 3.7\times10^{-19}\text{J}$$

(3) 如果通过能量积累使得电子脱离原子，那么需要光照射的时间为

$$t\approx\frac{3.7\times10^{-19}\text{J}}{3\times10^{-21}\text{J/s}}\approx120\text{s}$$

即光照在金属表面 120s 后才有可能有光电子发出.

1.5.2　爱因斯坦关于光电效应的图像

普朗克的理论表明：黑体辐射场的能量必定是能量的基本单位 $h\nu$ 的整数倍. 黑体在热平衡时，辐射场和围绕它的腔壁间存在不间断的能量交换，发射和获得的能量必然是相等的. 黑体所发射和吸收的能量也一定是 $h\nu$ 的整数倍.

1905 年爱因斯坦发表论文讨论光的产生和转化，第一次提出了革命性的光量子的假设，并按此来解释光电效应实验现象.（他由于在理论物理方面的贡献，特别是对光电效应定律的发现，获得了 1921 年的诺贝尔物理学奖.）他认为光束是(光)粒子雨，粒子不可分裂，但可整个地被吸收或发射，光粒子的(能量)大小由光的颜色决定. 因此频率为 ν 的光束实际上是由一定数量的以光速运动的、能量为 $h\nu$ 的“粒子”组成的. 这种“粒子”在运动中不会分解，只能被金属中的电子整个地吸收或发射. 爱因斯坦称这种粒子为“光量子”，每一个光量子的能量和辐射场的频率的关系是

$$E = h\nu \tag{1.5.1}$$

其中，ν 为“光量子”的频率；h 为普朗克常量.

当把光量子的概念用到具体的光电效应上时，经典物理头疼的问题就迎刃而解了. 当光量子投射到金属表面时，有可能被金属中的电子吸收，若电子获得的能量足以克服逸出功，电子就能作为光电子从金属中逸出，并具有动能的最大值 E_k. 利用能量守恒，对此过程可写成如下方程：

$$E_k = \frac{1}{2}m_e v^2 = h\nu - W \tag{1.5.2}$$

其中，W 即为金属的逸出功. 这称为光电效应的**爱因斯坦方程**. 此方程明白地表达了光电子最大动能与入射光频率的线性关系，可以直截了当地说明前面的实验结果. 从动能必须为正，可得临界频率为

$$\nu_{min} = W/h \tag{1.5.3}$$

这是测量普朗克常量的另一个方法.

人物简介

阿尔伯特·爱因斯坦(Albert Einstein，1879～1955，德国，瑞士，美国)1901～1908 年在瑞士专利局工作期间，利用业余时间钻研科学，发表了关于布朗运动、光电效应和狭义相对论的论文. 1915 年独立创建的广义相对论可说是理论创造的典范. 在原子跃迁、量子统计、宇宙学中都有重大创造. 因其在理论物理方面的贡献，特别是对光电效应的理论研究，而获得 1921 年诺贝尔物理学奖. 爱因斯坦堪称 20 世纪最伟大的物理学家. 他自己则说："I have no particular talent，I am merely extremely inquisitive."(余非天才，然极富好奇尔!)

1.5.3 光电效应方程的实验验证

1916 年以前，密立根对光电效应进行了多年的实验，做了精确的测定. 图 1.5.5 是研究光电效应的实验装置示意图. 光束通过石英窗投射到金属阴极 K 上，电子从阴极逸出后在电场作用下飞向收集阳极 A，因此电路中便有电流流动. 由电流表和电压表测量电极间的电流和电压. 如果逐渐降低阳极的电压，则电流也逐渐减小，但当电压降至零时，电流并不为零，只有当电压变为负值，且值为 $-U$ 时，电流才降至零. 这时，光电子的初始动能全部用于克服电场力所做的功，若再增加反向电压，则光电子不可能到达阳极 A. 因此，U 称为**截止电压**，它的值由初始动能决定，即

$$eU = E_k = \frac{1}{2}m_e v^2 \tag{1.5.4}$$

由爱因斯坦方程式(1.5.2)及式(1.5.4)可得

$$U = \frac{h}{e}\nu - \frac{W}{e} \tag{1.5.5}$$

因此，由爱因斯坦的光量子假说可以预言，截止电压与照射光频率的关系函数必定是一条直线，它的斜率与阴极材料的性质无关. 由密立根的实验测量可知 U 与 ν 有线性关系，其斜率为 h/e. 由于 e 是已知的，所以可由斜率来测定普朗克常量 h. 密立根实验精确地验证了爱因斯坦方程式. 当时他测得 $h=6.58\times10^{-34}\,\text{J}\cdot\text{s}$，与用其他方法所测定的值符合得很好.

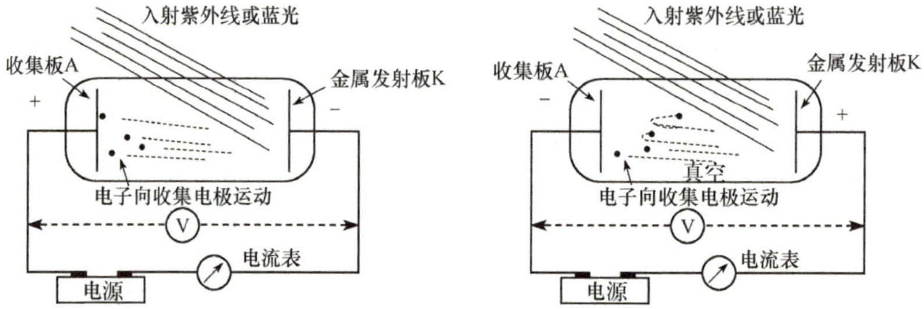

图 1.5.5　研究光电效应的实验装置示意图

人物简介

罗伯特·密立根(Robert Millikan，1868～1953，美国)以白炽灯表面发射光的极化研究论文于 1895 年获博士学位. 他是一位杰出的教师，编写了多本物理教材和实验课本，任加州理工学院教授、执行理事会主席多年. 在电、光和分子物理领域有许多重要的发现，成功地用油滴法精确测定了电子电荷，并证明这是一个常量. 实验验证了爱因斯坦光电效应的所有公式，首次用光电效应直接测定普朗克常量，这些研究成果使他获得 1923 年诺贝尔物理学奖. 他在宇宙射线的研究中也有不少成果.

1.5.4　爱因斯坦关系

利用光量子的概念，爱因斯坦成功地解释了光电效应. 但是光量子是否是一个物理客体？1916 年，在讨论辐射与物质的作用时，爱因斯坦明确说明光量子除了能量外，还带有一份动量. 这样辐射的基本量有下面的关系：

$$
\begin{aligned}
E &= h\nu = \hbar\omega \\
\boldsymbol{p} &= \boldsymbol{n}h/\lambda = \hbar\boldsymbol{k} \\
E^2 &= \boldsymbol{p}^2c^2 + m_\gamma^2c^4 \\
m_\gamma &= 0
\end{aligned}
\tag{1.5.6}
$$

式(1.5.6)称为爱因斯坦关系. 其中，$\hbar=h/2\pi$；$\boldsymbol{k}$ 称为波矢；$\boldsymbol{n}$ 为单位矢量.

从爱因斯坦关系看，光量子相当于一个静止质量为零的粒子，它的能量 E 和

动量 p 是与电磁波的频率 ν 和波长 λ 不可分割地联系在一起的. 这明显反映了光的波粒二象性的关系. 1926 年美国物理化学家路易斯(G. N. Lewis, 1875～1946, 美国)建议将光量子定名为光子.

例 1.5.2

当光投射到物体上时，将引起光子动量的变化，于是物体应该感受到压力(称为光压). 若激光器以 $\tau=0.15\text{ms}$ 时间宽度的脉冲射出能量 $E=1\text{J}$ 的光束，光束在它垂直的表面上形成直径 $d=10\mu\text{m}$ 的光斑，表面的反射系数 $\rho=0.5$. 试求在脉冲时间内此光束对表面的平均压强.

解 表面受到的冲力为

$$F\tau = \Delta p$$
$$p = E/c$$

表面的压强为 $P=F/S$. 因为反射光子的动量改变为 $2p$，被吸收的光子动量的改变为 p，所以平均来说，光子的动量改变量为

$$\Delta p = 3\rho p = 1.5p$$

这样可得

$$P = \frac{4E\times 1.5}{\pi d^2 c\tau} = 4.2\times 10^5\,\text{kg/m}^2$$

即相当于表面感受到 4.2atm 的压力.

光电效应很好地检验了光子的能量关系，但是光子的动量还没有直接的检验，这要等到 1923 年康普顿(A. H. Compton, 1892～1962, 美国)发现光的另一个效应. 到那时，光子的真实粒子性才得到真正的确认.

1.5.5 康普顿效应

1. 实验现象

电磁波覆盖很大的波长范围，对不同的波长区间，通常有不同的名称，如图 1.5.6 所示.

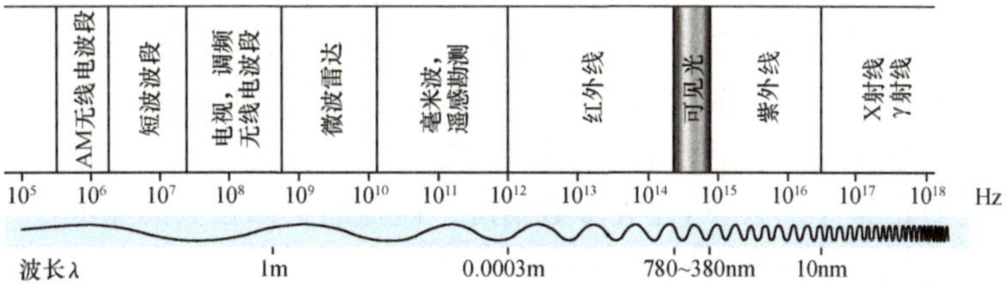

图 1.5.6 电磁波不同波段的划分

波长在 0.1～10nm 的电磁波称为 **X 射线**. 早在 1912 年,就有人发现 X 射线被物质散射后,其散射波中含有较长的波长成分. 1922 年康普顿做了大量实验研究,仔细测量 X 射线散射波的波长与散射角及散射物质的关系,发现散射光中除了有波长不改变的部分外,还有波长变长的部分. 后人把这个现象称做**康普顿效应**. 康普顿用波长 $\lambda_0=0.071\text{nm}$ 的 X 射线照在石墨散射体上,用晶体谱仪测量不同散射角 θ 处散射光强度随波长的分布,测量装置示意图及测量结果如图 1.5.7 所示. 由图可看到散射波中有和入射波相同波长 λ 的瑞利散射,同时也有波长偏移到 λ' 的康普顿散射.

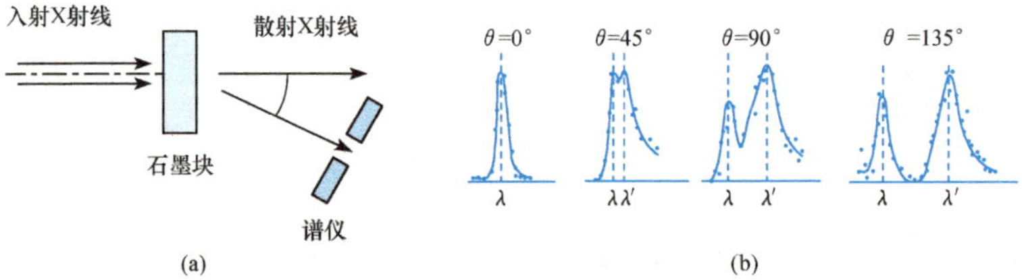

图 1.5.7 康普顿效应

(a) 实验装置示意图;(b) 在不同散射角时散射波的波长

经典电磁理论认为,散射光是由于物质在入射电磁波作用下,物质中的电子以与入射波相同的频率振动,这些带电粒子便向不同方向发出和入射光频率相同的散射波. 因此,经典理论无法解释散射光中有比入射光波长更长的成分的存在.

2. 康普顿散射公式

康普顿为解释这一实验现象,提出应把散射现象看成是 X 射线的光子与原子中的电子的弹性碰撞. 由于 X 射线光子的能量一般大于 100eV,而原子中外层电子的束缚能为 1～10eV,与 X 射线光子的能量相比,可近似把这些电子看成是自由电子. 在光子和自由电子碰撞过程中,入射光子将一部分能量传递给了电子,所以散射光子的能量就小于入射光子,即散射光的波长比入射光的长. 这样就定性地解释了上述现象.

康普顿根据弹性碰撞过程中的能量与动量守恒规律,定量地计算了波长移动 $\Delta\lambda$ 与散射角的关系式. 图 1.5.8 表示康普顿散射中,入射和散射时光子和电子的能量、动量. 设入射光子的频率为 ν,能量为 $h\nu$,动量为 $h\nu/c$,散射光子的频率为 ν',能量为 $h\nu'$,动量为 $h\nu'/c$. 散射前可认为电子是静止的,电子的能量可写为 m_ec^2,m_e 为电子的静止质量. 散射后电子能量为 $E_e=mc^2$,动量为 p_e.

电子是质量很小的粒子,在大多数情况下碰撞后会以很大的速度反冲,所以在计算时应采用相对论的能量动量公式

$$E_e^2=m_e^2c^4+c^2p_e^2$$

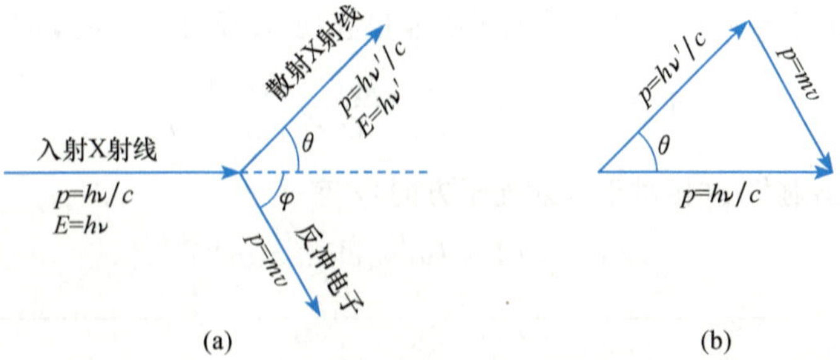

图 1.5.8　康普顿散射

(a) 散射过程中电子和光子的能量和动量;(b) 动量守恒关系

在散射过程中能量守恒,所以

$$h\nu+m_{e}c^{2}=h\nu'+E_{e}=h\nu'+\sqrt{m_{e}^{2}c^{4}+c^{2}p_{e}^{2}} \tag{1.5.7}$$

动量守恒的关系式由图 1.5.8 中的三角关系得

$$p_{e}^{2}=\frac{h^{2}}{c^{2}}(\nu^{2}+\nu'^{2}-2\nu\nu'\cos\theta) \tag{1.5.8}$$

将式(1.5.7)移项,平方得

$$m_{e}^{2}c^{4}+c^{2}p_{e}^{2}=h^{2}\nu^{2}+h^{2}\nu'^{2}+m_{e}^{2}c^{4}-2h^{2}\nu\nu'+2m_{e}c^{2}h(\nu-\nu')$$

将上式整理后再和式(1.5.8)相减得

$$h^{2}\nu\nu'(1-\cos\theta)=m_{e}c^{2}h(\nu-\nu')$$

于是得

$$\nu'=\frac{\nu}{1+\frac{h\nu}{m_{e}c^{2}}(1-\cos\theta)} \tag{1.5.9}$$

用波长表示,则

$$\Delta\lambda=\lambda'-\lambda=\frac{h}{m_{e}c^{2}}(1-\cos\theta)=\lambda_{C}(1-\cos\theta) \tag{1.5.10}$$

其中,λ 为入射 X 射线光子的波长;λ'为散射光子的波长;θ 为散射光子相对于入射光子的出射方向角. 此公式表示,康普顿散射中波长的偏移只和散射角 θ 有关,其他的系数都是基本常量. 在公式中我们引入了一个物理量——电子的**康普顿波长** λ_{C},$\lambda_{C}=h/m_{e}c$. 它的物理含义是:波长为 λ_{C} 的辐射场的光子的能量等于电子的静能量,即

$$h\nu=hc/\lambda_{C}=m_{e}c^{2}=511\text{keV}$$

$$\lambda_{C}=\frac{hc}{m_{e}c^{2}}=\frac{1.24}{511}\approx 0.0024(\text{nm}) \tag{1.5.11}$$

由上面的推导可以计算反冲电子的能量和动量. 反冲电子的动能 T_e 为

$$T_e = h\nu - h\nu' = \frac{h\nu(1-\cos\theta)}{1-\cos\theta + m_e c^2/h\nu} \tag{1.5.12}$$

对反冲电子出射角 φ(相对于入射光子方向)，有

$$\cot\varphi = (1 + h\nu/m_e c^2)\tan(\theta/2) \tag{1.5.13}$$

人物简介

阿瑟·康普顿(Arthur Compton，1892～1962，美国)1916 年获普林斯顿大学博士学位. 长期在 X 射线领域工作，发展了从 X 射线反射强度来研究晶体中原子和电子排列的理论. 1922 年发现了康普顿效应，获得 1927 年诺贝尔物理学奖. 他还发现了 X 射线的全反射和完全极化，由此可更精确地确定原子中的电子数目. 1930～1940 年，主要从事宇宙线的研究.

3. 实验验证

我国物理学家吴有训(1897～1977)与康普顿合作对康普顿效应进行研究，系统地进行了不同靶物质的 X 射线散射实验，证实康普顿散射光和入射光的波长差 $\Delta\lambda$ 只与散射角有关，与散射物质和入射光的波长都无关，然而康普顿散射光的强度与散射靶有关.

反冲电子在散射过程中获得的能量是相当小的，将 X 射线射入威尔逊云雾室，就可能看到反冲电子的轨迹. 图 1.5.9 是云雾室照片示意图. 图中显现出反冲电子的径迹，由散射光子打出的次级粒子的位置可确定散射光子的方向，测量值和计算值基本符合.

博特(W. Bothe，1891～1957，德国物理学家)因发明符合方法及用这一方法在宇宙线和核谱学中作出的各种发现而获 1954 年诺贝尔物理学奖，他和盖革在 1925 年在实验中用两个针形计数管的符合测量，证实反冲电子和散射光子在康普顿效应中是同时($<10^{-4}$ s)发生的.

由上面的讨论可以知道，康普顿散射是爱因斯坦的光量子理论的又一证明，证实了光的粒子性. 散射光波长的增加是由于碰撞时将部分光子能量传给了电子. 如果电子被原子束缚得很紧，当电子和原子核间的束缚能比光子能量的 $h\nu$ 大时，电子和光子几乎就不可能发生动量的传递，不能从光子处获取能量，那么散射光的波长也不会发生变化，就只有瑞利散射. 所以对轻原子，康普顿散射的强度就比重原

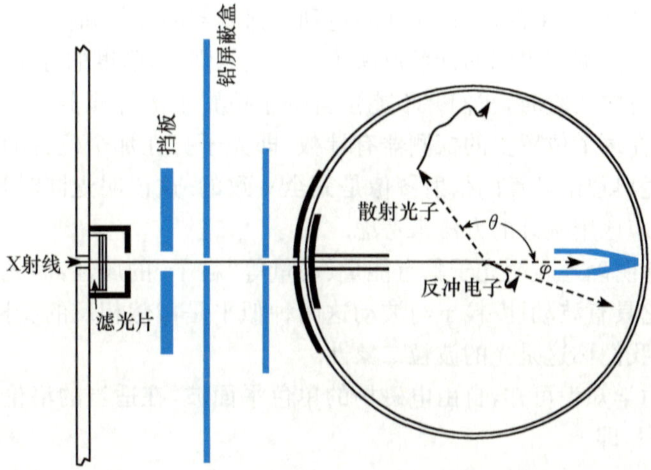

图 1.5.9 康普顿散射云雾室照片示意图

子的大；对中-硬 X 射线(即能量约为 10^2keV)，康普顿效应是辐射被物质散射的主要过程；由于电子在碰撞前并不是完全静止的，所以实验测量到谱线的强度最高峰处的波长 λ' 正好和式(1.3.10)的理论计算值符合. 但它的分布会反映电子的运动情况，这种方法可用来分析材料的表面特性.

1.5.6 光的波粒二象性

由以上讨论看到光电效应和康普顿效应只能用光的粒子性来解释，即光是由一定能量 E 和动量 p 的许多单个粒子组成的. 这两个效应都证实了：吸收和散射过程中是整个光子(而不是它的一部分)被吸收和散射；在微观的单个碰撞事件中，动量及能量守恒定律仍然是成立的. 光的观测和探测装置都是基于光的能量在介质中的吸收，而能量的载体就是光子. 另外，早在 19 世纪 50 年代，麦克斯韦就把光描述为一种电磁波，电磁波的理论已成为现代技术的重要基础，在现代通信、电器中得到了广泛的应用. 光的波动性为光的干涉、衍射及其他许多有关光传播的现象所证实. 波的特性由频率 ν 和波长 λ 所描述. 光子的能量 E 和动量 p 与电磁波的频率 ν 和波长 λ 由爱因斯坦关系联系在一起.

在同一个现象中如何看待光的波动性和粒子性这两种似乎矛盾的特性呢？在光的衍射实验中，如一束光通过一个小孔射到一个屏上，我们会观察到衍射图像. 若将光电探测器(如直径为 3mm 的光电探测器)布置在屏的不同位置上. 当光打在探测器上时，探测器接收到的是“一整个”光子，由光电效应发射出一个光电子，使探测器记录到一个信号即有一个计数. 将入射光的强度调得很弱，我们发现每次只有局部的某个位置上的探测器收到信号，这种现象体现出光的“粒子性”. 如果重复进行这样的实验很多次，把每次实验得到的探测器的计数和位置记录下来，累加后，不同位置上探测器得到的计数反映了各处光的强度，强度的分布同样会显示出衍射图像. 在每次实验时，我们并不能预言哪个位置上的探测器会记录到光子，然而，可以预言在每个位置上的探测器有计数，即光子打在那个位置的概率. 概率分布的结果和经典理论计算的衍射图像是完全一致的. 这说明光同时具有粒子和波的性质，而且应该用统计的方法来考虑.

光子概念明确地表明光子具有能量、动量等“粒子”的属性，而光的干涉、衍射现象又表明它具有波动性. 粒子与波动这两种似乎是截然相反的属性在同一物体上表现出来，我们称这是光的波粒二象性.

由电动力学知识可知，自由电磁场的单色平面波，在适当的洛伦兹规范下，可用矢势 $\boldsymbol{A}$ 描写，即

$$\boldsymbol{A}(\boldsymbol{x},t)=\boldsymbol{a}(\boldsymbol{k})\mathrm{e}^{\mathrm{i}(\boldsymbol{k}\cdot\boldsymbol{x}-\omega t)} \tag{1.5.14}$$

电场强度 $\boldsymbol{E}$ 为

$$\boldsymbol{E}=-\frac{\partial\boldsymbol{A}}{\partial t}=\mathrm{i}\omega\boldsymbol{a}(\boldsymbol{k})\mathrm{e}^{\mathrm{i}(\boldsymbol{k}\cdot\boldsymbol{x}-\omega t)}$$

由光学知识可知，光的强度 I 是能流密度 $\boldsymbol{S}$ 的平均值，此处有

$$S=\left|\sqrt{\frac{\varepsilon}{\mu}}\boldsymbol{E}^2\right|=\sqrt{\frac{\varepsilon}{\mu}}\omega^2|\boldsymbol{a}(\boldsymbol{k})|^2 \tag{1.5.15}$$

如果差一个倍数，令

$$\boldsymbol{a}(\boldsymbol{k})=\sqrt{\frac{\hbar}{\omega}\sqrt{\frac{\mu}{\varepsilon}}}\,\boldsymbol{b}(\boldsymbol{k}) \tag{1.5.16}$$

那么有

$$I=S=\hbar\omega|\boldsymbol{b}(\boldsymbol{k})|^2 \tag{1.5.17}$$

由于 $\hbar\omega$ 为一个光子的能量，所以，量 $|\boldsymbol{b}|^2$ 代表光子的个数. 可见，矢势 $\boldsymbol{A}$ 的振幅 $\boldsymbol{a}$ 的平方模 $|\boldsymbol{a}|^2$ 是正比于光子的个数的. 如果 $\boldsymbol{A}$ 是描写单个光子的，那么它的平方模 $|\boldsymbol{A}|^2$ 就正比于光子在空间出现的概率. 衍射环的出现正好可以用这个概率分布来说明.

函数(1.5.14)描写了一个光波，它的角频率为 ω，波长为 $2\pi/|\boldsymbol{k}|$，传播速度为 $\omega/|\boldsymbol{k}|=c$，传播方向为 $\boldsymbol{k}/|\boldsymbol{k}|$，其振幅为 $\boldsymbol{a}(\boldsymbol{k})$，它反映了波的能量或强度. 如果我们利用光量子关系(1.5.6)来看，那么它又能描述一群粒子. 每一个粒子有能量 $E=\hbar\omega$，动量 $\boldsymbol{p}=\hbar\boldsymbol{k}$，运动速度为 $c=|\boldsymbol{p}|c^2/E$，粒子的数目正比于模方 $|\boldsymbol{a}|^2=|\boldsymbol{A}|^2$. 看来，函数(1.5.14)可以很合适地描写光的波粒二象性的统计结果，我们称式(1.5.14)为自由光子状态的**波函数**.

1.6 原子光谱与玻尔模型

由经典理论出发的卢瑟福原子行星模型既不能说明氢原子有稳定的大小，也不能解释氢原子光谱具有离散的线光谱. 经典物理在原子的结构问题上遇到了难以克服的困难. 物理学家玻尔（W. Bohr，1885～1962，丹麦）在普朗克关于黑体辐射的能量子理论和爱因斯坦关于光量子概念的启发下，把量子概念应用到原子系统，并把原子光谱的离散线状谱的物理机制和原子结构联系起来，在卢瑟福模型的基础上建立了他的氢原子模型.

1.6.1 原子光谱

1. 光谱和光谱仪

1666 年牛顿（I. Newton，1643～1727，英国）观察到太阳光在透过棱镜时会形成一条彩色带. 他称这条彩色带为太阳光的光谱. 在 19 世纪人们已经积累了关于光谱的丰富的知识，如果用棱镜或光栅作为分光器，并通过光探测器（例如感光底板）记录不同波长处相应的强度，那么可以得到光的强度按波长（或频率）分布的记录，这被称为**光谱**.

1814 年，德国物理学家夫琅禾费观测到太阳光谱中的暗吸收线，这些暗线被称为**夫琅禾费线**. 大约 45 年后，基尔霍夫和本生（R. W. Bunsen，1811～1899，德国）注意到，这几条夫琅禾费线与加热化学元素光谱中的特征发射线相吻合. 见图 1.6.1. 太阳发出的连续光谱在通过太阳外表较低温度处的气体时，有些波长的光被吸收了，就在连续光谱背景上出现一些暗线. 本生将一些纯食盐的细粒放在“本生灯”中燃烧，灯焰立刻变成了明亮的黄色，光经过分光仪后出现了两条黄线. 基尔霍夫和本生首先发现每种元素都有各自的特征谱. 用充了气体的放电管或电弧光作光源，可测得原子光谱，发现发射的都是线光谱，就是说只包含一系列离散

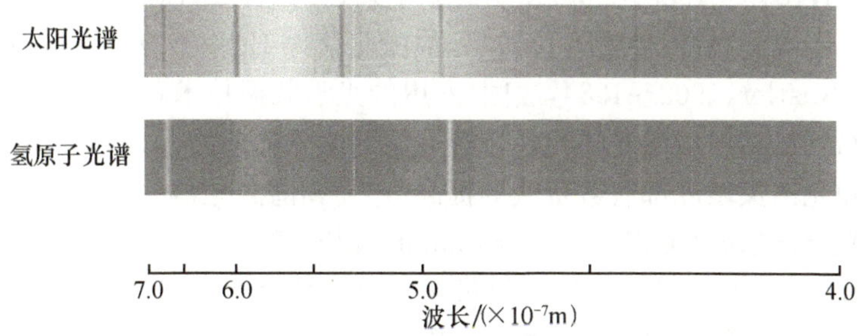

图 1.6.1　太阳光谱和氢原子光谱

波长的光，在光谱仪的屏幕上出现一系列分散的狭缝似的像，像一系列离散的细线．而且，每种元素发射的光谱都具有它自己的特征光谱，有特定的谱线和结构．人们可以通过光谱来确定物质中的元素成分，这就是所谓的光谱分析技术．

由光源发射出的光谱一般称为**发射光谱**．光谱还分为**连续光谱**、**带光谱**和**线光谱**．连续光谱一般是固体或高密度气体发射的谱，如黑体辐射．分子发射的光谱是分段密集的线谱，呈一系列宽度不等的光带，称为带光谱．线光谱是原子光谱的特征，这些谱线以一定的次序组成线系．

波长连续分布的光通过物质时，其中某些波长的光要被物质所吸收．把要研究的物质放在发射连续光谱的光源和光谱仪之间，在光谱仪上所测得的光谱将是在连续的背景上出现由暗线或暗带组成的光谱．这种光谱称为该物质的**吸收光谱**．

测量光谱的仪器叫光谱仪．光谱仪分辨谱线的能力以分辨本领 R 来表征．对于波长在 λ 附近的谱线，用 $\Delta\lambda$ 表示两条非常靠近，但又刚刚能用光谱仪分辨出来的谱线之间的最小间距，则光谱仪的分辨本领为

$$R=\frac{\lambda}{\Delta\lambda}$$

光谱可以提供的信息量的多少主要取决于光谱测量的灵敏度和分辨率．光谱仪可达到的分辨率受到许多技术方面的限制．此外，还有一些更基本的影响因素．例如，由原子运动引起的多普勒加宽，可见光区谱线相应的频率约为 10^{15} Hz，多普勒效应的加宽约 1GHz，但在射频或微波区的跃迁，多普勒宽度就很小，几乎可忽略．另一个更基本的线宽是由激发态的寿命而引起跃迁的固有线宽．对寿命为 100ns 的激发态到基态的跃迁，固有线宽约为兆赫兹的量级，因此对亚稳态能级的跃迁，固有线宽就会小得多．

物理学发展的历史告诉我们，由于测量精度的提高，人们能认识新的结构层次和现象，从而带来了科学的进步和发展．原子光谱学的发展特别显示出这一点．随着光谱仪分辨率的提高而观测到了原子光谱的精细结构（由电子自旋引起）、超精细结构（原子核自旋的影响）、兰姆移位（量子电动力学）．许多关于原子光谱结构及其解释的研究工作获得了诺贝尔物理学奖．为了提高光谱的分辨发展了许多技术，拉比（I. Rabi，1898～1988，美国）发明的原子束磁共振技术，对 ^{133}Cs 的超精细结构的两个能级间隔测量能达到 15 位数字，他由此获得 1944 年的诺贝尔物理学奖；卡斯特勒（A. Kastler，1902～1984，法国）发展的光学共振技术获 1966 年的诺贝尔物理学奖．激光的出现，以激光器代替传统光源的激光光谱技术，使光谱的分辨率、时间分辨率和光谱灵敏度都有数量级的提高．伴随调谐激光器的发展，其中最重要的是染料激光器，光谱可覆盖 300～1000nm 的波长，倍频和混频技术又进一步扩充了这个范围．稳定的单模激光器能提供非常窄的单色光，并且是单色亮度高、时间特性好的光源，可用来研究快速、动态过程．饱和光谱学和双光子吸收光谱的发展几乎可以消除多普勒宽度．布洛姆伯根（N. Bloembergen，1920～2017，美籍荷兰裔）和肖

洛(A. L. Schawlow,1921～1999,美国)由于在激光光谱学方面的贡献获得了1981年诺贝尔物理学奖. 近年激光冷却技术和电磁阱技术(1989年、1997年诺贝尔物理学奖)及玻色-爱因斯坦凝聚的实现(2001年诺贝尔物理学奖)可得到几乎完全静止的粒子,从而可进行更精确的测量. 图1.6.2给出光谱仪的相对精度的发展情况.

由于波长和频率测量精度的提高,现在国际上的时间、长度测量标准都以特定谱线的波长和频率来确定. 2018年国际计量大会规定,自2019年5月起,以 ^{133}Cs 的超精细能级结构间的跃迁的频率振荡9192631770次为1s,以光在1/299792458s内光在真空中所走的距离为1m. 由于他们对精密激光光谱学发展、光学频率梳技术的贡献,2005年的诺贝尔物理学奖授予霍尔(J. L. Hall,1934～　,美国)和亨施(T. W. Hänsch,1941～　,德国),光学频率梳技术对高精密计量学有重大意义.

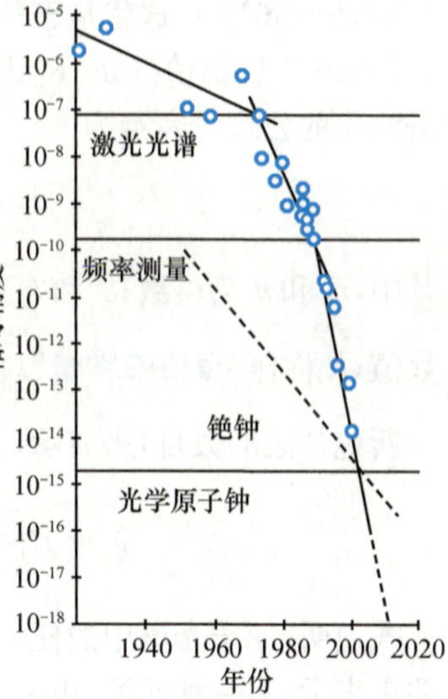

图 1.6.2　光谱仪相对精度的发展情况

2. 氢原子光谱和光谱项

氢是最轻的原子. 氢原子光谱在人类对原子结构和物质结构认识的发展进程中起着重要的作用. 图1.6.1是氢原子发射光谱在可见光区的谱线. 1853年埃斯特朗(A. J. Angström,1814～1874,瑞典)首先发现了最强的那根谱线,即现在称作 H_α 的线. 氢光谱从可见光延伸到紫外线区,见图1.6.3. 在图中,谱线的波长以“埃”为单位,记作Å,1Å$=10^{-10}$m. 氢原子可见光区的发射谱谱线的波长见表1.6.1,其中强度较大的四根谱线分别取名为 H_α、H_β、H_γ、H_δ 线.

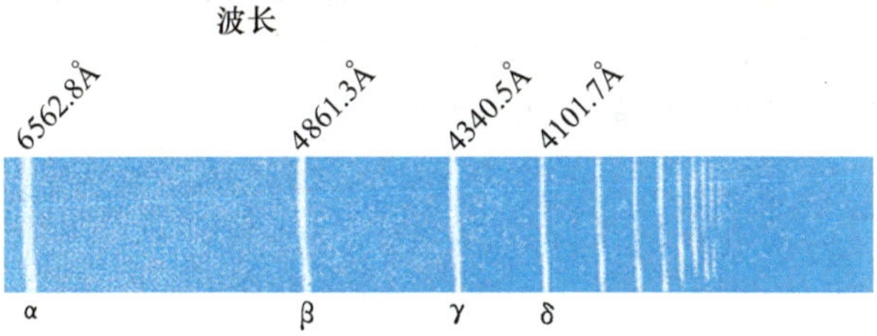

图 1.6.3　氢原子巴耳末系的谱线

表 1.6.1　氢原子光谱线

谱线名称	H_α	H_β	H_γ	H_δ	H_ε	H_∞
波长/nm	656.28	486.13	434.05	410.17	397.0	364.6

1885 年巴耳末(J. J. Balmer，1825～1898，瑞士)对已观察到的 14 条氢光谱线波长的规律性进行了研究，发现它们的波长可以用下式来表示：

$$\lambda_n = \frac{n^2}{n^2-4}B, \quad n = 3,4,5,6,\cdots \tag{1.6.1}$$

其中，$B=3646\text{Å}$. 这就是**巴耳末公式**. 巴耳末开创了探索原子光谱线系规律性的研究. 1890 年里德伯(J. R. Rydberg，1854～1919，瑞士)发现氢原子和碱金属原子光谱波长的公式可表示为

$$\frac{1}{\lambda} = R\left[\frac{1}{(m+a)^2} - \frac{1}{(n+b)^2}\right] \tag{1.6.2}$$

其中，m 和 n 为整数；a 和 b 对同一个谱线系是确定的，对不同的谱线系有不同的数值；R 称作“**里德伯常量**”. 在公式中若用波数（$\tilde{\nu}=\dfrac{1}{\lambda}$，波数表示在单位长度波列中所包含波的数目）来表示，则里德伯公式可写成

$$\tilde{\nu} = R\left[\frac{1}{(m+a)^2} - \frac{1}{(n+b)^2}\right] = T_m - T_n$$

上式说明，原子光谱中的任一谱线的波数可用更一般的形式，即以两个谱项 T 之差来表示. 对一种元素，由一个线系求得的 T_m 和另一线系中得到的 T_n，就可以预言一条新的谱线. 氢原子的巴耳末公式可以看成是当 $m=2$、$a=b=0$ 时的里德伯公式的一个特殊情形，即

$$\tilde{\nu} = \frac{1}{\lambda} = R_{\mathrm{H}}\left(\frac{1}{2^2} - \frac{1}{n^2}\right), \quad n = 3,4,5,6,\cdots \tag{1.6.3}$$

其中，$R_{\mathrm{H}}=\dfrac{4}{B}=1.09677\times10^7\,\mathrm{m}^{-1}$. R_{H} 的数值是从氢原子的实验数据中得到的. 当 $n=3$ 时，由公式可给出巴耳末系中波长最长的谱线，即 H_α 线. 当 n 越来越大时，谱线之间的间隔越来越小. 在 $n\to\infty$ 时，给出该系中谱线在短波长处的极限值，称为线系限.

但不论是巴耳末公式还是里德伯公式，经典理论都不能给以理论解释，因此必须要有一个飞跃，创造出新的革命性的理论.

1.6.2 玻尔氢原子理论

1. 玻尔假设

物理学家玻尔在普朗克关于黑体辐射的量子论和爱因斯坦关于光子的概念的启发下，把量子概念应用到原子系统. 他认为尽管经典理论在解决各种宏观问题上取得了很大成就，但它不完全适用于发生在原子范围内的过程. 玻尔利用了卢瑟福原子模型的基本观点：在原子中电子以原子核为中心做圆轨道运动，原子核和电子间的库仑引力作

为向心力，维持电子的轨道运动.但卢瑟福模型在原子稳定性等方面有不可克服的困难，为解决这些困难，1913年玻尔在巴耳末公式的启发下，提出了如下的假设：

(1) 原子只能处在一些具有确定的离散值的能量状态中(这相应于原子中只能有一些特定的轨道).玻尔称这些状态为**定态**.

玻尔注意到了原子发射离散波长的线光谱这一事实.也就是说原子发射出的光子具有离散的、确定的能量.由此，他假设原子的能量状态也是离散的、不连续的，可分别以 $E_1, E_2, \cdots, E_m, \cdots$ 表示这些能量.处于一定能量状态的原子是稳定的，即使电子绕原子核做加速运动也不发生电磁辐射，这就是玻尔的定态假设.

(2) 角动量量子化条件.玻尔认为原子处于定态时电子的运动仍遵循经典理论.那什么样的状态才可能成为定态呢？玻尔提出对应原理：当原子处在量子数很大的定态时经典物理的规律将与量子物理的结果趋于一致.由对应原理，玻尔导出了角动量量子化条件，即原子中电子的轨道角动量是量子化的，它的值只能是 $\hbar$ 的整数倍.这里 $\hbar=h/2\pi$，$\hbar$ 称为**约化普朗克常量**，但有的场合也叫它普朗克常量.电子绕原子核做圆周运动的角动量为

$$mvr = n\hbar, \quad n = 1,2,3,\cdots \tag{1.6.4}$$

其中，n 为正整数，因此角动量只能有不连续的值.条件(1.6.4)也可写成环路积分的形式

$$\oint p\mathrm{d}l = nh, \quad n = 1,2,3,\cdots$$

(3) 当原子从一个定态跃迁到另一个定态时，原子的能量状态发生改变，这时原子才发射或吸收电磁辐射，所发射或吸收辐射的频率 ν 要服从频率规则，即

$$h\nu = E_n - E_m \tag{1.6.5}$$

其中，E_n、E_m 分别为跃迁前、后原子的能量；h 为普朗克常量.式(1.6.5)称为**玻尔的频率条件**或称**玻尔准则**.

通常用一条水平线表示一个能量状态.光子的辐射和吸收过程可以用图 1.6.4 表示.能量最低的状态称为**基态**.玻尔通过这条假设将原子的状态和原子光谱联系起来.

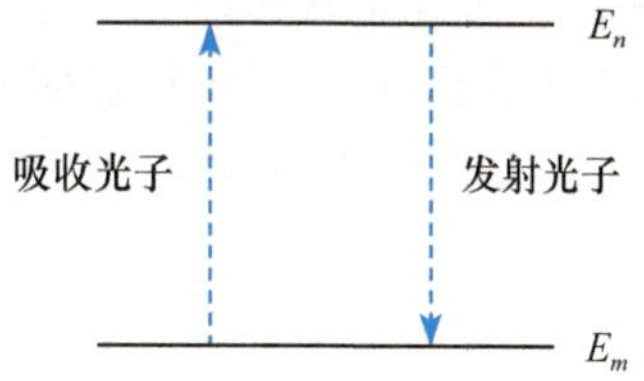

图 1.6.4　光的发射及吸收过程

2. 玻尔氢原子模型

将玻尔的三个假设和核式模型结合在一起，就可推导出氢原子的能级.设氢原子核的质量为 M，带电荷 $+e$；电子的质量为 m_e，带电荷 $-e$.氢原子是一个两体问题，可相当于一个折合质量为 $\mu\left(\mu=\dfrac{Mm_e}{M+m_e}\right)$ 的带电粒子绕质心的运动.将电子和

原子核的距离记为 r'，电子相对原子核的运动速度为 v，则由力的平衡

$$\frac{\mu v^2}{r'}=\frac{1}{4\pi\varepsilon_0}\frac{e^2}{r'^2} \tag{1.6.6}$$

于是，系统的总能量 E（动能和势能的总和）为

$$E=\frac{\mu v^2}{2}-\frac{e^2}{4\pi\varepsilon_0 r'}=-\frac{e^2}{8\pi\varepsilon_0 r'} \tag{1.6.7}$$

利用玻尔的量子化条件(1.6.4)，可以从式(1.6.6)解得

$$r'=\frac{4\pi\varepsilon_0\hbar^2}{\mu e^2}n^2,\quad n=1,2,3,\cdots \tag{1.6.8}$$

电子与系统质心间的距离也就是原子的半径 r，即

$$r=\frac{\mu}{m_e}r'=\frac{4\pi\varepsilon_0\hbar^2}{m_e e^2}n^2=n^2a_0,\quad n=1,2,3,\cdots \tag{1.6.9}$$

$$a_0=r_1=\frac{4\pi\varepsilon_0}{m_e e^2}\hbar^2=0.529\times10^{-10}\,\text{m} \tag{1.6.10}$$

其中，a_0 为**玻尔半径**，它就是第一玻尔半径，也就是基态时的电子轨道半径（也有些资料表示为 a_1），它是原子物理中常用的长度单位. 由式(1.6.9)知，氢原子的轨道半径和 n^2 成正比，可取的值分别为 a_0，$4a_0$，$9a_0$，$\cdots$. 原子中电子的轨道半径可能的取值是不连续的，和 n 有关. n 称为**量子数**. 氢原子的电子运动轨道半径不仅是量子化的，而且其数值仅由几个基本常量 m_e、h、e 等决定.

将式(1.6.8)代入式(1.6.7)，得电子处在量子数为 n 的定态的能量

$$E_n=-\frac{\mu e^4}{2(4\pi\varepsilon_0)^2\hbar^2}\cdot\frac{1}{n^2},\quad n=1,2,3,\cdots \tag{1.6.11}$$

由于 n 只能为正整数，所以 E_n 只能取离散的值，这是量子化条件式(1.6.4)的必然结果，称为**能量的量子化**. 能量最低的定态是 $n=1$ 时，原子处于最低能量时的状态称为**基态**. $n\geqslant 2$ 的状态称为原子的**激发态**.

由式(1.6.6)和式(1.6.8)，可计算速度为

$$v=\frac{e^2}{4\pi\varepsilon_0\hbar}\frac{1}{n}=\frac{\alpha c}{n}$$

其中

$$\alpha=\frac{e^2}{4\pi\varepsilon_0\hbar c}=7.29735308\times10^{-3}=\frac{1}{137}$$

α 是一个无量纲的量，称为**精细结构常数**. 由此可知，氢原子中电子的运动速度约为光速的 α 倍或更小，所以用非相对论近似来描绘原子中的电子运动所引起的误差不会很大.

若在能量表示式中用精细结构常数代入，则

$$E_n=-\frac{1}{2n^2}\mu(\alpha c)^2 \tag{1.6.12}$$

当 $n=1$ 时，有

$$E_1=-\frac{1}{2}\mu(\alpha c)^2=-\frac{1}{2}\cdot\frac{1836.15}{1837.15}m_e c^2\alpha^2$$
$$=-\frac{1}{2}(0.511\times10^6)\times\left(\frac{1}{137}\right)^2=-13.6(\mathrm{eV})$$

氢原子能量的绝对值约为电子静能量的 $\alpha^2/2$ 倍，比电子静能量小得多. 氢原子基态的半径可写为

$$a_0=\frac{4\pi\varepsilon_0}{m_e e^2}\hbar^2=\frac{4\pi\varepsilon_0\hbar c}{e^2}\cdot\frac{\hbar}{m_e c}=\frac{\bar{\lambda}_e}{\alpha} \tag{1.6.13}$$

其中，$\bar{\lambda}_e$ 为电子的约化康普顿波长；α 为精细结构常数. 这也说明氢原子的大小是由电子质量决定的.

原子物理的数值计算中常用到的一些单位及它们间的转换因子列在表 1.6.2.

表 1.6.2　常用单位和转换因子

物理量	单位和转换因子
波长 λ	$1\text{Å}=10^{-10}\mathrm{m}=0.1\mathrm{nm}$
波数 $\tilde{\nu}$ $\tilde{\nu}=1/\lambda$	$1\mathrm{cm}^{-1}=1$ 凯塞(kayser) $\delta=8066E(\mathrm{eV})\mathrm{cm}^{-1}$ $1\mathrm{cm}^{-1}=29.979\mathrm{GHz}$
能量 E	$1\mathrm{eV}=1.602\times10^{-19}\mathrm{J}=1.96\times10^{-6}m_e c^2$ $E=h\nu=hc/\lambda=hc\delta$ $1\mathrm{eV}\rightarrow2.418\times10^{14}\mathrm{Hz}\rightarrow8066\mathrm{cm}^{-1}$

在计算中，用到一些基本常量 $m_e,h,c,\cdots$，为计算方便常用一些组合常数：

$$\hbar c\approx197.3\mathrm{fm}\cdot\mathrm{MeV}=197.3\mathrm{nm}\cdot\mathrm{eV},\quad hc\approx1240\mathrm{nm}\cdot\mathrm{eV}$$
$$e^2/4\pi\varepsilon_0\approx1.44\mathrm{nm}\cdot\mathrm{eV},$$
$$m_e c^2\approx0.511\mathrm{MeV}=511\mathrm{keV}$$

人物简介

尼尔斯·玻尔(Niels Bohr，1885～1962，丹麦)1908 年因表面张力理论和实验工作获哥本哈根科学院奖. 1911 年获哥本哈根大学物理学博士学位. 1911 年在汤姆孙领导的剑桥卡文迪什实验室工作. 1912 年在曼彻斯特卢瑟福实验室工作，进行 α 粒子吸收理论研究. 1913 年创立玻尔原子模型，获 1922 年诺贝尔物理学奖. 1930 年后主要在原子核物理方面工作，提出液滴模型等. 玻尔善于和人相处，有长者之风，备受爱戴. 众多才华横溢的青年科学家聚集在他周围，为 20 世纪的物理发展做出了辉煌的贡献.

3. 氢原子的光谱系

由式(1.6.9)可以给出氢原子的电子轨道半径，图 1.6.5(a)给出了不同 n 的氢原子的圆形轨道. 式(1.6.11)给出了氢原子不同定态的能量. 一般用能级图来形象地表示原子量子化的能量值，在能级图上用一条横线表示原子可能有的一个能量值，称为一个能级. 其高度是按能量大小成比例画出来的. 能量随 n 的增加而迅速升高，其绝对值反比于 n^2. 氢原子可以具有的能量分别为 $E_1, E_1/4, E_1/9, \cdots$. 由于我们是以静止电子在无限远处，即与原子核无相互作用时的能量为零点的，所以原子中电子的能量均是负值. 图 1.6.5(b)给出了氢原子能级示意图.

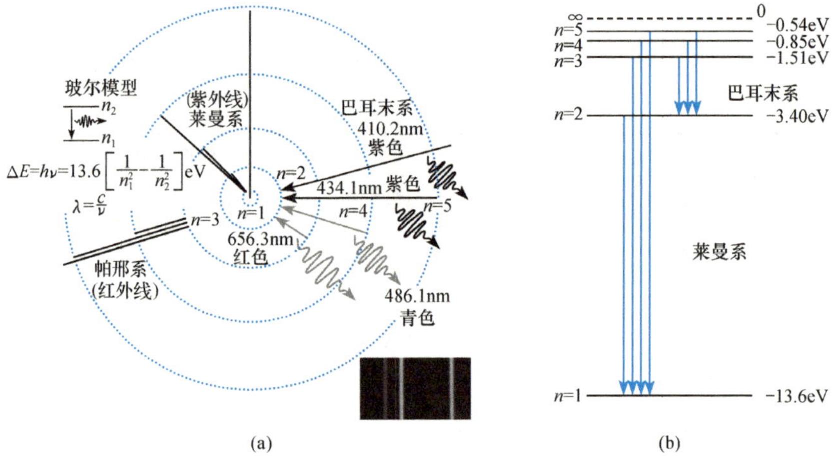

图 1.6.5　氢原子的电子轨道(a)及能级示意图(b)

原子的状态，即其大小和能量由量子数 n 决定. 当 $n\rightarrow\infty$时 $r_n\rightarrow\infty$，这时电子已远离原子核，不再受到核电场的束缚作用，成为一个自由电子，原子处于电离状态，相应的势能为零. 自由电子的能量由它的动能决定，等于 $m_e v^2/2$，所以能量是正值，并可以连续地变化. 这相当于能级图上的连续能量区. 已知基态的能量为 -13.6eV，所以将一个基态电子电离至少需要 13.6eV 的能量，这个能量称为**电离能**. 相反，当一个自由电子与氢原子核结合为一个基态氢原子时，至少释放 13.6eV 的能量，这个能量又称为氢原子的**结合能**.

原子中的电子由较高能级 E_n 跃迁到较低能级 E_m 时便会产生电磁辐射，即发射光子. 光子的能量根据玻尔的频率条件为

$$h\nu = E_n - E_m,\quad n > m,\quad m = 1,2,3,\cdots$$

上式也可改写为

$$\delta = \frac{E_n - E_m}{hc} = \frac{\alpha^2 \mu c}{2h}\left(\frac{1}{m^2} - \frac{1}{n^2}\right) \tag{1.6.14}$$

当原子从 $n>2$ 的状态跃迁到 $m=2$ 的状态时，所发射的辐射形成的谱线系，其波数由式(1.6.14)得

$$\tilde{\nu}=\frac{\alpha^2\mu c}{2h}\left(\frac{1}{2^2}-\frac{1}{n^2}\right)=R_{\mathrm{H}}\left(\frac{1}{2^2}-\frac{1}{n^2}\right)$$

这就是巴耳末谱线系的公式. 由玻尔氢原子理论还预言在氢原子光谱中应存在高能态跃迁到 $m=1,2,3,\cdots$ 等能态的谱线系. 玻尔模型提出后，在实验上也观察到了氢原子光谱在紫外线、红外线区的谱线，它们分别以发现者的名字来标记. 这些谱线组成的光谱线系也可以用玻尔公式来表示.

氢原子的各光谱线系及其波数表示式和实验观察发现的年代均列在下面：

莱曼(Lyman)系(紫外线区)　$\tilde{\nu}=R_{\mathrm{H}}\left(\frac{1}{1^2}-\frac{1}{n^2}\right)$，　$n=2,3,4,\cdots$　(1916 年)

巴耳末(Balmer)系(可见光区)　$\tilde{\nu}=R_{\mathrm{H}}\left(\frac{1}{2^2}-\frac{1}{n^2}\right)$，　$n=3,4,5,\cdots$　(1885 年)

帕邢(Paschen)系(近红外区)　$\tilde{\nu}=R_{\mathrm{H}}\left(\frac{1}{3^2}-\frac{1}{n^2}\right)$，　$n=4,5,6,\cdots$　(1908 年)

布拉开(Brackett)系(红外线区)　$\tilde{\nu}=R_{\mathrm{H}}\left(\frac{1}{4^2}-\frac{1}{n^2}\right)$，　$n=5,6,7,\cdots$　(1922 年)

普丰德(Pfund)系(远红外区)　$\tilde{\nu}=R_{\mathrm{H}}\left(\frac{1}{5^2}-\frac{1}{n^2}\right)$，　$n=6,7,8,\cdots$　(1924 年)

氢原子的各光谱线系在不同波长上的分布如图 1.6.6. 当 n 增大时线系中谱线的间隔就越来越小，$n\to\infty$ 时的波长就是各谱线系的线系限. 例如，莱曼系的线系限为 912Å，巴耳末系的线系限是 3646Å.

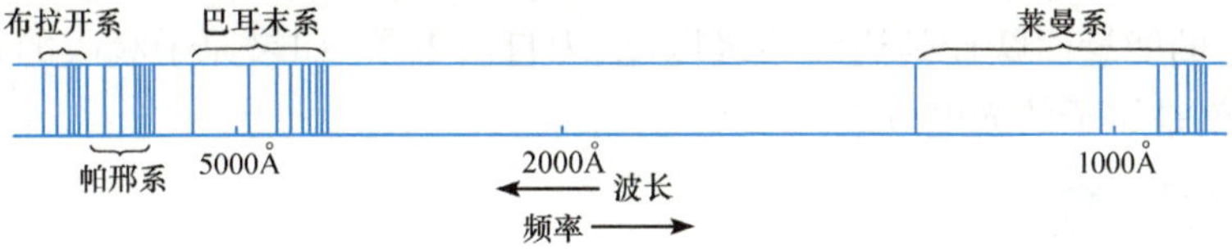

图 1.6.6　氢原子的光谱线系

玻尔氢原子模型对氢原子发射光谱和吸收光谱给出了理论解释.

1) 发射光谱

在一般情况下，氢原子处在基态，当它由外界获得一定的能量(如气体处在很高温度下)后，原子中的电子由 $n=1$ 的轨道跃迁至 n 值较大的轨道，此时原子处于能量较高的状态. 这种能量较基态能量为高的状态称为**激发态**. 这时多余的能量会以电磁辐射的形式放出. 在任一时刻，一个原子只能处于一个能级上，但是对大量原子来说，各个原子可以处在不同的能级上. 各能级间的跃迁可以在不同的原子上发生，于是，各种波长的光谱线都能同时观察到.

2）吸收光谱

原子从低能态跃迁到高能态时，由于能级是量子化的，所以只能吸收一些特定的能量. 因此，当具有连续谱的电磁辐射照在原子上时，只有一些离散能量的光子能被原子吸收，结果使与这些光子相对应的谱线从出射的辐射中减弱(或消失). 显然吸收谱线和发射谱线应具有相同的波长.

在一般情况下，氢原子是(或有极大概率)处于基态的. 所以，在电磁辐射照射后，原子只可能从 $n=1$ 的状态激发跃迁到 $n>1$ 状态，因此只有对应于莱曼系的吸收谱线能被观察到. 但对于高温下的原子，它们可能处于激发态，在受到连续谱的电磁辐射的照射时，就可以观察到巴耳末系的吸收谱线. 在恒星光谱中观察到的谱线就是这种情形.

吸收谱线的这些性质不能以经典的电磁辐射、电子绕原子核旋转或电子对平衡位置的振荡来说明.

3）连续谱

当运动速度为 v_0 的自由电子(它的动能为 $m_e v_0^2/2$)向原子核接近时，它的能量总是正的. 它不是量子化的，可以取任意正值. 当电子从非量子化能态跃迁到量子化能级 E_n 时，将释放能量，因而，当自由电子跃迁到氢原子基态时，所发射光子的波数为

$$\tilde{\nu} = \frac{m_e v_0^2}{2hc} + \frac{R_H}{n^2}$$

由于自由电子的能量可以连续变化，因而 $\tilde{\nu}$ 也将是连续变化的，于是在光谱图上出现了在线系限外的连续谱. 上述过程的逆过程也会发生，即处于基态的电子吸收大于 $|E_1|$ 的能量而跃迁到连续能级区，成为自由电子，如果原子吸收的是电磁辐射，那么就是原子的光电效应.

例 1.6.1

氢原子由基态被激发到 $n=4$ 的激发态，求：

(1) 原子吸收的能量；

(2) 原子回到基态时可能发射的光子的波长，并标明它们所属的谱系.

解 (1) 由式(1.6.12) $E_n = -m_e \alpha^2 c^2 / 2n^2$，得

$$E_4 = \frac{E_1}{n^2} = -\frac{13.6}{16} = -0.85(\text{eV})$$

所以原子吸收的能量为

$$E = E_4 - E_1 = 12.75\text{eV}$$

(2) 从第三激发态回到基态时,可能辐射的波长为

① $n=4\to n=1$, $\lambda=\dfrac{hc}{E_1-E_4}=\dfrac{1240}{13.6-0.85}=97.3(\text{nm})$ (莱曼系)

② $n=4\to n=2$, $\lambda=\dfrac{1240}{3.4-0.85}=486.3(\text{nm})$ (巴耳末系)

③ $n=2\to n=1$, $\lambda=\dfrac{1240}{13.6-3.4}=121.6(\text{nm})$ (莱曼系)

④ $n=4\to n=3$, $\lambda=\dfrac{1240}{1.51-0.85}=1878.8(\text{nm})$ (帕邢系)

⑤ $n=3\to n=1$, $\lambda=\dfrac{1240}{13.6-1.51}=102.6(\text{nm})$ (莱曼系)

⑥ $n=3\to n=2$, $\lambda=\dfrac{1240}{3.4-1.51}=656.1(\text{nm})$ (巴耳末系)

所以共可能发射6条谱线:3条属莱曼系,2条属巴耳末系,1条属帕邢系.

4. 氢原子的里德伯常量和重氢的发现

1) 氢原子的里德伯常量

由式(1.6.12)可得,氢原子的里德伯常量

$$R_{\text{H}}=\frac{\alpha^2\mu c}{2h}$$

计算可得R_{H}的理论值为$1.0966876\times10^7\text{m}^{-1}$. 由氢光谱的实验数据,可得到$R_{\text{H}}$的实验值,$R_{\text{H}}=1.09677\times10^7\text{m}^{-1}$. 在历史上,玻尔模型开始是在假设原子核质量为无穷大的近似下推导的. 由此得到的里德伯常量为

$$R_\infty=\frac{\alpha^2 m_e c}{2h} \tag{1.6.15}$$

由这些物理常数可由玻尔理论推出R_∞的理论值,

$$R_\infty=1.0973731534(13)\times10^7\text{m}^{-1}$$

它和实验值很接近,但仍有差异,差别约达5.4×10^{-4},而当时光谱的实验测量精度可达10^{-4},因此有些光谱学家对此提出了质疑. 玻尔指出这是由于简单的模型中忽略了氢核的质量,在考虑了原子核质量的影响后,R_{H}理论值和实验值的差别在8×10^{-5},在当时的测量误差内,这有力地说明了玻尔假设的正确性.

2) 重氢的发现

若原子核的核子数以A表示,具有确定的质子数和核子数的原子称作**核素**,对元素X的核素,用符号${}^A_Z\text{X}$来表示. 氢的三种核素分别表示为${}^1_1\text{H}$、${}^2_1\text{H}$、${}^3_1\text{H}$. 具有相同的质子数的核素称为**同位素**. 里德伯常量随原子核质量的变化曾被用来证实

氢的同位素氘的存在. 起初人们曾从原子量的测定中估计出氢元素可能有两种同位素^{1}H 和 ^{2}H, ^{2}H 称作重氢或氘, 用符号 D 表示. ^{2}H 的质量比 ^{1}H 大 1 倍. 但由于大自然中氘的含量极低(≈0.015%), 难以肯定. 1932 年, 尤里(H. Urey, 1893～1981, 美国)把 4L 液氢在 14K 的低温和 53mmHg① 柱的低气压下蒸发, 由于原子量的不同, 普通氢的蒸发速度比重氢快, 因而重氢在液体中逐渐浓缩. 他将浓缩得到的液氢蒸发到放电管中, 测量它的光谱. 发现前 4 条谱线都是双线. 这些双线之间的波长差与从假定的氘核质量算得的里德伯常量所造成的波长差符合得很好, 从而证实了重氢(氘)的存在. 尤里因此而获得了 1934 年诺贝尔化学奖. 这个实验也说明了原子光谱线的同位素移位效应的存在.

例 1.6.2

试计算氘的里德伯常量, 并给出氢和重氢(氘)的巴耳末系中前 4 条谱线的波长差.

解 重氢原子的里德伯常量为

$$R_{\mathrm{D}} = R_{\infty}\frac{2M_{\mathrm{H}}}{2M_{\mathrm{H}}+m_{\mathrm{e}}}$$

$$\frac{R_{\mathrm{H}}}{R_{\mathrm{D}}} = \frac{2M_{\mathrm{H}}+m_{\mathrm{e}}}{2(M_{\mathrm{H}}+m_{\mathrm{e}})} = 1-\frac{m_{\mathrm{e}}}{2(M_{\mathrm{H}}+m_{\mathrm{e}})}$$

设 λ_{H} 和 λ_{D} 为氢原子和氘原子从 n 态到 $m=2$ 态跃迁辐射的光波波长, 则

$$\tilde{\nu}_{\mathrm{H}} = R_{\mathrm{H}}\left(\frac{1}{4}-\frac{1}{n^2}\right), \quad \tilde{\nu}_{\mathrm{D}} = R_{\mathrm{D}}\left(\frac{1}{4}-\frac{1}{n^2}\right)$$

$$\lambda_{\mathrm{H}}-\lambda_{\mathrm{D}} = \lambda_{\mathrm{H}}\left(1-\frac{\lambda_{\mathrm{D}}}{\lambda_{\mathrm{H}}}\right) = \lambda_{\mathrm{H}}\left(1-\frac{R_{\mathrm{H}}}{R_{\mathrm{D}}}\right) = \frac{m_{\mathrm{e}}\lambda_{\mathrm{H}}}{2(M_{\mathrm{H}}+m_{\mathrm{e}})} \approx \frac{\lambda_{\mathrm{H}}}{3674}$$

计算结果列表如下:

	H_α	H_β	H_γ	H_δ
λ_{H}/nm	656.285	486.132	434.049	410.173
$(\lambda_{\mathrm{H}}-\lambda_{\mathrm{D}})$/nm	0.179	0.132	0.118	0.112

5. 类氢离子光谱

类氢离子是指原子核外只有一个电子的离子, 且原子核的电荷数 $Z>1$. 例如, 氦原子有两个电子, 当它失去一个电子, 即一次电离后只剩下一个电子的氦离子 He^+. He^+ 和二次电离的锂离子 Li^{++} 等都具有类似氢原子的结构.

1897 年天文学家皮克林(W. H. Pickering, 1858～1938, 美国)在星体的光谱

① 1mmHg=1.333×10^{2}Pa.

中发现了一个很像氢原子巴耳末系的光谱线系，称为**皮克林线系**. 图 1.6.7 给出皮克林线系和巴耳末系的前 4 条谱线.

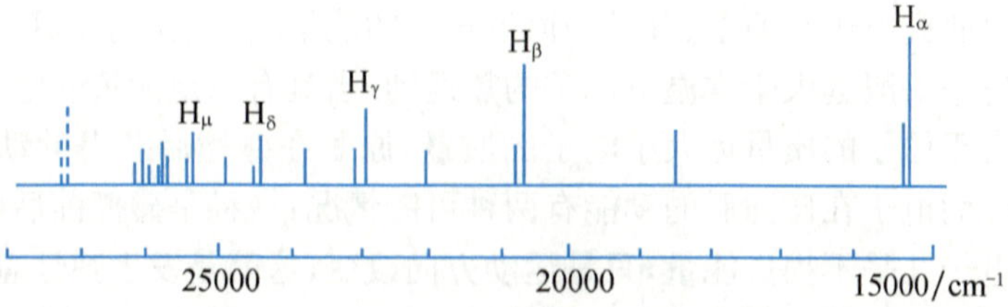

图 1.6.7 皮克林线系和巴耳末系的谱线

由图可看出：皮克林线系每隔一条谱线就与巴耳末系的谱线几乎重合，两者的波长只有很小的差别；在相邻的两条巴耳末线之间有另一条皮克林线. 里德伯指出皮克林线系的波数可用下式表示：

$$\tilde{\nu}=R\left(\frac{1}{2^2}-\frac{1}{k^2}\right),\quad k=2.5,3,3.5,\cdots \tag{1.6.16}$$

将玻尔氢原子理论应用到类氢离子时，只要把原公式中的 e^2 改为 Ze^2 就可以了. 因此，类氢离子光谱的波数，即

$$\tilde{\nu}=\frac{\alpha^2Z^2\mu c}{2h}\left(\frac{1}{m^2}-\frac{1}{n^2}\right)=Z^2R_{\rm A}\left(\frac{1}{m^2}-\frac{1}{n^2}\right)=R_{\rm A}\left(\frac{1}{(m/Z)^2}-\frac{1}{(n/Z)^2}\right),\quad n>m$$

氦离子的 $Z=2$，若 $m=4$，则上式可写成

$$\tilde{\nu}=R_{\rm He}\left(\frac{1}{(2)^2}-\frac{1}{(n/2)^2}\right),\quad n=5,6,7,\cdots \tag{1.6.17}$$

此式和式(1.6.16)完全一样. 所以玻尔原子理论可以很好地解释氦离子的皮克林线系. 将氦离子皮克林线系的谱线和氢原子巴耳末系的谱线比较，主要有两点差别：He^+ 的谱线比氢的要多，出现了 k 为半整数 2.5、3.5 等的谱线；实验观测到的 k 为整数的谱线的波数，二者是略有差别的，这是由于不同原子或离子的里德伯常量值的差别. 由式(1.6.17)算得对氦原子

$$R_{\rm He}=R_\infty\left(1-\frac{1}{4\times1836.15}\right)=1.097224\times10^7\,{\rm m}^{-1}$$

和实验值 $R_{\rm He}=1.0972227\times10^7\,{\rm m}^{-1}$ 几乎完全符合. 由玻尔模型还预言了后来发现的 He^+ 的其他谱线系：福勒系、第一和第二莱曼系等.

玻尔理论不仅能成功地说明氢原子的光谱，而且还能成功地说明类氢离子的光谱.

1.6.3 弗兰克-赫兹实验

玻尔理论中重要的基本假设是原子只能处在能量量子化的定态上. 这个假设是经典理论无法理解的. 然而，玻尔理论很好地解释了氢原子和类氢离子的光谱，说明这个观点在光谱的研究中得到了证实. 那么，定态是否能得到实验直接的验证

呢？这就是著名的**弗兰克-赫兹实验**.

弗兰克(J. Franck，1882～1964，德国，美国)和赫兹(G. Hertz，1887～1975，德国)当时主要研究电子与原子、分子碰撞过程中的能量转移. 我们知道，经电场加速的电子，其速率一般远大于常温下原子的热运动. 当具有一定能量的电子和原子发生碰撞时，由于原子的质量远大于电子的质量，原子在碰撞后获得的动能非常小，可忽略不计. 而电子在碰撞后的动能有两种可能情况：一种是碰撞前后电子的动能基本不变，电子几乎不损失能量，只是运动方向改变，这就是发生弹性碰撞. 另一种情况是非弹性碰撞，即电子失去了一部分或全部动能，所失去的动能转化为原子内部的能量，使原子激发或电离. 他们设计了电子和汞原子碰撞的实验.

在充有低压汞蒸气的密闭容器中，电子从热阴极 F 发出，经栅极 G 加速而射向阳极 P. 在阳极 P 和栅极 G 之间加反偏压，使阳极电压比栅极电压低约 0.5V，这样动能很小的电子通过栅极后，若没有足够的动能不会被阳极收集(图 1.6.8). 实验时改变栅极和阴极间的电压 V，测量阳极收集到的电流 I 和 V 的关系，得到如图 1.6.9 所示的曲线. 随着电压的增加，电流呈周期性变化，电流峰值的间隔约为 4.9V. 实验结果使他们想到电子的能量损失看来是量子化的.

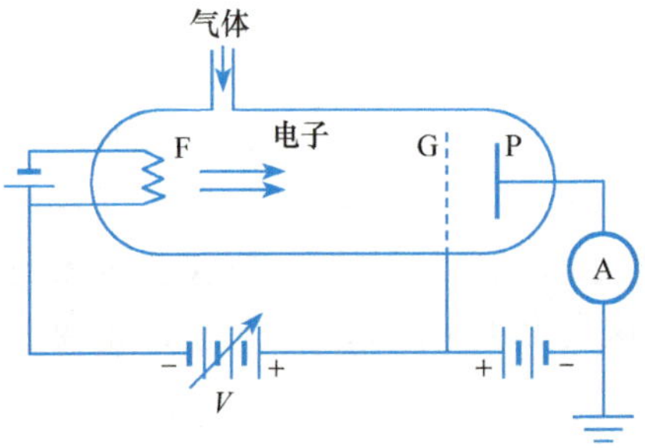

图 1.6.8　弗兰克-赫兹实验装置简图

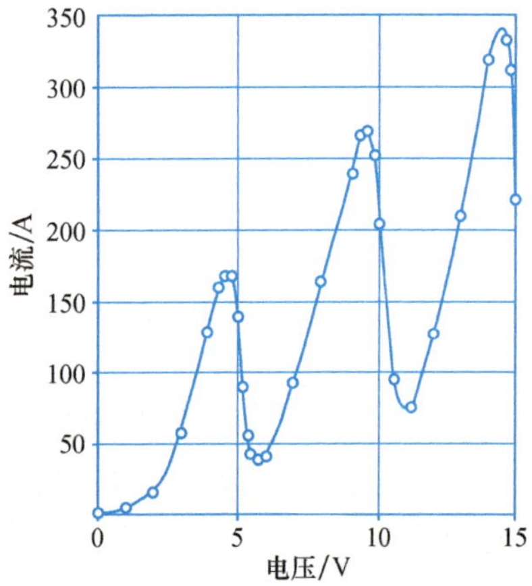

图 1.6.9　实验测得的电流-电压曲线

在这期间玻尔的原子理论发表了，弗兰克和赫兹实验正是利用电子与原子的非弹性碰撞使汞原子从低能级激发到高能级. 如果原子的能量状态是离散的，原子从基态跃迁到较高的能态，那电子的能量损失也只能是离散的. 他们通过测量碰撞后电子的能量分布，对原子能态的量子化进行了验证.

这样，他们的实验现象可以用原子能量量子化的理论给以解释. 当 V 由零逐渐增加时，在开始阶段电流基本随电压迅速增加，与真空二极管的特性曲线相似. 在电子从阴极到栅极的路径中，电子有一定的概率和汞原子发生碰撞，碰撞过程中就可能把能量转移给了汞原子. 一般情况下，绝大多数汞原子处于基态(最低能级)上，获得能量后就可能跃迁到激发态.设激发态和基态间的能量差为 E,则电子的动能至少要等于或大于 E 时才可能引起原子的激发.当 V 较小时,电子的动能还较低,小于 E,不足以和原子发生非弹性碰撞,只能与汞原子发生弹性碰撞.当 $V=V_1$ 后,即电子的动能 eV_1 大于或等于 E 时,电子在栅极附近和原子就可能发生非弹性碰撞,使汞原子从基态跃迁到第一激发态.而电子失去了能量,它的剩余动能不足以克服G、P之间的反偏压,故到达不了P极,致使电流 I 下降,因而电流曲线形成一个峰.电压继续增加使电子经非弹性碰撞后又得到加速而增大了能量,从而电流再次增加.当电压为 V_2 时,一部分电子会由于发生两次非弹性碰撞而失去能量,使电流又下降,形成第二个峰.继续下去在 V_3,V_4,…处电流再次出现峰.实验测得这些峰值处的电压差为4.9V.

显然4.9eV应当等于汞原子基态与其第一激发态能级之间的能量间隔.这一点在汞原子的发射光谱中也得到了证实,它相应于253.7nm的谱线.上述实验测量到的是汞的第一激发电势.用改进了的装置,见图1.6.10,可以测量汞原子更高的激发电势及电离电势.图上用 V_r 表示相应的激发电压.在两个栅极间形成一个等电压的碰撞区,这样可以改善能量损失测量的分辨本领,而在电流-电压曲线中可观测到有更细致的结构.曲线上的极大值并不都有相应的光谱线,这是因为由碰撞过程引起的激发态中有些相应于光学的"禁戒"跃迁.

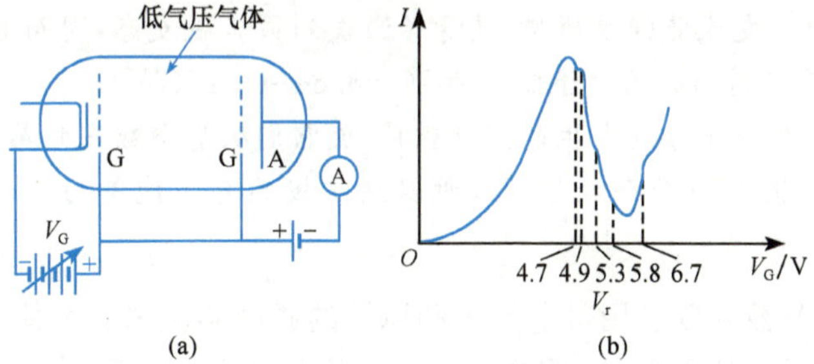

图1.6.10　电子碰撞方法测量原子激发能的装置(a)及汞蒸气的实验结果(b)

弗兰克-赫兹实验表明,汞原子和电子碰撞时,能够从电子处接收的能量不是任意的,只能是一定值的能量,如4.7,4.9,5.3,5.8,6.7,…(单位eV),因而说明了原子离散能级的存在.他们还对氖、氩等气体做了相似的实验.这些实验用不同于光谱的方法验证了原子态能量的量子化现象,弗兰克和赫兹也因此工作而共同获得1925年的诺贝尔物理学奖.

例1.6.3

在气体放电管中,一束能量为10eV的电子和单原子气体发生碰撞,发射的辐射波长有:140.2nm、253.6nm和313.2nm.其中253.6nm的光谱较其他两个成分强.请给出相应的能级图,并给出到达阳极的电子的能量.

解 由光子波长可算得各辐射相应的能量间隔的跃迁,若λ是以 nm 为单位,则由

$$E=\frac{1240}{\lambda}\text{eV}$$

算得能级间隔:E=8.84eV,4.89eV,3.96eV.

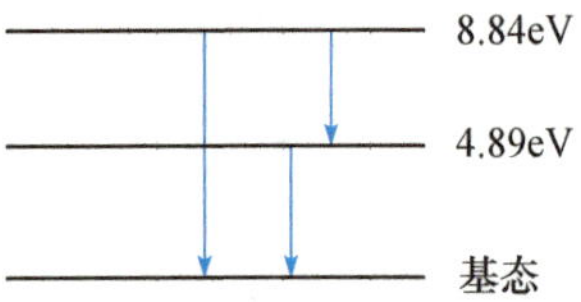

图 1.6.11 与辐射相应的原子能级

由题意得知,253.6nm 的谱线较强,说明这可能相应于原子获取能量后,由基态跃迁到第一激发态,再退激发而发出的辐射.而它相应的能量间隔为 4.89eV.由此,可推测 8.84eV 相应于第二激发态.3.96eV 几乎正好等于这两个激发态之间的能量差.因此,这些跃迁有关的能级图如图 1.6.11 所示.

到达阳极的电子能量有下列几种:

(1) 没和原子发生非弹性碰撞的电子,其能量仍为 10eV;

(2) 和原子发生非弹性碰撞,使原子激发到第一激发态,因而电子的能量损失 4.89eV,所以到阳极的电子能量为 10−4.89=5.11(eV);

(3) 和原子发生非弹性碰撞,使原子激发到第二激发态,因而电子的能量损失 8.84eV,所以到阳极的电子能量为 10−8.84=1.16(eV);

(4) 和两个原子分别发生非弹性碰撞,使它们从基态激发到第一激发态,因而电子的能量损失为两个 4.89eV,所以到阳极的电子能量为 10−2×4.89=0.22(eV).

弗兰克和赫兹开创了用带电粒子和原子的碰撞实验来研究原子和分子的状态,其中包括原子、分子激发态和电离态的结构与动力学的问题.现代电子碰撞实验装置——电子能量损失谱仪可精确测定电子的能量损失谱,其能量分辨率可达几十毫伏,还可测量散射电子的角分布.在现代原子物理和固体物理中,电子能量损失谱仪是研究原子的激发态和固体表面结构的重要工具.

人物简介

詹姆斯·弗兰克(James Franck,1882~1964,德国)1906 年在柏林大学教学,主要研究电子、原子和分子运动学,气体的导电性.后来和赫兹一起用实验验证了玻尔的原子理论,获 1925 年诺贝尔物理学奖.在原子物理、气体荧光、分子光解离、分子光谱等方面有诸多贡献.基于对分子振动能级间的电子跃迁机制的理论研究,与康登一起提出弗兰克-康登原理.

人物简介

古斯塔夫·路德维希·赫兹(Gustav Ludwig Hertz,1887～1975,德国)1911年毕业于柏林大学.1913年与弗兰克共事,研究电子与原子的碰撞及能量交换.测量证实了玻尔原子结构理论,与弗兰克一起获1925年诺贝尔物理学奖.除上述贡献,赫兹在电子和原子能量交换、电离电势测量、同位素分离等方面也做了不少工作.

1.6.4 玻尔理论的局限

上面的讨论说明,由玻尔理论得到的定态能级公式,能够很好地解释氢原子以及类氢离子的光谱现象,这是玻尔理论的重大成功.而更具普遍意义的是他提出的一些量子化假设.

(1) 原子的能量是量子化的,只能取某些离散的数值.这个观点不仅为氢原子以及类氢离子的光谱所证实,而且弗兰克-赫兹实验证明,对于汞那样的复杂原子也是正确的.实际上玻尔关于原子能量量子化的假设比他的氢原子理论更有普遍意义.

(2) 定态的概念.处于某一确定的能量状态的原子并不辐射电磁波,只有当原子从一个能量状态跃迁到另一个能量状态时才发射(或吸收)光子.光子的频率(或波数)由玻尔频率条件决定.事实表明,这一结论对于各种原子也是普遍正确的.

(3) 由玻尔量子化条件得出了角动量量子化这一普遍规律.

玻尔的这些假设都是与经典力学、经典电磁理论相违背的.正是由于他冲破了经典思想的束缚,才获得了成功.玻尔理论的成功说明经典物理的规律不能完全适用于原子内部的运动规律,需要附加量子化的假设.这个理论促进了当时原子物理学的发展,推动了新的实验和理论工作,为人们认识微观世界以及为近代量子理论的建立打下了基础.

但玻尔理论仍然是建立在经典粒子运动的概念上的,仍用宏观物体的运动来类比原子中电子的运动,并用此来计算电子的轨道.这个理论中包含了不正确的概念,而且引进的量子化条件又没有理论的根据.因此玻尔理论是经典理论和量子化条件并存,缺乏逻辑的统一性.玻尔模型一方面抛弃了经典力学连续性概念而提出了轨道的量子化假设,另一方面却用经典力学来计算轨道.玻尔模型成功地预言了原子发射或吸收光的频率,但不能解释光谱线的强度、极化和选择定则.玻尔理论无法解释比氢原子更为复杂的原子的光谱现象,在研究氦原子的光谱现象时,就遇到了不可克服的困难.许多物理学家为此做了许多工作,在玻尔理论的基础上做了推广,例如,索末菲将玻尔的量子化条件推广为二维量子化条件等,但仍未解决氦原子的困难.这个问题在量子力学建立以后得到了较好解决.

1.7 物 质 波

由前面的讨论我们知道原子是由原子核和核外电子组成的.经典物理中认为这些粒子的运动服从牛顿力学和麦克斯韦电磁理论.然而,玻尔关于原子结构理论做了一些难以理解的假设:电子可以不停地在固定轨道上旋转而不辐射;电子可以从一个轨道上消失而出现在另一个轨道上,这些都不符合经典的带电粒子运动规律,但这一理论却又能非常好地解释氢原子光谱,给出里德伯常量.要克服玻尔理论中的模糊,必须要有一个新理论.

在前面我们讨论了光不仅具有波动性,还具有粒子性.那么,实物粒子,即那些静止质量不为零的粒子,是否具有波的性质呢?年轻的法国学者德布罗意(L. de Broglie,1892～1987,法国),在1923年首先提出了这个问题.

1.7.1 德布罗意假设

在玻尔原子模型中,原子中电子的角动量、能量都出现了一些整数,例如,电子的轨道角动量

$$L = mvr = n\hbar, \quad n = 1,2,3,\cdots$$

德布罗意把这种整数现象与波的特征联系了起来,如波的驻波现象、衍射现象等.他在博士论文中提出,既然光具有波动性和粒子性,那么电子也可能具有波动性;氢原子中电子轨道角动量的量子化反映了电子的波动性.

波动性应由波动的量来反映.德布罗意假定,对机械能量为E、动量为p和静止质量为m_0的实物粒子,有相应的波动量频率ν和波长λ与之相联系

$$\begin{aligned} \nu &= E/h \\ \lambda &= h/p \\ E^2 &= p^2c^2 + m_0^2c^4 \end{aligned} \tag{1.7.1}$$

它们被称为德布罗意关系.

从上面的式子可以看出,实物粒子的波长、频率之间有如下关系:

$$\nu = \sqrt{c^2/\lambda^2 + m_0^2c^4/h^2} = \frac{c}{\lambda}\sqrt{1 + m_0^2c^2\lambda^2/h^2}$$

或用角频率写出来

$$\omega = \sqrt{c^2k^2 + m_0^2c^4/\hbar^2}$$

德布罗意认为这两个波动量描写了一个与实物粒子相联系的波，称为物质波，也叫德布罗意波. 不过从频率与波数的关系看，这个波是有着特殊色散关系的波. 从机械波的关系可知，这个波的相速度和群速度分别是

$$v_p = \omega/k = \hbar\omega/\hbar k = E/p = c^2/v$$
$$v_g = d\omega/dk = dE/dp = pc^2/E = v$$

其中，v 即为粒子的运动速度.

由上面的德布罗意关系式可知，粒子速度 v 增大时，λ 减小；对于相同速度的粒子，m_0 越大则波长越短. 若以 E_k 表示粒子的动能，则相对论粒子的能量和动量如下所示：

$$E = E_k + m_0 c^2$$
$$c^2 p^2 = E^2 - m_0^2 c^4$$
$$\lambda = \frac{hc}{\sqrt{E^2 - m_0^2 c^4}} = \frac{hc}{\sqrt{E_k(E_k + 2m_0 c^2)}} = \frac{h}{\sqrt{2m_0 E_k}} \cdot \frac{1}{\sqrt{1 + E_k/(2m_0 c^2)}}$$

当粒子速度比光速 c 小许多时，即 $\beta = v/c \ll 1$，为非相对论情形，粒子的动能比静止能小很多，所以 $E_k/2m_0 c^2$ 是个小量，所以有关系式

$$\lambda \approx \frac{h}{\sqrt{2m_0 E_k}} = \frac{h}{m_0 v} \tag{1.7.2}$$

德布罗意认为玻尔原子模型中允许的电子运动轨道必须是那些有稳定的驻波的轨道，即轨道的长度必须为波长的整数倍. 运用电子的波长公式就可以推导出玻尔的角动量量子化假设

$$2\pi r = n\lambda = nh/p, \quad n = 1, 2, 3, \cdots$$
$$L = pr = nh/2\pi = n\hbar$$

这样，由波长和动量之间的关系式，可推出玻尔的量子化规则.

人物简介

路易·德布罗意(Louis de Broglie，1892～1987，法国)1918 年，他加入了他哥哥的实验研究工作，对光量子、能量子概念进行了理论探讨. 1924 年以论文《量子理论研究》获巴黎大学科学系的博士学位. 在此论文中，他提出了电子波动性的创造性观念，揭示了物质的普遍性质，因此获得了 1929 年诺贝尔物理学奖.

1.7.2 实验验证

德布罗意关于物质波的观点是否可以用实验来验证呢？实物粒子的粒子性是由大量实验事实所揭示的. 对于电子，正是由于电子在空间的位置是可确定的，可用空间坐标来表示它的位置，运动时具有确定的轨迹、能量、动量等，我们才认为电子是粒子. 在汤姆孙实验中就是根据这些定出了电子的荷质比. 从光学中我们知道，光的波动性是由干涉、衍射等实验所揭示的. 在光学实验中，只要光学仪器的有关线度，如障碍物、孔的线度等，与光的波长可比拟或小于光的波长，就能观察到波动形态所特有的干涉和衍射现象. 那么，对于实物粒子，当物质波的波长与障碍物或“孔”的线度可比拟时，是否也能显示出波动性呢？对于那些从宏观上来说是很小的质点，例如，一个质量 m 是 10μg 的粒子，它的速度 $v=1\text{cm/s}$ 时，由式(1.7.1)可计算出它相应的德布罗意波的波长 $\lambda\approx6\times10^{-22}\text{cm}$. 这样的波长太短了，在宏观物理中不可能观察到它的波动性. 因此，为观察物质波的存在，必须使粒子的波长可与仪器的某些几何参数相比拟. 具体地说，就是要找出一种可以用来观察它的衍射现象的光栅.

由公式可知，要想得到大的波长，应该选择质量小的实物粒子. 在各类实物粒子中，电子的质量最小($m_e=9.1\times10^{-31}\text{kg}=0.511\text{MeV}/c^2$). 当它低速运动时，相应的波长较长. 由上面例题的计算可知，动能为 150eV 的电子的德布罗意波长与晶体中原子之间的距离(约 1Å=0.1nm)恰好相近，从而可以用晶体作为“光栅”.

1921～1923 年，戴维孙(C. J. Davisson，1881～1958，美国)在贝尔实验室研究电子和金属弹性散射的特性时发现了弹性散射电子的强度随散射的角度而变化. 一直到 1925 年，德布罗意的论文发表了一年之后，戴维孙在欧洲一次物理学会议上报告他的工作，在讨论中才认识到这可能是电子衍射的结果，能验证电子波，于是认真开展了对电子衍射和验证德布罗意波长的实验. 1927 年，由戴维孙和革末(L. H. Germer，1896～1971，美国)合作完成了镍晶体的电子衍射实验，对电子的德布罗意波给出了明确的实验验证.

戴维孙在实验中采用低能电子束，将它们垂直投射到晶体表面(Ni 单晶的 111 面)，如图 1.7.1 所示，在一定的加速电压下，测量散射束强度与散射角的关系. 又在固定的 θ 角下，测量散射电子束强度与加速电压的关系，以验证德布罗意的关系式. 实验结果如图 1.7.2 所示. 由图中可以看到，在加速电压为 54V 时，散射电子在 50°处有明显增强. 这一现象可以用电子的德布罗意波的衍射很好地解释. 对电子束，可以认为散射基本上在晶体表面进行. 由于在磨光的平面上成列地排列着整齐的原子，晶面可以看成是许多线型光栅的集合. 在垂直入射的情况下，单晶表面相当于一个反射光栅，相应的光栅间距决定于晶格常数 d. 布拉格衍射中出现加强反射波的条件是

$$d\sin\theta = n\lambda, \quad n = 1, 2, 3, \cdots \tag{1.7.3}$$

已知镍单晶晶格常数 $d=2.15\text{Å}$(由 X 射线实验测得).

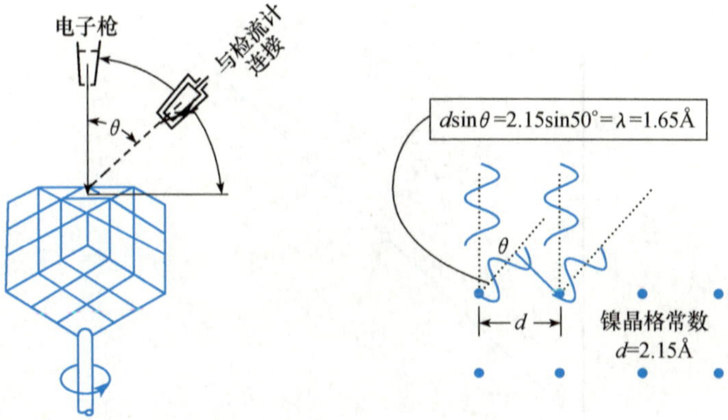

图 1.7.1 戴维孙-革末实验装置示意图及布拉格条件

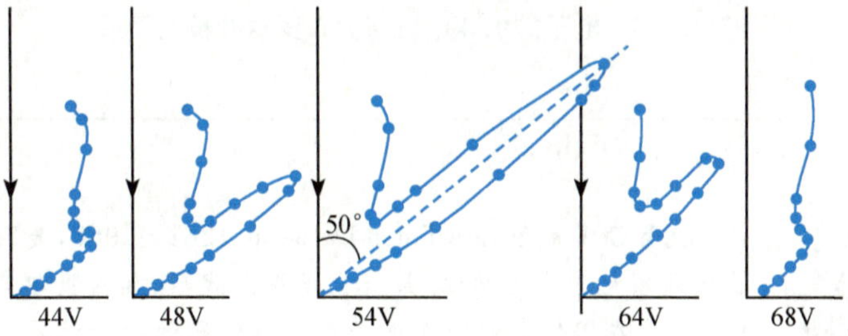

图 1.7.2 戴维孙-革末实验结果

当电子的加速电压为 V 时,电压以伏为单位,相应的波长为

$$\lambda = \frac{h}{\sqrt{2m_e E_k}} = \frac{hc}{\sqrt{2m_e c^2 E_k}} = \frac{1.226}{\sqrt{V}}\text{nm} \tag{1.7.4}$$

在电压值为 54V 时,电子的德布罗意波长 $\lambda=0.167\text{nm}$. 由式(1.7.3),对 $n=1$,可算得 $\theta=51°$,和实验测量值相符. 他们通过系统地测量不同加速电压下的散射,验证了电子的德布罗意波长和加速电压的关系式(1.7.4),见图 1.7.3,令人信服地证实了电子具有波动性,并在测量准确度范围内证明了德布罗意公式 $\lambda=h/p$ 的正确性.

1927 年,G. P. 汤姆孙(G. P. Thomson,1892～1975,英国)用一窄束阴极射线(能量在 20～60keV)打在金属薄箔(厚度在 10^{-6} cm 量级)上,在薄箔后面垂直于入射电子束方向放置照相胶片接收散射电子,显影后在底片上得到了德拜-谢勒衍射环(Debye-Scherrer ring). 根据 X 射线衍射的数据可以知道金属的晶格结构,计算的电子波长和由电子动量计算的德布罗意波长的误差在 1%以内. 为了进一步确认衍射图是由电子引起的，令电子通过薄箔后再经过一个均匀磁场，发现在经过磁场后电子只是有了偏转，但仍能保持衍射图案，因而确定这不是 X 射线衍射而是电子衍射.

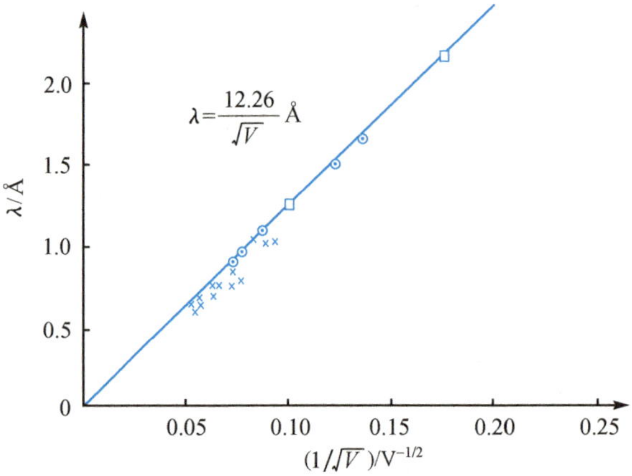

图 1.7.3　电子的加速电压与德布罗意波长的关系

人物简介

克林顿·戴维孙(Clinton Davisson，1881～1958，美国)1911 年获普林斯顿大学博士学位. 第一次世界大战后，加入贝尔实验室工作. 1927 年，在偶然事故中发现了电子在镍靶的衍射迹象，以后专注于此研究，终于证实了德布罗意关于电子波动性的理论，获得了 1937 年诺贝尔物理学奖.

人物简介

乔治·汤姆孙(George Thomson，1892～1975，英国)在第一次世界大战期间从事飞机稳定性和空气动力学的研究. 战后继续他在物理领域的工作，在阿伯丁大学期间进行了电子穿过薄膜的行为的研究，证实了电子的波动性. 他的父亲 J. J. 汤姆孙曾因发现了电子而获得 1906 年诺贝尔物理学奖，那时电子表现出粒子性，他则因为发现电子的波动性而与戴维孙一起获得 1937 年的诺贝尔物理学奖. 以后他的兴趣转向核物理，特别是核裂变和核聚变的研究.

物质波，在经典物理中是不可能解释的现象，而这却是量子力学的核心．物理学家通过各种实验来检验和证实物质波的存在．19世纪初，杨氏双缝实验证实了光的波动性，1909年泰勒（G. I. Taylor，1886～1975，英国）用很弱的光源（相当于在1英里①外的一支蜡烛）观测到了干涉条纹．狄拉克把这陈述为“每个光子只是和它自身干涉”．戴维孙和G. P. 汤姆孙的实验都是电子打在晶体上引起的干涉，并没有完成电子的双缝实验．1961年第一个电子双缝实验成功，类似于杨氏实验．1989年用非常弱的电子源（每次只可能有一个电子通过棱镜，两个电子同时的概率极低）和电子双棱镜，经过20min的数据积累后观测到条纹图案，图1.7.4给出实验的示意图(a)和经过不同时间的数据积累的图形(b)、(c)、(d)，类似于对光波动性的泰勒实验．

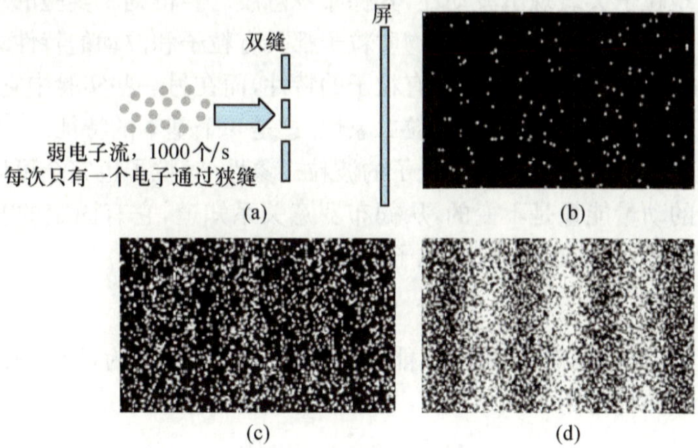

图1.7.4 电子双缝实验

(a) 实验示意图；(b) 积累到270个电子；(c) 积累到2000个电子；(d) 20min后积累到60000个电子

不仅电子的波动性在实验中得到证实，中子、氦原子和氢分子，甚至大到像碳-60和碳-70这样的大分子的波动性也都得到了验证．原子和分子的实验意义更深刻，和电子不同，它们都是由电子和其他一些粒子组成的复合体系．原子和分子也具有波动性充分表明了物质波动性的普遍性．

实物粒子的波动性已在科学实验和技术中得到了广泛应用，例如，电子显微镜、中子散射技术（1994年获诺贝尔物理学奖）等．

中子不带电而具有磁矩，能较深地穿透物质内部，能直接鉴别核素，使之成为一种独特的从原子和分子尺度上研究物质结构和微观运动规律的高新技术．中子散射技术能为凝聚态物质的微观行为提供详细信息，已在凝聚态物理（固体和液体）、化学（特别是高分子化学）、生物工程、生命科学、材料科学（特别是纳米材料科

① 1英里＝1.609千米．

学）等多学科领域的研究中被广泛采用. 核反应堆能提供很强的连续慢中子束（能量在 $10^{-3}\sim10^{-1}$eV），相应的波长在 0.01～1nm. 中子的能量和波长恰好和凝聚态物质的特征量子能量和原子间距相近. 散裂中子源是让经过加速器加速的高能高束流功率的质子轰击重金属靶，并通过散裂效应产生高能中子，再用多种慢化器将其慢化成适合中子散射用的慢中子脉冲. 由于是脉冲源，可以精确测定每个中子的能量和波长，适合各种中子散射谱仪的要求. 作为大科学工程，我国正在建设散裂中子源二期工程.

1.7.3　物质的波粒二象性

微观世界中的许多现象不能由牛顿力学和麦克斯韦电磁学的经典理论来说明. 例如，微观粒子会表现出波动性，其德布罗意波已经得到了实验的肯定.

在前面的几节中已看到，光和物质粒子都具有粒子和波动的特性. 有些实验条件下，光及物质粒子显示出它们具有粒子的特性，而在另一些实验中它们又表现出波动的特征，也就是它们都具有波粒二象性. 这是一个基本的特征.

前面我们曾用概率波描写了光子的波粒二象性. 对粒子也完全可以这样做. 一个自由粒子的动量能量是不变的，从德布罗意关系知道，它有固定的波长和频率，因此是个单色平面波. 这样，自由粒子的概率波可记为

$$\Phi(\boldsymbol{x},t)=A\mathrm{e}^{\mathrm{i}(\boldsymbol{k}\cdot\boldsymbol{x}-\omega t)} \tag{1.7.5}$$

对于粒子而言，我们习惯使用动量、能量这类语言描述其行为，因此根据德布罗意关系，式(1.7.5)可记为

$$\Phi(\boldsymbol{x},t)=A\mathrm{e}^{\mathrm{i}(\boldsymbol{p}\cdot\boldsymbol{x}-Et)/\hbar} \tag{1.7.6}$$

和用平面波式(1.5.14)描写自由光子的情形一样，函数式(1.7.6)也很好地描写了一个能量为 E、动量为 $\boldsymbol{p}$ 的自由粒子，同时根据德布罗意关系，它也很好地描写了相应的德布罗意波. 时刻 t 在空间 $\boldsymbol{x}$ 处的粒子数密度或概率密度为 $|\Phi|^2$. 函数 Φ 称为自由粒子的**波函数**. 在光子的情形，波函数有确切的物理意义，它和电场强度、磁场强度等物理量相联系，它的模方则与光子数（概率）相联系. 在粒子的情形，波函数的模方是与粒子数（概率）相联系的，但它还与什么物理量直接有关，却并不清楚.

总结这一章，我们可以看到，当问题涉及原子大小(Å)范围时，经典物理就碰了壁，从而暴露了它的一些概念的片面性. 能量可以不连续，最小的一份叫能量子，任何物质不管是有静质量的粒子还是没有静质量的场都具有波粒二象性. 描写一个客体的粒子性的量如动量、能量等，与描写客体的波动性的量如波长、频率等，通过微观世界的特征量——普朗克常量联系了起来，满足德布罗意关系或爱因斯坦关系. 用概率波可以较好地描写这种波粒二象性的统计结果，其合适的数学形式是波函数. 波函数的模方代表粒子在某处出现的概率密度.

第 2 章　状态和薛定谔方程

2.1　状态和波函数

2.1.1　微观系统运动状态

在物质的波粒二象性概念的基础上，迅速地建立起了一门正确反映微观世界物质机械运动规律的科学，即量子力学，也叫波动力学.

量子力学讨论的是微观粒子或微观系统（也叫量子系统）的运动. 所谓微观系统，是指在原子大小范围内，一些粒子按照一定的相互作用方式构成的力学体系，如电子、中子、氦分子、碳原子核等. 为了叙述的方便，我们把微观系统统称为微观粒子.

在一定的条件下（如光照、受热，处于电场或磁场中等），微观粒子将有符合一定规律的可能运动. 我们称每一个这样的运动为该粒子的一个运动状态.

第 1 章分析实验时已表明，在一个实验中，粒子的总数（如衍射实验中的总亮度、光子数或电子数）没有确定可比较的意义，而各个运动状态所占的粒子数的相对比例即相对粒子数（各状态的粒子数与总粒子数之比）却是完全确定的，是反映单个粒子的动力学性质的. 我们可以只考虑这个相对粒子数，即在系统状态中把粒子数除掉，或者不准确地说，把总的状态对它包含的粒子总数作一“算术平均”（在由一个粒子多次重复实验的情况下，这就是系统的状态对重复次数的“平均”）. 这种过程叫归一化.

归一化后，这个典型粒子的状态，代表实验中粒子处于各个位置或各个运动状态的概率. 我们知道，这种概率和光的亮度有着类似的行为. 为了描写这种特性，一种现成的办法是引进概率波，而概率就作为这个概率波的强度. 概率波可以用一个概率振幅来表示，它也叫波函数. 在一般的量子力学问题中，系统的状态可以很复杂，怎么描写呢？我们把在衍射、干涉中采用的办法直接推广而假定：系统的状态用波函数来完全描写，而波函数是概率振幅. 这是量子力学的第一个假定. 把波函数解释为概率振幅，是玻恩在 1926 年提出来的，称为概率解释.

人物简介

马克斯·玻恩(Max Born,1882~1970,德国)是量子力学的创建者之一,晶格动力学的奠基人,因提出波函数的统计诠释而获得了1954年诺贝尔物理学奖.量子力学的提出使格廷根大学成为当时举世瞩目的物理中心之一.在玻恩的领导下,格廷根大学学术空气自由活跃,形成了可以和玻尔的哥本哈根学派相媲美的格廷根物理学派.

所谓完全描写,是指波函数给出粒子的有关力学知识的总汇,它能告诉我们粒子可以处于一些什么运动状态以及处于每个状态的概率.如果粒子的运动状态用坐标来标志,那么,根据第1章的讨论,归一化后的波函数在某处的强度(模方)就给出粒子处于该点的概率密度.

现在,我们把前面的意思数学化,以便今后进行严格的定量计算.

2.1.2 归一化

像前面自由粒子的波函数那样,我们可以用一个坐标时间的函数 $\Phi(x,y,z,t)$ 来描写系统的状态,概率振幅的模方 $|\Phi(x,y,z,t)|^2$ 就代表 t 时刻在点 (x,y,z) 处的粒子数密度(单位体积中的粒子数) ρ

$$\begin{aligned}\rho(x,y,z,t) &= \frac{\mathrm{d}N}{\mathrm{d}\tau} = |\Phi(x,y,z,t)|^2 \\ &= \Phi^*(x,y,z,t)\Phi(x,y,z,t)\end{aligned} \tag{2.1.1}$$

其中,N 为粒子数;$\mathrm{d}\tau=\mathrm{d}x\mathrm{d}y\mathrm{d}z$ 为包含点 (x,y,z) 在内的体积元;Φ^* 为 Φ 的复共轭,可以广泛地假定 Φ 是个复函数.

由式(2.1.1),总粒子数为

$$\begin{aligned}N(t) &= \int\rho\mathrm{d}\tau = \int|\Phi(x,y,z,t)|^2\mathrm{d}\tau \\ &= \int\Phi^*(x,y,z,t)\Phi(x,y,z,t)\mathrm{d}\tau\end{aligned} \tag{2.1.2}$$

其中,积分遍及整个状态所在的空间. N 显然是不小于零的.

现在我们进行归一化,把粒子总数除去,以 w 代表概率密度,它也就是相对的粒子数分布

$$w(x,y,z,t) = \frac{\rho(x,y,z,t)}{N(t)} = \frac{1}{N}|\Phi(x,y,z,t)|^2$$

$$= \left| \frac{1}{\sqrt{N}} \Phi(x,y,z,t) \right|^2 \tag{2.1.3}$$

这个概率密度应当等于某个归一化后的波函数的模方，这个归一化的波函数可取为

$$\begin{cases} \Psi(x,y,z,t) = \dfrac{1}{\sqrt{N}} \Phi(x,y,z,t) \\ w(x,y,z,t) = |\Psi(x,y,z,t)|^2 \end{cases} \tag{2.1.4}$$

显然有

$$\int w(x,y,z,t) \mathrm{d}\tau = \int |\Psi(x,y,z,t)|^2 \mathrm{d}\tau = 1 \tag{2.1.5}$$

式(2.1.5)常称为归一化条件，$1/\sqrt{N}$常称为归一化系数. 我们看到，由于我们描写系统状态的曲折性(系统的状态是个概率分布，而概率要用一个概率振幅来反映)，所以归一化这句话"在系统的状态中除去总粒子数"，落实在概率振幅上就变成归一化，w 就是粒子在空间各处出现的概率密度，而归一化条件的意义就是总可以在整个空间找到它.

经过归一化后，系统状态中的一个不确定因素——粒子总数——去掉了，那么，描写这个状态的归一化了的波函数是否完全确定了呢？不，因为从式(2.1.4)可以看到，如果令

$$\Psi' = \mathrm{e}^{\mathrm{i}\varepsilon} \Psi \tag{2.1.6}$$

其中，ε 为一个实数，$\mathrm{e}^{\mathrm{i}\varepsilon}$称为相因子，则乘了一个相因子的波函数 Ψ' 同样是归一化的，给出同样的概率密度 w. 因此可以看到，由于我们描述方法的特别，波函数具有了某种不确定性. 但是这个 ε 是否可以任意呢？譬如

$$\varepsilon = \varepsilon(x,y,z,t)$$

$$\Psi'(x,y,z,t) = \mathrm{e}^{\mathrm{i}\varepsilon(x,y,z,t)} \Psi(x,y,z,t) \tag{2.1.7}$$

即相因子随空间时间不同而不同，这时单从粒子位置的概率密度来看，两个波函数代表的是一样的分布

$$|\Psi'(x,y,z,t)|^2 = |\Psi(x,y,z,t)|^2 \tag{2.1.8}$$

但是，这两个波函数反映的系统状态却不完全一样，因为粒子在空间出现的概率，仅仅是反映状态的一个物理内容. 尽管这个内容相同，其他物理内容却是可以完全不一样的，譬如，如果在 $\Psi(x,y,z,t)$描写的状态中，所有粒子都有相同的相位，那么，在 Ψ' 描写的状态中，处于各个点的相位就不一样，有一个相位的分布. 只有当相位 ε 不随空间变化而只是一个纯粹的时间函数时，Ψ' 与 Ψ 代表的系统状态在同一时刻才有相同的相位分布. 当 $\varepsilon=\varepsilon(t)$时，同一系统在不同时刻有不同的相位，如

果我们比较一个系统在不同时刻的行为，那么这个相因子的作用还是不容忽略的。只有当 ε 是个纯粹的实数而非时空的函数时，两种波函数才能代表同一个物理内容，所以我们一般说，波函数可以精确到一个常数（整体）相因子.

可归一化的波函数在数学上就要受到一定的限制. 从式(2.1.5)知道波函数的模的平方在整个空间的积分必须是有限的，即模方可积或简单地说平方可积. 从物理上讲，波函数一般应该是连续的、单值的和有界的. 有时也称这为波函数的标准条件. 和初始条件、边界条件一样，波函数满足的标准条件也是判别物理态的重要判据.

2.1.3　态叠加原理

波函数应当为我们提供关于微观粒子的全部知识，能否做到这一点，很大程度上依赖于量子力学的一个假设——运动状态的叠加原理.

关于运动的叠加原理，在牛顿力学中，一般是不存在的. 这反映在牛顿第二定律中，运动方程一般是非线性非齐次的. 但在特殊情况，如简谐振动等现象中，运动的叠加是有的. 我们知道，一个粒子的两个振动合起来成为一种新振动.

在波动现象中，状态的叠加性是比较普遍的. 我们知道，光学里有惠更斯原理，在电磁波理论里可以证明：一处的电磁波，可看作前一时刻波前上各点所发出的电磁波的叠加. 应用这个原理，可以很清楚地说明波的干涉、衍射等现象. 在关于纵波的理论，如声学中，也有叠加性存在，可用以说明声的干涉（驻波）等现象.

前面说过，由于微观粒子的显著波粒二象性，在粒子的统计行为中，同样有干涉、衍射等现象，并且看到，为解释这些现象，要引进概率波. 因此，可以预期，在量子力学里，存在着态的叠加性.

在叙述量子力学的态叠加原理之前，我们先来看一个理想实验.

事实表明，在一种选择性的光电效应中，如果入射光是平面偏振的话，那么，光打出电子的效率是与偏振有关的. 偏振方向与金属表面法线的夹角越小，则效率越高. 因此，光子应当带有一定的偏振性质. 一束在某一方向平面偏振的光应当看成是由大量在此方向偏振的光子组成的. 因此，偏振性质也可以作为光子运动状态的量度，这样的状态叫偏振态.

现在我们让一束平面偏振光通过一块方解石晶体，这种晶体能使光产生双折射现象，偏振方向与晶体光轴垂直的光可以直接通过，而偏振方向平行于光轴的光会被折射掉. 如果偏振与光轴成一角（斜偏振），则只有一部分光透过（图 2.1.1）.

现在有一束偏振方向与光轴成 α 角的平面偏振光入射. 为使问题尖锐，我们让光子一个一个地射向晶体，此时会发生什么现象呢？我们可以发现：在晶体的另一方，要么发现一个光子，要么不发现；所发现的光子的偏振方向与入射前的光子不一样，现在是与光轴垂直了；所发现的这种光子的数量与入射光子总数之比和角度 α 有关，为$\sin^2\alpha$.

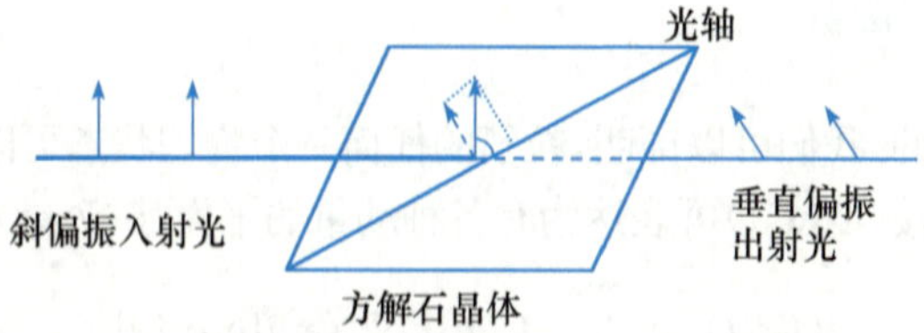

图 2.1.1 偏振光透射

很奇怪，入射光子的偏振态是与光轴成一锐角的，出射的光子却与光轴垂直偏振. 看来，可以这样解释，原来斜偏振的状态可以分解为垂直偏振态和平行偏振态，光子以一定的概率处于这两种状态中，因此，斜偏态可以看作垂直偏振态和平行偏振态的叠加. 这种分解和叠加的方式可以很不一样，如果转动方解石晶体，则光轴方向发生变化，入射光子的斜偏振状态的分解形式不同，出射光子的偏振随之不同. 每一种不同的分解形式都对应于不同的实验结果，体现出不同的物理效应.

在量子力学中，粒子的每一个状态可以分解为两个或更多个状态的线性叠加；反过来，任何两个或更多个状态可以线性叠加起来产生一个新态. 这就是量子力学中的**态叠加原理**，它是波粒二象性的反映.

在数学上可以这样表达态叠加原理. 设 $\Psi_1, \Psi_2, \cdots, \Psi_n$ 是描写粒子的几个可能的独立运动状态的波函数，那么，由这些波函数的线性组合所得的波函数

$$\Psi = c_1\Psi_1 + c_2\Psi_2 + \cdots + c_n\Psi_n = \sum_{i=1}^{n} c_i\Psi_i \tag{2.1.9}$$

也描写了粒子的一个可能的状态. 其中，c_i 为任意的复数.

反过来，式(2.1.9)也表示，如果 Ψ 是描写粒子的状态，它也可以看作粒子以一定的比例处于各个可能的状态 Ψ_i 中. 例如，在前面的光子偏振实验中，如果以$|\alpha\rangle$代表入射光子偏振态，$|\perp\rangle$、$|/\!/\rangle$分别代表与光轴垂直和平行的偏振态，则把$|\alpha\rangle$分解为后两态的叠加可表为

$$|\alpha\rangle = \sin\alpha\,|\perp\rangle + \cos\alpha\,|/\!/\rangle \tag{2.1.10}$$

光子处于态$|\perp\rangle$的概率为 $\sin^2\alpha$，即为组合系数的模方.

在粒子衍射实验中，粒子穿过金属粉末后，就将以不同的动量 $\boldsymbol{p}$ 射向屏，一个有确定的动量的自由粒子状态用平面波描写，波函数为

$$\Psi_{\boldsymbol{p}}(\boldsymbol{x},t) = A\mathrm{e}^{\mathrm{i}(\boldsymbol{p}\cdot\boldsymbol{x}-Et)/\hbar} = A\Psi_{\boldsymbol{p}}(\boldsymbol{x})\mathrm{e}^{-\mathrm{i}Et/\hbar} \tag{2.1.11}$$

那么，穿过了金属粉末的粒子状态可用态叠加原理表达为各种动量的态的叠加

$$\Psi(\boldsymbol{x},t) = \sum_{\boldsymbol{p}} c(\boldsymbol{p},t)\Psi_{\boldsymbol{p}}(\boldsymbol{x}) \tag{2.1.12}$$

因为动量可以连续变化，求和应当改为积分.

2.1.4 动量空间波函数

这一点是普遍的.我们可以证明，粒子的任何一个物理状态可以由自由状态叠加而成，即任何一个波函数 $\Psi(\boldsymbol{x},t)$ 可表达为有各种动量的平面波 $\Psi_{\boldsymbol{p}}(\boldsymbol{x})$ 的线性组合

$$\Psi(\boldsymbol{x},t)=\iiint_{-\infty}^{\infty}C(\boldsymbol{p},t)\Psi_{\boldsymbol{p}}(\boldsymbol{x})\mathrm{d}p_x\mathrm{d}p_y\mathrm{d}p_z \tag{2.1.13}$$

$$\Psi_{\boldsymbol{p}}(\boldsymbol{x})=\frac{1}{(2\pi\hbar)^{3/2}}\mathrm{e}^{\mathrm{i}\boldsymbol{p}\cdot\boldsymbol{x}/\hbar} \tag{2.1.14}$$

其中，取平面波的归一化常数为 $A=\dfrac{1}{(2\pi\hbar)^{3/2}}$，以后会说明.式(2.1.13)是显然的，因为这正是数学中的傅里叶变换，只要取 $C(\boldsymbol{p},t)$ 为函数 $\Psi(\boldsymbol{x},t)$ 的傅里叶分量就可以了

$$C(\boldsymbol{p},t)=\frac{1}{(2\pi\hbar)^{3/2}}\iiint\Psi(\boldsymbol{x},t)\mathrm{e}^{-\mathrm{i}\boldsymbol{p}\cdot\boldsymbol{x}/\hbar}\mathrm{d}x\mathrm{d}y\mathrm{d}z \tag{2.1.15}$$

现在我们来看展开系数 $C(\boldsymbol{p},t)$ 的意义.在衍射实验中，在远离晶体很远的地方，粒子离开了小孔的限制，到达远处的粒子已是自由的，且分得很开了，因此只有动量为 $\boldsymbol{p}$ 的粒子才能到达该处，它用展开式(2.1.13)中动量为 $\boldsymbol{p}$ 的那一项波函数描写，这就是

$$C(\boldsymbol{p},t)\Psi_{\boldsymbol{p}}(\boldsymbol{x}) \tag{2.1.16}$$

根据统计解释，在该处接收到的粒子数正比于

$$|C(\boldsymbol{p},t)\Psi_{\boldsymbol{p}}|^2=|C(\boldsymbol{p},t)|^2\frac{1}{(2\pi\hbar)^3} \tag{2.1.17}$$

所以，在 $\Psi(\boldsymbol{x},t)$ 描写的态中，粒子具有动量 $\boldsymbol{p}$ 的概率正比于 $|C(\boldsymbol{p},t)|^2$；或者说，动量在 $\boldsymbol{p}\sim\boldsymbol{p}+\mathrm{d}\boldsymbol{p}$ 的概率正比于

$$|C(\boldsymbol{p},t)|^2\mathrm{d}^3\boldsymbol{p} \tag{2.1.18}$$

我们可以证明，如果 $\Psi(\boldsymbol{x},t)$ 是归一化了的，则 $C(\boldsymbol{p},t)$ 对动量也是归一化的

$$\begin{aligned}\int|C(\boldsymbol{p},t)|^2\mathrm{d}^3\boldsymbol{p}&=\iiint C^*(\boldsymbol{p},t)C(\boldsymbol{p},t)\mathrm{d}^3\boldsymbol{p}\\&=\iiint\mathrm{d}^3\boldsymbol{p}\frac{1}{(2\pi\hbar)^{3/2}}\int\mathrm{d}^3\boldsymbol{x}\Psi^*(\boldsymbol{x},t)\mathrm{e}^{\mathrm{i}\boldsymbol{p}\cdot\boldsymbol{x}/\hbar}\frac{1}{(2\pi\hbar)^{3/2}}\int\mathrm{d}^3\boldsymbol{x}'\Psi(\boldsymbol{x}',t)\mathrm{e}^{-\mathrm{i}\boldsymbol{p}\cdot\boldsymbol{x}'/\hbar}\\&=\frac{1}{(2\pi\hbar)^3}\int\mathrm{d}^3\boldsymbol{x}'\mathrm{d}^3\boldsymbol{x}\mathrm{d}^3\boldsymbol{p}\Psi^*(\boldsymbol{x},t)\Psi(\boldsymbol{x}',t)\mathrm{e}^{\mathrm{i}\boldsymbol{p}\cdot(\boldsymbol{x}-\boldsymbol{x}')/\hbar}\end{aligned} \tag{2.1.19}$$

在前面把式(2.1.15)代入式(2.1.13)，我们有

$$\Psi(\boldsymbol{x},t)=\frac{1}{(2\pi\hbar)^3}\int\mathrm{d}^3\boldsymbol{x}'\mathrm{d}^3\boldsymbol{p}\Psi(\boldsymbol{x}',t)\mathrm{e}^{\mathrm{i}\boldsymbol{p}\cdot(\boldsymbol{x}-\boldsymbol{x}')/\hbar} \tag{2.1.20}$$

把式(2.1.20)代入式(2.1.19)就有

$$\int C^*(\boldsymbol{p},t)C(\boldsymbol{p},t)\mathrm{d}^3\boldsymbol{p}=\int \Psi^*(\boldsymbol{x},t)\Psi(\boldsymbol{x},t)\mathrm{d}^3\boldsymbol{x}=1 \tag{2.1.21}$$

这样,我们可以把$|C(\boldsymbol{p},t)|^2$直接解释为概率密度,即如果把$\Psi(\boldsymbol{x},t)$表示的状态展开为平面波的叠加,则叠加的系数的模方$|C(\boldsymbol{p},t)|^2$表示粒子具有动量$\boldsymbol{p}$的概率密度. $\Psi(\boldsymbol{x},t)$与$C(\boldsymbol{p},t)$是互相对应的,因此我们可以把$C(\boldsymbol{p},t)$看作是以动量为自变量的波函数.

从这里我们可以看到,傅里叶展开有着深刻的物理意义. 把一个函数作展开,在数学上不止傅里叶级数一个办法. 但是,这种展开是否有意义,要看所讨论的问题的物理条件. 量子力学态叠加原理告诉我们,粒子的状态之间有一定的关系. 因为状态总要用一定的力学量(如坐标、动量等)来描写,这使我们有可能来了解各力学量之间的关系,从而通过一个波函数就给出有关粒子运动的各个力学量的知识,弄清态的物理意义.

2.2 量子态随时间的演化

量子系统运动状态用波函数描写,这些波函数满足叠加原理. 那么,这些运动状态怎么样变化的呢? 量子力学里的运动遵循什么样的规律? 或者说描写状态的波函数满足什么样的数学方程呢?

2.2.1 薛定谔方程

量子力学中的粒子状态的变化规律是由薛定谔(Schrödinger)方程来表达的,即波函数满足薛定谔方程. 薛定谔方程本身是个假定,它不能由其他的理论推出来,这是因为我们来到了一个物质运动的新领域,这个领域里的运动规律不能归结到旧物理理论中去. 表达新规律的数学方程的正确性只能由实践和实验来判断.

但这并不是说,我们只能被动地去接受这种规律. 我们可以根据实验的启示、理论上的考虑来缩小所找规律形式的范围.

首先,既然是运动,也就是状态随时间空间的变化,那么,方程中一定有关于时间的导数. 当然,这导数至少是一次,能否有二次呢? 没有. 如果波函数$\Psi(\boldsymbol{x},t)$满足一个有二次时间导数的方程,那么要解这个方程必须知道两个初始条件,一个是起始时刻t_0波函数值$\Psi(\boldsymbol{x},t_0)$,一个是起始时刻波函数的时间导数值$\left.\frac{\partial\Psi(\boldsymbol{x},t)}{\partial t}\right|_{t=t_0}$.

我们知道,牛顿力学就是这样的,解牛顿第二定律方程必须知道初始位置和初始速度才能定解，所以牛顿力学中运动状态用坐标和动量两个量来描写. 但是在量子力学里，根据 2.1 节所说，状态是由波函数完全描写，而不用考虑状态的变化率. 所以，描写量子力学状态变化的方程可以是时间的一次微分方程.

其次，由于存在着态叠加原理，因此运动方程必须是线性齐次的.

再次，方程式的系数不能包含有表示具体状态的参量如动量、能量等，但应有粒子的固有性质，如质量、相互作用的常量以及表征微观世界特征的普朗克常量等.

根据这几条，我们可以把方程的一般形式表达如下：

$$\left(\frac{\partial}{\partial t}+\hat{L}\right)\Psi(\boldsymbol{x},t)=0 \tag{2.2.1}$$

其中，$\hat{L}=\hat{L}(\boldsymbol{x},t,\nabla;m,\hbar,\cdots)$为时间、空间坐标的线性算符. 所谓算符，在数学上是一种运算，即把一个函数变成另一个函数，如求导等. 说算符 $\hat{L}$ 是线性的，是指 $\hat{L}$ 满足条件

$$\hat{L}(a\Psi_1+b\Psi_2)=a\hat{L}\Psi_1+b\hat{L}\Psi_2 \tag{2.2.2}$$

其中，Ψ_1、Ψ_2 为任意的两个波函数；a、b 为任意常数. 对时间的求导$\dfrac{\partial}{\partial t}$就是一个线性算符.

最后，方程(2.2.1)应当在复数域内求解. 因为这种对时间一次微商的方程是种热传导型或扩散型的. 在实数范围内，一般得不出波动(周期运动)的解. 但这种波动性在微观系统中却是普遍的. 解决这个矛盾的办法是扩大解方程的数域，在方程和它的解中采用复数. 这就是说 $\hat{L}$ 可以是一个复空间上的线性算符.

$\hat{L}$ 具体形式如何？只能假定. 但我们现在有一个现成的波函数，即自由粒子状态波函数. 这个特殊状态的波函数应当满足我们所要找的那类方程. 我们来看看它可以满足什么样的方程.

非相对论性的自由粒子波函数为

$$\Psi(\boldsymbol{x},t)=A\mathrm{e}^{\mathrm{i}(\boldsymbol{p}\cdot\boldsymbol{x}-Et)/\hbar} \tag{2.2.3}$$

先看对时间的微商

$$\frac{\partial}{\partial t}\Psi(\boldsymbol{x},t)=-\mathrm{i}\,\frac{E}{\hbar}A\mathrm{e}^{\mathrm{i}(\boldsymbol{p}\cdot\boldsymbol{x}-Et)/\hbar}=-\mathrm{i}\,\frac{E}{\hbar}\Psi \tag{2.2.4}$$

这当然不能作为方程，因为它一方面包含状态参量 E，另一方面却不包含空间的变化. 因此，最多只能作为特殊的运动的描述.

在非相对论力学中，动能 E 和动量 $\boldsymbol{p}$ 之间有一定的关系

$$E=\frac{\boldsymbol{p}^2}{2m} \tag{2.2.5}$$

从自由粒子的波函数可以看出，波函数关于位置的二阶微商可以给出 $\boldsymbol{p}^2$.

$$\boldsymbol{p}^2\Psi=\boldsymbol{p}^2A\mathrm{e}^{\mathrm{i}(\boldsymbol{p}\cdot\boldsymbol{x}-Et)/\hbar}=\left(\frac{\hbar}{\mathrm{i}}\right)^2\nabla^2(A\mathrm{e}^{\mathrm{i}(\boldsymbol{p}\cdot\boldsymbol{x}-Et)/\hbar})$$

$$=-\hbar^2\nabla^2\Psi \tag{2.2.6}$$

其中，$\nabla=\boldsymbol{i}\dfrac{\partial}{\partial x}+\boldsymbol{j}\dfrac{\partial}{\partial y}+\boldsymbol{k}\dfrac{\partial}{\partial z}$是梯度算符.

把式(2.2.4)～式(2.2.6)联立起来，消去状态参量 E、$\boldsymbol{p}$，就能得到

$$\mathrm{i}\hbar\frac{\partial}{\partial t}\Psi=-\frac{\hbar^2}{2m}\nabla^2\Psi \tag{2.2.7}$$

这就是自由粒子的波函数所应满足的方程.我们可以看到，这个方程只要在自由粒子的能量动量关系式(2.2.5)中把能量、动量用算符代换

$$\begin{cases} E\rightarrow \mathrm{i}\hbar\dfrac{\partial}{\partial t} \\ \boldsymbol{p}\rightarrow\dfrac{\hbar}{\mathrm{i}}\nabla \end{cases} \tag{2.2.8}$$

然后作用到波函数上就可以得到.我们可以一般地把这种对应办法作为求出方程的手段.当粒子在某个势场 U(只是坐标的函数)中运动，机械能和动量的关系式为

$$E=\frac{\boldsymbol{p}^2}{2m}+U \tag{2.2.9}$$

算符化，作用到波函数上就得

$$\mathrm{i}\hbar\frac{\partial\Psi(\boldsymbol{x},t)}{\partial t}=-\frac{\hbar^2}{2m}\nabla^2\Psi(\boldsymbol{x},t)+U\Psi(\boldsymbol{x},t) \tag{2.2.10}$$

这就是一般的运动方程了，它符合我们前面的全部要求.这个方程称为**薛定谔方程**，是薛定谔在1926年首先提出来的，是量子力学的基本方程.

人物简介

埃尔温·薛定谔(Erwin Schrödinger，1887～1961，奥地利)是量子力学的创建者之一，因提出量子力学基本方程而获得了1933年诺贝尔物理学奖.他为人浪漫，涉猎广泛.他写的书《生命是什么?》(1944年出版)，用热力学、量子力学、化学理论解释了生命现象的本质，引进了负熵、遗传密码、量子跃迁式突变等概念，成为今天蓬勃发展的分子生物学的开山力作.

我们可以看到，薛定谔方程是个假定.它能否反映微观世界机械运动的规律?这甚至连薛定谔本人当初也很怀疑.但是应用这个方程去解决具体问题，发现它的结果和实验符合得很好.

长期的实践经验告诉我们，这个方程在非相对论性物理的范围内是正确的.

波函数满足薛定谔方程，这是量子力学第二个假定.有了这个假定，态叠加原

理就自然满足了,因为薛定谔方程正是一个线性齐次方程.

薛定谔方程是时间一次、空间二次的微分方程,要定解,必须要知道一个初始条件和一定的边界条件.量子力学在数学方面的基本任务就是在一定的位势中,在给定初始条件和边界条件的情况下解薛定谔方程,求出波函数.当然,满足这个方程的波函数应当符合一定的要求,如平方可积、连续性、单值性、有界性等标准条件.

2.2.2 定态

对于一般的薛定谔方程,势 U 是可以随时间变化的.但是在一大类经常碰到的问题中,U 不随时间变化

$$U = U(\boldsymbol{x}) \tag{2.2.11}$$

这时薛定谔方程为

$$\mathrm{i}\hbar \frac{\partial}{\partial t}\Psi = -\frac{\hbar^2}{2m}\nabla^2\Psi + U(\boldsymbol{x})\Psi \tag{2.2.12}$$

这种两边算符变量不同的方程一般可以用分离变量法来解.设这个方程的特解形式为

$$\Psi(\boldsymbol{x},t) = \psi(\boldsymbol{x})f(t) \tag{2.2.13}$$

而它的一般解,可以用这种解叠加来得到.

把式(2.2.13)代到式(2.2.12),变换后有

$$\frac{\mathrm{i}\hbar}{f(t)}\frac{\mathrm{d}f(t)}{\mathrm{d}t} = \frac{1}{\psi(\boldsymbol{x})}\left[-\frac{\hbar^2}{2m}\nabla^2\psi(\boldsymbol{x}) + U(\boldsymbol{x})\psi(\boldsymbol{x})\right] \tag{2.2.14}$$

由于这两边算符和函数的变量都不一样,因此只有当它等于一个常量时,方程才会成立.令此常量为 E,方程(2.2.14)就化为联立方程

$$\begin{aligned} &\mathrm{i}\hbar\frac{\mathrm{d}f}{\mathrm{d}t} = Ef \\ &-\frac{\hbar^2}{2m}\nabla^2\psi + U(\boldsymbol{x})\psi = E\psi \end{aligned} \tag{2.2.15}$$

解第一个方程直接得到

$$f = C\mathrm{e}^{-\mathrm{i}Et/\hbar} \tag{2.2.16}$$

所以薛定谔方程(2.2.12)的一种解形式为

$$\psi(\boldsymbol{x},t) = \psi_E(\boldsymbol{x})\mathrm{e}^{-\mathrm{i}Et/\hbar} \tag{2.2.17}$$

其中,$\psi_E(\boldsymbol{x})$为式(2.2.15)中第二个方程的解.具有这种形式的波函数代表的态称为**定态**.在定态中,概率密度$|\psi(\boldsymbol{x},t|)^2 = |\psi_E(\boldsymbol{x})|^2$ 不随时间而变化.$\psi(\boldsymbol{x},t)$称为**定态波函数**.从我们建立方程的过程中可以看到,这个常量 E 就是粒子的能量.

定态系统的一般解可以由特解线性叠加而来

$$\Psi(\boldsymbol{x},t)=\sum_{E}C_E\psi_E(\boldsymbol{x})\mathrm{e}^{-\mathrm{i}Et/\hbar} \tag{2.2.18}$$

2.2.3 概率守恒定律

薛定谔方程描述了波函数在时空中的变化. 根据统计解释,波函数可以给出粒子出现的概率. 概率是个有更直接的物理意义的量. 那么,概率是怎样随时间空间变化的呢?

由统计解释,时刻 t 在空间 $\boldsymbol{x}$ 处找到粒子的概率密度为

$$w(\boldsymbol{x},t)=\psi^*(\boldsymbol{x},t)\psi(\boldsymbol{x},t) \tag{2.2.19}$$

它随时间的变化率为

$$\frac{\partial}{\partial t}w(\boldsymbol{x},t)=\left(\frac{\partial}{\partial t}\psi^*(\boldsymbol{x},t)\right)\psi(\boldsymbol{x},t)+\psi^*(\boldsymbol{x},t)\frac{\partial}{\partial t}\psi(\boldsymbol{x},t) \tag{2.2.20}$$

由薛定谔方程

$$\begin{aligned}\frac{\partial}{\partial t}\psi(\boldsymbol{x},t)&=\frac{\mathrm{i}\hbar}{2m}\nabla^2\psi+\frac{1}{\mathrm{i}\hbar}U\psi\\ \frac{\partial}{\partial t}\psi^*(\boldsymbol{x},t)&=\frac{-\mathrm{i}\hbar}{2m}\nabla^2\psi^*-\frac{1}{\mathrm{i}\hbar}\psi^*U^*\end{aligned} \tag{2.2.21}$$

把这两个方程代入式(2.2.20)中得

$$\begin{aligned}\frac{\partial}{\partial t}w(\boldsymbol{x},t)&=\frac{\mathrm{i}\hbar}{2m}[\psi^*\ \nabla^2\psi-(\nabla^2\psi^*)\psi]+\frac{1}{\mathrm{i}\hbar}(\psi^*U\psi-\psi^*U^*\psi)\\ &=\frac{\mathrm{i}\hbar}{2m}\nabla\cdot[\psi^*\ \nabla\psi-(\nabla\psi^*)\psi]+\frac{1}{\mathrm{i}\hbar}(U-U^*)\psi^*\psi\\ &=-\nabla\cdot\boldsymbol{J}+\frac{1}{\mathrm{i}\hbar}(U-U^*)w\end{aligned} \tag{2.2.22}$$

其中

$$\boldsymbol{J}=\frac{\mathrm{i}\hbar}{2m}[(\nabla\psi^*)\psi-\psi^*\ \nabla\psi] \tag{2.2.23}$$

在一般的情况下,我们讨论的位势 U 都是实的,即

$$U^*=U \tag{2.2.24}$$

此时,方程(2.2.22)中正比于概率密度的最末一项消失,方程变为

$$\frac{\partial}{\partial t}w+\nabla\cdot\boldsymbol{J}=0 \tag{2.2.25}$$

这种方程是连续性方程,它是概率守恒的微分表达式. 为了更清楚地说明此式意义,我们可以在任一体积 V 中积分此方程,此时有

$$\frac{\mathrm{d}}{\mathrm{d}t}\int_V w\mathrm{d}\tau = \int_V \frac{\partial}{\partial t}w\mathrm{d}\tau = -\int_V (\nabla\cdot \boldsymbol{J})\mathrm{d}\tau = -\oint_S \boldsymbol{J}\cdot \mathrm{d}\boldsymbol{s} \tag{2.2.26}$$

其中，S 为包围 V 的表面；$\mathrm{d}\boldsymbol{s}$ 为面积元. 上式的最后一个等号利用了场论中的高斯定理.

上式表明，一个体积内概率的增长率等于一个矢量 $\boldsymbol{J}$ 从 V 的表面 S 流进的量，因此 $\boldsymbol{J}$ 可以称为**概率流密度矢量**.

现在我们把积分扩展到整个可以找到粒子的空间. 在此空间的表面上没有粒子从外面流入，概率流也为零，此时，式(2.2.26)变为

$$\frac{\mathrm{d}}{\mathrm{d}t}\int w\mathrm{d}\tau = \frac{\mathrm{d}}{\mathrm{d}t}\int \psi^* \psi\mathrm{d}\tau = 0 \tag{2.2.27}$$

此式表示，在整个空间内粒子出现的总概率不随时间而变化，也就是

$$\int \psi^* \psi\mathrm{d}\tau = N = \text{常数} \tag{2.2.28}$$

即粒子数守恒. 这样可知，满足薛定谔方程的波函数的归一化系数是个常数，一旦在某个时刻归一化了，任何时候波函数也是归一化的.

w、$\boldsymbol{J}$ 是概率密度和概率流密度，如果乘上粒子质量 m(或电荷 e)就可以表示质量(电荷)密度、质量(电荷)流密度等，方程(2.2.25)就表示质量(电荷)守恒.

从前面的讨论知道，概率守恒要求位势是实数，这在一般情况下是满足的. 但在某些现象，例如，讨论原子核反应中的吸收时，就可假定位势是复的(光学模型)，这时概率当然不守恒了.

2.3 一维无限深方势阱

现在我们把量子力学的基本方程——薛定谔方程——应用到具体问题上，看看量子力学的结果与经典力学的结果有什么区别和联系.

2.3.1 方势阱

先讨论一个简单的例子. 设一个质量为 m 的粒子做一维有限运动，即只在一个方向上可以来回运动，但局限在某一范围内. 它所在的势场如同一个无限深的井(图 2.3.1)，故称为**一维无限深方势阱**，用式子表示就是

$$U(x) = \begin{cases} \infty, & |x| > a \\ 0, & |x| < a \end{cases} \tag{2.3.1}$$

因为势 U 不显含时间，所以有定态解. 设粒子有确定的有限能量 E，则定态波

函数可写为

$$\psi(x,t) = \psi(x)e^{-iEt/\hbar} \tag{2.3.2}$$

$\psi(x)$满足方程

$$\left\{-\frac{\hbar^2}{2m}\frac{d^2}{dx^2}+U(x)\right\}\psi(x) = E\psi(x) \tag{2.3.3}$$

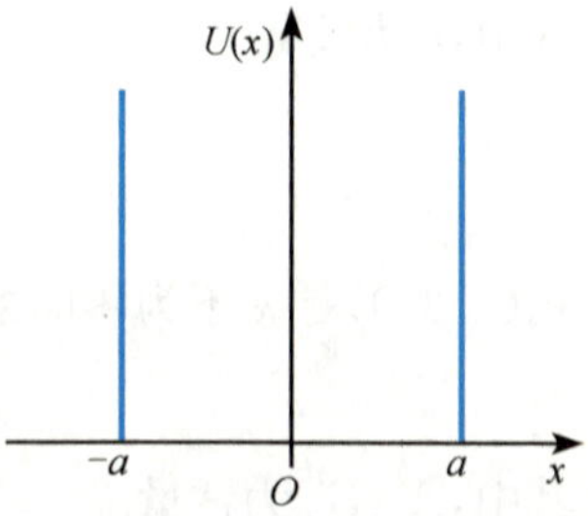

图 2.3.1 无限深方势阱

2.3.2 分区解

考虑到势场在一些地方有跳跃变化，不连续，我们可以分区来解这个方程.

$$\begin{aligned}&\text{第 1 区}\quad x<-a, \quad U_1\to\infty\\&\text{第 2 区}\quad -a<x<a, \quad U_2=0\\&\text{第 3 区}\quad x>a, \quad U_3\to\infty\end{aligned}$$

由于在每一区中，势都是常数，所以此方程一般可写为

$$-\frac{\hbar^2}{2m}\frac{d^2}{dx^2}\psi_i = (E-U_i)\psi_i \tag{2.3.4}$$

$$U_i = \text{常数}, \quad i=1,2,3$$

其中，ψ_i 为相应各区的空间波函数.

在第 1 区，方程(2.3.4)的一般解为

$$\psi_1 = C_1^+ e^{\sqrt{2m(U_1-E)}x/\hbar} + C_1^- e^{-\sqrt{2m(U_1-E)}x/\hbar} \tag{2.3.5}$$

当$U_1\to\infty$时，第一项自然为零了(因为$x<0$)，所以

$$\psi_1(x) = C_1^- e^{-\sqrt{2m(U_1-E)}x/\hbar} \tag{2.3.6}$$

当$U_1\to\infty$时，如果系数C_1^-不为零，此式趋于无限，不符合我们关于波函数有界的条件. 于是只有

$$C_1^- = 0$$

或

$$\psi_1(x) = 0, \quad x<-a \tag{2.3.7}$$

这表示在位势无限大的区域不可能找到粒子.

同样可求得

$$\psi_3(x) = 0, \quad x>a \tag{2.3.8}$$

在第 2 区，$|x|<a, U_2=0$，解为

$$\psi_2(x) = C_2^+ e^{i\sqrt{2mE}x/\hbar} + C_2^- e^{-i\sqrt{2mE}x/\hbar} = A\sin(kx+\delta) \tag{2.3.9}$$

其中，k 为波数

$$k=\frac{\sqrt{2mE}}{\hbar} \tag{2.3.10}$$

式(2.3.9)是 k 不为零时的解. 如果 $k=0$，则解为

$$\psi_2'(x)=A'x+B' \tag{2.3.11}$$

其中，A'、B' 为常量.

2.3.3 连接条件

要定下数 A、k、δ 或 A'、B'，则必须应用对波函数的一些要求. 我们知道，波函数应当是连续的，三个区的波函数在交界处应该连接起来，于是有

$$\begin{aligned} x&=-a, \quad \psi_2(-a)=\psi_1(-a) \\ x&=a, \quad \psi_2(a)=\psi_3(a) \end{aligned} \tag{2.3.12}$$

把波函数式(2.3.11)代入式(2.3.12)有

$$A'=0=B' \tag{2.3.13}$$

即不存在 $E=0$ 的解.

把波函数式(2.3.9)代入，则有

$$\begin{aligned} &A\sin(-ka+\delta)=0 \\ &A\sin(ka+\delta)=0 \end{aligned} \tag{2.3.14}$$

A 显然不能为零，否则 $\psi_2=0$，波函数全为零，无意义. A 不为零时，方程(2.3.14)导致

$$\begin{aligned} -ka+\delta&=n_1\pi \\ ka+\delta&=n_2\pi \end{aligned} \tag{2.3.15}$$

n_1、n_2皆为整数. 由此我们得

$$\begin{aligned} &2ka=(n_2-n_1)\pi=n\pi \\ &n=n_2-n_1 \end{aligned} \tag{2.3.16}$$

其中

$$k=\sqrt{\frac{2mE}{\hbar^2}}=n\frac{\pi}{2a} \tag{2.3.17}$$

或

$$E=E_n=n^2\frac{\pi^2\hbar^2}{2m(2a)^2}, \quad n=1,2,3,\cdots \tag{2.3.18}$$

而另一个参数为

$$\delta = (n_1 + n_2)\pi/2 = n\pi/2 + n_1 \tag{2.3.19}$$

于是在第2区的波函数为

$$\psi_2(x) = A\sin\left[n\pi\left(\frac{x+a}{2a}\right) + n_1\pi\right] = \pm A\sin\left[n\pi\left(\frac{x+a}{2a}\right)\right] \tag{2.3.20}$$

由于波函数可以相差到一个整体相因子，因而前面的符号没有意义. 而常量 A 可由归一化条件定下来

$$\begin{aligned} 1 &= \int_{-\infty}^{\infty} \psi^*(x)\psi(x)\mathrm{d}x = \int_{-a}^{a} \psi_2^*(x)\psi_2(x)\mathrm{d}x \\ &= A^* A\int_{-a}^{a} \sin^2\left[\frac{n\pi(x+a)}{2a}\right]\mathrm{d}x = aA^*A \end{aligned} \tag{2.3.21}$$

精确到一个相因子，可取

$$A = \sqrt{\frac{1}{a}} \tag{2.3.22}$$

2.3.4 能级和波函数

最后，我们得到粒子在一维无限深方势阱中运动的空间波函数部分为

$$\psi_n(x) = \begin{cases} 0, & |x| > a \\ \sqrt{\dfrac{1}{a}}\sin\left[n\pi\left(\dfrac{x+a}{2a}\right)\right], & |x| < a \end{cases} \quad n = 1,2,3,\cdots \tag{2.3.23}$$

相应状态的粒子能量为

$$E_n = \frac{\hbar^2\pi^2}{8ma^2}n^2, \quad n = 1,2,3,\cdots \tag{2.3.24}$$

这就是用量子力学方法求出的粒子在一维无限深方势阱中运动时的一切可能的状态. 这种状态和经典力学中同样条件下的运动有什么区别和联系呢?

2.3.5 物理意义

先看粒子的能量. 从式(2.3.24)可以看到，这里粒子能量不能取任意值，它是离散的或量子化的，称为**离散谱**，并且它的最小能量不为零

$$E_{\min} = E_{n=1} = \frac{\pi^2\hbar^2}{8ma^2}$$

最小能量称为**基态能量**. 基态能量不为零(称为**零点能**)，表明在量子力学中，微观世界粒子没有"绝对静止"的状态存在. 在经典力学中，粒子完全可以绝对静止，它

也可以取任意值的能量,在势阱中来回做匀速直线运动. 所以,量子力学的结果和经典力学的结果完全不一样. 但也不是说一点关系也没有. 从式(2.3.24)可以看出相邻两个能级间的距离 δE 与势阱宽度量 $2a$ 有关

$$\delta E \propto \frac{1}{(2a)^2} \tag{2.3.25}$$

当我们看准两个能级时,发现势阱宽度越窄(a 越小),这两个能级的间隔 δE 就越大或量子化越显著;而势阱越宽,则量子化越不明显. 如果势阱很宽,那么能级的间隔就趋于零,可以认为能量是连续变化的了,所以,当我们考虑问题的空间范围很小时,量子性就明显,量子力学与经典力学的结果就有很大差别;而当空间范围很大时,量子性不显著,量子力学与经典力学的结果比较接近. 可见,量子性显著地表现在空间范围很小的物理现象中,正是这样,在原子范围内,经典力学不适用而要采用量子力学了.

为什么在量子力学里粒子的能量会有离散的数值? 这是由于限制运动在一个小范围内,粒子波动性就会明显地表现出来. 我们来看波函数. 为了看出运动,可以对式(2.3.23)乘上时间相因子,得到

$$\psi_n(x,t) = \frac{1}{2\mathrm{i}\sqrt{a}}\left[\mathrm{e}^{\mathrm{i}\left(\frac{n\pi}{2a}x - \frac{E_n}{\hbar}t\right)} - \mathrm{e}^{-\mathrm{i}\left(\frac{n\pi}{2a}x + \frac{E_n}{\hbar}t\right) - \mathrm{i}n\pi}\right] \tag{2.3.26}$$

从局域看,这像是两列具有相同振幅、频率、波长的波的叠加. 第一列波沿 x 正方向传播,第二列波则沿 x 负方向传播,两者相位差为 $n\pi$. 第二列波可以看成是第一列波的反射波. 这两列波的叠加产生干涉,形成驻波,所以存在定态. 驻波有波节和波腹,阱内的波节数正是 $n-1$(不考虑边界). 从经典物理我们知道,只有空间范围(势阱宽度)是一个波的半波长的倍数时才能存在驻波,即

$$\begin{cases} n = \dfrac{2a}{\dfrac{\lambda}{2}} = \dfrac{4a}{\lambda} \\ \lambda = \dfrac{4a}{n} \end{cases} \tag{2.3.27}$$

而反映粒子的波粒二象性的德布罗意关系告诉我们,波长与粒子动量有如下关系:

$$p = \frac{h}{\lambda} = \frac{2\pi\hbar}{\lambda} = \frac{2\pi\hbar}{4a}n = \frac{\pi\hbar}{2a}n \tag{2.3.28}$$

粒子动能为

$$E = \frac{p^2}{2m} = \frac{\hbar^2}{2m}\left(\frac{\pi}{2a}\right)^2 n^2$$

这正是粒子的能级. 由于波节数总是整数,所以粒子的能量是量子化的. 由此可见,

粒子能量的量子化反映了粒子的波粒二象性. 我们不必解薛定谔方程，只要根据波粒二象性和驻波的概念就可以找出能级来. 但这只是在问题比较简单的时候才可以. 一般情况下，这种办法难以奏效. 但就在这简单的例子里也可以看到，薛定谔方程是描写了粒子的波粒二象性这个特点的；在复杂情形下，就更能显示出它的深刻意义了.

根据波函数的概率意义，波函数的模方应当代表找到粒子的个数或次数（概率）. 这里我们又看到量子力学和经典力学不同的地方. 经典力学里，不管粒子有多大能量，粒子总是做匀速直线运动，因此，在势阱内各个点，在相当长的时间内看到粒子的个数是一样的. 但是在量子力学里却不这样，有的地方出现的个数多，有的地方少，甚至有的地方粒子根本不出现（波节处，称为**节点**）！节点随着能量的增加而增多. 但是我们也看到，当粒子的能量很高时，与粒子相应的波的波长很短，结果波峰几乎连在一起，即粒子在各处出现的概率差不多是相等的，这和牛顿力学类似. 这时，粒子的波长和位势发生明显变化的范围（这里是势阱宽度）相比很小. 可见，当粒子动能很大或位势变化较慢（相对于粒子的波长）时，量子力学和牛顿力学就比较相近；反之，量子现象明显，两者的差别就大.

2.4 一维势垒

除了束缚态的各种特性外，量子粒子还表现出许多经典粒子本身无法出现的现象. 其中一种表现是在散射上.

2.4.1 一维散射

考虑一个能量为 E 的粒子，从负无穷远处射向一个势垒（图 2.4.1）：

$$V(x)=\begin{cases}V_0(>0), & 0<x<a\\ 0, & x<0,\quad x>a\end{cases} \tag{2.4.1}$$

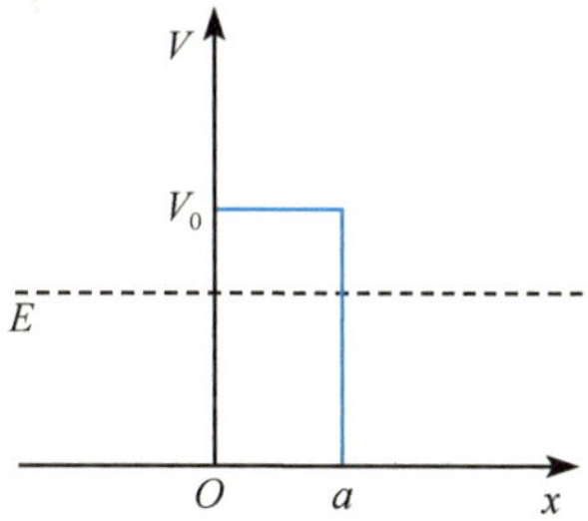

图 2.4.1 方势垒

如果是经典粒子，当能量大于势垒高度，$E>V_0$ 时，粒子会全部穿过势垒区域，到达正无穷远处而被观测到. 当能量小于势垒高度，$E<V_0$ 时，经典力学告诉我们，粒子全部被势垒反射而回到出发点.

量子力学里的情形怎样呢？

质量为 μ 的粒子在这样的势场中运动时，属于定态问题. 定态薛定谔方程为

$$\psi''+\frac{2\mu}{\hbar^2}(E-V)\psi=0 \tag{2.4.2}$$

为了对比明显，我们可以先讨论粒子能量小于势垒高度的情形：$0<E<V_0$. 由于位势有奇异性，可以分区解方程，然后再按波函数条件连接起来.

$$\begin{aligned} &x<0,\quad x>a,\quad \psi''+k^2\psi=0,\quad k=\sqrt{2\mu E/\hbar^2}\\ &0<x<a,\qquad \psi''-k'^2\psi=0,\quad k'=\sqrt{2\mu(V_0-E)/\hbar^2}\\ &\qquad\qquad\qquad\qquad k^2+k'^2=2\mu E/\hbar^2 \end{aligned} \tag{2.4.3}$$

各个区域的解分别为

$$\begin{aligned} &x<0, &&\psi=A\mathrm{e}^{\mathrm{i}kx}+r\mathrm{e}^{-\mathrm{i}kx}\\ &0<x<a, &&\psi=B\mathrm{e}^{k'x}+B'\mathrm{e}^{-k'x}\\ &x>a, &&\psi=t\mathrm{e}^{\mathrm{i}kx}+C\mathrm{e}^{-\mathrm{i}kx} \end{aligned} \tag{2.4.4}$$

现在我们要应用上面实验安排的边界条件来确定这些系数 A、r、B、B'、t、C 之间的关系.

2.4.2 散射边界条件

首先，和 2.4.1 节不同，这里的粒子能量是由实验条件给定的，大小可随意，因此是个连续谱问题.

其次，粒子是从 $x=-\infty$ 处作为束流源发射过来的，因此上面解中入射波的系数 A 必定不为零. 为运算简练起见，不妨设 $A=1$.

再次，没有粒子从 $x=\infty$ 射过来，因此系数 $C=0$.

现在可以把各个区的解用波函数条件连接起来. 由于位势只有有限跃变，因此各区的波函数应该光滑地连接起来，即波函数及其导数要连续.

在 $x=0$ 处，要求

$$\psi(0^-)=\psi(0^+),\quad \psi'(0^-)=\psi'(0^+) \tag{2.4.5}$$

给出

$$\begin{aligned} &1+r=B+B'\\ &\mathrm{i}k-\mathrm{i}kr=k'B-k'B' \end{aligned} \tag{2.4.6}$$

同样，在 $x=a$ 处要求

$$\begin{aligned} &B\mathrm{e}^{k'a}+B'\mathrm{e}^{-k'a}=t\mathrm{e}^{\mathrm{i}ka}\\ &Bk'\mathrm{e}^{k'a}-B'k'\mathrm{e}^{-k'a}=\mathrm{i}kt\mathrm{e}^{\mathrm{i}ka} \end{aligned} \tag{2.4.7}$$

经过几步数学运算，我们从这些式子中可得到

$$t=\mathrm{e}^{-\mathrm{i}ka}\Big/\left[\cosh k'a+\frac{1}{2}\left(\frac{\mathrm{i}k'}{k}+\frac{k}{\mathrm{i}k'}\right)\sinh k'a\right]$$

$$r=-\frac{1}{2}\left(\frac{\mathrm{i}k'}{k}-\frac{k}{\mathrm{i}k'}\right)\sinh k'a\Big/\left[\cosh k'a+\frac{1}{2}\left(\frac{\mathrm{i}k'}{k}+\frac{k}{\mathrm{i}k'}\right)\sinh k'a\right]$$

$$k=\sqrt{\frac{2\mu E}{\hbar^2}},\quad k'=\sqrt{\frac{2\mu(V_0-E)}{\hbar^2}} \tag{2.4.8}$$

在下面两小节中我们将讨论这些式子包含的物理内容.

2.4.3 反射系数与透射系数

在这个实验安排中我们测量什么？我们是在无限远处单位时间、单位垂直面积向 x 正方向发射多少个单能粒子，然后在某处(一般远离相互作用区)用探测器(如法拉第圆筒、集流器等)朝某个方向捕捉粒子，再与发射出来的粒子比较. 我们测量的不是在某处静止的粒子，而是有一定流动方向的粒子数，即测量的是概率流. 这是散射问题与束缚态问题很大的不同.

在这个实验中一共有三种流：入射流、穿透流和反射流，后两种也称为散射流.

(1) 入射流 j_{in}，其相应的波函数为 e^{ikx}，准确到一个常数因子

$$j_{\text{in}}=\frac{1}{2\mu}\left[\psi^*\frac{\hbar}{i}\frac{d\psi}{dx}-\frac{\hbar}{i}\frac{d\psi^*}{dx}\psi\right]=\frac{\hbar k}{\mu}=\frac{\sqrt{2\mu E}}{\mu}=\frac{p}{\mu}=v \tag{2.4.9}$$

它的物理意义为在 $x=-\infty$ 处单位时间、单位垂直面积向 x 正方向发射的粒子数. 这些粒子能量为 E，动量为 p，因此速度为 v.

(2) 穿透流 j_{out}，其相应的波函数为 te^{ikx}，

$$\begin{aligned}j_{\text{out}}&=\frac{1}{2\mu}\left[\psi^*\frac{\hbar}{i}\frac{d\psi}{dx}-\frac{\hbar}{i}\frac{d\psi^*}{dx}\psi\right]=\frac{t^*t\hbar k}{\mu}\\&=\frac{|t|^2\sqrt{2\mu E}}{\mu}=\frac{|t|^2p}{\mu}=|t|^2v\end{aligned} \tag{2.4.10}$$

它的物理意义为单位时间、单位垂直面积穿过势垒向 x 正方向运动的粒子数，如果在 $x>a$ 的位置放置一探测器，其口朝向 $-x$ 方向，则单位时间、单位垂直面积就可以接收到这么多的粒子.

(3) 反射流 j_{re}，其相应的波函数为 re^{-ikx}，

$$\begin{aligned}j_{\text{re}}&=\frac{1}{2\mu}\left[\psi^*\frac{\hbar}{i}\frac{d\psi}{dx}-\frac{\hbar}{i}\frac{d\psi^*}{dx}\psi\right]=\frac{-r^*r\hbar k}{\mu}\\&=\frac{-|r|^2\sqrt{2\mu E}}{\mu}=\frac{-|r|^2p}{\mu}=-|r|^2v\end{aligned} \tag{2.4.11}$$

它的物理意义为单位时间、单位垂直面积穿过势垒向 x 负方向运动的粒子数，如果在 $x<0$ 的位置，放置一探测器，其口朝向 $+x$ 方向，则单位时间、单位垂直面积就可以接收到这么多被势垒反射回来的粒子.

由于实验中总的粒子数(束流强度)没有特别的意义，因此我们定义此实验中测量的物理量如下.

透射系数:穿透粒子数占总发射粒子数之比例

$$T=\frac{|j_{\text{out}}|}{|j_{\text{in}}|} \tag{2.4.12}$$

反射系数:反射粒子数占总发射粒子数之比例

$$R=\frac{|j_{\text{re}}|}{|j_{\text{in}}|} \tag{2.4.13}$$

利用上面算得的结果,我们得到在势垒贯穿中的两个系数

$$\begin{aligned} T&=\left[1+\frac{1}{4}\left(\frac{k'}{k}+\frac{k}{k'}\right)^2\sinh^2 k'a\right]^{-1} \\ &=1-\frac{\sinh^2 k'a}{4\frac{E}{V_0}\left(1-\frac{E}{V_0}\right)+\sinh^2 k'a} \end{aligned} \tag{2.4.14}$$

$$\begin{aligned} R&=\frac{1}{4}\left(\frac{k'}{k}+\frac{k}{k'}\right)^2\sinh^2 k'a\left[1+\frac{1}{4}\left(\frac{k'}{k}+\frac{k}{k'}\right)^2\sinh^2 k'a\right]^{-1} \\ &=\frac{\sinh^2 k'a}{4\frac{E}{V_0}\left(1-\frac{E}{V_0}\right)+\sinh^2 k'a} \end{aligned} \tag{2.4.15}$$

从这两个量的表达式可以看到它们之间有如下关系:

$$T+R=1 \tag{2.4.16}$$

从这些量的物理意义知道,此式是普遍成立的,代表粒子数守恒,是概率守恒定律的反映.

2.4.4 隧道效应

从系数 T、R 的表达式看到,在粒子能量 E 小于势垒高度 V_0 的情况下,确实有一部分粒子被势垒反射回去了,就像经典物理预言的那样;但是,还有一部分粒子没有被反射,而是穿过了势垒,这是经典力学不允许的. 有些量子粒子好像在势垒上挖了条隧道穿了过去,因此称为**量子隧道效应**.

如果粒子的能量 E 高于势垒高度 V_0,同样可以解薛定谔方程. 类似于上面的解法,得到透射系数和反射系数为

$$\begin{aligned} T&=1-\frac{\sin^2 la}{4\frac{E}{V_0}\left(\frac{E}{V_0}-1\right)+\sin^2 la} \\ l&=\sqrt{2\mu(E-V_0)/\hbar^2} \\ R&=1-T \end{aligned} \tag{2.4.17}$$

我们可以看到,即使粒子的能量很高,它也有可能被不起眼的势垒反射回去.

我们可以把透射系数与粒子能量的关系画出来(图 2.4.2).我们看到,随着粒子能量的提高,粒子被反射的可能性越来越小,而穿透的概率也越来越大.

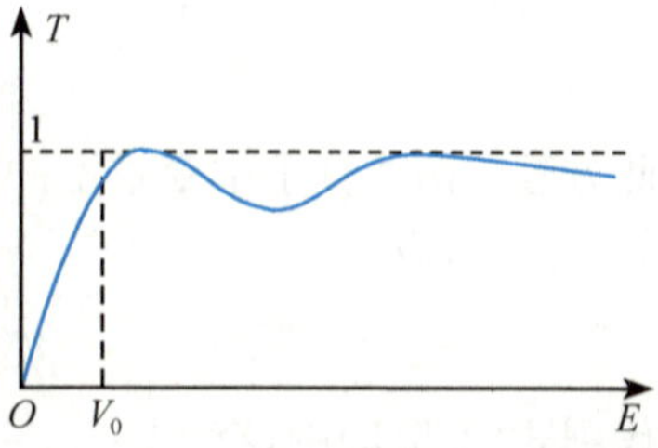

图 2.4.2　透射系数与能量的关系

量子隧道效应是量子粒子特有的.实验上证明了这一量子效应是存在的,并且得到了广泛的应用,可以用来解释原子核的 α 衰变现象,是隧道二极管、扫描隧道电镜等技术发明的基础.

2.5　粒子在中心对称势场中的运动

我们现在来讨论一个稍微复杂的问题,也就是求氢原子的能级和波函数.这个问题在历史上也是首先使薛定谔方程获得成功的问题.

2.5.1　有心力场

首先,我们讨论一下粒子在有心力场中的运动.粒子在有心力场中的势能可以写成下面的形式:

$$U = U(\boldsymbol{x}) = U(r) \tag{2.5.1}$$

它只和粒子与力心间的距离 r 有关.此时,相应的定态薛定谔方程为

$$\left[-\frac{\hbar^2}{2\mu}\nabla^2 + U(r)\right]\psi = E\psi \tag{2.5.2}$$

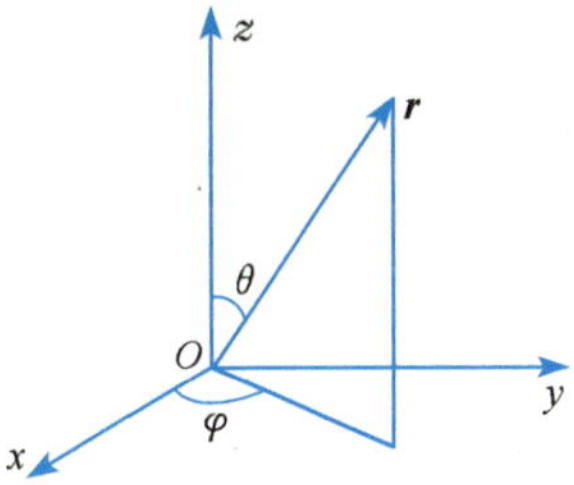

图 2.5.1　球坐标系

势场有球对称性,所以我们用球坐标解此方程比较好.在球坐标(图 2.5.1)下,拉普拉斯算子的表达式为

$$\nabla^2 = \frac{1}{r^2}\frac{\partial}{\partial r}\left(r^2\frac{\partial}{\partial r}\right) + \frac{1}{r^2\sin\theta}\frac{\partial}{\partial\theta}\left(\sin\theta\frac{\partial}{\partial\theta}\right) + \frac{1}{r^2\sin^2\theta}\frac{\partial^2}{\partial\varphi^2} \tag{2.5.3}$$

此时薛定谔方程为

$$-\frac{\hbar^2}{2\mu r^2}\left[\frac{\partial}{\partial r}\left(r^2\frac{\partial}{\partial r}\right) + \frac{1}{\sin\theta}\frac{\partial}{\partial\theta}\left(\sin\theta\frac{\partial}{\partial\theta}\right) + \frac{1}{\sin^2\theta}\frac{\partial}{\partial\varphi^2}\right]\psi + U(r)\psi = E\psi \tag{2.5.4}$$

改写一下

$$\left[\frac{\partial}{\partial r}\left(r^2\frac{\partial}{\partial r}\right)+\frac{2\mu r^2}{\hbar^2}(E-U(r))\right]\psi=-\left[\frac{1}{\sin\theta}\frac{\partial}{\partial\theta}\left(\sin\theta\frac{\partial}{\partial\theta}\right)+\frac{1}{\sin^2\theta}\frac{\partial^2}{\partial\varphi^2}\right]\psi \tag{2.5.5}$$

此方程的两边算子中变量不一样，我们可以用分离变量法来解它. 先把变量(θ,φ)与r分开，设

$$\psi(r,\theta,\varphi)=R(r)Y(\theta,\varphi) \tag{2.5.6}$$

代到式(2.5.5)中，有

$$\begin{aligned}&\frac{1}{R}\frac{\mathrm{d}}{\mathrm{d}r}\left(r^2\frac{\mathrm{d}R}{\mathrm{d}r}\right)+\frac{2\mu r^2}{\hbar^2}[E-U(r)]\\&=-\frac{1}{Y}\left[\frac{1}{\sin}\frac{\partial}{\partial\theta}\left(\sin\theta\frac{\partial Y}{\partial\theta}\right)+\frac{1}{\sin^2\theta}\frac{\partial^2 Y}{\partial\varphi^2}\right]\end{aligned} \tag{2.5.7}$$

这样，方程两边的全部变量是独立的了. 此式只有当每一方程等于同一个常数λ时才成立，于是有

$$\frac{1}{r^2}\frac{\mathrm{d}}{\mathrm{d}r}\left(r^2\frac{\mathrm{d}R}{\mathrm{d}r}\right)+\left[\frac{2\mu}{\hbar^2}(E-U(r))-\frac{\lambda}{r^2}\right]R=0 \tag{2.5.8}$$

$$\frac{1}{\sin\theta}\frac{\partial}{\partial\theta}\left(\sin\theta\frac{\partial Y}{\partial\varphi}\right)+\frac{1}{\sin^2\theta}\frac{\partial^2 Y}{\partial\varphi^2}=-\lambda Y \tag{2.5.9}$$

2.5.2 球谐函数

我们先来解方程(2.5.9)，这是个与势能形式无关的方程，所以在有心力场问题中有普遍意义. 满足这个方程并符合波函数条件的解称为**球谐函数**，在一般的数理方程书中都有详细的解.

把方程(2.5.9)改写一下有

$$\left[\sin\theta\frac{\partial}{\partial\theta}\left(\sin\theta\frac{\partial}{\partial\theta}\right)+\lambda\sin^2\theta\right]Y=-\frac{\partial^2 Y}{\partial\varphi^2} \tag{2.5.10}$$

这又可分离变量，令

$$Y(\theta,\varphi)=\Theta(\theta)\Phi(\varphi) \tag{2.5.11}$$

代入方程(2.5.10)后又化为两个方程

$$\frac{1}{\sin\theta}\frac{\mathrm{d}}{\mathrm{d}\theta}\left(\sin\theta\frac{\mathrm{d}\Theta}{\mathrm{d}\theta}\right)+\left(\lambda-\frac{\nu}{\sin^2\theta}\right)\Theta=0 \tag{2.5.12}$$

$$\frac{\mathrm{d}^2\Phi}{\mathrm{d}\varphi^2}+\nu\Phi=0 \tag{2.5.13}$$

其中，ν为某个常数.

先解方程(2.5.13)，有

$$\begin{aligned}\Phi(\varphi) &= A\mathrm{e}^{\mathrm{i}\sqrt{\nu}\varphi} + B\mathrm{e}^{-\mathrm{i}\sqrt{\nu}\varphi}, \quad \nu \neq 0 \\ \Phi(\varphi) &= C + D\varphi, \quad \nu = 0\end{aligned} \tag{2.5.14}$$

其中，A、B、C、D 均为常数.

由于波函数必须是单值的，当方位角 φ 角转过 2π 时，物理系统仍不变，因此要求波函数也不变，即

$$\Phi(\varphi + 2\pi) = \Phi(\varphi) \tag{2.5.15}$$

这就要求

$$\begin{aligned}D &= 0 \\ \sqrt{\nu} &= 0 \text{ 或整数 } m\end{aligned} \tag{2.5.16}$$

所以，方程(2.5.13)的特解可记为

$$\Phi_m(\varphi) = \frac{1}{\sqrt{2\pi}}\mathrm{e}^{\mathrm{i}m\varphi}, \quad m = 0, \pm 1, \pm 2, \cdots \tag{2.5.17}$$

$$\int_0^{2\pi} \Phi_m^*(\varphi)\Phi_n(\varphi)\mathrm{d}\varphi = \delta_{mn} \tag{2.5.18}$$

其中，系数$\frac{1}{\sqrt{2\pi}}$是为了归一化.

现在来看式(2.5.12)，把 $\nu = m^2$ 代入有

$$\frac{1}{\sin\theta}\frac{\mathrm{d}}{\mathrm{d}\theta}\left(\sin\theta\frac{\mathrm{d}\Theta}{\mathrm{d}\theta}\right) + \left(\lambda - \frac{m^2}{\sin^2\theta}\right)\Theta = 0 \tag{2.5.19}$$

作变量变换，令

$$\zeta = \cos\theta \tag{2.5.20}$$

因为

$$0 \leqslant \theta \leqslant \pi$$

所以

$$-1 \leqslant \zeta \leqslant 1$$

$$\frac{\mathrm{d}}{\mathrm{d}\theta} = \frac{\mathrm{d}\zeta}{\mathrm{d}\theta}\frac{\mathrm{d}}{\mathrm{d}\zeta} = -\sin\theta\frac{\mathrm{d}}{\mathrm{d}\zeta} = -(1 - \zeta^2)^{1/2}\frac{\mathrm{d}}{\mathrm{d}\zeta} \tag{2.5.21}$$

而 $\Theta(\theta)$变为以 ζ 为自变量的函数 P

$$P(\zeta) = P(\cos\theta) = \Theta(\theta) \tag{2.5.22}$$

把式(2.5.20)～式(2.5.22)代入式(2.5.19)，P 满足的方程就是

$$\frac{\mathrm{d}}{\mathrm{d}\zeta}\left[(1 - \zeta^2)\frac{\mathrm{d}P}{\mathrm{d}\zeta}\right] + \left[\lambda - \frac{m^2}{1 - \zeta^2}\right]P = 0 \tag{2.5.23}$$

此方程有两个奇异点 $\zeta=\pm1$，由于 ζ 的变化范围，主方程(2.5.21)的另一个奇点 ∞ 不在讨论范围内. 由方程在奇点附近的行为知道，只有当 P 有如下形式时才有有限解：

$$P(\zeta)=(1-\zeta^2)^{\frac{|m|}{2}}\nu_m(\zeta) \tag{2.5.24}$$

其中，$|m|$ 表示 m 的绝对值，函数 $\nu_m(\zeta)$ 满足的方程为

$$(1-\zeta^2)\frac{d^2\nu_m}{d\zeta^2}-2(|m|+1)\zeta\frac{d\nu_m}{d\zeta}+(\lambda-|m|-m^2)\nu_m=0 \tag{2.5.25}$$

$\nu_m(\zeta)$ 可在 ζ 变化的范围内展开成幂级数

$$\nu_m(\zeta)=\sum_{\rho=0}^{\infty}a_\rho\zeta^\rho \tag{2.5.26}$$

代入式(2.5.25)，比较 ζ^ρ 的系数，有

$$(\rho+2)(\rho+1)a_{\rho+2}=[\rho(\rho-1)+2(|m|+1)\rho-\lambda+|m|+m^2]a_\rho \tag{2.5.27}$$

由展开系数的比知道，如果级数 ν 是无限项级数，则 P 必定发散；物理要求我们波函数有限，这就要求级数 ν 只有有限项，即级数应在某一项中断而成为多项式. 设 $\rho=k$ 是多项式中的最高次幂，则 $a_{k+2}=0$，由式(2.5.27)得

$$k(k-1)+2(|m|+1)k-\lambda+|m|+m^2=0 \tag{2.5.28}$$

$$\lambda=(k+|m|)(k+|m|+1)=l(l+1),\quad l=k+|m| \tag{2.5.29}$$

l 称为**轨道(角动量)量子数**，显然它是零或正整数. 当 l 取定后，$|m|$ 不能取大于 l 的值，m 称为**磁量子数**. 以后，我们会清楚，l 可表征轨道角动量的大小，而 m 标志角动量在某个轴上的投影的大小.

前面的分析告诉我们，只有当 λ 取式(2.5.29)的形式时，才有满足物理要求的波函数解. 现在就设

$$\begin{aligned}&\lambda=l(l+1),\\&l=0,1,2,3,\cdots\\&m=0,\pm1,\pm2,\cdots,\pm l\end{aligned} \tag{2.5.30}$$

方程(2.5.21)写为

$$\frac{d}{d\zeta}\left[(1-\zeta^2)\frac{dp}{d\zeta}\right]+\left[l(l+1)-\frac{m^2}{1-\zeta^2}\right]p=0 \tag{2.5.31}$$

此方程在数理方程中称为关联勒让德(A. M. Legendre，1752～1833，法国)方程. 为解它可先讨论 $m=0$ 的情形. 此时所得解称为**勒让德多项式**，记为 $\mathrm{P}_l(\zeta)$. P_l 满足

下面的方程：

$$\frac{d}{d\zeta}\left[(1-\zeta^2)\frac{dP_l}{d\zeta}\right]+l(l+1)P_l=0 \tag{2.5.32}$$

从式(2.5.24)、式(2.5.26)、式(2.5.27)知道，

$$P_l(\zeta)=\sum_{\rho=0}^{\infty}a_\rho\zeta^\rho \tag{2.5.33}$$

$$a_{\rho+2}=\frac{\rho(\rho+1)-l(l+1)}{(\rho+2)(\rho+1)}a_\rho \tag{2.5.34}$$

这是隔项系数之间的关系，因此 P_l 可以只包含奇数项或只包含偶数项. 我们分别令 $a_0\neq0$、$a_1=0$ 和 $a_0=0$、$a_1\neq0$，就可以得到 l 分别为偶、奇时的解. 但这时解还未完全确定，因为有一个因子未定. 如果令

$$P_l(1)=1 \tag{2.5.35}$$

则勒让德多项式就完全定下来了. 这种多项式可用微分式表达

$$P_l(\zeta)=\frac{1}{2^l l!}\frac{d^l}{d\zeta^l}(\zeta^2-1)^l \tag{2.5.36}$$

不难验证，这个多项式满足方程(2.5.32).

现在我们来看 $m\neq0$ 时的解，这就要先求出 ν_m. 先来观察一下 ν_m 满足的方程的特点. 对方程(2.5.25)微分一次有

$$(1-\zeta^2)\nu_m'''-2\zeta\nu_m''-2(|m|+1)\zeta\nu_m''-2(|m|+1)\nu_m'+(\lambda-|m|-m^2)\nu_m'=0$$

整理一下，得

$$(1-\zeta^2)\nu_m'''-2[(|m|+1)+1]\zeta\nu_m''+[\lambda-(|m|+1)-(|m|+1)^2]\nu_m'=0 \tag{2.5.37}$$

和式(2.5.25)对比一下，这正是 $\nu_{|m|+1}$ 所满足的方程. 所以 $\nu_{|m|+1}$ 和 $\dfrac{d\nu_{|m|}}{d\zeta}$ 只是相差一个常系数，即

$$\begin{aligned}&\nu_{|m|+1}\propto\frac{d\nu_{|m|}}{d\zeta}\propto\frac{d^{|m|+1}}{d\zeta^{|m|+1}}\nu_0\\&\nu_0=P_l(\zeta)\\&\nu_{|m|+1}(\zeta)=C\frac{d^{|m|}}{d\zeta^{|m|}}P_l(\zeta)\end{aligned} \tag{2.5.38}$$

C 为某个常数，取 $|m|=0$，就知 $C=1$. 这样，我们得到方程(2.5.31)的解

$$P_l^{|m|}(\zeta)=(-1)^{|m|}(1-\zeta^2)^{\frac{|m|}{2}}\frac{d^{|m|}}{d\zeta^{|m|}}P_l(\zeta) \tag{2.5.39}$$

它称为**关联勒让德多项式**.

勒让德多项式有一定的对称性，这从表示式(2.5.36)和式(2.5.39)可以看出

$$\mathrm{P}_l^{|m|}(-\zeta)=(-1)^{l+|m|}\mathrm{P}_l^{|m|}(\zeta)=(-1)^{l+m}\mathrm{P}_l^{|m|}(\zeta) \tag{2.5.40}$$

为方便起见，我们定义

$$\mathrm{P}_l^{-m}(\zeta)=(-1)^m\frac{(l-m)!}{(l+m)!}\mathrm{P}_l^m(\zeta),\quad m>0 \tag{2.5.41}$$

综合到此为止的结果有，函数

$$\mathrm{Y}_{lm}(\theta,\varphi)=N_{lm}\mathrm{P}_l^m(\cos\theta)\mathrm{e}^{\mathrm{i}m\varphi} \tag{2.5.42}$$

是方程(2.5.9)的解，它称为**球谐函数**. N_{lm} 为角向归一化常数，由

$$\int_{\varphi=0}^{2\pi}\int_{\theta=0}^{\pi}\mathrm{Y}_{lm}^*(\theta,\varphi)\mathrm{Y}_{l'm'}(\theta,\varphi)\sin\theta\mathrm{d}\theta\mathrm{d}\varphi=\delta_{ll'}\delta_{mm'} \tag{2.5.43}$$

得

$$N_{lm}=\sqrt{\frac{(2l+1)(l-m)!}{4\pi(l+m)!}} \tag{2.5.44}$$

这里列出前面几个球谐函数的形式：

$$\mathrm{Y}_{00}=\frac{1}{\sqrt{4\pi}}$$

$$\mathrm{Y}_{11}=-\sqrt{\frac{3}{8\pi}}\sin\theta\mathrm{e}^{\mathrm{i}\varphi},\quad \mathrm{Y}_{10}=\sqrt{\frac{3}{4\pi}}\cos\theta,\quad \mathrm{Y}_{1,-1}=\sqrt{\frac{3}{8\pi}}\sin\theta\mathrm{e}^{-\mathrm{i}\varphi}$$

$$\mathrm{Y}_{22}=\sqrt{\frac{15}{32\pi}}\sin^2\theta\mathrm{e}^{\mathrm{i}2\varphi},\quad \mathrm{Y}_{21}=-\sqrt{\frac{15}{8\pi}}\sin\theta\cos\theta\mathrm{e}^{\mathrm{i}\varphi}$$

$$\mathrm{Y}_{20}=\sqrt{\frac{5}{16\pi}}(3\cos^2\theta-1)$$

$$\mathrm{Y}_{2,-1}=\sqrt{\frac{15}{8\pi}}\sin\theta\cos\theta\mathrm{e}^{-\mathrm{i}\varphi},\quad \mathrm{Y}_{2,-2}=\sqrt{\frac{15}{32\pi}}\sin^2\theta\mathrm{e}^{-\mathrm{i}2\varphi}$$

习惯上，我们常把轨道量子数 $l=0,1,2,3,\cdots$ 的波函数代表的状态分别称为 s,p,d,f,…态.

2.5.3 径向波函数

现在我们来看径向波函数 $R(r)$所满足的方程. 与角向部分不同，这里的解依赖于位势 $U(r)$的具体形式. 把 $\lambda=l(l+1)$代入，方程化为

$$\frac{1}{r^2}\frac{\mathrm{d}}{\mathrm{d}r}\left(r^2\frac{\mathrm{d}R}{\mathrm{d}r}\right)+\left\{\frac{2\mu}{\hbar^2}[E-U(r)]-\frac{l(l+1)}{r^2}\right\}R=0 \tag{2.5.45}$$

此方程至少有一个奇点 $r=0$，可以先把这个奇点分出来，令

$$R(r)=\frac{u(r)}{r} \tag{2.5.46}$$

代到方程(2.5.45)中去，$u(r)$满足的方程为

$$u''+\left\{\frac{2m}{\hbar^2}[E-U(r)]-\frac{l(l+1)}{r^2}\right\}u=0 \tag{2.5.47}$$

这相当于粒子在一个位势 $U(r)+\frac{\hbar^2}{2\mu}\frac{l(l+1)}{r^2}$ 中做一维半空间($0\to\infty$)运动的波函数所满足的方程. 势能中与角动量 l 有关的一项是正的，代表的是离心势或排斥势. 角动量越大，排斥也越大. 设 $U(r)$的形式为

$$U(r)=A/r^s,\quad s>0 \tag{2.5.48}$$

当常数 $A>0$ 时称为**排斥势**，$A<0$ 时，称为**吸引势**. 把式(2.5.48)代入式(2.5.47)，u 满足的方程具体化为

$$u''+\left\{\frac{2\mu}{\hbar^2}E-\frac{2\mu A}{\hbar^2}\frac{1}{r^s}-\frac{l(l+1)}{r^2}\right\}u=0 \tag{2.5.49}$$

我们来考察函数 u 的一些性质.

先看 $r\to\infty$时方程解的行为. 此时

$$U(r)\to 0,\quad \frac{1}{r^2}\to 0,\quad r\to\infty \tag{2.5.50}$$

渐近方程为

$$u''+\frac{2\mu}{\hbar^2}Eu=0,\quad r\to\infty \tag{2.5.51}$$

当 $E>0$ 时，渐近解为

$$u(r)=C_1\mathrm{e}^{\mathrm{i}kr}+C_2\mathrm{e}^{-\mathrm{i}kr},\quad k=\sqrt{2\mu E/\hbar^2} \tag{2.5.52}$$

$$R(r)=\frac{u}{r}=C_1\frac{\mathrm{e}^{\mathrm{i}kr}}{r}+C_2\frac{\mathrm{e}^{-\mathrm{i}kr}}{r},\quad r\to\infty \tag{2.5.53}$$

无论粒子的能量 E 取什么值，这个渐近的 R 都能满足波函数的条件. 如果乘上波函数的时间因子 $\mathrm{e}^{-\mathrm{i}Et/\hbar}$，就可以清楚地看出，上式第一项是发散球面波，第二项是会聚球面波. 前者代表粒子从中心向无限远处的运动，后者相反，代表粒子从无限远处向中心汇合的运动. 所以这种运动是非束缚态，相应于经典力学中的非周期性轨道运动，在量子力学里就是散射问题，这在以后会讨论.

当 $E<0$ 时(这只有在吸引势的情形，即 $A<0$)，

$$u(r)=B_1\mathrm{e}^{-\beta r}+B_2\mathrm{e}^{\beta r},\quad \beta=\sqrt{2\mu(-E)/\hbar^2} \tag{2.5.54}$$

$$R(r)=B_1\mathrm{e}^{-\beta r}/r+B_2\mathrm{e}^{\beta r}/r,\quad r\to\infty \tag{2.5.55}$$

由于第二项当 $r\to\infty$时发散,不符合波函数条件,因此必须有 $B_2=0$

$$R(r)=B_1\mathrm{e}^{-\beta r}/r$$

此时显然有

$$|R(r)|^2=|B_1|^2\frac{\mathrm{e}^{-2\beta r}}{r^2}\to 0,\quad r\to\infty \tag{2.5.56}$$

即粒子在较大 r 处出现的概率很小,粒子只在势场中心附近运动. 这种状态是束缚态,相当于经典力学中的周期轨道运动,在量子力学里就是定态能级问题,对能量 E 有一定的限制.

我们再来看 $r\to 0$ 时 $u(r)$的行为.

先设 $s<2$. 当 $r\to 0$ 时,可略去 A/r^s、E 的项,方程近似为

$$u''-\frac{l(l+1)}{r^2}u=0,\quad r\to 0 \tag{2.5.57}$$

此方程在 $r=0$ 处是正则奇点,可用洛朗级数解. 设

$$u(r)=r^{\rho}\sum_{\nu=0}^{\infty}b_\nu r^\nu \tag{2.5.58}$$

代入方程(2.5.57),得

$$\sum(\nu+\rho)(\nu+\rho-1)b_\nu r^{\nu+\rho-2}-l(l+1)\sum b_\nu r^{\nu+\rho-2}=0 \tag{2.5.59}$$

按 r 的幂次方展开为

$$[\rho(\rho-1)-l(l+1)]r^{\rho-2}+(r^{\rho-1}\text{ 以上高次幂})=1 \tag{2.5.60}$$

此方程若要成立,各系数要为零,至少有

$$\rho(\rho-1)-l(l+1)=0 \tag{2.5.61}$$

解得

$$\begin{cases}\rho=-l\\ \rho=l+1\end{cases} \tag{2.5.62}$$

当 $\rho=-l$ 时,

$$\begin{aligned}u(r)&=r^{-l}\sum b_\nu r^\nu\to\infty,\quad r\to 0\\ R(r)&=u(r)/r\to\infty,\quad\quad r\to 0\end{aligned} \tag{2.5.63}$$

显然不符合波函数的条件.

当 $\rho=l+1$ 时,

$$\begin{aligned}u(r)&=r^{l+1}\sum b_\nu r^\nu\to 0,\quad r\to 0\\ R(r)&=u(r)/r\to 0,\quad\quad r\to 0\end{aligned} \tag{2.5.64}$$

是满足波函数的条件的，且当 l 越大，R 越快地趋于零，即粒子越不易到中心去. 这和角动量提供一个离心势是一致的.

现在再讨论 $s>2$ 的情形，此时 $r\to 0$ 的渐近方程形式为

$$u''-\frac{2\mu}{\hbar^2}\frac{A}{r^s}u=0\quad(r\to 0)\tag{2.5.65}$$

同样，令

$$u=r^\rho\sum_{\nu=0}^{\infty}b_\nu r^\nu$$

代入方程有

$$\sum(\rho+\nu)(\rho+\nu-1)b_\nu r^{\nu+\rho-2}-\frac{2\mu}{\hbar^2}A\sum b_\nu r^{\rho+\nu-s}=0\tag{2.5.66}$$

此方程中，由于 $s>2$，所以最低次幂 $r^{\rho-s}$ 的系数 $-\frac{2\mu}{\hbar^2}b_0A$ 必为零. 由于 b_0 是不为零的，所以必须要求 $A=0$，即要求整个势为零. 实际上，微分方程的理论告诉我们，$s>2$ 时，$r=0$ 是个非正则奇点，不存在正则的解. 所以当 $s>2$ 时不存在满足波函数条件的束缚态解.

现在我们可以小结一下：

当粒子能量大于零时，代表散射态；

当粒子能量小于零时，仅当在吸引位势且次数 $s\leqslant 2$ 时才可能有束缚态.

2.5.4 库仑势

现在我们来讨论一种常用的吸引位势，即与距离成反比的位势，这就是万有引力位势或电磁学中的库仑位势

$$u(r)=-Q/r,\quad Q>0\tag{2.5.67}$$

其中，Q 为常数，如一个电荷为 $-e$ 的粒子在一固定电荷 Ze 的库仑场中运动，则 $Q=Ze^2/4\pi\varepsilon_0$.

在这样的势场中存在束缚态. 我们来讨论这个束缚态，此时粒子能量 $E<0$.

径向波函数满足的方程为

$$\frac{1}{r^2}\frac{\mathrm{d}}{\mathrm{d}r}\left(r^2\frac{\mathrm{d}R}{\mathrm{d}r}\right)+\left[\frac{2\mu}{\hbar^2}\left(E+\frac{Q}{r}\right)-\frac{l(l+1)}{r^2}\right]R=0\tag{2.5.68}$$

令 $R=u/r$

$$u''+\left[\frac{2\mu}{\hbar^2}\left(E+\frac{Q}{r}\right)-\frac{l(l+1)}{r^2}\right]u=0\tag{2.5.69}$$

为讨论方便起见,定义

$$\alpha = \left(\frac{8\mu \mid E \mid}{\hbar^2}\right)^{1/2}, \quad \beta = \frac{2\mu Q}{\alpha \hbar^2} = \frac{Q}{\hbar}\left(\frac{\mu}{2 \mid E \mid}\right)^{1/2} \tag{2.5.70}$$

作变量变换

$$\rho = \alpha r, \quad u(r) = u\left(\frac{\rho}{\alpha}\right) \equiv v(\rho) \tag{2.5.71}$$

方程化为

$$\frac{\mathrm{d}^2 v}{\mathrm{d}\rho^2} + \left[\frac{\beta}{\rho} - \frac{1}{4} - \frac{l(l+1)}{\rho^2}\right] v = 0 \tag{2.5.72}$$

当 $\rho \to \infty$ 时,它的渐近方程为

$$\frac{\mathrm{d}^2 v}{\mathrm{d}\rho^2} - \frac{1}{4} v = 0 \quad (\rho \to \infty) \tag{2.5.73}$$

其解为

$$v(\rho) = \mathrm{e}^{\pm\rho/2} \quad (\rho \to \infty) \tag{2.5.74}$$

显然,$\mathrm{e}^{\rho/2}$ 的解不符合要求,只能取 $\mathrm{e}^{-\rho/2}$. 于是包括这种渐近性质,可令 v 的形式为

$$v(\rho) = \mathrm{e}^{-\rho/2} f(\rho) \tag{2.5.75}$$

代到原方程中,f 满足下面的方程:

$$\frac{\mathrm{d}^2 f}{\mathrm{d}\rho^2} - \frac{\mathrm{d}f}{\mathrm{d}\rho} + \left[\frac{\beta}{\rho} - \frac{l(l+1)}{\rho^2}\right] f = 0 \tag{2.5.76}$$

这可以用幂级数解,令

$$f = \sum_{\nu=0}^{\infty} b_\nu \rho^{\nu+\gamma} \tag{2.5.77}$$

其中,γ 为正整数,以保证 $R=u/r$ 在 $r \to 0$ 时有界. 代到上面方程中,得

$$\begin{aligned} &\sum_\nu (\nu+\gamma)(\nu+\gamma-1) b_\nu \rho^{\nu+\gamma-2} - \sum (\gamma+\nu) b_\nu \rho^{\nu+\gamma-1} \\ &\quad + \sum \beta b_\nu \rho^{\nu+\gamma-1} - \sum l(l+l) b_\nu \rho^{\nu+\gamma-2} = 0 \end{aligned} \tag{2.5.78}$$

比较同次幂的系数,有

$$(\nu+\gamma)(\nu+\gamma+1) b_{\nu+1} - (\nu+\gamma) b_\nu + \beta b_\nu - l(l+1) b_{\nu+1} = 0$$

$$b_{\nu+1} = \frac{-\beta + (\nu+\gamma)}{(\nu+\gamma)(\nu+\gamma+1) - l(l+1)} b_\nu \tag{2.5.79}$$

如果 f 是个无穷级数,那么,其系数有如下关系:

$$\frac{b_{\nu+1}}{b_\nu} \xrightarrow[\nu\to\infty]{} \frac{1}{v} \tag{2.5.80}$$

这和指数函数

$$e^\rho = \sum \frac{\rho^\nu}{\nu!}$$

的系数关系一样，所以 f 具有 e^ρ 的性质，这样 v 就具有了 $e^{\rho/2}$ 的性质，这是不合要求的.

所以，f 必须是个多项式，即级数在某处中断. 设最高次项为

$$b_{n_r}\rho^{n_r+\gamma}$$

即

$$b_{n_r+1} = 0 \tag{2.5.81}$$

这就要求

$$\frac{-\beta+(n_r+\gamma)}{(n_r+\gamma)(n_r+\gamma+1)-l(l+1)} = 0$$

$$\beta = n_r + \gamma \tag{2.5.82}$$

另外，级数从 ρ^γ 开始，即要求

$$b_{-1} = \frac{(-1+\gamma)(-1+\gamma+1)-l(l+1)}{-1+\gamma-\beta}b_0 = 0$$

$$\gamma(\gamma-1)-l(l+1) = 0$$

$$\begin{cases}\gamma = -l \\ \gamma = l+1\end{cases} \tag{2.5.83}$$

$\gamma=-l$ 显然不符合要求.

$$\gamma = l+1$$

于是有

$$\beta = n_r + l + 1 = n \tag{2.5.84}$$

其中，n_r 称为**径向量子数**；n 称为**主量子数**. 因为 n_r、l 都是零或正整数，所以 $n=1$，2，3，…，为整数. 把 β 代回式(2.5.70)，我们得到粒子处于束缚态的能量值为

$$E_n = -\frac{\mu Q^2}{2\hbar^2}\frac{1}{n^2}, \quad n = 1,2,3,\cdots \tag{2.5.85}$$

这表明在束缚态下，粒子能量取离散的值，即形成能级.

把 β、γ 的值代回式(2.5.79)中，有

$$b_{\nu+1} = -\frac{n-l-1}{(\nu+1)(2l+2+\nu)}b_\nu \tag{2.5.86}$$

$$f(\rho)=b_0\rho^{l+1}\left[1-\frac{n-l-1}{1!(2l+2)}\rho+\frac{(n-l-1)(n-l-2)}{2!(2l+2)(2l+3)}\rho^2+\cdots\right.$$
$$\left.-(-1)^{n-l-1}\frac{(n-l-1)(n-l-2)\cdots 1}{(n-l-1)!(2l+2)(2l+3)\cdots(n+l)}\rho^{n-l-1}\right]$$
$$=-b_0\frac{(2l+1)!(n-l-1)!}{[(n+l)!]^2}\rho^{l+1}\mathrm{L}_{n+l}^{2l+1}(\rho) \tag{2.5.87}$$

其中

$$\mathrm{L}_{n+l}^{2l+1}(\rho)=\sum_{\nu=0}^{n-l-1}(-1)^{\nu+1}\frac{[(n+l)!]^2\rho^\nu}{(n-l-1-\nu)!(2l+1+\nu)!\nu!} \tag{2.5.88}$$

称为关联拉盖尔(E. N. Laguerre,1834～1886,法国)多项式,它也可表示为

$$\mathrm{L}_{n+l}^{2l+1}(\rho)=\frac{\mathrm{d}^{2l+1}}{\mathrm{d}\rho^{2l+1}}\left[\mathrm{e}^\rho\frac{\mathrm{d}^{n+l}}{\mathrm{d}\rho^{n+l}}(\mathrm{e}^{-\rho}\rho^{n+l})\right]=\frac{\mathrm{d}^{2l+1}}{\mathrm{d}\rho^{2l+1}}\mathrm{L}_{n+l}(\rho) \tag{2.5.89}$$

而

$$\mathrm{L}_{n+l}(\rho)=\mathrm{e}^\rho\frac{\mathrm{d}^{n+l}}{\mathrm{d}\rho^{n+l}}(\mathrm{e}^{-\rho}\rho^{n+l}) \tag{2.5.90}$$

称作拉盖尔多项式.

注意,现在

$$\alpha=\alpha_n=\left(\frac{8\mu\mid E_n\mid}{\hbar^2}\right)^{1/2}=\frac{2\mu Q}{\hbar^2}\frac{1}{n} \tag{2.5.91}$$
$$\rho=\alpha_n r$$

这样得到径向波函数为

$$R_{nl}(r)=\frac{1}{r}u(r)=\frac{1}{r}v(\rho)=\frac{1}{\alpha_n r}N_{nl}\mathrm{e}^{-\rho/2}f(\rho)$$
$$=N_{nl}\frac{1}{\alpha_n r}\mathrm{e}^{-\frac{1}{2}\alpha_n r}f(\alpha_n r)$$
$$=N_{nl}\frac{1}{\alpha_n r}\mathrm{e}^{-\frac{1}{2}\alpha_n r}\mathrm{L}_{n+l}^{2l+1}(\alpha_n r)$$
$$=N_{nl}\mathrm{e}^{-\frac{\mu Q}{\hbar^2 n}}\left(\frac{2\mu Q}{\hbar^2 n}\right)^l\mathrm{L}_{n+l}^{2l+1}\left(\frac{2\mu Q}{\hbar^2 n}r\right) \tag{2.5.92}$$

其中,N_{nl}由归一化条件决定

$$1=\int_{\varphi=0}^{2\pi}\int_{\theta=0}^{\pi}\int_{r=0}^{\infty}\psi^*(r,\theta,\varphi)\psi(r,\theta,\varphi)r^2\sin\theta\mathrm{d}r\mathrm{d}\theta\mathrm{d}\varphi$$
$$=\int_0^\infty\mid R_{nl}(r)\mid^2 r^2\mathrm{d}r\iint\mathrm{Y}_{lm}^*\mathrm{Y}_{lm}\sin\theta\mathrm{d}\theta\mathrm{d}\varphi$$
$$=\int_0^\infty\mid R_{nl}(r)\mid^2 r^2\mathrm{d}r \tag{2.5.93}$$

定出

$$N_{nl}=-\left\{\alpha_n^3\frac{(n-l-1)!}{2n[(n+l)!]^3}\right\}^{1/2}=-\left\{\left(\frac{2\mu Q}{\hbar^2 n}\right)^3\frac{(n-l-1)!}{2n[(n+l)!]^3}\right\}^{1/2}\tag{2.5.94}$$

前面几个径向波函数的表达式为

$$\begin{cases}R_{10}(r)=\left(\dfrac{\mu Q}{\hbar^2}\right)^{\frac{3}{2}}2\mathrm{e}^{-\frac{\mu Q}{\hbar^2}r}\\ R_{21}(r)=\left(\dfrac{\mu Q}{2\hbar^2}\right)^{\frac{3}{2}}\dfrac{\mu Q}{3\hbar^2}r\mathrm{e}^{-\frac{\mu Q}{2\hbar^2}r}\\ R_{20}(r)=\left(\dfrac{\mu Q}{2\hbar^2}\right)^{\frac{3}{2}}\left(2-\dfrac{\mu Q}{\hbar^2}r\right)\mathrm{e}^{-\frac{\mu Q}{2\hbar^2}r}\end{cases}\tag{2.5.95}$$

总结以上结果,可得如下结论:在与距离成反比的吸收位势

$$U(r)=-Q/r\quad(Q>0)$$

中运动的粒子具有束缚态,其波函数为

$$\psi_{nlm}(r,\theta,\varphi)=R_{nl}(r)\mathrm{Y}_{lm}(\theta,\varphi)\tag{2.5.96}$$

其中,R 和 Y 的表达式见式(2.5.95)和式(2.5.42). 相应的能级为

$$E_n=-\frac{\mu Q^2}{2\hbar^2}\frac{1}{n^2},\quad n=1,2,3,\cdots\tag{2.5.97}$$

当主量子数 n 定下以后,粒子的能量就完全定下来了,但这时波函数还不能完全定下来,因为 l 可取 n 个值

$$l=0,1,2,\cdots,n-1\tag{2.5.98}$$

l、m 不同,波函数 ψ_{nlm} 也不一样,总个数为

$$\sum_{l=0}^{n-1}\sum_{m=-l}^{l}1=\sum_{l=0}^{n-1}(2l+1)=n^2\tag{2.5.99}$$

对应于一个用 n 标志的能级,有 n^2 个不同的波函数,我们称这个能级是 n^2 重简并的.

2.5.5 氢原子

现在我们来看氢原子,它是由一个电子和氢原子核(质子)组成的稳定系统. 氢光谱告诉我们这里存在束缚态. 这个问题是个两体问题. 我们可以用对应的办法来建立运动方程.

设电子的坐标为 $\boldsymbol{x}_\mathrm{e}$,质量为 m_e;质子的坐标为 $\boldsymbol{x}_\mathrm{n}$,质量为 m_n. 以 $\boldsymbol{X}$ 代表质心坐标,$\boldsymbol{x}$ 代表电子相对于原子核的坐标,则有(图 2.5.2)

$$\begin{aligned}M\boldsymbol{X}&=m_\mathrm{e}\boldsymbol{x}_\mathrm{e}+m_\mathrm{n}\boldsymbol{x}_\mathrm{n}\\ \boldsymbol{x}&=\boldsymbol{x}_\mathrm{e}-\boldsymbol{x}_\mathrm{n}\end{aligned}\tag{2.5.100}$$

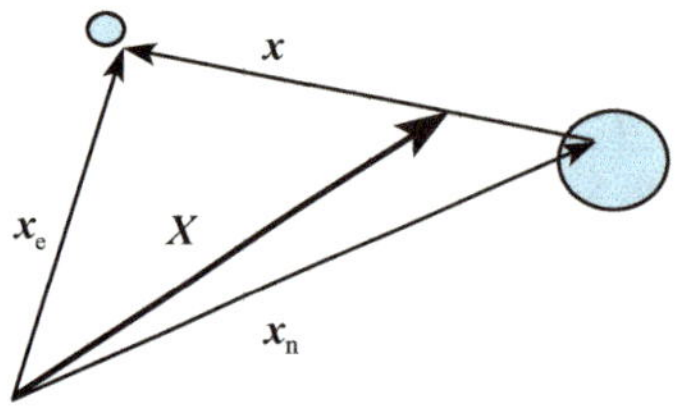

图 2.5.2 坐标分解

其中，$M=m_e+m_n$.

氢原子的总能量等于电子的动能加上质子的动能，再加上它们之间的相互作用能. 这种相互作用为库仑作用，可以用一个位势表达，它只是电子和原子核间距离的函数

$$E_T=\frac{\boldsymbol{p}_e^2}{2m_e}+\frac{\boldsymbol{p}_n^2}{2m_n}+U(|\boldsymbol{x}_e-\boldsymbol{x}_n|)$$

其中，$\boldsymbol{p}_e$ 为电子动量；$\boldsymbol{p}_n$ 为质子动量. 用对应关系算符化

$$\boldsymbol{p}_e\to\frac{\hbar}{i}\nabla_{\boldsymbol{x}_e}$$

$$\boldsymbol{p}_n\to\frac{\hbar}{i}\nabla_{\boldsymbol{x}_n}$$

且作用到波函数上，可以得到定态波函数 $\Psi(\boldsymbol{x}_e,\boldsymbol{x}_n)$ 所满足的方程

$$E_T\Psi(\boldsymbol{x}_e,\boldsymbol{x}_n)=\left[-\frac{\hbar^2\nabla_{\boldsymbol{x}_e}^2}{2m_e}-\frac{\hbar^2\nabla_{\boldsymbol{x}_n}^2}{2m_n}+U(|\boldsymbol{x}_e-\boldsymbol{x}_n|)\right]\Psi(\boldsymbol{x}_e,\boldsymbol{x}_n)\tag{2.5.101}$$

如果转换到质心坐标和相对坐标，则有

$$\begin{aligned}\frac{\partial}{\partial x_{ei}}&=\sum_{j=1}^{3}\left(\frac{\partial X_j}{\partial x_{ei}}\frac{\partial}{\partial X_j}+\frac{\partial x_j}{\partial x_{ei}}\frac{\partial}{\partial x_j}\right)=\frac{m_e}{M}\frac{\partial}{\partial X_i}+\frac{\partial}{\partial x_i}\\\frac{\partial}{\partial X_{ni}}&=\frac{m_n}{M}\frac{\partial}{\partial X_i}-\frac{\partial}{\partial x_i}\end{aligned}\tag{2.5.102}$$

或

$$\begin{aligned}\nabla_{\boldsymbol{x}_e}&=\frac{m_e}{M}\nabla_{\boldsymbol{X}}+\nabla_{\boldsymbol{x}}\\\nabla_{\boldsymbol{x}_n}&=\frac{m_n}{M}\nabla_{\boldsymbol{X}}-\nabla_{\boldsymbol{x}}\end{aligned}\tag{2.5.103}$$

相应地，还有

$$\begin{aligned}\nabla_{x_e}^2&=\frac{m_e^2}{M^2}\nabla_X^2+2\frac{m_e}{M}(\nabla_{\boldsymbol{X}}\cdot\nabla_{\boldsymbol{x}})+\nabla_x^2\\\nabla_{x_n}^2&=\frac{m_n^2}{M^2}\nabla_X^2-2\frac{m_n}{M}(\nabla_{\boldsymbol{X}}\cdot\nabla_{\boldsymbol{x}})+\nabla_x^2\end{aligned}\tag{2.5.104}$$

$$\frac{\nabla_{x_e}^2}{2m_e}+\frac{\nabla_{x_n}^2}{2m_n}=\frac{1}{2M}\nabla_X^2+\frac{1}{2}\left(\frac{1}{m_e}+\frac{1}{m_n}\right)\nabla_x^2=\frac{1}{2M}\nabla_X^2+\frac{1}{2\mu}\nabla_X^2+\frac{1}{2\mu}\nabla_x^2\tag{2.5.105}$$

其中，$\mu=\frac{m_e m_n}{m_e+m_n}=\frac{m_e m_n}{M}$称为**原子的折合(约化)质量**.

这样作函数变换后，方程化为

$$\left[-\frac{\hbar^2\,\nabla_X^2}{2M}-\frac{\hbar^2\,\nabla_x^2}{2\mu}+U(|\,\boldsymbol{x}\,|)\right]\Psi(\boldsymbol{X},\boldsymbol{x})=E_{\mathrm{T}}\Psi(\boldsymbol{X},\boldsymbol{x}) \tag{2.5.106}$$

这个方程可以用分离变量法来解，令

$$\Psi(\boldsymbol{X},\boldsymbol{x})=\psi(\boldsymbol{x})\phi(\boldsymbol{X}) \tag{2.5.107}$$

ψ、ϕ 分别满足下面的方程：

$$-\frac{\hbar^2}{2\mu}\nabla_x^2\psi(\boldsymbol{x})+U(|\,\boldsymbol{x}\,|)\psi(\boldsymbol{x})=E\psi(\boldsymbol{x}) \tag{2.5.108}$$

$$-\frac{\hbar^2}{2M}\nabla_X^2\phi(\boldsymbol{X})=(E_{\mathrm{T}}-E)\phi(\boldsymbol{X}) \tag{2.5.109}$$

其中，E 为电子相对于原子核运动的能量.

方程(2.5.109)是描写质心运动的波函数 ϕ 所满足的方程. 可以看出是能量为 $E_{\mathrm{T}}-E$ 的自由粒子定态方程，质心做自由运动. $\psi(\boldsymbol{x})$是描写原子内电子相对于核的运动状态的. 它正是我们需要讨论的内容. 前面变换的物理内容实际上就是，氢原子的运动可以分解为质心运动和内部相对运动两部分. 相对运动部分相当于一个质量为 μ 的粒子在有心力场 $U(|\boldsymbol{x}|)$中运动. 在原子中

$$U(|\,\boldsymbol{x}\,|)=-\frac{Q}{|\,\boldsymbol{x}\,|}=-\frac{Q}{r},\quad Q>0 \tag{2.5.110}$$

对氢原子，$Q=e^2/(4\pi\varepsilon_0)$；对类氢原子，$Q=Ze^2/(4\pi\varepsilon_0)$，$Z$ 为核电荷数.

应用前面讨论的结果，我们得到氢原子的内部运动能级(图 2.5.3)

$$E_n=-\frac{1}{(4\pi\varepsilon_0)^2}\frac{\mu e^4}{2\hbar^2 n^2},\quad n=1,2,3,4,\cdots \tag{2.5.111}$$

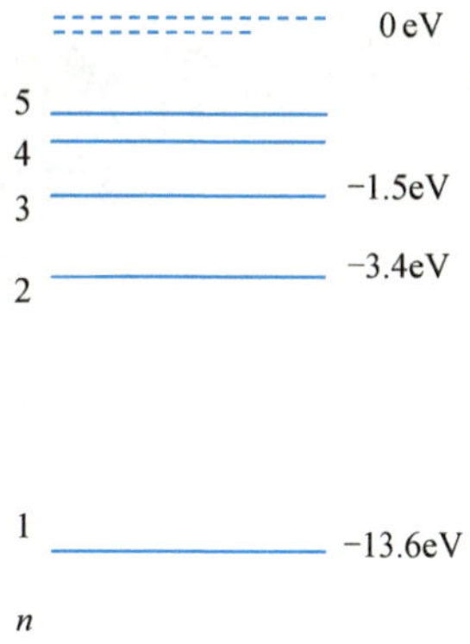

图 2.5.3　氢原子能级

这完全类似于玻尔用轨道量子化法求出的能级，现在由薛定谔方程系统地求了出来. 我们已经知道，这样的能级可以很清楚地解释氢光谱的现象和规律.

把氢原子完全散开(电离)需要一定能量，它称为**电离能**. 基态氢原子的电离能为

$$E_{\text{电离}}=0-E_1=-E_1=\frac{1}{(4\pi\varepsilon_0)^2}\frac{\mu e^4}{2\hbar^2}=13.6\mathrm{eV} \tag{2.5.112}$$

这与实验结果是一致的.

2.5.6 电子云

我们现在来看看氢原子中电子的分布. 当电子处于 $\psi_{nlm}(r,\theta,\varphi)$所描写的状态时，根据波函数的概率解释，在空间一点$(r,\theta,\varphi)$附近体积元

$$d\tau = r^2 \sin\theta d\theta d\varphi dr$$

中的概率为

$$w_{nlm}(r,\theta,\varphi) r^2 \sin\theta d\theta d\varphi dr = |\psi_{nlm}(r,\theta,\varphi)|^2 r^2 \sin\theta d\theta d\varphi dr \quad (2.5.113)$$

其中，ψ_{nlm} 由式(2.5.95)给出.

我们求在半径 $r \sim r+dr$ 的球壳内找到电子的概率. 这时

$$\begin{aligned} w_{nl}(r)dr &= r^2 dr \int_0^{2\pi}\int_0^{\pi} |R_{nl}(r) Y_{lm}(\theta,\varphi)|^2 \sin\theta d\theta d\varphi \\ &= |R_{nl}(r)|^2 r^2 dr \end{aligned} \quad (2.5.114)$$

图 2.5.4 表示在不同的 n、l 时，w_{nl} 相对于 r/a_0（a_0 为玻尔半径，$a_0 = 4\pi\varepsilon_0\hbar^2/\mu e^2$）的关系. $n_r = n-l-1$ 是 R_{nl} 的节点数.

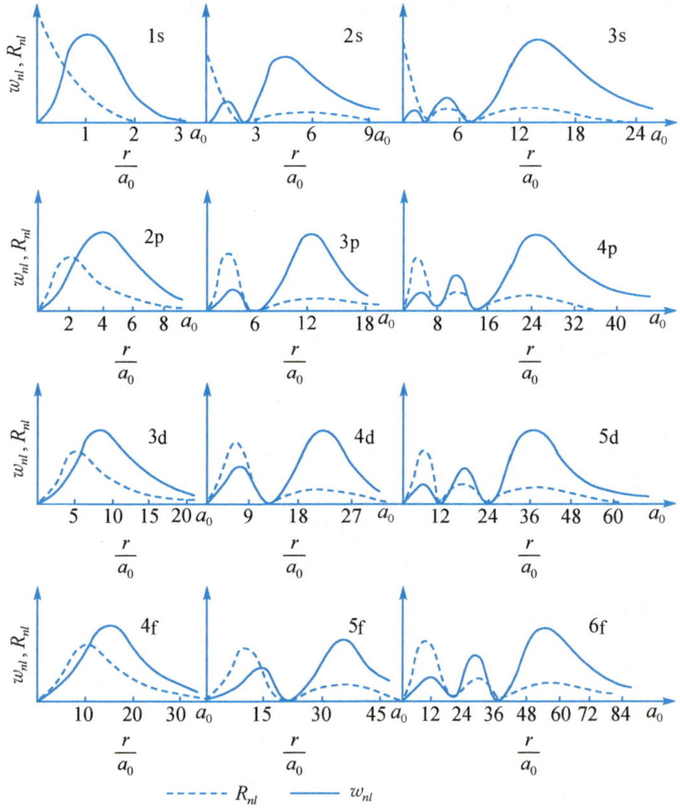

图 2.5.4 电子的径向分布

同样，我们可以看看电子的角向分布，即在各个方向上的概率分布. 电子在方向(θ,φ)附近立体角元 $\mathrm{d}\Omega=\sin\theta\mathrm{d}\theta\mathrm{d}\varphi$ 内出现的概率为

$$w_{lm}(\theta,\varphi)\mathrm{d}\Omega=\mathrm{d}\Omega\int_{r=0}^{\infty}|R_{nl}(\theta,\varphi)|^2r^2\mathrm{d}r\,|Y_{lm}(\theta,\varphi)|^2$$
$$=N_{lm}^2[P_l^m(\cos\theta)]^2\mathrm{d}\Omega \tag{2.5.115}$$

w_{lm}与 φ 角无关，即对 z 轴是对称的.

开头的几个 $w(\theta,\varphi)$分布为

$$w_{0,0}=\frac{1}{4\pi},\quad w_{1,\pm1}=\frac{3}{8\pi}\sin^2\theta$$
$$w_{1,0}=\frac{3}{4\pi}\cos^2\theta$$

图 2.5.5 表示处于各种态的电子的角向分布.

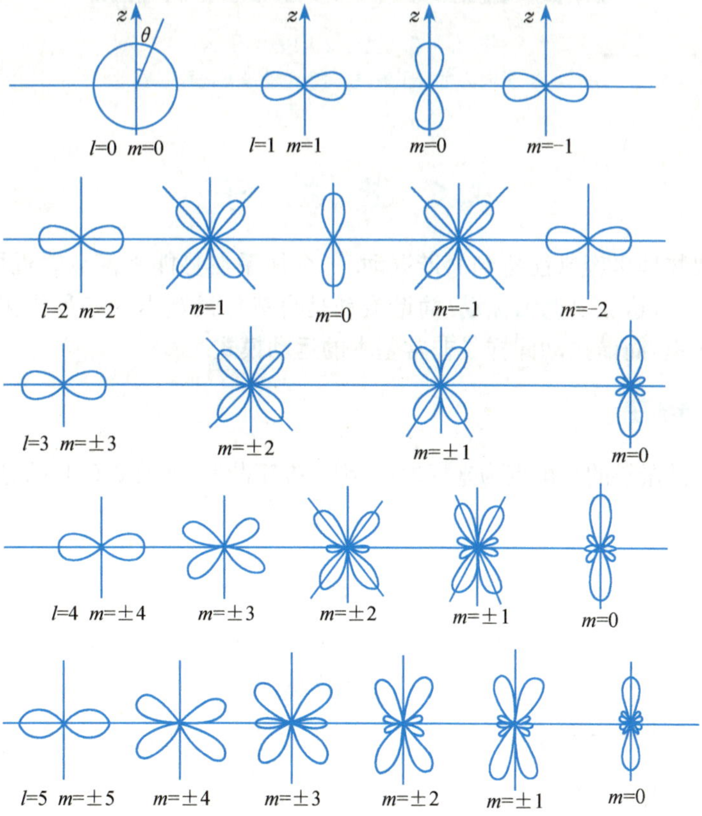

图 2.5.5 电子角向分布

图 2.5.6 给出氢原子中电子云的模拟分布，越亮的地方电子密度越大.

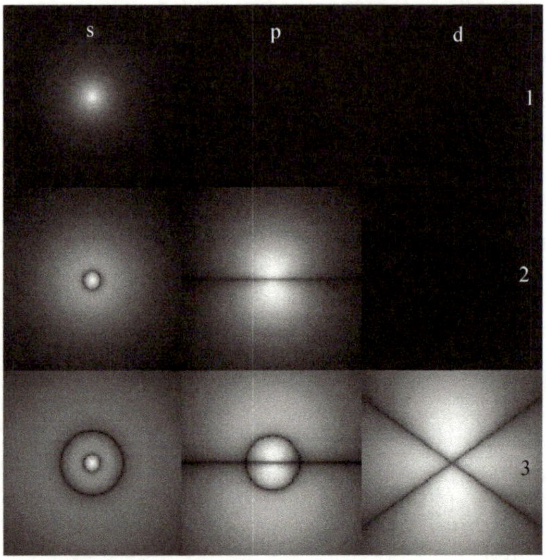

图 2.5.6 氢原子中的电子云

纵向为主量子数,横向为角动量态记号

2.6 谐 振 子

在经典物理里经常能碰到简谐振动. 一个体系在势能平衡点附近可能会做周期性的小振动,这就是**简谐振动**. 简谐振动是自然界最基本的一种机械运动模式. 在量子力学里,简谐振动同样是非常基本的运动模式.

2.6.1 简谐振子

选定简谐振子的平衡点为坐标原点,则一维简谐振子(图 2.6.1)的势可写为

$$V(x)=\frac{1}{2}kx^2 \tag{2.6.1}$$

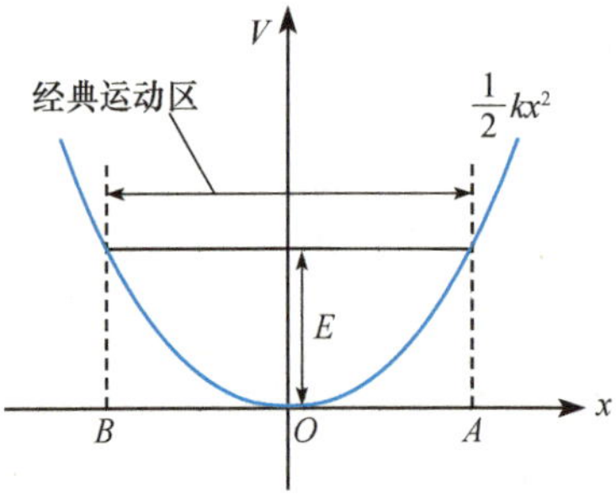

图 2.6.1 谐振子势

其中,k 为**刚度系数**.

一个质量为 μ 的粒子在这样的势中运动,其哈密顿量为

$$H=\frac{\hat{p}^2}{2\mu}+\frac{1}{2}kx^2=\frac{\hat{p}^2}{2\mu}+\frac{1}{2}\mu\omega^2x^2 \tag{2.6.2}$$

其中,角频率

$$\omega=\sqrt{k/\mu} \tag{2.6.3}$$

于是相应的定态薛定谔方程为

$$\left(\frac{\hat{p}^2}{2\mu}+\frac{1}{2}\mu\omega^2x^2\right)\psi_n(x)=E\psi_n(x) \tag{2.6.4}$$

把 $\hat{p}$ 的形式代入得

$$\frac{\hbar^2}{2\mu}\frac{\mathrm{d}^2\psi}{\mathrm{d}x^2}+\left(E-\frac{\mu\omega^2}{2}x^2\right)\psi=0 \tag{2.6.5}$$

为解此方程，先无量纲化，令

$$\begin{cases}\xi=\sqrt{\mu\omega/\hbar}\,x=\alpha x, \quad \alpha=\sqrt{\dfrac{\mu\omega}{\hbar}} \\ \psi(x)=\psi\left(\dfrac{\xi}{\alpha}\right)=\phi(\xi)\end{cases} \tag{2.6.6}$$

方程(2.6.5)化为

$$\begin{aligned}&\frac{\mathrm{d}^2\phi}{\mathrm{d}\xi^2}+(\lambda-\xi^2)\phi=0\\&\lambda=\frac{2E}{\hbar\omega}\end{aligned} \tag{2.6.7}$$

此方程在 $\xi\to\infty$ 时有渐近解

$$\phi(\xi)=\mathrm{e}^{-\frac{\xi^2}{2}}, \quad \xi\to\infty \tag{2.6.8}$$

因此，可作变换把渐近行为显示出来，令

$$\phi(\xi)=\mathrm{e}^{-\frac{\xi^2}{2}}u(\xi) \tag{2.6.9}$$

代入方程(2.6.7)，$u(\xi)$满足的方程为

$$\frac{\mathrm{d}^2u(\xi)}{\mathrm{d}\xi^2}-2\xi\frac{\mathrm{d}u(\xi)}{\mathrm{d}\xi}+(\lambda-1)u(\xi)=0 \tag{2.6.10}$$

这个方程可用级数求解，但仅当

$$\lambda=2n+1, \quad n=0,1,2,\cdots \tag{2.6.11}$$

时才有满足波函数要求的解，它是一个常用的函数，叫**厄米多项式**，可表示为

$$u=\mathrm{H}_n(\xi)=(-1)^n\mathrm{e}^{\xi^2}\frac{\mathrm{d}^n}{\mathrm{d}\xi^n}(\mathrm{e}^{-\xi^2}) \tag{2.6.12}$$

它的头三个表示式为

$$\mathrm{H}_0(\xi)=1, \quad \mathrm{H}_2(\xi)=2\xi, \quad \mathrm{H}_3(\xi)=4\xi^2-2$$

厄米多项式满足下面的递推关系：

$$\mathrm{H}_{n+1}(\xi) - 2\xi \mathrm{H}_n(\xi) + 2n\mathrm{H}_{n-1}(\xi) = 0 \tag{2.6.13}$$

2.6.2 能级和波函数

这样，我们从式(2.6.11)得到系统的能量

$$E = E_n = \left(n + \frac{1}{2}\right)\hbar\omega, \quad n = 0,1,2,\cdots \tag{2.6.14}$$

对应于此能量的本征函数(图 2.6.2)为

$$\psi_n(x) = N_n \mathrm{e}^{-\frac{\xi^2}{2}} \mathrm{H}_n(\xi) = N_n \mathrm{e}^{-\frac{1}{2}\alpha^2 x^2} \mathrm{H}_n(\alpha x) \tag{2.6.15}$$

由归一化条件

$$\int \psi_n^* \psi_n \mathrm{d}x = 1$$

得

$$N_n = \left(\frac{\alpha}{\sqrt{\pi}\, 2^n n!}\right)^{1/2} \tag{2.6.16}$$

简谐振子的开头几个波函数的形式为

$$\begin{aligned} \psi_0(x) &= \frac{\sqrt{\alpha}}{\pi^{1/4}} \mathrm{e}^{-\alpha^2 x^2/2} \\ \psi_1(x) &= \frac{\sqrt{2}\sqrt{\alpha}}{\pi^{1/4}} \alpha x \mathrm{e}^{-\alpha^2 x^2/2} \\ \psi_2(x) &= \frac{\sqrt{\alpha}}{\pi^{1/4}\sqrt{2}} (2\alpha^2 x^2 - 1) \mathrm{e}^{-\alpha^2 x^2/2} \end{aligned} \tag{2.6.17}$$

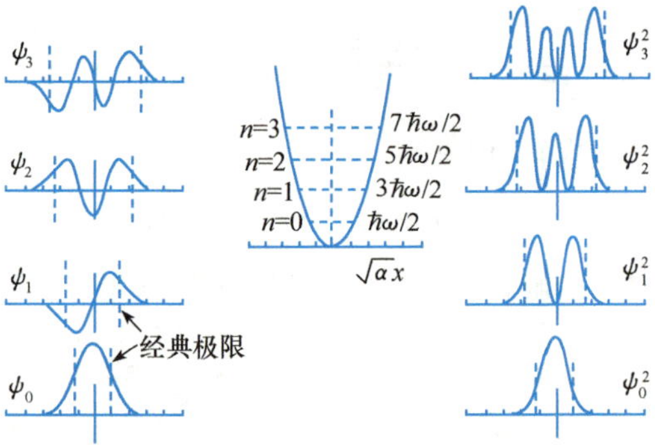

图 2.6.2 谐振子波函数及概率分布

现在我们来看简谐振子的能级特点.

首先，从式(2.6.14)看到，系统最低的能量本征值不为零

$$E_0=\frac{\hbar\omega}{2}$$

它称为**零点能**. 这和经典力学不一样. 这个基态的波函数 ψ_0 是高斯型的，如图 2.6.3 所示.

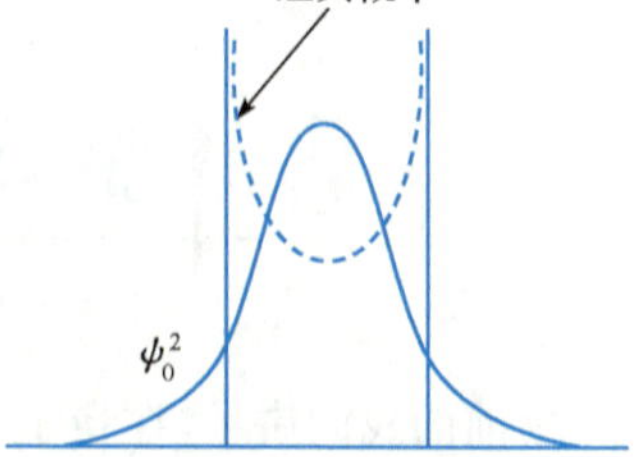

图 2.6.3　高斯型概率分布

基态里绝大多数粒子是在位势的最低处(即经典的平衡位置)，但其他地方同样会出现粒子，不过越远处粒子越少.

其次，我们看到，谐振子的能级是等间隔的

$$\Delta E=\hbar\omega$$

2.6.3　半谐振子

谐振子系统可以有各种变形，如下面的半谐振子势(图 2.6.4)：

$$V(x)=\begin{cases}\infty, & x<0\\ \dfrac{1}{2}kx^2, & x>0\end{cases}\tag{2.6.18}$$

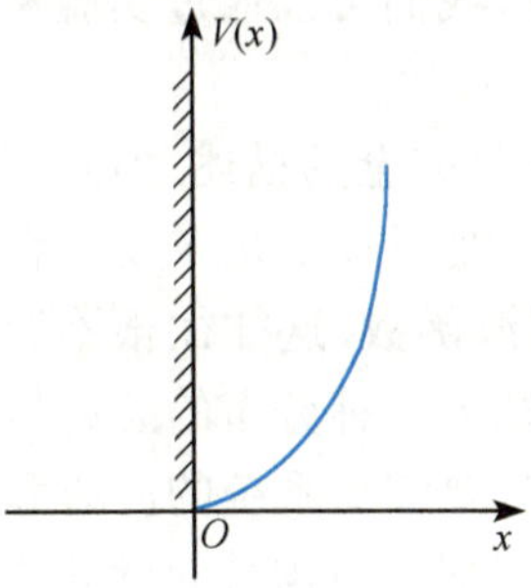

图 2.6.4　半谐振子势

一个质量为 μ 的粒子在这样的势中运动，显然只能在 $x>0$ 的区域. 而在此区域的薛定谔方程是和简谐振子一样的. 由波函数连续性条件，只能取谐振子态中以原点为节点的波函数，即那些反对称的波函数. 于是我们得到半谐振子的能量本征值和波函数为

$$E_k=(2k+3/2)\hbar\omega,\quad k=0,1,2,\cdots\tag{2.6.19}$$

$$\psi_k(x)=\begin{cases}0, & x<0\\ N'_k\mathrm{e}^{-\frac{\alpha^2x^2}{2}}\mathrm{H}_{2k+1}(\alpha x), & x>0\end{cases}\tag{2.6.20}$$

其中，归一化常数

$$N'_k=\left(\frac{\alpha}{\sqrt{\pi}\,2^{2k}(2k+1)!}\right)^{1/2}\tag{2.6.21}$$

第 3 章　力学量和算符

前面我们讲了,在量子力学中,微观粒子的运动状态可以用波函数完全描述,并且知道波函数满足薛定谔方程. 在知道相互作用后,就可以在理论上求出波函数.

粒子的运动状态用**力学量**如坐标、动量、角动量、能量等来标志. 波函数描写了这种力学量的一个分布. 既然波函数是状态的完全描述,那么它就应当能给出有关粒子的全部力学知识,即它能给出各个标志粒子运动状态的力学量的全部分布. 例如,根据波函数的统计解释,归一化的波函数的模方 $|\psi|^2$ 给出粒子坐标的概率分布;而在 2.1 节讲了,如果把 Ψ 分解为有确定的动量的状态的叠加,就可以求出动量的分布 $|C(\boldsymbol{p})|^2$. 那么,一般的力学量的分布如何求呢? 弄清这些是十分重要的. 一方面,只有弄清楚这些,才能把描写状态的波函数所包含的物理内容揭示出来,从而真正实现波函数完全描写状态;另一方面,波函数本身同电场强度等物理量不一样,不能直接测量. 实验上测量的都是一些力学量. 波函数是不是粒子真实运动的反映,一般只能间接与实验比较. 弄清了波函数和力学量之间的关系,我们就可以用实验来检验理论. 反过来,当系统运动未知的时候,我们可以通过实验来寻找波函数,从而了解系统.

作为粒子运动状态的描述,波函数是最精确全面的,即是完全的描述. 但是所谓的完全也是相对的,要根据问题的需要而有不同的标准. 波函数不是容易找到的. 例如,要对粒子的位置进行测量才能定出分布,再确定波函数,这往往很不容易. 实际上,我们常常不需要知道分布的细致知识,而只要知道这种分布的总的特征就可以了,譬如,对于经典力学里大量粒子的集合,我们只要知道系统的质心和转动惯量,就可以把粒子的密度分布的主要特点刻画出来. 这种能反映分布的总体特点的量称为**特征量**. 因此我们要弄清楚:①知道了波函数,怎样求出各种特征量;②知道了特征量的情况能确定波函数的一些什么性质;③同一波函数同时代表各种力学量的分布,这些分布间有一定的关系. 那么,反映这些分布特征的特征量之间也会有一定的关系,这些关系是怎样的呢?

在这一章中,我们主要解决这些问题.

3.1　力学量的平均值

反映力学性质的总体特征的第一个特征量是**平均值**. 由于分布可以是各种各样的力学量,所以我们一般讲的力学量的平均值在数学上则称为**期望值**. 这种平均值如何求呢？我们先来看看坐标平均值.

3.1.1 坐标平均值

根据求平均值的一般定义，平均坐标应当等于所有粒子的坐标加起来除以总粒子数. 用数学式子表示就是

$$\bar{x} \equiv \langle x \rangle = \frac{\sum_x xN(x)}{\sum_x N(x)} \tag{3.1.1}$$

其中，$\bar{x}$ 为 x 坐标的平均值；$N(x)$为具有坐标值为 x 的粒子数. 因为坐标可以连续变化，求和化为积分

$$\bar{x} = \frac{\int xN(x)\mathrm{d}x}{\int N(x)\mathrm{d}x} \tag{3.1.2}$$

由波函数的统计解释，包含 $\boldsymbol{x}$ 点在内的体积元 $\mathrm{d}\tau=\mathrm{d}x\mathrm{d}y\mathrm{d}z$ 中的粒子数为

$$N(\boldsymbol{x})\mathrm{d}\tau = |\psi(\boldsymbol{x},t)|^2\mathrm{d}\tau = \psi^*(\boldsymbol{x},t)\psi(\boldsymbol{x},t)\mathrm{d}x\mathrm{d}y\mathrm{d}z \tag{3.1.3}$$

如果只看坐标 x，求在 $x\sim x+\mathrm{d}x$ 的粒子数，则为

$$N(x)\mathrm{d}x = \mathrm{d}x\iint \mathrm{d}y\mathrm{d}z\psi^*(\boldsymbol{x},t)\psi(\boldsymbol{x},t) \tag{3.1.4}$$

把式(3.1.4)代到式(3.1.2)中，有

$$\bar{x} = \frac{\iiint x\psi^*(\boldsymbol{x},t)\psi(\boldsymbol{x},t)\mathrm{d}x\mathrm{d}y\mathrm{d}z}{\iiint \psi^*(\boldsymbol{x},t)\psi(\boldsymbol{x},t)\mathrm{d}x\mathrm{d}y\mathrm{d}z} = \iiint \frac{\psi^*(\boldsymbol{x},t)}{\sqrt{N}}x\frac{\psi(\boldsymbol{x},t)}{\sqrt{N}}\mathrm{d}\tau \tag{3.1.5}$$

如果波函数已归一化，$N=\int\psi^*\psi\mathrm{d}\tau$ 等于 1，那么粒子的平均位置就是

$$\bar{x} = \iiint \psi^*(\boldsymbol{x},t)x\psi(\boldsymbol{x},t)\mathrm{d}\tau \tag{3.1.6}$$

对其他两个坐标，同样有

$$\bar{y} = \iiint \psi^*(\boldsymbol{x},t)y\psi(\boldsymbol{x},t)\mathrm{d}\tau \tag{3.1.7}$$

$$\bar{z} = \iiint \psi^*(\boldsymbol{x},t)z\psi(\boldsymbol{x},t)\mathrm{d}\tau \tag{3.1.8}$$

这个求平均值的办法就是

$$\text{平均坐标 } \bar{x} = \sum_x \text{坐标 } x \times \text{粒子在坐标 } x \text{ 处的概率} \tag{3.1.9}$$

这也是由概率求平均值的公式. 一般地，如果一个力学量 F 是粒子坐标 $\boldsymbol{x}$ 的函数

$$F = F(x,y,z) = F(\boldsymbol{x}) \tag{3.1.10}$$

那么，由于在状态 $\psi(\boldsymbol{x},t)$ 中粒子的坐标有分布，这个力学量也就有分布，我们同样可以求这个力学量的平均值. 用上面的办法可以证明

$$\bar{F}(t) = \int \psi^*(\boldsymbol{x},t)F(\boldsymbol{x})\psi(\boldsymbol{x},t)\mathrm{d}\tau \tag{3.1.11}$$

3.1.2 动量平均值

现在我们来求粒子的平均动量. 和坐标一样，我们知道在一个实验中各粒子的动量不一样，如在衍射中，粒子会飞到屏上各处. 因此作为这种分布的结果，我们可以求粒子的平均动量. 求坐标的平均值启发我们

$$\text{平均动量 } \bar{p} = \sum_p \text{动量 } p \times \text{粒子具动量 } p \text{ 的概率 } w(p)$$

为简单起见，我们先来讨论一维的情形. 如果 $\psi(x,t)$ 描写粒子的运动状态，已归一化，那么由 2.1 节知道，粒子具有动量 p 的概率为

$$w(p) = |C(p,t)|^2 \tag{3.1.12}$$

$C(p,t)$ 为 $\psi(x,t)$ 的傅里叶分量

$$C(p,t) = \frac{1}{(2\pi\hbar)^{1/2}}\int \psi(x,t)\mathrm{e}^{-\mathrm{i}px/\hbar}\mathrm{d}x \tag{3.1.13}$$

这里归一化系数为 $\frac{1}{(2\pi\hbar)^{1/2}}$ 而非 $\frac{1}{(2\pi\hbar)^{3/2}}$ 是因为只考虑了一维情形. 这样，平均动量为

$$\begin{aligned}\bar{p} \equiv \langle p\rangle &= \int p w(p)\mathrm{d}p = \int p\,|C(p,t)|^2\mathrm{d}p \\ &= \frac{1}{2\pi\hbar}\iiint \psi^*(x',t)\mathrm{e}^{\mathrm{i}px'/\hbar}p\psi(x,t)\mathrm{e}^{-\mathrm{i}px/\hbar}\mathrm{d}x'\mathrm{d}x\mathrm{d}p\end{aligned} \tag{3.1.14}$$

由于

$$p\mathrm{e}^{-\mathrm{i}px/\hbar} = \mathrm{i}\hbar\frac{\mathrm{d}}{\mathrm{d}x}(\mathrm{e}^{-\mathrm{i}px/\hbar}) \tag{3.1.15}$$

$$\begin{aligned}\int_{-\infty}^{\infty}\psi(x,t)p\mathrm{e}^{-\mathrm{i}px/\hbar}\mathrm{d}x &= \int_{-\infty}^{\infty}\psi(x,t)\mathrm{i}\hbar\frac{\mathrm{d}}{\mathrm{d}x}(\mathrm{e}^{-\mathrm{i}px/\hbar})\mathrm{d}x \\ &= \mathrm{i}\hbar\psi(x,t)\mathrm{e}^{-\mathrm{i}px/\hbar}\Big|_{-\infty}^{\infty} - \int \mathrm{e}^{-\mathrm{i}px/\hbar}\mathrm{i}\hbar\frac{\mathrm{d}}{\mathrm{d}x}\psi(x,t)\mathrm{d}x\end{aligned}$$

积分遍及粒子所在区域，因此在积分区域外粒子不出现，波函数为零，上式的第一项消失，只剩第二项，代到式(3.1.14)中有

$$\bar{p}=\frac{1}{(2\pi\hbar)}\int\psi^*(x',t)\mathrm{e}^{-\mathrm{i}p(x'-x)/\hbar}\mathrm{d}x'\mathrm{d}p(-\mathrm{i}\hbar)\frac{\mathrm{d}}{\mathrm{d}x}\psi(x,t)\mathrm{d}x$$

$$=\int\psi^*(x,t)\frac{\hbar}{\mathrm{i}}\frac{\mathrm{d}\psi(x,t)}{\mathrm{d}x}\mathrm{d}x \tag{3.1.16}$$

最后一个等号利用了 2.2 节的式(2.2.22).

这个式子很容易推广到三维的情形.

$$\bar{p}_i=\int\psi^*(\boldsymbol{x},t)\frac{\hbar}{\mathrm{i}}\frac{\partial}{\partial x_i}\psi(\boldsymbol{x},t)\mathrm{d}\tau \tag{3.1.17}$$

或者合起来

$$\langle\boldsymbol{p}\rangle=\int\psi^*(\boldsymbol{x},t)\frac{\hbar}{\mathrm{i}}\nabla\psi(\boldsymbol{x},t)\mathrm{d}\tau \tag{3.1.18}$$

3.1.3 动量在位置空间的表示

由此可见,求粒子在状态 $\psi(\boldsymbol{x},t)$ 中的平均动量,只要将微分运算$\frac{\hbar}{\mathrm{i}}\nabla$作用在已归一化的波函数上,然后与共轭波函数相乘再在整个空间积分. 从得到平均值这种方法的过程可以看出,其本质上和 3.1.2 节开头部分所说的平均动量的计算是一致的. 我们记

$$\hat{p}_x=\frac{\hbar}{\mathrm{i}}\frac{\partial}{\partial x},\quad \hat{p}_y=\frac{\hbar}{\mathrm{i}}\frac{\partial}{\partial y},\quad \hat{p}_z=\frac{\hbar}{\mathrm{i}}\frac{\partial}{\partial z}$$

或

$$\hat{p}_i=\frac{\hbar}{\mathrm{i}}\frac{\partial}{\partial x_i}$$

$$\hat{\boldsymbol{p}}=\frac{\hbar}{\mathrm{i}}\nabla \tag{3.1.19}$$

并称它为**动量算符**. 这样求动量平均值的公式为

$$\langle p_i\rangle=\bar{p}_i=\int\psi^*(\boldsymbol{x},t)\hat{p}_i\psi(\boldsymbol{x},t)\mathrm{d}\tau \tag{3.1.20}$$

和坐标的情形一样,一般有

$$\langle p_i^2\rangle=\int\psi^*(\boldsymbol{x},t)\hat{p}_i^2\psi(\boldsymbol{x},t)\mathrm{d}\tau$$

$$=\int\psi^*(\boldsymbol{x},t)\left(\frac{\hbar}{\mathrm{i}}\frac{\partial}{\partial x_i}\right)^2\psi(\boldsymbol{x},t)\mathrm{d}\tau \tag{3.1.21}$$

如果力学量 F 纯是动量的函数,即

$$F = F(\boldsymbol{p}) \tag{3.1.22}$$

则其平均值为

$$\begin{aligned}\bar{F} &= \int \psi^*(\boldsymbol{x},t) F(\hat{\boldsymbol{p}}) \psi(\boldsymbol{x},t) \mathrm{d}\tau \\ &= \int \psi^*(\boldsymbol{x},t) F\left(\frac{\hbar}{\mathrm{i}} \nabla\right) \psi(\boldsymbol{x},t) \mathrm{d}\tau\end{aligned} \tag{3.1.23}$$

把 F 展开成 $\boldsymbol{p}$ 的幂级数,然后用数学归纳法就可以证明这一点.动量用一个算符对应,这在第 2 章讲到薛定谔方程时已遇到过.同样,我们可以把求坐标平均值的办法纳入这种形式,只要定义一个坐标算符,这个算符就是坐标本身

$$\hat{x}_i = x_i \tag{3.1.24}$$

$$\langle x_i \rangle = \int \psi^*(\boldsymbol{x},t) \hat{x}_i \psi(\boldsymbol{x},t) \mathrm{d}\tau \tag{3.1.25}$$

这样我们就有了两个算符

$$\begin{cases} \hat{x}_i = x_i \\ \hat{p}_i = \dfrac{\hbar}{\mathrm{i}} \dfrac{\partial}{\partial x_i} \end{cases} \tag{3.1.26}$$

这是量子力学的两个基本算符.

3.2 算　　符

在 3.1 节中,我们为了从波函数求力学量的平均值,引进了算符,现在需要对算符作明确的说明.

3.2.1 算符运算

如果一种运动状态在某种作用下变成了另一种运动状态,这种作用就代表力学量.状态是用波函数来描述的,代表状态间的变换的力学量则用算符表示.用数学式子表示为

$$\Phi = \hat{A}\Psi \tag{3.2.1}$$

其中,Ψ、Φ 为表示两个状态的波函数;$\hat{A}$ 为代表力学量 A 的算符.波函数在数学上就是个函数,因此,算符就是某种运算.

1. 算符的相等

如果算符 $\hat{A}$ 和算符 $\hat{B}$ 作用在任意状态 ψ 上都得到两个相同的状态,则 $\hat{A}$、$\hat{B}$ 相等,即如果

$$\hat{A}\psi = \hat{B}\psi, \quad \forall\, \psi$$

则

$$\hat{A} = \hat{B}$$

其中，$\forall\, \psi$ 表示“对一切 ψ”之意.

2. 算符的相加

如果

$$\hat{C}\psi = \hat{A}\psi + \hat{B}\psi, \quad \forall\, \psi$$

则

$$\hat{C} = \hat{A} + \hat{B}$$

3. 算符的相乘

$$\hat{A}(\hat{B}\psi) = \hat{C}\psi, \quad \forall\, \psi$$

则

$$\hat{A}\hat{B} = \hat{C}$$

显然，这种乘法满足结合律

$$\hat{A}(\hat{B}\,\hat{C}) = (\hat{A}\hat{B})\hat{C} = \hat{A}\hat{B}\,\hat{C} \tag{3.2.2}$$

3.2.2 对易关系和反对易关系

在算符的乘法中，需要特别注意相乘的次序，因为这里不是两个数的相乘，而是依次对状态施加两种作用，顺序很重要. 作用一样，顺序不同，其结果一般并不一样. 这在日常生活中也不乏其例. 因此，一般讲，$\hat{A}\hat{B} \neq \hat{B}\hat{A}$. 譬如，坐标算符 $\hat{x}$ 和动量算符 $\hat{p}$ 就是如此

$$\begin{aligned} \hat{p}\hat{x}\psi &= -\mathrm{i}\hbar \frac{\mathrm{d}}{\mathrm{d}x}(x\psi) = -\mathrm{i}\hbar\psi - \mathrm{i}\hbar x \frac{\mathrm{d}}{\mathrm{d}x}\psi \\ &= -\mathrm{i}\hbar\psi + \hat{x}\hat{p}\psi \end{aligned} \tag{3.2.3}$$

即

$$\begin{aligned} \hat{p}\hat{x} &= \hat{x}\hat{p} - \mathrm{i}\hbar \\ \hat{x}\hat{p} - \hat{p}\hat{x} &= \mathrm{i}\hbar \end{aligned} \tag{3.2.4}$$

这样，因为算符作用的顺序不同就会产生差别，这个差别很重要，要特别加以讨论，记差

$$\hat{A}\hat{B}-\hat{B}\hat{A}\equiv[\hat{A},\hat{B}] \tag{3.2.5}$$

为算符 $\hat{A}$、$\hat{B}$ 的对易式,而记和

$$\hat{A}\hat{B}+\hat{B}\hat{A}\equiv\{\hat{A},\hat{B}\} \tag{3.2.6}$$

为 $\hat{A}$、$\hat{B}$ 的反对易式.

如果作用的结果和顺序无关,即

$$[\hat{A},\hat{B}]=0 \tag{3.2.7}$$

则称这两个算符 $\hat{A}$、$\hat{B}$ 是可对易的或可交换的.

如果交换作用顺序之后多出一个负号,即 $\hat{A}\hat{B}=-\hat{B}\hat{A}$,或者记作

$$\{\hat{A},\hat{B}\}=\hat{A}\hat{B}+\hat{B}\hat{A}=0 \tag{3.2.8}$$

则称它们是反对易的.

两个算符的对易式有一些很重要的性质:

(1) **反对称性**

$$[\hat{A},\hat{B}]=-[\hat{B},\hat{A}] \tag{3.2.9}$$

(2) **线性**

$$[\hat{A},\alpha\hat{B}+\beta\hat{C}]=\alpha[\hat{A},\hat{B}]+\beta[\hat{A},\hat{C}] \tag{3.2.10}$$

其中,α、β 为纯数.

(3) **分部作用**

$$[\hat{A},\hat{B}\hat{C}]=[\hat{A},\hat{B}]\hat{C}+\hat{B}[\hat{A},\hat{C}] \tag{3.2.11}$$

(4) **雅可比**(C. G. J. Jacobi,1804～1851,德国)**恒等式**

$$[\hat{A},[\hat{B},\hat{C}]]+[\hat{B},[\hat{C},\hat{A}]]+[\hat{C},[\hat{A},\hat{B}]]=0 \tag{3.2.12}$$

对易式并不能传递,即 $\hat{A}$、$\hat{B}$ 可易,$\hat{B}$、$\hat{C}$ 可易,$\hat{A}$、$\hat{C}$ 不一定可易.

反对易式有如下一些性质:

(1) **对称性**

$$\{\hat{A},\hat{B}\}=\{\hat{B},\hat{A}\} \tag{3.2.13}$$

(2) **线性**

$$\{\hat{A},\alpha\hat{B}+\beta\hat{C}\}=\alpha\{\hat{A},\hat{B}\}+\beta\{\hat{A},\hat{C}\} \tag{3.2.14}$$

(3) **分部作用**

$$\{\hat{A},\hat{B}\hat{C}\}=\{\hat{A},\hat{B}\}\hat{C}-\hat{B}\{\hat{A},\hat{C}\} \tag{3.2.15}$$

这些都可以根据定义直接验证.

任何两个算符的乘积都可以分解为它们的对易式和反对易式之和

$$\hat{A}\hat{B}=\frac{1}{2}[\hat{A},\hat{B}]+\frac{1}{2}\{\hat{A},\hat{B}\} \tag{3.2.16}$$

3.2.3 线性算符

如果 ψ_1、ψ_2 为描写两个状态的波函数，根据叠加原理，它们的线性叠加

$$\psi=C_1\psi_1+C_2\psi_2 \tag{3.2.17}$$

(C_1、C_2 为任意复数)代表的也是一个态. 经过某种作用后，各个状态都发生了变化，一般来讲，上面这种线性叠加关系不一定会保持. 如果一种作用 $\hat{A}$ 能使这种线性关系保持，即

$$\hat{A}\psi=C_1\hat{A}\psi_1+C_2\hat{A}\psi_2, \quad \forall \psi_1,\psi_2 \tag{3.2.18}$$

则称 $\hat{A}$ 为线性算符.

3.2.4 本征值和本征函数

一般来讲，一个状态在力学量 $\hat{A}$ 的作用下会变为另一个状态. 但是有些特殊状态可以在 $\hat{A}$ 作用下不变，即作用在这个状态上得到的还是这个状态. 用波函数表述，就是这种作用只是使波函数伸缩一下，乘上某个倍数，即

$$\hat{A}\psi=\lambda\psi \tag{3.2.19}$$

其中，λ 为某个数. 这种在力学量作用下不变的状态能说明这种力学量的本质特征，因此称它为力学量 $\hat{A}$ 的本征态，数 λ 称为本征值，波函数 ψ 称为力学量 $\hat{A}$ 对应于本征值 λ 的本征函数，并可记为 ψ_λ. 方程(3.2.19)称为 $\hat{A}$ 的本征方程. 不是任意的波函数和任意的数都可以作为算符 $\hat{A}$ 的本征函数和本征值，它们不仅取决于算符 $\hat{A}$ 的具体形式，而且依赖于波函数应满足的各种条件.

3.2.5 本征谱与简并度

算符的本征值的集合称为该算符的本征谱，简称谱. 一个算符的本征值的个数可能是有限的，也可能是无限的. 在无限的情形中，本征值的分布可能是离散的，也可能是连续的，或两者兼而有之. 这些都取决于算符的性质和边界等条件. 如果本征值是离散的，则称这些本征值组成离散谱；如果本征值是连续的，则称它们为连续谱.

对应于一个本征值，算符可能只有一个本征函数，但也可能有多个相互线性独立的本征函数. 设有 f 个本征函数 $\varphi_1,\varphi_2,\cdots,\varphi_f$，同属于本征值$\lambda$. 假如这 f 个本征函数中的任何一个都不能由其他波函数线性叠加而成，那么我们就说这个本征值

是 f 重简并或退化的."f 个波函数中任一个不能由其他波函数线性叠加而成"这句话的意思是，这 f 个波函数是线性无关的，或者说是线性独立的，即如果存在等式

$$c_1\varphi_1 + c_2\varphi_2 + \cdots + c_f\varphi_f = 0 \tag{3.2.20}$$

则

$$c_1 = c_2 = \cdots = c_f = 0 \tag{3.2.21}$$

在 2.3 节中，对应于每个能量只有一个波函数，所以不简并；在 2.5 节中，氢原子的第 n 个能级 E_n 对应有 n^2 个独立的波函数，所以是 n^2 重简并的.

3.2.6 厄米算符

我们考虑两个状态之间的关系. 积分

$$T = \int \psi^* \phi \mathrm{d}\tau \tag{3.2.22}$$

$|T|^2$ 可代表用 ϕ 描述的状态与用 ψ 描述的状态之间的相似或重叠的程度，也可以说是态 ϕ 含有态 ψ 的成分或从态 ϕ 变到态 ψ 的可能性. 归一化条件

$$\int \psi^* \psi \mathrm{d}\tau = 1 \tag{3.2.23}$$

表示态 ψ 和它自己完全一样. 而如果积分

$$\int \psi^* \phi \mathrm{d}\tau = 0 \tag{3.2.24}$$

那么，这两个态之间无共同之处，称为正交的.

现在，设态 ϕ 在 $\hat{A}$ 的作用下变为另一个态，这个态中包含有态 ψ 的成分，可用积分

$$\int \psi^* \hat{A} \phi \mathrm{d}\tau \tag{3.2.25}$$

来描写，它实际上就表达了态 ϕ 经过作用 $\hat{A}$ 变为态 ψ 的可能性. 而积分

$$\int (\hat{A}\psi)^* \phi \mathrm{d}\tau \tag{3.2.26}$$

则代表 ϕ 中包含有 ψ 经 $\hat{A}$ 作用后的态的成分. 一般来讲，这两种量不会相同. 式(3.2.26)一般不等于式(3.2.25)，但它可以等于某一个算符 $\hat{B}$ 作用在 ϕ 上变为 ψ 的可能，即

$$\int \psi^* \hat{B} \phi \mathrm{d}\tau = \int (\hat{A}\Psi)^* \phi \mathrm{d}\tau \tag{3.2.27}$$

这个算符 $\hat{B}$ 与算符 $\hat{A}$ 当然有一定的关系，因此称它为 $\hat{A}$ 的厄米共轭算符或伴随

算符，且记为

$$\hat{B}=\hat{A}^{+} \tag{3.2.28}$$

于是式(3.2.27)可写为

$$\int\psi^{*}\hat{A}^{+}\phi\mathrm{d}\tau=\int(\hat{A}\psi)^{*}\phi\mathrm{d}\tau \tag{3.2.29}$$

它可以看作 $\hat{A}$ 的厄米共轭算符的定义. 在一般情况下，厄米共轭算符不见得等于原算符. 但是在实际的物理情形下，这两者常常相等，这种情形有特殊的意义. 如果两者相等

$$\hat{A}^{+}=\hat{A} \tag{3.2.30}$$

或以积分式表示

$$\int\psi^{*}\hat{A}\phi\mathrm{d}\tau=\int(\hat{A}\psi)^{*}\phi\mathrm{d}\tau \tag{3.2.31}$$

则称 $\hat{A}$ 为**厄米算符**或**自共轭算符**，在数学上它们属于自伴算符. 显然，坐标算符是厄米算符，因为一个数的厄米共轭就等于复数共轭. 利用波函数满足的标准条件，不难证明动量算符 $\hat{p}=\frac{\hbar}{\mathrm{i}}\frac{\mathrm{d}}{\mathrm{d}x}$ 也是厄米算符，即

$$\begin{aligned}\int\psi^{*}\hat{p}\phi\mathrm{d}x&=\int\psi^{*}\frac{\hbar}{\mathrm{i}}\frac{\mathrm{d}}{\mathrm{d}x}\phi\mathrm{d}x\\&=\int\frac{\hbar}{\mathrm{i}}\frac{\mathrm{d}}{\mathrm{d}x}(\psi^{*}\phi)\mathrm{d}x-\int\frac{\hbar}{\mathrm{i}}\left(\frac{\mathrm{d}}{\mathrm{d}x}\psi^{*}\right)\phi\mathrm{d}x\\&=\frac{\hbar}{\mathrm{i}}\psi^{*}\phi\Big|_{-\infty}^{\infty}+\int\left(\frac{\hbar}{\mathrm{i}}\frac{\mathrm{d}}{\mathrm{d}x}\psi\right)^{*}\phi\mathrm{d}x\\&=\int\left(\frac{\hbar}{\mathrm{i}}\frac{\mathrm{d}}{\mathrm{d}x}\psi\right)^{*}\phi\mathrm{d}x=\int(\hat{p}\psi)^{*}\phi\Phi\mathrm{d}x\end{aligned} \tag{3.2.32}$$

由此也可以看出，微分算符 $\frac{\mathrm{d}}{\mathrm{d}x}$ 不是厄米的，因此复数 i 在此扮演了不可缺少的角色，它把微分算符厄米化了.

以后我们看到，算符和它的厄米共轭之间的关系完全类似于矩阵和厄米共轭阵之间的关系. 它们有下面一些性质.

(1) 相互性，即厄米共轭是相互的，如果

$$\hat{B}=\hat{A}^{+}$$

则

$$\hat{A}=\hat{B}^{+}$$

或用一个式子表达为

$$(\hat{A}^{+})^{+}=\hat{A} \tag{3.2.33}$$

（2）倒序性.

$$(\hat{A}\hat{B}\hat{C}\cdots)^{+}=\cdots\hat{C}^{+}\hat{B}^{+}\hat{A}^{+} \tag{3.2.34}$$

（3）倒序性用到对易式上，有

$$[\hat{A},\hat{B}]^{+}=[\hat{B}^{+},\hat{A}^{+}]=-[\hat{A}^{+},\hat{B}^{+}] \tag{3.2.35}$$

特别地，如果 $\hat{A}$、$\hat{B}$ 是厄米算符，其对易式是个纯数，则称这对算符为共轭算符. 可以证明，共轭算符的对易式一定是个纯虚数，

$$\hat{A}^{+}=\hat{A},\quad \hat{B}^{+}=\hat{B}$$

$$[\hat{A},\hat{B}]=n$$

其中，n 为纯数，则

$$[\hat{A},\hat{B}]^{+}=n^{+}=n^{*}$$

另外

$$[\hat{A},\hat{B}]^{+}=-[\hat{A}^{+},\hat{B}^{+}]=-[\hat{A},\hat{B}]=-n$$

所以

$$n^{*}=-n$$

$$n=\mathrm{i}R$$

其中，R 为实数.

3.2.7 厄米算符的重要性质

1. 厄米算符的本征值是实数

设 $\hat{A}$ 为厄米算符，其本征值方程为

$$\hat{A}\psi=\lambda\psi \tag{3.2.36}$$

作积分有

$$\int\psi^{*}\hat{A}\psi\mathrm{d}\tau=\int\psi^{*}\lambda\psi\mathrm{d}\tau=\lambda\int\psi^{*}\psi\mathrm{d}\tau$$

另外，根据 $\hat{A}$ 的厄米性，有

$$\int\psi^{*}\hat{A}\psi\mathrm{d}\tau=\int(\hat{A}\psi)^{*}\psi\mathrm{d}\tau=\int(\lambda\psi)^{*}\psi\mathrm{d}\tau=\lambda^{*}\int\psi^{*}\psi\mathrm{d}\tau$$

其中，$\int\psi^{*}\psi\mathrm{d}\tau$ 是非零的，于是有

$$\lambda=\lambda^{*} \tag{3.2.37}$$

即本征值 λ 为实数.

2. 厄米算符对应不同本征值的本征态互相正交

$$\hat{A}\psi_1=\lambda_1\psi_1,\quad \hat{A}\psi_2=\lambda_2\psi_2$$

若

$$\lambda_1\neq\lambda_2$$

则

$$\int\psi_2^*\psi_1\mathrm{d}x=0$$

证明

$$\begin{aligned}\lambda_2^*\int\mathrm{d}x\psi_2^*\psi_1&=\int\mathrm{d}x(\hat{A}\psi_2)^*\psi_1\\&=\int\mathrm{d}x\psi_2^*\hat{A}\psi_1=\lambda_1\int\mathrm{d}x\psi_2^*\psi_1\end{aligned}$$

$$(\lambda_2^*-\lambda_1)\int\mathrm{d}x\psi_2^*\psi_1=0$$

其中,λ_2 为实数.若 $\lambda_2\neq\lambda_1$,则由上式知

$$\int\mathrm{d}x\psi_2^*\psi_1=0$$

3. 属于同一本征值而线性无关的本征态可以正交化

设 λ 是厄米算符 $\hat{A}$ 的本征值,f 重简并

$$\hat{A}\varphi_k=\lambda\varphi_k,\quad k=1,2,3,\cdots,f$$

其中,$\{\varphi_k\}$之间互相线性独立.

我们可以通过下面的正交化过程,将它们重新组合,构成另一套互相正交的本征态$\{\psi_k\}$,它们仍对应同一本征值 λ.

先取

$$\psi_1=\varphi_1$$

然后取

$$\psi_2=\varphi_2+c_{21}\varphi_1$$

选择系数 c_{21} 使得 ψ_2 与 ψ_1 正交

$$0=\int\mathrm{d}x\psi_1^*\psi_2=\int\mathrm{d}x\varphi_1^*\varphi_2+c_{21}\int\mathrm{d}x\psi_1^*\psi_1$$

$$c_{21}=-\frac{\int \mathrm{d}x\varphi_1^*\varphi_2}{\int \mathrm{d}x\varphi_1^*\varphi_1}$$

显然，如果 φ_2 本来就是与 φ_1 正交的，则 ψ_2 就是 φ_2. 接着再作第三个. 令

$$\psi_3=\varphi_3+c_{31}\varphi_1+c_{32}\varphi_2$$

选择系数 c_{31} 和 c_{32}，使得它与 ψ_1 和 ψ_2 正交：

$$0=\int \mathrm{d}x\psi_1^*\psi_3$$

$$0=\int \mathrm{d}x\psi_2^*\psi_3$$

通过这样的程序，我们就得到一组互相正交的本征态 $\{\psi_k\}$，$k=1,2,3,\cdots,f$，当然每个都可以归一化，它们满足

$$\hat{A}\psi_k=\lambda\psi_k$$

$$\int \mathrm{d}x\psi_k^*\psi_{k'}=\delta_{kk'}$$

4. 厄米算符的本征值可以排成一个不降序列

把厄米算符的本征态和本征值编好号，可以排列成本征函数

$$\psi_1,\psi_2,\psi_3,\cdots,\psi_n,\psi_{n+1},\cdots$$

和本征值

$$\lambda_1,\lambda_2,\lambda_3,\cdots,\lambda_n,\lambda_{n+1},\cdots$$

使本征值按升序排列，而本征函数满足正交归一条件

$$\lambda_n\leqslant\lambda_{n+1}$$

$$\int \mathrm{d}x\psi_m^*\psi_n=\delta_{mn}$$

3.2.8 力学量用线性厄米算符代表

前面我们已经给出求力学量 $\hat{F}$ 的平均值的公式

$$\bar{F}=\int\psi^*\hat{F}\psi\mathrm{d}\boldsymbol{x}\tag{3.2.38}$$

其中，$\hat{F}$ 为代表力学量 F 的一个算符. 物理上测量到的力学量值都是实数，如坐标、动量、角动量、能量等，因此，它们的平均值也是实数，于是要求

$$\bar{F}^* = \bar{F} \tag{3.2.39}$$

$$\bar{F}^* = \left(\int \psi^* \hat{F}\psi \mathrm{d}\tau\right)^* = \int (\psi^* \hat{F}\psi)^* \mathrm{d}\tau$$

$$= \int (\hat{F}\psi)^* \psi \mathrm{d}\tau = \bar{F} = \int \psi^* \hat{F}\psi \mathrm{d}\tau \tag{3.2.40}$$

式(3.2.38)～式(3.2.40)告诉我们,代表力学量的算符 $\hat{F}$ 须是厄米的.

3.3 均方差和本征态

在 3.1 节中,我们讲了一个反映波函数的总体特征的量——平均值.我们也知道了求平均值的方法.但是用平均值来反映分布是很粗略的.

3.3.1 均方差

图 3.3.1 代表粒子系统的两种坐标分布,虽然平均值一样,但分散的程度却很不相同.

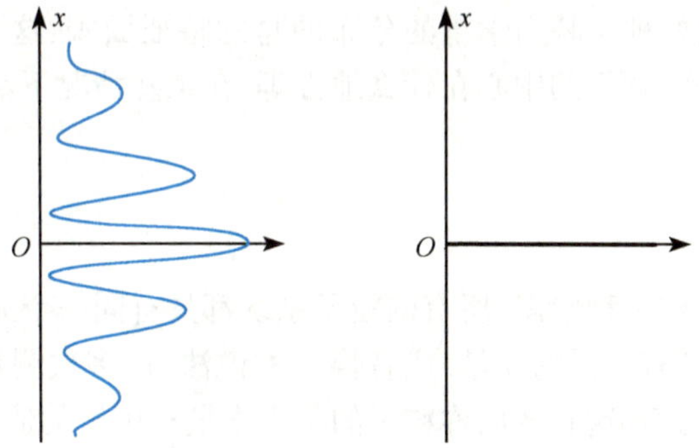

图 3.3.1 平均值相同的两种分布

平均值反映了大量粒子力学量取值的集中趋势.此外,还需考虑数值偏离平均值的分散程度,以全面描述系统的统计特征.

要表达这一特点,最简单的办法是求出每个粒子的坐标 x 与坐标平均值之差,或一般地,给出每个力学量值 F 与力学量平均值 $\bar{F}$ 的差.

$$\Delta F = F - \bar{F} \tag{3.3.1}$$

当然,完全知道了这个偏差 ΔF 和平均值 $\bar{F}$,就等于知道了整个分布.这和我们用一些量来表征状态的总体特征这个目标不符.那么我们能否用这个偏差的平均值来代表偏离平均的程度呢?不行,因为对任何分布来说,这个偏差的平均值为零,不能说明任何问题.

$$\langle\Delta F\rangle = \overline{(F-\bar{F})} = \bar{F}-\bar{F}=0 \tag{3.3.2}$$

这个平均值之所以为零,是因为粒子的力学量值总在平均值上下跳动,而取代数平均值时,不同符号的值互相抵消了. 为了避免这一困难,可以用偏差绝对值的平均

$$\langle|\Delta F|\rangle$$

或一般地,用偏差的平方和的平均值

$$\langle(\Delta F)^2\rangle \equiv \overline{\Delta F^2}$$

来表征力学量偏离平均值的程度. $\overline{\Delta F^2}$称为**平均平方差**或简称**均方差**. 由平均值的定义

$$\begin{aligned}\overline{\Delta F^2} &= \int \psi^* (\Delta F)^2 \psi \mathrm{d}\tau \\ &= \int \psi^* (\hat{F}-\bar{F})^2 \psi \mathrm{d}\tau \end{aligned} \tag{3.3.3}$$

其中,$\hat{F}$ 为代表力学量 F 的厄米算符.

均方差反映了力学量分布的分散程度. 均方差越大,则分布越分散. 均方差和平均值一起可以较好地反映力学量的分布的总的特征面貌:这个力学量取值是分散些呢,还是集中些;它们的中心在什么地方等. 在某些情况下,甚至可以由这两个量把分布完全定下来.

3.3.2 本征态

我们来考虑这样一种状态,所有的粒子系统都具有同一个力学量值,譬如都在同一个位置;又如都有相同的动量. 或者换一种说法讲,多次测量一个粒子的某力学量,都获得相同的值. 这时我们称粒子的某力学量有确定的值. 显然,这时候平均值也就等于单个的值,即

$$\bar{F} = F \tag{3.3.4}$$

因而均方差就是零,即

$$\overline{\Delta F^2} = 0 \tag{3.3.5}$$

反过来也对. 如果均方差为零,则分布完全没有离散,式(3.3.4)成立. 所以式(3.3.5)是式(3.3.4)成立的充分必要条件.

现在我们来讨论这种情况对波函数有什么限制.

由算符的厄米性

$$(\Delta\hat{F})^+ = (\hat{F}-\bar{F})^+ = \hat{F}^+ - \bar{F} = \hat{F}-\bar{F} = \Delta\hat{F}$$

$$\langle\Delta F^2\rangle = \int \psi^* (\Delta\hat{F})^2 \psi \mathrm{d}\tau = \int \psi^* (\Delta\hat{F})(\Delta\hat{F}) \psi \mathrm{d}\tau$$

$$= \int (\Delta \hat{F}\psi)^* \Delta F\psi \mathrm{d}\tau = \int |\Delta \hat{F}\psi|^2 \mathrm{d}\tau \qquad (3.3.6)$$

积分内被积函数 $|\Delta \hat{F}\psi|^2$ 恒非负，故均方差为零的充要条件是

$$\Delta \hat{F}\psi = 0$$

$$(\hat{F} - \overline{F})\psi = 0 \qquad (3.3.7)$$

$$\hat{F}\psi = \overline{F}\psi$$

这正是代表力学量 F 的厄米算符 $\hat{F}$ 的本征值方程，平均值 $\overline{F}$，即每个粒子的力学量 F 的值，正是这算符的本征值，而反映这种分布的波函数正是算符 $\hat{F}$ 相应于本征值 $\overline{F}$ 的本征函数.

由此可以得到结论：力学量有确定值的充要条件是粒子处于这个力学量的本征态，而这个确定值就是力学量相应于此本征态的本征值.

3.3.3 代表力学量的算符的线性

前面我们讲过，代表力学量的算符必须是厄米的，在这里此说法得到了进一步的说明. 因为这个算符的本征值就是实际的力学量的值，总是实数，而厄米算符的本征值正好全是实的. 不仅如此，这里还可以证明，为了不和态叠加原理矛盾，代表力学量的算符必须是线性的，这在力学量的本征值有简并的情况下特别明显. 设 ψ_1、ψ_2 代表力学量 $\hat{F}$ 有确定的值 f 的两个不同的状态

$$\begin{cases} \hat{F}\psi_1 = f\psi_1 \\ \hat{F}\psi_2 = f\psi_2 \end{cases} \qquad (3.3.8)$$

在 ψ_1 和 ψ_2 中，所有粒子都有相同的力学量 $\hat{F}$ 的值，等于 f. 根据态叠加原理，这两个态以一定的比例混合起来，即

$$\psi = c_1\psi_1 + c_2\psi_2 \qquad (3.3.9)$$

仍是一个态. 在这个态中，显然所有的粒子仍然是具有相同的力学量 $\hat{F}$ 的值 f，ψ 还是 F 的属于本征值 f 的本征态

$$\hat{F}\psi = f\psi \qquad (3.3.10)$$

左方为

$$\hat{F}\psi = \hat{F}(c_1\psi_1 + c_2\psi_2)$$

右方为

$$\begin{aligned} f\psi &= fc_1\psi_1 + fc_2\psi_2 \\ &= c_1 f\psi_1 + c_2 f\psi_2 \\ &= c_1\hat{F}\psi_1 + c_2\hat{F}\psi_2 \end{aligned}$$

合起来有

$$\hat{F}(c_1\psi_1+c_2\psi_2)=c_1\hat{F}\psi_1+c_2\hat{F}\psi_2 \tag{3.3.11}$$

即代表力学量的算符 $\hat{F}$ 应是线性的.

所以,物理要求我们对代表力学量的算符有一定的限制,它们必须是线性厄米算符.力学量用线性厄米算符来代表,这是量子力学的第三个假定的一部分要求.

3.4 常用算符

现在我们来讨论一些常用的算符和它们的本征值、本征函数,且总结出一般定义算符的办法.

3.4.1 坐标算符

不失一般性,我们先讨论一维的情形.算符是

$$\hat{x}=x \tag{3.4.1}$$

其本征值方程为

$$\hat{x}\varphi_\lambda(x)=\lambda\varphi_\lambda(x) \tag{3.4.2}$$

其中,λ 为 $\hat{x}$ 的本征值;φ_λ 为对应于本征值 λ 的本征函数.

把式(3.4.1)代入,移项后有

$$(x-\lambda)\varphi_\lambda(x)=0 \tag{3.4.3}$$

此方程表示,当本征函数的变量 x 不等于本征值 λ 时,波函数为零;而当 $x=\lambda$ 时,波函数可以不为零,也可以为零.如为零,则本征函数恒为零,无意义.故有

$$\varphi_\lambda(x)\begin{cases}=0, & x\neq\lambda\\ \neq 0, & x=\lambda\end{cases} \tag{3.4.4}$$

满足方程(3.4.3)的这种函数叫 δ 函数,且记为

$$\varphi_\lambda(x)=\delta(x-\lambda) \tag{3.4.5}$$

δ 函数不是普通的函数,而是广义函数,它是物理学家狄拉克(P. A. M. Dirac,1902~1984,英国)为了量子力学的需要而引进的,后来获得了极广泛的应用,从而引起了数学家的注意,发展出一门称作广义函数论的数学学科.

δ 函数可以有各种定义法.一般把它定义为满足如下两个条件的函数:

$$\begin{cases}\int\delta(x)\mathrm{d}x=1\\ \delta(x)=0, \quad x\neq 0\end{cases} \tag{3.4.6}$$

它还有如下一些性质:

$$\delta(-x) = \delta(x) \tag{3.4.7}$$

$$x\delta(x) = 0 \tag{3.4.8}$$

$$\delta(x^2 - a^2) = \frac{1}{2|a|}[\delta(x-a) + \delta(x-a)] \tag{3.4.9}$$

$$\int f(x)\delta(x)\mathrm{d}x = f(0) \tag{3.4.10}$$

$$\int f(x)\delta'(x)\mathrm{d}x = -f'(0) \tag{3.4.11}$$

在数学上，δ 函数可以用一些连续函数序列的极限来实现，如

$$\delta(x) = \lim_{\alpha\to\infty}\frac{\sin\alpha x}{\pi x} \tag{3.4.12}$$

也可以用积分来表达

$$\delta(x) = \frac{1}{2\pi}\int \mathrm{e}^{\mathrm{i}kx}\mathrm{d}k \tag{3.4.13}$$

在 2.1 节中，式(2.1.22)实际上已经用了 δ 函数的性质.

这样我们知道，坐标算符的本征值是连续的，组成连续谱，它相应的本征函数是 δ 函数. 坐标的本征态代表所有粒子全集中在一点的状态，所以可用 δ 函数表示. 三维情况下有

$$\begin{aligned}&\hat{x}_i\delta(x_1-\lambda_1)\delta(x_2-\lambda_2)\delta(x_3-\lambda_3)\\&=\lambda_i\delta(x_1-\lambda_1)\delta(x_2-\lambda_2)\delta(x_3-\lambda_3),\quad i=1,2,3\end{aligned} \tag{3.4.14}$$

其中，λ_i 为 $\hat{x}_i$ 的本征值.

式(3.4.14)可以合起来写成

$$\begin{aligned}&\hat{\boldsymbol{x}}\,\delta^{(3)}(\boldsymbol{x}-\boldsymbol{\lambda}) = \boldsymbol{\lambda}\,\delta^{(3)}(\boldsymbol{x}-\boldsymbol{\lambda})\\&\delta^{(3)}(\boldsymbol{x}-\boldsymbol{\lambda}) \equiv \delta(x_1-\lambda_1)\delta(x_2-\lambda_2)\delta(x_3-\lambda_3)\end{aligned} \tag{3.4.15}$$

它们满足正交归一关系

$$\int \delta^{(3)}(\boldsymbol{x}-\boldsymbol{\lambda})\delta^{(3)}(\boldsymbol{x}-\boldsymbol{\lambda}')\mathrm{d}\tau = \delta^{(3)}(\boldsymbol{\lambda}-\boldsymbol{\lambda}')$$

3.4.2 动量算符

我们已经知道动量算符为

$$\hat{p}_i = \frac{\hbar}{\mathrm{i}}\frac{\partial}{\partial x_i} \tag{3.4.16}$$

它的本征态即为有确定动量的态

$$\varphi_{\boldsymbol{p}}(\boldsymbol{x}) = C\mathrm{e}^{\frac{\mathrm{i}}{\hbar}\boldsymbol{p}\cdot\boldsymbol{x}} \tag{3.4.17}$$

显然，波函数满足本征方程

$$\hat{p}_i\varphi_p(\boldsymbol{x}) = p_i\varphi_p(\boldsymbol{x}) \tag{3.4.18}$$

其中，p_i 是任意的，所以动量算符有连续谱.

我们知道波函数要归一化，现在我们试把动量的本征函数归一化.

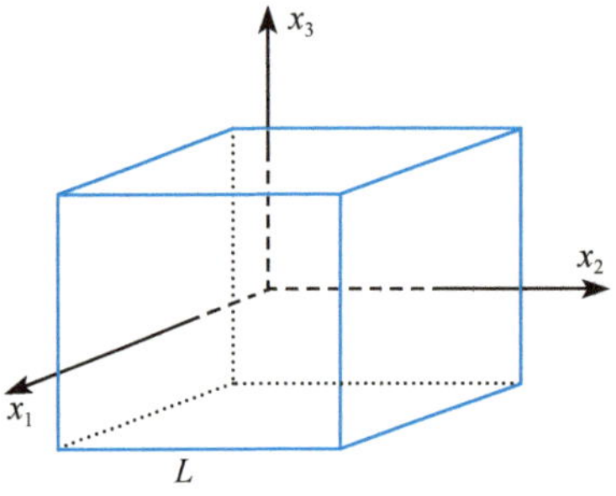

图 3.4.1　箱归一化

由于积分

$$\int \varphi_p^*(\boldsymbol{x})\varphi_p(\boldsymbol{x})\mathrm{d}\tau$$

是发散的，归一就有困难. 发散的原因在于无限远处找到粒子的概率不为零. 于是我们可以这样考虑，设想粒子被限制在一个边长为 L 的大箱子里运动，如图 3.4.1 所示. 取坐标原点在箱子的中心. 我们要求在箱子的相对两壁处有相同的波函数值，这称作周期性边界条件.

例如，沿 x_1 方向，要求在 $A'\left(-\frac{L}{2},x_2,x_3\right)$ 和 $A\left(\frac{L}{2},x_2,x_3\right)$ 有相同的 φ_p 的值，这时

$$\varphi_p\left(-\frac{L}{2},x_2,x_3\right) = \varphi_p\left(\frac{L}{2},x_2,x_3\right) \tag{3.4.19}$$

把式(3.4.17)代入，得

$$C\mathrm{e}^{\mathrm{i}\left(p_1\frac{-L}{2}+p_2x_2+p_3x_3\right)/\hbar} = C\mathrm{e}^{\mathrm{i}\left(p_1\frac{L}{2}+p_2x_2+p_3x_3\right)/\hbar}$$

$$\mathrm{e}^{\mathrm{i}p_1\frac{L}{\hbar}} = 1$$

$$\frac{\mathrm{i}p_1L}{\hbar} = 2n_1\pi$$

$$p_1 = \frac{2\pi\hbar n_1}{L},\quad n_1 = 0,\pm1,\pm2,\cdots \tag{3.4.20}$$

即这时动量第一分量 p_1 的本征值不再是连续的而是离散的了.

同样，有

$$\begin{cases} p_2 = \dfrac{2\pi\hbar n_2}{L} \\ p_3 = \dfrac{2\pi\hbar n_3}{L} \end{cases} \tag{3.4.21}$$

其中，n_2、n_3 为整数.

本征值离散后，就很容易归一化了. 可以计算归一化常数

$$1 = \int \varphi_p^*(\boldsymbol{x})\varphi_p(\boldsymbol{x})\mathrm{d}\tau$$

$$= C^* C L^3 = C^* C V$$

$$C = \frac{1}{L^{3/2}} = \frac{1}{\sqrt{V}} \tag{3.4.22}$$

其中，$V=L^3$ 为箱子体积. 这样归一化的波函数为

$$\varphi_{\boldsymbol{p}}(\boldsymbol{x}) = \frac{1}{\sqrt{V}} \mathrm{e}^{\mathrm{i}(\boldsymbol{p}\cdot\boldsymbol{x})/\hbar} = \frac{1}{\sqrt{L^3}} \mathrm{e}^{\mathrm{i}(\boldsymbol{p}\cdot\boldsymbol{x})/\hbar}$$

$$p_i = \frac{2\pi\hbar n_i}{L}, \quad n_i = 0, \pm 1, \pm 2, \cdots \tag{3.4.23}$$

正交归一化条件为

$$\int \varphi_{\boldsymbol{p}}^*(\boldsymbol{x}) \varphi_{\boldsymbol{p}'}(\boldsymbol{x}) \mathrm{d}\tau = \delta_{\boldsymbol{p}\boldsymbol{p}'} = \delta_{p_1 p_1'} \delta_{p_2 p_2'} \delta_{p_3 p_3'} = \delta_{n_1 n_1'} \delta_{n_2 n_2'} \delta_{n_3 n_3'} \tag{3.4.24}$$

我们看到，把粒子限制在一个大箱子内并赋予周期性边界条件，可以使有连续谱的波函数归一化. 这种方法叫**箱归一化**，它在许多实际问题中有用. 物理学应该不依赖于归一化方法. 箱归一化使连续谱变为离散谱，在 2.3 节我们就谈到过这类内容. 当限制粒子运动的箱子无限大时($L\to\infty$)，离散谱又变到连续谱了.

3.4.3 海森伯代数

动量算符各分量和坐标算符的相应各分量之间是不可对易的，但不同分量之间可以对易

$$\begin{aligned} [\hat{x}_i, \hat{x}_j] &= 0 \\ [\hat{p}_i, \hat{p}_j] &= 0 \\ [\hat{x}_i, \hat{p}_j] &= \mathrm{i}\hbar\delta_{ij} \end{aligned} \tag{3.4.25}$$

这是量子力学的基本对易关系，称为**海森伯代数**. 动量算符和一般的坐标、动量的函数的对易关系为

$$[\hat{p}_i, \hat{f}] = \hat{p}_i \hat{f} - \hat{f} \hat{p}_i = (\hat{p}_i f) = -\mathrm{i}\hbar \frac{\partial \hat{f}}{\partial \hat{x}_i} \tag{3.4.26}$$

一般的论证如下：

$$\hat{f} = f(\hat{x}, \hat{p})$$

利用 $\hat{x}$、$\hat{p}$ 之间的对易关系，适当排列 $\hat{x}$、$\hat{p}$位置，总可以把 f 展开成幂级数的形式

$$\hat{f} = \sum_m \sum_n C_{mn} \hat{x}^m \hat{p}^n \tag{3.4.27}$$

C_{mn} 为展开系数. 我们来计算动量算符 $\hat{p}$与式(3.4.27)右端求和式中的一项的对易式

$$[\hat{p}, \hat{x}^m \hat{p}^n] = [\hat{p}, \hat{x}^m] \hat{p}^n = m\hat{x}^{m-1} [\hat{p}, \hat{x}] \hat{p}^n$$

$$= -\mathrm{i}\hbar m\hat{x}^{m-1}\hat{p}^n = -\mathrm{i}\hbar\frac{\partial}{\partial\hat{x}}(\hat{x}^m\hat{p}^n) \tag{3.4.28}$$

这样合起来就有式(3.4.26). 同样可以证明

$$[\hat{x}_i, \hat{f}] = \mathrm{i}\hbar\frac{\partial\hat{f}}{\partial\hat{p}_i} \tag{3.4.29}$$

3.4.4 动量算符的物理意义

现在我们来说明动量算符的物理意义. 为简单起见，可以只考虑一维运动. 设整个系统沿 x 方向平移一个小距离 a (图 3.4.2). 这时原来的态 φ 变成了另一个态 φ'. 两个态之间显然有下面的关系：

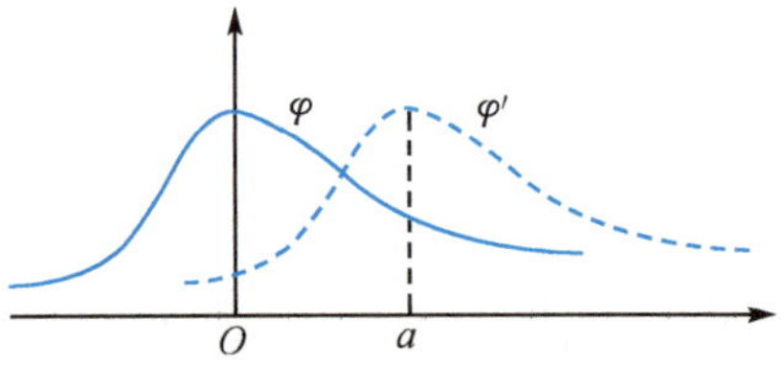

图 3.4.2 状态平移

$$\varphi'(x) = \varphi(x-a) \tag{3.4.30}$$

因为距离 a 很小，可以作泰勒展开

$$\begin{aligned}\varphi'(x) &= \varphi(x-a) = \varphi(x) + (-a)\frac{\mathrm{d}}{\mathrm{d}x}\varphi(x) + \frac{(-a)^2}{2!}\frac{\mathrm{d}^2}{\mathrm{d}x^2}\varphi(x) + \cdots \\ &= \left[1 + \left(-a\frac{\mathrm{d}}{\mathrm{d}x}\right) + \frac{1}{2!}\left(-a\frac{\mathrm{d}}{\mathrm{d}x}\right)^2 + \cdots\right]\varphi(x) \\ &= \mathrm{e}^{-a\frac{\mathrm{d}}{\mathrm{d}x}}\varphi(x) = \mathrm{e}^{-\frac{\mathrm{i}}{\hbar}a\hat{p}}\varphi(x)\end{aligned} \tag{3.4.31}$$

在 a 为无穷小的情况下，精确到一阶项有

$$\varphi'(x) = \varphi(x) - \frac{\mathrm{i}}{\hbar}a\hat{p}\varphi(x) \tag{3.4.32}$$

状态 $\varphi(x)$ 平移后变成了另一个态. 根据算符的定义，这个新态等于某个算符作用在原来态上的结果. 这个算符可以用动量算符表达出来，即为 $\mathrm{e}^{-\frac{\mathrm{i}}{\hbar}a\hat{p}}$. 特别是在无穷小移动的情况下，动量算符纯粹反映了系统空间平移的特性，所以有时也称它为平移无穷小算符. 这种看法和经典力学里理解动量的精神是一致的. 在经典力学里，动量是反映粒子空间位置变化的趋势或能力的.

推广到三维空间，状态 φ 经平移矢量 $\boldsymbol{a}$ 后变为

$$\varphi'(\boldsymbol{x}) = \varphi(\boldsymbol{x}-\boldsymbol{a}) = \mathrm{e}^{-\frac{\mathrm{i}}{\hbar}\boldsymbol{a}\cdot\boldsymbol{p}}\varphi(\boldsymbol{x}) \tag{3.4.33}$$

3.4.5 角动量算符

在经典力学中，角动量由下面的公式给出：

$$\boldsymbol{L} = \boldsymbol{x}\times\boldsymbol{p} \tag{3.4.34}$$

在量子力学里，对应角动量的算符应当如何取呢？一个最简单的办法是把已知的坐标算符和动量算符代入，得

$$\hat{\boldsymbol{L}} = \hat{\boldsymbol{x}} \times \hat{\boldsymbol{p}} = \boldsymbol{x} \times \hat{\boldsymbol{p}} \tag{3.4.35}$$

或者写成分量形式

$$\begin{cases} \hat{L}_1 = \dfrac{\hbar}{\mathrm{i}}\left(x_2 \dfrac{\partial}{\partial x_3} - x_3 \dfrac{\partial}{\partial x_2}\right) \\ \hat{L}_2 = \dfrac{\hbar}{\mathrm{i}}\left(x_3 \dfrac{\partial}{\partial x_1} - x_1 \dfrac{\partial}{\partial x_3}\right) \\ \hat{L}_3 = \dfrac{\hbar}{\mathrm{i}}\left(x_1 \dfrac{\partial}{\partial x_2} - x_2 \dfrac{\partial}{\partial x_1}\right) \end{cases} \tag{3.4.36}$$

为简单起见，可以用一个张量 e_{ijk} 把式(3.4.36)表达出来. e_{ijk} 是个三阶全反对称张量，即对任何两个指标的交换都相差一个负号

$$e_{ijk} = -e_{jik} = -e_{ikj}, \quad i,j,k = 1,2,3 \tag{3.4.37}$$

而规定

$$e_{123} = 1 \tag{3.4.38}$$

利用反对称性，其他凡有两个指标相同的分量皆为零. e_{ijk} 有如下一些性质：

$$\sum_{ijk} e_{ijk} e_{ijk} = 3! = 6 \tag{3.4.39}$$

$$\sum_{ij} e_{ijk} e_{ijk'} = 2!\,\delta_{kk'} \tag{3.4.40}$$

$$\sum_{k} e_{ijk} e_{i'j'k} = (\delta_{ii'}\delta_{jj'} - \delta_{ij'}\delta_{ji'}) \tag{3.4.41}$$

这样，式(3.4.36)可记为

$$\hat{L}_i = \frac{\hbar}{\mathrm{i}} \sum_{jk} e_{ijk} x_j \frac{\partial}{\partial x_k} = \sum_{jk} e_{ijk} x_j \hat{p}_k \tag{3.4.42}$$

角动量算符的平方为

$$\hat{\boldsymbol{L}}^2 = \hat{L}_1^2 + \hat{L}_2^2 + \hat{L}_3^2 = \sum_i \hat{L}_i \hat{L}_i \tag{3.4.43}$$

和坐标算符、角动量算符不同，角动量算符各分量之间是不可对易的

$$\begin{aligned} [\hat{L}_1, \hat{L}_2] &= [x_2 \hat{p}_3 - x_3 \hat{p}_2, x_3 \hat{p}_1 - x_1 \hat{p}_3] \\ &= [x_2 \hat{p}_3, x_3 \hat{p}_1] - [x_2 \hat{p}_3, x_1 \hat{p}_3] - [x_3 \hat{p}_2, x_3 \hat{p}_1] + [x_3 \hat{p}_2, x_1 \hat{p}_3] \\ &= -\mathrm{i}\hbar x_2 \hat{p}_1 + x_1 \mathrm{i}\hbar \hat{p}_2 = \mathrm{i}\hbar \hat{L}_3 \end{aligned} \tag{3.4.44}$$

同样有

$$\begin{cases} [\hat{L}_2, \hat{L}_3] = \mathrm{i}\hbar \hat{L}_1 \\ [\hat{L}_3, \hat{L}_1] = \mathrm{i}\hbar \hat{L}_2 \end{cases} \tag{3.4.45}$$

这些式子也可用矢量的矢积形式记为

$$\hat{\boldsymbol{L}} \times \hat{\boldsymbol{L}} = \mathrm{i}\hbar \hat{\boldsymbol{L}} \tag{3.4.46}$$

用 e_{ijk} 记则为

$$[\hat{\boldsymbol{L}}_i, \hat{\boldsymbol{L}}_j] = \mathrm{i}\hbar \sum_k e_{ijk} \hat{\boldsymbol{L}}_k, \quad i,j = 1,2,3 \tag{3.4.47}$$

易证，$\hat{\boldsymbol{L}}^2$ 与各分量 $\hat{L}_i$ 是可易的，即

$$[\hat{\boldsymbol{L}}^2, \hat{L}_i] = 0, \quad i = 1,2,3 \tag{3.4.48}$$

为了讨论角动量算符的本征值和本征函数，我们转到球坐标，因为直角坐标不易显示出角动量的本质特点.

球坐标(r,θ,φ)与直角坐标(x_1,x_2,x_3)有如下关系：

$$\begin{cases} x_1 = r\sin\theta\cos\varphi \\ x_2 = r\sin\theta\sin\varphi \\ x_3 = r\cos\theta \end{cases} \tag{3.4.49}$$

$$\begin{cases} r^2 = x_1^2 + x_2^2 + x_3^2 \\ \cos\theta = \dfrac{x_3}{r} \\ \tan\varphi = \dfrac{x_2}{x_1} \end{cases} \tag{3.4.50}$$

$$\frac{\partial r}{\partial x_i} = \frac{x_i}{r} \tag{3.4.51}$$

$$\begin{aligned} \frac{\partial \theta}{\partial x_i} &= \frac{\mathrm{d}\theta}{\mathrm{d}\cos\theta} \frac{\partial \cos\theta}{\partial x_i} = \frac{1}{\sin\theta} \frac{\partial\left(\dfrac{x_3}{r}\right)}{\partial x_i} \\ &= \frac{1}{-r^3\sin\theta}(r^2\delta_{i3} - x_3 x_i) \\ &= \begin{cases} \dfrac{x_1x_3}{r^3\sin\theta}, & i = 1 \\ \dfrac{x_2x_3}{r^3\sin\theta}, & i = 2 \\ -\dfrac{x_1^2 + x_2^2}{r^3\sin\theta}, & i = 3 \end{cases} \\ &= \begin{cases} \dfrac{1}{r}\cos\theta\cos\varphi, & i = 1 \\ \dfrac{1}{r}\cos\theta\sin\varphi, & i = 2 \\ -\dfrac{1}{r}\sin\theta, & i = 3 \end{cases} \end{aligned} \tag{3.4.52}$$

$$\frac{\partial\varphi}{\partial x_i}=\frac{\mathrm{d}\varphi}{\mathrm{d}\tan\varphi}\frac{\partial\tan\varphi}{\partial x_i}=\cos^2\varphi\frac{\partial\left(\frac{x_2}{x_1}\right)}{\partial x_i}$$

$$=\cos^2\varphi\frac{\frac{\partial x_2}{\partial x_i}x_1-x_2\frac{\partial x_1}{\partial x_i}}{x_1^2}$$

$$=\cos^2\varphi\frac{x_1\delta_{2i}-x_2\delta_{1i}}{x_1^2}$$

$$=\begin{cases}-\frac{1}{r}\frac{\sin\varphi}{\sin\theta}, & i=1\\ \frac{1}{r}\frac{\cos\varphi}{\sin\theta}, & i=2\\ 0, & i=3\end{cases}\tag{3.4.53}$$

由此可得用$\frac{\partial}{\partial r}$、$\frac{\partial}{\partial\theta}$、$\frac{\partial}{\partial\varphi}$来表示$\frac{\partial}{\partial x_i}$的式子

$$\begin{cases}\frac{\partial}{\partial x_1}=\frac{\partial r}{\partial x_1}\frac{\partial}{\partial r}+\frac{\partial\theta}{\partial x_1}\frac{\partial}{\partial\theta}+\frac{\partial\varphi}{\partial x_1}\frac{\partial}{\partial\varphi}\\ \qquad=\sin\theta\cos\varphi\frac{\partial}{\partial r}+\frac{1}{r}\cos\theta\cos\varphi\frac{\partial}{\partial\theta}-\frac{1}{r}\frac{\sin\varphi}{\sin\theta}\frac{\partial}{\partial\varphi}\\ \frac{\partial}{\partial x_2}=\sin\theta\sin\varphi\frac{\partial}{\partial r}+\frac{1}{r}\cos\theta\sin\varphi\frac{\partial}{\partial\theta}+\frac{1}{r}\frac{\cos\varphi}{\sin\theta}\frac{\partial}{\partial\varphi}\\ \frac{\partial}{\partial x_3}=\cos\theta\frac{\partial}{\partial r}-\frac{1}{r}\sin\theta\frac{\partial}{\partial\theta}\end{cases}\tag{3.4.54}$$

于是得到极坐标下的$\hat{L}_i$、$\hat{L}^2$的表达式

$$\begin{cases}\hat{L}_1=\mathrm{i}\hbar\left(\sin\varphi\frac{\partial}{\partial\theta}+\cot\theta\cos\varphi\frac{\partial}{\partial\varphi}\right)\\ \hat{L}_2=-\mathrm{i}\hbar\left(\cos\varphi\frac{\partial}{\partial\theta}-\cot\theta\sin\varphi\frac{\partial}{\partial\varphi}\right)\\ \hat{L}_3=-\mathrm{i}\hbar\frac{\partial}{\partial\varphi}\end{cases}\tag{3.4.55}$$

$$\hat{L}^2=-\hbar^2\left[\frac{1}{\sin\theta}\frac{\partial}{\partial\theta}\left(\sin\theta\frac{\partial}{\partial\theta}\right)+\frac{1}{\sin^2\theta}\frac{\partial^2}{\partial\varphi^2}\right]\tag{3.4.56}$$

我们可以看到，这些角动量算符与径向坐标r无关，因此，它们的本征函数也只与角度θ、φ有关. 角动量平方的本征值方程为

$$\hat{L}^2\psi(\theta,\varphi)=\lambda'\psi(\theta,\varphi)\tag{3.4.57}$$

把式(3.4.56)代入，有

$$-\hbar^2\left[\frac{1}{\sin\theta}\frac{\partial}{\partial\theta}\left(\sin\theta\frac{\partial}{\partial\theta}\right)+\frac{1}{\sin^2\theta}\frac{\partial^2}{\partial\varphi^2}\right]\psi(\theta,\varphi)=\lambda'\psi(\theta,\varphi)$$

$$\frac{1}{\sin\theta}\frac{\partial}{\partial\theta}\left(\sin\theta\frac{\partial\psi}{\partial\theta}\right)+\frac{1}{\sin^2\theta}\frac{\partial^2\psi}{\partial\varphi^2}=-\lambda\psi,\quad \lambda=\frac{\lambda'}{\hbar^2} \tag{3.4.58}$$

这个方程式(3.4.58)我们好像见过. 在 2.5 节，当粒子在有心力场中运动时，其波函数的角向部分满足的方程不就是它吗？因此，马上可得下面结果：

$$\begin{cases}\lambda=l(l+1),\\ \lambda'=l(l+1)\hbar^2,\quad l=0,1,2,\cdots\\ \psi=Y_{lm}(\theta,\varphi),\quad m=0,\pm1,\pm2,\cdots,\pm l\end{cases} \tag{3.4.59}$$

这样，式(2.5.17)代表的波函数为 $\hat{L}_3$ 的本征函数

$$\hat{L}_3\Phi_m=-\mathrm{i}\hbar\frac{\partial}{\partial\varphi}\frac{1}{\sqrt{2\pi}}\mathrm{e}^{\mathrm{i}m\varphi}=m\hbar\Phi_m \tag{3.4.60}$$

或者

$$\begin{aligned}\hat{L}_3 Y_{lm}&=-\mathrm{i}\hbar\frac{\partial}{\partial\varphi}Y_{lm}(\theta,\varphi)\\&=m\hbar Y_{lm}(\theta,\varphi)\quad m=-l,\cdots,l\end{aligned} \tag{3.4.61}$$

其中，Y_{lm} 为 $\hat{L}^2$ 和 $\hat{L}_3$ 的共同本征函数，本征值分别为 $l(l+1)\hbar^2$ 和 $m\hbar$. 这样就可以把前面 2.5 节讲的内容弄明白了，原来那个角向方程就是角动量的本征方程. 可见，角动量平方和角动量在第 3 轴上的投影都有离散的本征值谱. 对角动量平方而言，本征值一般是简并的，对于每一个 l 值，有 $(2l+1)$ 个独立的本征函数.

在量子力学里，角动量不再有连续的值，甚至它的投影也不是连续的，这和经典力学不一样. 有人称这种情形为轨道量子化、空间量子化. 这是存在非零的作用量子 $\hbar$ 的缘故.

角动量反映了状态的转动特征. 系统在空间里转动，产生的状态变化结果可以用角动量算符来表达.

3.4.6 一般力学量

综合前面讲的坐标、动量，特别是角动量算符的情况，我们得到一个办法，如何从经典力学里的力学量转到量子力学里的算符. 如果经典力学里有一个量是坐标和动量的函数 $F(x,p)$，转到量子力学中相应的量一般只要用算符 $\hat{x}$、$\hat{p}$ 代入就可以了，即

$$F(x,p)\rightarrow\hat{F}=F(\hat{x},\hat{p}) \tag{3.4.62}$$

当必须用其他的坐标系（如球坐标系）来表示算符时，最好先在笛卡儿坐标系下写下算符的形式，然后按通常的变换方式来变换形式.

这种办法是有一定的道理的. 实际上,在一定程度上,经典力学是量子力学在$h\to 0$时的近似情形,二者的力学量的表达式应当有一定的相似之处.

但是,只有式(3.4.62)还不全面. 因为在经典力学里,力学量只是一些数量,乘在一起时次序影响不大. 但在量子力学中,力学量是算符. 它们一般是不可交换的,先后顺序很重要. 因此,在由经典力学量用关系式(3.4.62)转到量子力学的算符的时候还要注意算符内各量的次序,究竟何种次序正确,由实验对它的结果做检验.

3.4.7 能量算符

能量算符我们已经熟悉了. 例如,动能算符:

$$\hat{T}=\frac{\hat{p}^2}{2m}=\frac{-\hbar^2}{2m}\nabla^2 \tag{3.4.63}$$

它的本征函数即为自由粒子波函数.

在球坐标下,式(3.4.63)可写为

$$\begin{aligned}\hat{T}&=\frac{-\hbar^2}{2mr^2}\left[\frac{\partial}{\partial r}r^2\frac{\partial}{\partial r}+\frac{1}{\sin\theta}\frac{\partial}{\partial\theta}\left(\sin\theta\frac{\partial}{\partial\theta}\right)+\frac{1}{\sin^2\theta}\frac{\partial^2}{\partial\varphi^2}\right]\\&=-\frac{\hbar^2}{2mr^2}\frac{\partial}{\partial r}\left(r^2\frac{\partial}{\partial r}\right)+\frac{\hat{L}^2}{2mr^2}\end{aligned} \tag{3.4.64}$$

在经典力学中,球坐标下的动能为

$$T=\frac{p_r^2}{2m}+\frac{L^2}{2mr^2} \tag{3.4.65}$$

其中,p_r为径向动量. 式(3.4.64)在2.5节中已经出现了.

一般粒子在保守力场中运动时,能量算符为动能算符和势能算符之和,即

$$\hat{H}=\hat{T}+\hat{U} \tag{3.4.66}$$

在经典力学中,能量以动量和坐标表示的式子称为哈密顿函数. 在量子力学中,相应的算符$\hat{H}$称为哈密顿算符.

如果不是保守力场,只能考虑哈密顿算符. 设力$\boldsymbol{f}$由一个力函数描写,即

$$\boldsymbol{f}=-\nabla U(\boldsymbol{x},t) \tag{3.4.67}$$

哈密顿函数是

$$H=T+U(\boldsymbol{x},t) \tag{3.4.68}$$

则在量子力学里,相应的哈密顿算符为

$$\hat{H}=\hat{T}+\hat{U} \tag{3.4.69}$$

和坐标、动量、角动量算符等不同,哈密顿算符的本征值和本征函数随系统的不同而不同,它反映了具体系统的性质. 这一点我们在第2章中已经谈到.

3.4.8 宇称算符

前面讨论的一些算符在经典力学里都是有对应的量的.但是,量子力学是否只讨论这样一些量呢?不,量子力学可讨论比经典力学广泛得多的内容,可以研究一些没有经典对应的量.这里引进的宇称就是一种,其他如自旋等以后再讨论.

为简单起见,我们先讨论一维情形.设系统状态用波函数 $\varphi(x,t)$ 描写.现在把此系统对着坐标原点翻转一下,或者由放在坐标原点的镜子来观察这个系统的状态,从坐标的观点讲,就是作变换

$$x \to x' = -x \tag{3.4.70}$$

这在数学上叫坐标反射,物理上则称为空间反射.这时,系统的状态从原坐标系来看就不一样了.它与原来状态的关系为

$$\varphi'(x,t) = \varphi(-x,t) \tag{3.4.71}$$

$\varphi'(x,t)$ 为反射后的状态波函数.

由空间反射而引起的状态的改变可以用一个厄米算符来表达

$$\varphi'(x,t) = \hat{P}\varphi(x,t) = \varphi(-x,t) \tag{3.4.72}$$

厄米算符 $\hat{P}$ 称为宇称算符,上式便是它的定义.它所代表的力学量称为宇称.一般讲,空间反射后的状态不会和原来一样.如果一样,那就能反映这个状态的空间对称性质,它是宇称的本征态,有确定的宇称.我们来考察宇称算符的本征态.

如果已经作了一次空间反射的状态再作一次空间反射,那就会回到原来的状态,即

$$\hat{P}^2\varphi(x,t) = \hat{P}(\hat{P}\varphi(x,t)) = \hat{P}\varphi(-x,t) = \varphi(x,t) \tag{3.4.73}$$

因此

$$\hat{P}^2 = 1 \tag{3.4.74}$$

其中,1 代表恒等算符,它的本征值皆为 1.不难证明,任何一个算符的平方的本征值等于算符本征值的平方,因此,宇称算符的本征值可为±1.

凡是属于本征值+1 的本征函数,即在宇称算符作用下不变的波函数所描写的状态我们就说它有偶宇称;凡是属于本征值为−1 的本征函数,即在空间反射下改变符号的波函数所描写的状态,则具有奇宇称.

任何状态都可以分解为具有奇偶宇称的态的叠加:

$$\begin{aligned}\varphi(\boldsymbol{x},t) &= \frac{1}{2}(\varphi(\boldsymbol{x},t) + \varphi(-\boldsymbol{x},t)) + \frac{1}{2}(\varphi(\boldsymbol{x},t) - \varphi(-\boldsymbol{x},t)) \\ &= \frac{1}{2}(1+\hat{P})\varphi(\boldsymbol{x},t) + \frac{1}{2}(1-\hat{P})\varphi(\boldsymbol{x},t)\end{aligned}$$

$$= \varphi_+(\boldsymbol{x},t) + \varphi_-(\boldsymbol{x},t) \tag{3.4.75}$$

其中

$$\begin{aligned} \varphi_+(\boldsymbol{x},t) &= \frac{1}{2}(1+\hat{P})\varphi(\boldsymbol{x},t) \\ \varphi_-(\boldsymbol{x},t) &= \frac{1}{2}(1-\hat{P})\varphi(\boldsymbol{x},t) \end{aligned} \tag{3.4.76}$$

分别为偶宇称波函数和奇宇称波函数.

在球坐标下,三维空间反射 $\boldsymbol{x}\to\boldsymbol{x}$ 运算为

$$\begin{aligned} & r \to r \\ & \theta \to \pi - \theta \\ & \varphi \to \pi + \varphi \end{aligned} \tag{3.4.77}$$

在有心力场中,粒子的能量本征函数有如下的形式:

$$\psi(r,\theta,\varphi) = R(r)\mathrm{P}_l^m(\cos\theta)\mathrm{e}^{\mathrm{i}m\varphi} \tag{3.4.78}$$

利用式(2.5.40)和关系

$$\mathrm{e}^{\mathrm{i}m(\varphi+\pi)} = \mathrm{e}^{\mathrm{i}m\pi}\mathrm{e}^{\mathrm{i}m\varphi} = (-1)^m\mathrm{e}^{\mathrm{i}m\varphi}$$

知

$$\begin{aligned} \hat{P}\psi(r,\theta,\varphi) &= \psi(r,\pi-\theta,\varphi+\theta) \\ &= R(r)\mathrm{P}_l^m(\cos(\pi-\theta))\mathrm{e}^{\mathrm{i}m(\pi+\varphi)} \\ &= R(r)(-1)^l\mathrm{P}_l^m(\cos\theta)\mathrm{e}^{\mathrm{i}m\varphi} \\ &= (-1)^l R(r)\mathrm{P}_l^m(\cos\theta)\mathrm{e}^{\mathrm{i}m\varphi} \\ &= (-1)^l\psi(r,\theta,\varphi) \end{aligned} \tag{3.4.79}$$

即由式(3.4.78)表示的状态的宇称为$(-1)^l$,这也就是球谐函数的宇称.

3.5 力学量本征态的完备性

现在,我们已经知道,由波函数怎样求得力学量的平均值和均方差.力学量是用线性厄米算符代表的;它的本征值全是实的;属不同本征值的本征函数两两正交;本征函数描写的是有确定的力学量值的本征态.但是本章开头提出的一个主要问题还未回答:由波函数怎样求出力学量的分布来呢?

3.5.1 叠加态的分布

我们可以从前面求动量的分布中得到启发.在2.1节,我们从分析实验出发,得到一个办法,若求动量的分布,只要把状态按其有确定动量值的态展开,这些态

可以互相分开，那么，展开系数就是动量的分布函数，所谓有确定动量的态就是动量的本征态；互相分开是什么意思呢？显然是指这些本征态互不相关，互不包含，即是彼此正交的.

这一办法有没有一般意义呢？

我们先倒过来讲. 设

力学量	本征值	$f_1, f_2, \cdots, f_n, \cdots$
$\hat{F}$	本征函数	$\varphi_1, \varphi_2, \cdots, \varphi_n, \cdots$

为简单起见，我们假定 $\hat{F}$ 有离散谱，此时本征函数满足正交归一条件：

$$\int \varphi_n^* \varphi_m \mathrm{d}\tau = \delta_{nm} \tag{3.5.1}$$

在态 φ_n 中，粒子具有力学量 F 的确定值 f_n. 现在我们按一定比例把这些本征态叠加起来

$$\varphi = \sum_n C_n \varphi_n \tag{3.5.2}$$

其中，C_n 为叠加系数. 根据态叠加原理，叠加得到的波函数 φ 也代表一个态. 在这个态中，一部分粒子处于 φ_1 中，有力学量 F 的值 f_1；一部分在 φ_2 中，有值 f_2……处于各态的粒子的多少或比例大小由系数 C_n 来决定.

在态 φ 中，力学量 $\hat{F}$ 的平均值为

$$\bar{F} = \frac{\int \varphi^* \hat{F} \varphi \mathrm{d}\tau}{\int \varphi^* \varphi \mathrm{d}\tau} = \frac{\int \left(\sum_n C_n \varphi_n\right)^* \hat{F} \sum_m C_m \varphi_m \mathrm{d}\tau}{\int \varphi^* \varphi \mathrm{d}\tau} = \frac{\sum_n \sum_m C_n^* C_m f_n \int \varphi_n^* \varphi_m \mathrm{d}\tau}{\int \varphi^* \varphi \mathrm{d}\tau}$$

$$= \frac{\sum_n \sum_m C_n^* C_m f_m \delta_{mn}}{\sum C_n^* C_n} = \frac{\sum_n C_n^* C_n f_n}{\sum C_n^* C_n} \tag{3.5.3}$$

由求平均的一般法则知道，$|C_n|^2 = C_n^* C_n$ 代表具有力学量值 f_n 的粒子数. 如果态 φ 已归一化：

$$1 = \int \varphi^* \varphi \mathrm{d}\tau = \sum_n C_n^* C_n \tag{3.5.4}$$

则 $|C_n|^2$ 就代表粒子具有值 f_n 的概率.

反过来也一样. 如果一个态可以像式(3.5.2)那样展开为力学量 $\hat{F}$ 的本征态的叠加，那么展开系数就描写了该态中力学量 F 值的分布. 显然，在这个态中，力学量 F 只能取它的本征值，因为展开中只出现了它的本征态.

这一办法似乎可以采用. 但问题是这一办法是否对任意态适用，即是否任意态

可以由力学量的本征态叠加而成？在任意波函数 φ 用 F 的本征函数 φ_n 展开的过程中，式(3.5.2)会不会出现不属于本征态的其他的函数？如果出现了不属于本征态的“余项”，那么式(3.5.3)就不会成立，展开系数的意义也就不明确了.

3.5.2 本征态的完备性

对这个问题的回答，物理上是很明确的. 譬如，在电子衍射实验中，我们来分析电子的位置. 由于电子的粒子性，每个电子在屏上总是落在一点上，即每个电子都有确定的坐标，处于坐标的本征态，电子坐标总是坐标算符本征值中的一个，系统的任何状态都是由这些具有确定的坐标的粒子状态组成的，即任意状态都可以由坐标的本征态叠加而成. 不同的状态来自不同形式的叠加. 从动量的角度看也一样. 所以一般讲，所有有确定的力学量值的物理态总是完备的，因为我们把真实粒子具有的力学量的一切可能值、所有的本征态都包罗进去了. 问题是，在数学上能否实现这一点.

数学应当是现实的反映. 差不多与量子力学同时，数学上发展了一些新分支，如泛函分析等，为量子力学的发展提供了有力的工具，正如过去微积分曾为经典力学的发展提供了武器一样. 在数学上，满足一定条件的线性厄米算符，它的本征函数构成完备系，任意满足一定条件(如平方可积等)的函数都可以用这算符的本征函数展开. 在量子力学里，力学量正是用线性厄米算符代表的. 因此，上面的性质用物理的语言可以这样讲：

力学量的本征态构成完备系，即任意一个状态可以由这些本征态叠加而成.

这一性质称为力学量本征态的**完备性**. 由这完备性和前面的正交性，任意归一的波函数 φ 可用力学量 F 的正交归一完备本征函数集合 φ_n 来展开

$$\varphi = \sum_n C_n \varphi_n \tag{3.5.5}$$

展开系数

$$C_n = \int \varphi_n^* \varphi \mathrm{d}\tau \tag{3.5.6}$$

代表粒子的力学量 F 的分布概率振幅，即力学量 F 有 f_n 的概率为 C_n 的模方

$$P(f_n) = |C_n|^2 = C_n^* C_n$$

因此，当粒子处于用波函数 φ 描写的状态时，测量粒子的力学量 F 的值只能是这个力学量的本征值，测量每个粒子或每次测量粒子的力学量 F 的值，总是这些本征值中的一个，如 f_n，测量 F 的值得到 f_n 的概率为 $|C_n|^2$.

这样就解决了从波函数求力学量的分布问题. 但是前面只讲了离散谱的情形. 在有连续谱时，关系是类似的，只是对本征值的求和要改为积分.

3.5.3 连续谱情形

设力学量 $\hat{G}$ 只有连续的本征值谱，对应于本征值 λ 的本征函数为 φ_λ：

$$\hat{G}\varphi_\lambda = \lambda\varphi_\lambda \tag{3.5.7}$$

那么，任意的波函数 φ 可用 $\{\varphi_\lambda\}$ 展开

$$\varphi = \int C_\lambda \varphi_\lambda \mathrm{d}\lambda \tag{3.5.8}$$

如果 φ 已经归一化

$$\int \varphi^* \varphi \mathrm{d}\tau = 1 \tag{3.5.9}$$

则展开系数必须由下式确定：

$$C_\lambda = \int \varphi_\lambda^* \varphi \mathrm{d}\tau \tag{3.5.10}$$

$|C_\lambda|^2\mathrm{d}\lambda$ 代表力学量 $\hat{G}$ 具有值在 $\lambda \sim \lambda + \mathrm{d}\lambda$ 的概率，即 $|C_\lambda|^2$ 是力学量 $\hat{G}$ 的分布的概率密度.

为了进一步计算(3.5.10)中的 C_λ，需要对连续谱的本征函数应满足的正交归一条件有所要求，因为

$$C_\lambda = \int \varphi_\lambda^* \varphi \mathrm{d}\tau = \int \varphi_\lambda^* \left(\int C_\lambda \varphi_\lambda \mathrm{d}\lambda\right)\mathrm{d}\tau = \int C'_\lambda \left(\int \varphi_\lambda \varphi_{\lambda'} \mathrm{d}\tau\right)\mathrm{d}\lambda' \tag{3.5.11}$$

其中，态 φ 是任意的，所以 C_λ 也是任意的. 上式成立则意味着积分

$$\int \varphi_\lambda^* \varphi_{\lambda'} \mathrm{d}\tau = \delta(\lambda - \lambda') \tag{3.5.12}$$

这个表达式对应于离散谱中的正交归一化条件，只不过离散的 δ 符号要改为有连续变量的 δ 函数. 式(3.5.12)是有连续谱的本征函数所应满足的正交归一条件.

这样，我们把连续谱的本征函数的归一化问题解决了. 前面曾讲过箱归一化的办法，那只是一种启发性的做法. 现在可以看到，更严格的办法不是归到 1，而是归到 δ 函数. 譬如，动量的本征函数

$$\varphi_p(x) = C\mathrm{e}^{\mathrm{i}px/\hbar}$$

利用正交归一关系式(3.5.12)有

$$\delta(p'-p) = \int \varphi_{p'}^* \varphi_p \mathrm{d}x = \int C^* C\mathrm{e}^{-\mathrm{i}(p'-p)x/\hbar}\mathrm{d}x$$

$$= 2\pi\hbar\delta C^* C(p'-p)$$

$$C^* C = \frac{1}{2\pi\hbar}$$

$$C=\frac{1}{\sqrt{2\pi\hbar}}$$

在三维情形下则为

$$\varphi_{p}(\boldsymbol{x})=C\mathrm{e}^{\mathrm{i}\boldsymbol{p}\cdot\boldsymbol{x}/\hbar} \tag{3.5.13}$$

$$\begin{aligned}\int\varphi_{p'}^{*}(\boldsymbol{x})\varphi_{p}(\boldsymbol{x})\mathrm{d}\tau&=\delta^{(3)}(\boldsymbol{p}'-\boldsymbol{p})\\&=\delta(p_1'-p_1)\delta(p_2'-p_2)\delta(p_3'-p_3)\end{aligned} \tag{3.5.14}$$

$$C=\frac{1}{(2\pi\hbar)^{3/2}} \tag{3.5.15}$$

这个系数在 2.1 节已用过了.

在有连续谱的情况下力学量 $\hat{G}$ 的平均值为

$$\begin{aligned}\bar{G}&=\int\varphi^{*}\hat{G}\varphi\mathrm{d}\tau=\int\mathrm{d}\tau\Big(\int C_{\lambda}^{*}\varphi_{\lambda}^{*}\,\mathrm{d}\lambda\Big)\hat{G}\Big(\int C_{\lambda'}\varphi_{\lambda'}\,\mathrm{d}\lambda'\Big)\\&=\int C_{\lambda}^{*}C_{\lambda'}\lambda'\mathrm{d}\lambda'\mathrm{d}\lambda\int\varphi_{\lambda}^{*}\varphi_{\lambda'}\,\mathrm{d}\tau=\int\lambda C_{\lambda}^{*}C_{\lambda}\mathrm{d}\lambda\end{aligned} \tag{3.5.16}$$

这和 $C_{\lambda}^{*}C_{\lambda}$ 作为分布密度的要求完全一致.

3.5.4 一般谱

一般来讲，如果力学量 $\hat{F}$ 既有离散的本征值，又有连续的本征值，即谱既离散又连续，

$$f_1,f_2,\cdots,f_n,\cdots,\lambda$$

相应的本征函数为

$$\varphi_1,\varphi_2,\cdots,\varphi_n,\cdots,\varphi_{\lambda}$$

则本征函数间满足正交归一条件

$$\begin{cases}\int\varphi_m^{*}\varphi_n\mathrm{d}\tau=\delta_{mn}\\\int\varphi_{\lambda}^{*}\varphi_{\lambda'}\,\mathrm{d}\tau=\delta(\lambda-\lambda')\\\int\varphi_n^{*}\varphi_{\lambda}\mathrm{d}\tau=0\end{cases} \tag{3.5.17}$$

对应于连续本征值和对应于离散本征值的波函数彼此亦正交. 所有这些本征函数合起来构成了完备系，任意波函数都可以用它展开

$$\varphi=\sum_{n}C_n\varphi_n+\int C_{\lambda}\varphi_{\lambda}\mathrm{d}\lambda \tag{3.5.18}$$

$$\begin{aligned}C_n&=\int\varphi_n^{*}\varphi\mathrm{d}\tau\\C_{\lambda}&=\int\varphi_{\lambda}^{*}\varphi\mathrm{d}\tau\end{aligned} \tag{3.5.19}$$

由 φ 已归一化得

$$\sum |C_n|^2 + \int |C_\lambda|^2 \mathrm{d}\lambda = 1 \tag{3.5.20}$$

其中，$|C_n|^2$ 代表力学量 $\hat{F}$ 具有值 f_n 的概率；$|C_\lambda|^2\mathrm{d}\lambda$ 代表力学量 $\hat{F}$ 具有值在 λ 和 $\lambda+\mathrm{d}\lambda$ 之间的概率. 而力学量 $\hat{F}$ 在态 φ 中的平均值为

$$\bar{F} = \int \varphi^* \hat{F} \varphi \mathrm{d}\tau = \sum |C_n|^2 f_n + \int |C_\lambda|^2 \lambda \mathrm{d}\lambda \tag{3.5.21}$$

这样，我们得到了一般的求力学量分布的方法. 这一方法依赖于本征态的完备性，这个性质也可以用另一种方式来表达.

3.5.5 完备性关系

由式(3.5.18)有

$$\begin{aligned}
\varphi(\boldsymbol{x}) &= \sum_n C_n \varphi_n(\boldsymbol{x}) + \int C_\lambda \varphi_\lambda(\boldsymbol{x}) \mathrm{d}\lambda \\
&= \sum_n \left[\int \varphi_n^*(\boldsymbol{x}') \varphi(\boldsymbol{x}') \mathrm{d}\tau'\right] \varphi_n(\boldsymbol{x}) + \int \left[\int \varphi_\lambda^*(\boldsymbol{x}') \varphi(\boldsymbol{x}') \mathrm{d}\tau'\right] \varphi_\lambda(\boldsymbol{x}) \mathrm{d}\lambda \\
&= \int \varphi(\boldsymbol{x}') \left[\sum\nolimits_n \varphi_n^*(\boldsymbol{x}') \varphi_n(\boldsymbol{x}) + \int \varphi_\lambda^*(\boldsymbol{x}') \varphi_\lambda(\boldsymbol{x}) \mathrm{d}\lambda\right] \mathrm{d}\tau'
\end{aligned}$$

由于 φ 是任意的，由 δ 函数的性质知

$$\sum \varphi_n^*(\boldsymbol{x}') \varphi_n(\boldsymbol{x}) + \int \varphi_\lambda^*(\boldsymbol{x}') \varphi_\lambda(\boldsymbol{x}) \mathrm{d}\lambda = \delta^{(3)}(\boldsymbol{x}' - \boldsymbol{x}) \tag{3.5.22}$$

上式称为完备性条件. 这种性质有时也称为本征态波函数的封闭性.

从这一节的讨论可以看到，很容易把对离散谱的讨论推广到有连续谱的情形，只要把对离散谱的求和改为对连续谱的积分，而把区别离散量子数的 δ 符号改为区别连续量子数的 δ 函数即可. 为了叙述的简明，今后当我们只做一般的讨论时，总是以离散谱为代表，大家可以按这里的办法把它推广到连续谱的情形.

3.5.6 量子力学第三假定

上面我们知道了从波函数求出某力学量分布，即测得某本征值的概率. 但如果测得了一个本征值，那么系统的状态会怎样呢？在经典物理中，测量对系统本身是没有影响的. 但在量子力学里，一旦测量力学量 $\hat{F}$ 得到本征值 f_n，系统就有了确定的值 f_n，即系统处于力学量的本征态 φ_n. 测量使系统的状态发生了变化，从一般的状态进入某个本征态. 这个过程叫坍缩(collapse).

这样我们可以归纳出量子力学的第三假定：力学量 F 用线性厄米算符 $\hat{F}$ 表示，此算符的本征态构成了完备的正交归一系，即

$$\hat{F}\varphi_n = f_n\varphi_n,\quad n = 1,2,\cdots$$

$$\int \varphi_m^*\varphi_n \mathrm{d}\tau = \delta_{mn}$$

$$\sum_n \varphi_n(\boldsymbol{x})\varphi_n^*(\boldsymbol{x}') = \delta^{(3)}(\boldsymbol{x}-\boldsymbol{x}')$$

设系统处于归一化的状态 ψ，则在 $\hat{F}$ 的本征态上的展开系数 C_n 如下：

$$\psi = \sum_n C_n\varphi_n$$

$$C_n = \int \mathrm{d}\tau\varphi_n^*\psi$$

其中，C_n 为状态 ψ 中测量 $\hat{F}$ 得到值 f_n 的概率振幅. 在状态 ψ 中测量 $\hat{F}$ 得到值 f_n 的概率是

$$P(f_n) = |C_n|^2 = \left|\int \mathrm{d}\tau\varphi_n^*\psi\right|^2$$

当测得值 f_n 后，系统处于与所得之值 f_n 相应的本征态 φ_n.

3.6 态空间和表象

3.6.1 态空间

有了求力学量分布的方法，如果知道了一个状态 ψ，就可以求出各种力学量 $\hat{F},\hat{G},\hat{H},\cdots$的分布 $\varphi(f),\rho(g),\chi(h),\cdots$. 这些分布 $\varphi,\rho,\chi,\cdots$和 ψ 一样，也是描写这个状态的，不过是从不同的方面、性质、观点去看待和分析这个状态. 实际上，我们用普通坐标写出的波函数 $\psi(\boldsymbol{x},t)$也不过是描写 t 时刻力学量 $\boldsymbol{x}$ 的分布. 因为坐标算符 $\hat{\boldsymbol{x}}$ 的本征函数为 $\delta^{(3)}(\boldsymbol{x}-\boldsymbol{x}')$，在 ψ 描写的这个态中，粒子坐标的分布为

$$\int \psi(\boldsymbol{x},t)\delta^{(3)}(\boldsymbol{x}-\boldsymbol{x}')\mathrm{d}\tau = \psi(\boldsymbol{x}',t) \tag{3.6.1}$$

即粒子具有坐标 $\boldsymbol{x}$ 的概率密度振幅为 $\psi(\boldsymbol{x},t)$. 这是大家早已熟悉的，不过现在把它纳入一个统一的形式中了. 显然，坐标这个力学量和其他力学量相比也没有什么特别之处. 因此，各种力学量的分布都可以用作描写这个状态的波函数，是波函数的不同形式. 我们称这个不同形式为波函数在不同表象中的表示. 某力学量 F 的分布函数 $\varphi(f)$称为在 F 表象中的波函数. 我们通常用的波函数就是在坐标表象中

的波函数.

所以存在着许多不同的波函数的表示方式是因为存在着许多代表各种力学量的线性厄米算符,存在着许多不同的完备本征函数系.这种情形非常类似于几何中一个矢量在不同坐标系下有不同的表示方式.

我们知道,在三维空间中,任何一个三维欧氏空间矢量 $\boldsymbol{R}$ 可以分解为三个互相正交的单位矢量 $\boldsymbol{e}_i$ 的叠加,即

$$\begin{cases}\boldsymbol{R}=r_1\boldsymbol{e}_1+r_2\boldsymbol{e}_2+r_3\boldsymbol{e}_3\\ \boldsymbol{e}_i\cdot\boldsymbol{e}_j=\delta_{ij}\\ r_i=\boldsymbol{e}_i\cdot\boldsymbol{R},\quad i,j=1,2,3\end{cases}\tag{3.6.2}$$

这三个矢量 $\boldsymbol{e}_i$ 构成三维空间的完备正交基,展开系数 r_i 就是矢量 $\boldsymbol{R}$ 在这组基下的表示,或称坐标.基不同,这表示也不一样.

现在,力学量 $\hat{F}$ 的本征态 φ_n 构成完备系,即

$$\begin{cases}\hat{F}\varphi_n=f_n\varphi_n\\ \int\varphi_n^*\varphi_m\mathrm{d}x\equiv(\varphi_n,\varphi_m)=\delta_{mn}\end{cases}\tag{3.6.3}$$

它们形成一个 F 表象.任一态 φ 可用这些本征态叠加起来

$$\begin{aligned}\varphi&=\sum C_n\varphi_n\\ C_n&=\int\varphi_n^*\varphi\mathrm{d}x=(\varphi_n,\varphi)\end{aligned}\tag{3.6.4}$$

其中,展开系数 C_n 为态在 F 表象中的表示.

比较式(3.6.2)和式(3.6.4),我们看到两者在形式上是完全相似的,只是在量子力学里不单涉及代数运算,还涉及函数,因此,凡是碰到连续变量,就要由求和改为积分,所以可以说,力学量 F 的本征态构成量子力学态空间的完备基,而任意态可以看作这个态空间的一个矢量,称为**态矢量**.这个空间称为**希尔伯特**(D. Hilbert,1862～1943,德国)**空间**.各种不同的波函数形式实际上是态在希尔伯特空间的不同基下的表示式.

希尔伯特空间和普通的几何空间不同,它是个函数空间,是无限维的复线性空间.

3.6.2 力学量的表示

既然过去常用的波函数形式只是态在坐标表象下的表示,那么相应地,力学量也有其在坐标表象中的表示.在不同的表象中,波函数形式不一样,算符的形式也应不同.现在我们来看看一般表象中算符的表示.

态是希尔伯特空间中的一个矢量,线性算符把一个矢量变为另一个矢量,因而是希尔伯特空间里的一个线性变换.设算符 $\hat{G}$ 把态 ψ 变为态 φ

$$\varphi = \hat{G}\psi \tag{3.6.5}$$

其中，ψ、φ 都可以在某一组完备基$\{\hat{F}, f_n, \varphi_n\}$($F$ 表象)下写出来.

$$\begin{cases} \psi = \sum\limits_n c_n \varphi_n \\ \varphi = \sum\limits_m b_m \varphi_m \end{cases} \tag{3.6.6}$$

把它代到式(3.6.5)中，利用 φ_n 的正交归一关系有

$$\begin{aligned} \sum_m b_m \varphi_m &= \hat{G}\sum c_n \varphi_n = \sum_n c_n \hat{G}\varphi_n \\ b_m &= \sum c_n \int \varphi_m^* \hat{G}\varphi_n \mathrm{d}\tau = \sum g_{mn} c_n \end{aligned} \tag{3.6.7}$$

其中，b_m 和 c_n 分别为态 φ 和 ψ 在 F 表象中的表示. 显然，一组数

$$g_{mn} = \int \varphi_m^* \hat{G}\varphi_n \mathrm{d}\tau = (\varphi_m, \hat{G}\varphi_n) \tag{3.6.8}$$

就是算符 $\hat{G}$ 在 F 表象中的表示.

3.6.3 矩阵表示

我们还可以用更几何化的语言表达上面的内容. 在三维空间里，在给定正交基 $\boldsymbol{e}_1$、$\boldsymbol{e}_2$、$\boldsymbol{e}_3$ 下，用分量(r_1, r_2, r_3)表示矢量 $\boldsymbol{R}$ 时，可以把它们排成一个列矩阵：

$$\boldsymbol{R} = \begin{pmatrix} r_1 \\ r_2 \\ r_3 \end{pmatrix} \tag{3.6.9}$$

而这些矢量之间的变换用方矩阵表示，然后，利用矩阵就可以进行矢量的各种运算了.

在希尔伯特空间里也一样，在选定表象 $F\{\hat{F}, f_n, \varphi_n\}$下，用分量 c_n 表示态 φ 时，也可以把它们排成一列

$$\boldsymbol{C} = \begin{pmatrix} c_1 \\ c_2 \\ \vdots \end{pmatrix} \tag{3.6.10}$$

这样，态 φ 的归一化条件 $\int \varphi^* \phi \mathrm{d}\tau = 1 = \sum\limits_n |c_n|^2 = \sum\limits_n c_n^* c_n$ 就变为

$$1 = (c_1^* \quad c_2^* \quad \cdots)\begin{pmatrix} c_1 \\ c_2 \\ \vdots \end{pmatrix} = \boldsymbol{C}^+ \boldsymbol{C} \tag{3.6.11}$$

$\boldsymbol{C}^+$ 为矩阵 $\boldsymbol{C}$ 的厄米共轭. 代表态矢量之间的变换的算符 $\hat{G}$ 就可以用一个矩阵

表示：

$$\boldsymbol{G}=(g_{mn})=\begin{pmatrix} g_{11} & g_{12} & g_{13} & \cdots \\ g_{21} & g_{22} & g_{23} & \cdots \\ g_{31} & g_{32} & g_{33} & \cdots \\ \vdots & \vdots & \vdots & \end{pmatrix} \tag{3.6.12}$$

而表示态 φ 和 ψ 之间的变换的式(3.6.7)就可记为

$$\boldsymbol{B}=\boldsymbol{GC} \tag{3.6.13}$$

算符的厄米性告诉我们，力学量 $\hat{G}$ 的矩阵元

$$\begin{aligned} g_{mn} &= \int \varphi_m^* \hat{G} \varphi_n \mathrm{d}\tau = \int (\hat{G}\varphi_m)^* \varphi_n \mathrm{d}\tau \\ &= \left(\int \varphi_n^* \hat{G} \varphi_m \mathrm{d}\tau\right)^* = g_{nm}^* \end{aligned} \tag{3.6.14}$$

即矩阵 $\boldsymbol{G}$ 是个厄米矩阵

$$\boldsymbol{G}=\boldsymbol{G}^{+}=\begin{pmatrix} g_{11}^* & g_{21}^* & g_{31}^* & \cdots \\ g_{12}^* & g_{22}^* & g_{32}^* & \cdots \\ g_{13}^* & g_{23}^* & g_{33}^* & \cdots \\ \vdots & \vdots & \vdots & \end{pmatrix} \tag{3.6.15}$$

算符的本征值方程

$$\hat{G}\varphi = g\varphi \tag{3.6.16}$$

表示为矩阵 $\boldsymbol{G}$ 的本征值方程

$$(\boldsymbol{G}-g\boldsymbol{I})\boldsymbol{B}=0 \tag{3.6.17}$$

其中，$\boldsymbol{I}$ 表示单位矩阵. 解这个方程就可以求出 $\hat{G}$ 本征值和它的本征函数在 F 表象中的表示. 由线性代数知道，这个方程有非零解的充要条件是行列式

$$|\boldsymbol{G}-g\boldsymbol{I}|=0 \tag{3.6.18}$$

这就是 $\boldsymbol{G}$ 的本征值应当满足的方程，由此可以解出本征值.

作为特例，算符 $\hat{F}$ 在自己的表象中的矩阵元为

$$F_{mn}=\int \varphi_m^* \hat{F} \varphi_n \mathrm{d}\tau = f_n \delta_{mn} \tag{3.6.19}$$

即 $\boldsymbol{F}$ 为对角矩阵

$$\boldsymbol{F}=\begin{pmatrix} f_1 & 0 & 0 & \cdots \\ 0 & f_2 & 0 & \cdots \\ \vdots & \vdots & \vdots & \\ 0 & 0 & 0 & \end{pmatrix} \tag{3.6.20}$$

而对角元为它的本征值. 由线性代数知道，求一个厄米矩阵的本征值的办法本来就是用酉变换使矩阵对角化. 以前我们求氢原子的能级，实际上就是找能量表象的基，在这表象里，能量算符是对角化的，各对角元就是能量值. 把波函数和算符在一定表象 F 中写成矩阵形式就称为波函数和算符的矩阵表示.

3.6.4 狄拉克记号

在希尔伯特空间中，给定一个表象 F，亦即知道 $\hat{F}$ 的本征值 f_n，本征函数 φ_n，它们满足正交归一关系，构成希尔伯特空间的一组完备基. 这些本征函数可以用本征值来标识. 任何一个态，只要给出在这组基下的分量，任何一个算符，只要给出这组基下的矩阵元，那么物理内容就完全清楚了. 显然，我们并不一定要把态和基的形式在坐标空间里写出来. 基于这一点，也为了应用的广泛以及更便于和几何空间对照，我们采用下面的记号来表示前面的内容.

把希尔伯特空间中的态矢量 φ 记为

$$|\varphi\rangle$$

称为右矢. 它的复共轭，或一般地，当我们用矩阵形式

$$\boldsymbol{\varphi}=\begin{pmatrix}\varphi_1\\ \varphi_2\\ \vdots\end{pmatrix}$$

表示几个波函数时，其厄米共轭记为

$$\langle\varphi|=(|\varphi\rangle)^+ \tag{3.6.21}$$

称为 $|\varphi\rangle$ 的共轭波函数，称作左矢.

基矢 φ_n 记为

$$|\varphi_n\rangle\equiv|f_n\rangle\equiv|n\rangle \tag{3.6.22}$$

定义态矢 $|\varphi\rangle$ 和 $|\psi\rangle$ 之间的内积为

$$\langle\varphi|\psi\rangle=\int\varphi^*\psi\mathrm{d}\tau \tag{3.6.23}$$

这样，各个公式为

$$|\varphi\rangle=\sum c_n|\varphi_n\rangle=\sum c_n|f_n\rangle$$

$$\langle f_m|f_n\rangle=\delta_{nm} \tag{3.6.24}$$

$$c_n=\langle f_n|\varphi\rangle$$

$$|\varphi\rangle=\hat{G}|\psi\rangle \tag{3.6.25}$$

$$\langle\varphi| = (\hat{G}|\psi\rangle)^{+} \equiv \langle\psi|\hat{G}^{+} \tag{3.6.26}$$

归一化条件

$$\langle\varphi|\varphi\rangle = 1 \tag{3.6.27}$$

算符 $\hat{G}$ 的厄米性定义为

$$\langle\varphi|\hat{G}\psi\rangle = \langle\hat{G}\varphi|\psi\rangle \equiv \langle\varphi|\hat{G}|\psi\rangle \tag{3.6.28}$$

$\hat{G}$ 的矩阵元为

$$g_{nm} = \langle f_n|\hat{G}|f_m\rangle \tag{3.6.29}$$

当用矩阵表示态矢时,$|\varphi\rangle$用列阵

$$\boldsymbol{C} = \begin{pmatrix} c_1 \\ c_2 \\ \vdots \end{pmatrix} = \begin{pmatrix} \langle f_1|\varphi\rangle \\ \langle f_2|\varphi\rangle \\ \vdots \end{pmatrix} \tag{3.6.30}$$

表示,而其厄米共轭用行阵

$$\boldsymbol{C}^{+} = (c_1^* \quad c_2^* \quad \cdots) = (\langle\varphi|f_1\rangle \quad \langle\varphi|f_2\rangle \quad \cdots) \tag{3.6.31}$$

表示. 而力学量 $\hat{G}$ 则用方阵

$$\boldsymbol{G} = (\langle f_m|\hat{G}|f_n\rangle) = \begin{pmatrix} \langle f_1|\hat{G}|f_1\rangle & \langle f_1|\hat{G}|f_2\rangle & \cdots \\ \langle f_2|\hat{G}|f_1\rangle & \langle f_2|\hat{G}|f_2\rangle & \cdots \\ \vdots & \vdots & \end{pmatrix}$$

表示,这种记号称为狄拉克记号. 在此记号下,本征态的完备性条件有一方便的表示. 由于

$$\begin{aligned} |\varphi\rangle &= \sum c_n|f_n\rangle = \sum_n |f_n\rangle\langle f_n|\varphi\rangle \\ &= \sum |f_n\rangle\langle f_n|\cdot|\varphi\rangle \end{aligned} \tag{3.6.32}$$

所以,带着内积运算的量 $\sum\limits_n |f_n\rangle\langle f_n|$ 相当于一个算符,把任意态$|\varphi\rangle$变为自身,因此是恒等算符

$$\sum |f_n\rangle\langle f_n| = 1 \tag{3.6.33}$$

这就是狄拉克记号下的完备性条件.

利用狄拉克记号,我们可以很方便地将量子态表示为普通的波函数形式.

由于坐标算符的本征态为 δ 函数,所以态$|\varphi\rangle$在坐标表象下的表示为

$$\langle\boldsymbol{x}|\varphi\rangle = \int\delta^{(3)}(\boldsymbol{x}-\boldsymbol{x}')\varphi(\boldsymbol{x}',t)\mathrm{d}\tau' = \varphi(\boldsymbol{x},t) \tag{3.6.34}$$

于是,动量本征态 $|\boldsymbol{p}\rangle$ 在坐标表象中的表示为

$$\langle \boldsymbol{x} \mid \boldsymbol{p}\rangle = \int \mathrm{d}\tau' \delta^{(3)}(\boldsymbol{x}-\boldsymbol{x}') \frac{1}{(2\pi\hbar)^{3/2}} \mathrm{e}^{\mathrm{i}\boldsymbol{p}\cdot\boldsymbol{x}'/\hbar}$$

$$= \frac{1}{(2\pi\hbar)^{3/2}} \mathrm{e}^{\mathrm{i}\boldsymbol{p}\cdot\boldsymbol{x}/\hbar} \tag{3.6.35}$$

这样,在动量表象中,态 $|\varphi\rangle$ 的表示为

$$\langle \boldsymbol{p} \mid \varphi\rangle = \int \mathrm{d}\tau \langle \boldsymbol{p} \mid \boldsymbol{x}\rangle\langle \boldsymbol{x} \mid \varphi\rangle = \frac{1}{(2\pi\hbar)^{3/2}} \int \mathrm{e}^{-\mathrm{i}\boldsymbol{p}\cdot\boldsymbol{x}/\hbar} \varphi(\boldsymbol{x},t)\mathrm{d}\tau$$

$$= C(\boldsymbol{p}) \tag{3.6.36}$$

人物简介

保罗·狄拉克(Paul Dirac,1902~1984,英国),量子力学的创建者之一. 26 岁时提出量子力学和量子电动力学基本方程——狄拉克方程,因而获得了 1933 年诺贝尔物理学奖. 他预言了电子的反粒子——正电子的存在,在量子统计、宇宙学甚至数学方面都有独到的创造. 狄拉克最初学电气工程,后来专注物理. 他的工作思想深邃、逻辑严谨. 主要著作有《量子力学原理》.

3.6.5 酉变换

知道了一个状态的波函数,我们就可以求出它在各种表象中的表示,即各种力学量的分布. 既然这些表示都代表同一个状态,那么这些不同表象中的表示之间有什么关系呢? 或者说,当表象改变时,波函数的表示怎么改变呢?

在希尔伯特空间里,这个问题就是同一个矢量在不同基下的表示之间有什么关系. 在几何空间里,它就是坐标变换问题.

现在设在希尔伯特空间里有两套基

$$\{\hat{F}, f_n, |\psi_n\rangle\} \tag{3.6.37}$$

$$\{\hat{G}, g_a, |\varphi_a\rangle\} \tag{3.6.38}$$

由于基的完备性,G 表象的基 φ_a 一定可以用 F 表象的基 ψ_m 展开

$$\begin{cases} |\varphi_a\rangle = \sum\limits_n S_{na} |\psi_n\rangle \\ S_{na} = \langle \psi_n \mid \varphi_a\rangle \\ \langle \varphi_b | = \sum \langle \psi_m | S_{mb}^* \\ S_{mb}^* = \langle \psi_m \mid \varphi_b\rangle^* = \langle \varphi_b \mid \psi_m\rangle \end{cases} \tag{3.6.39}$$

G 表象的基也正交完备，数 S_{na} 反映了两组完备正交归一基之间的变换，它必须满足一定的条件

$$\begin{aligned}\delta_{ab} &= \langle \varphi_a \mid \varphi_b \rangle = \sum_{nm} S_{ma}^* S_{na} \langle \psi_m \mid \psi_n \rangle \\ &= \sum_{nm} S_{ma}^* S_{nb} \delta_{mn} = \sum_{n} S_{na}^* S_{nb}\end{aligned} \tag{3.6.40}$$

如果 S_{na} 排成一个矩阵

$$\boldsymbol{S} = (S_{na}) = \begin{pmatrix} S_{11} & S_{12} & S_{13} & \cdots \\ S_{21} & S_{22} & S_{23} & \cdots \\ \vdots & \vdots & \vdots & \end{pmatrix} \tag{3.6.41}$$

则式(3.6.39)可以记为

$$\begin{pmatrix} |\varphi_1\rangle \\ |\varphi_2\rangle \\ |\varphi_3\rangle \\ \vdots \end{pmatrix} = \begin{pmatrix} S_{11} & S_{21} & S_{31} & \cdots \\ S_{12} & S_{22} & S_{32} & \cdots \\ S_{13} & S_{23} & S_{33} & \cdots \\ \vdots & \vdots & \vdots & \end{pmatrix} \begin{pmatrix} |\psi_1\rangle \\ |\psi_2\rangle \\ |\psi_3\rangle \\ \vdots \end{pmatrix} = \tilde{\boldsymbol{S}} \begin{pmatrix} |\psi_1\rangle \\ |\psi_2\rangle \\ |\psi_3\rangle \\ \vdots \end{pmatrix} \tag{3.6.42}$$

$\tilde{\boldsymbol{S}}$ 表示矩阵 $\boldsymbol{S}$ 的转置. 式(3.6.40)表示

$$\boldsymbol{S}^+\boldsymbol{S} = \boldsymbol{I} \tag{3.6.43}$$

再由基 $|\varphi_a\rangle$ 的完备性

$$\begin{aligned}(\boldsymbol{S}\boldsymbol{S}^+)_{nm} &= \sum_a S_{na} S_{ma}^* \\ &= \sum_a \langle \psi_m \mid \varphi_a \rangle \langle \varphi_a \mid \psi_n \rangle \\ &= \langle \psi_n \mid \sum \mid \varphi_a \rangle \langle \varphi_a \mid\mid \psi_n \rangle \\ &= \langle \psi_n \mid \boldsymbol{I} \mid \psi_m \rangle = \delta_{mn}\end{aligned} \tag{3.6.44}$$

即

$$\boldsymbol{S}\boldsymbol{S}^+ = \boldsymbol{I} \tag{3.6.45}$$

由式(3.6.43)和式(3.6.45)两式可以看出，$\boldsymbol{S}$ 是一个酉矩阵. 所以希尔伯特空间中两组完备正交基之间的转换是由一个酉矩阵来表示的，因此称为表象的酉变换(也可称幺正变换). 需要注意的是，在有限维空间里，关系式(3.6.43)就可以表示矩阵 $\boldsymbol{S}$ 的酉性，但当空间是无限维的时候，式(3.6.43)和式(3.6.45)必须同时成立才能说明 $\boldsymbol{S}$ 是酉的.

在表象的酉变换下，态 $|\varphi\rangle$ 怎样变换呢？设

$$\begin{aligned}|\varphi\rangle &= \sum C_a^G \mid \varphi_a \rangle \\ |\varphi\rangle &= \sum C_n^F \mid \psi_n \rangle\end{aligned} \tag{3.6.46}$$

即在 F 表象中,波函数表示为 C_n^F,在 G 表象中为 C_α^G,式(3.6.46)是同一个量子态的不同表示,因此

$$\sum C_\alpha^G \mid \varphi_\alpha\rangle = \sum C_n^F \mid \psi_n\rangle$$

由式(3.6.39)得

$$\sum_\alpha C_\alpha^G \sum_m S_{m\alpha} \mid \psi_m\rangle = \sum C_n^F \mid \psi_n\rangle$$

$$\sum C_\alpha^G S_{m\alpha} = C_m^F$$

或

$$\boldsymbol{C}^F = \boldsymbol{S}\boldsymbol{C}^G \tag{3.6.47}$$

反过来有

$$\boldsymbol{C}^G = \boldsymbol{S}^{-1}\boldsymbol{C}^F = \boldsymbol{S}^+\boldsymbol{C}^F \tag{3.6.48}$$

这两式就是变换表象时波函数表示的变换关系.

再来看力学量如何变化.

设算符 $\hat{H}$ 把态 $|A\rangle$ 变为态 $|B\rangle$,即

$$\mid B\rangle = \hat{H} \mid A\rangle \tag{3.6.49}$$

其中,$|A\rangle$、$|B\rangle$ 和 $\hat{H}$ 在 F 表象中的表示分别为

$$\boldsymbol{A}^F = \begin{pmatrix} a_1^F \\ a_2^F \\ \vdots \end{pmatrix}, \quad \boldsymbol{B}^F = \begin{pmatrix} b_1^F \\ b_2^F \\ \vdots \end{pmatrix}, \quad \boldsymbol{H}_F = \begin{pmatrix} H_{11}^F & H_{12}^F & \cdots \\ H_{21}^F & H_{22}^F & \cdots \\ \vdots & \vdots & \end{pmatrix} \tag{3.6.50}$$

在 G 表象中,它们分别是

$$\boldsymbol{A}^G = \begin{pmatrix} a_1^G \\ a_2^G \\ \vdots \end{pmatrix}, \quad \boldsymbol{B}^G = \begin{pmatrix} b_1^G \\ b_2^G \\ \vdots \end{pmatrix}, \quad \boldsymbol{H}^G = \begin{pmatrix} H_{11}^G & H_{12}^G & \cdots \\ H_{21}^G & H_{22}^G & \cdots \\ \vdots & \vdots & \end{pmatrix} \tag{3.6.51}$$

即有

$$\begin{aligned} \boldsymbol{B}^F &= \boldsymbol{H}^F\boldsymbol{A}^F \\ \boldsymbol{B}^G &= \boldsymbol{H}^G\boldsymbol{A}^G \end{aligned} \tag{3.6.52}$$

现在求 $\boldsymbol{H}^G$ 与 $\boldsymbol{H}^F$ 的关系. 由波函数的变换规则

$$\boldsymbol{B}^G = \boldsymbol{S}^{-1}\boldsymbol{B}^F$$

$$\boldsymbol{A}^G = \boldsymbol{S}^{-1}\boldsymbol{A}^F$$

$$\begin{aligned} \boldsymbol{B}^G &= \boldsymbol{S}^{-1}\boldsymbol{B}^F = \boldsymbol{S}^{-1}\boldsymbol{H}^F\boldsymbol{A}^F \\ &= \boldsymbol{H}^G\boldsymbol{A}^G = \boldsymbol{H}^G\boldsymbol{S}^{-1}\boldsymbol{A}^F \end{aligned}$$

$$\boldsymbol{S}^{-1}\boldsymbol{H}^F\boldsymbol{A}^F = \boldsymbol{H}^G\boldsymbol{S}^{-1}\boldsymbol{A}^F$$

态 $\boldsymbol{A}$ 是任意的,所以

$$S^{-1}H^F = H^G S^{-1}$$

$$H^G = S^{-1}H^F S \tag{3.6.53}$$

这就是从表象 F 转到表象 G 时算符形式的变换关系.

3.6.6 物理性质的表示无关性

酉变换反映了对态和力学量的不同描述方法之间的关系.从物理内容上讲,它当然不会因描述方法的不同而改变.因此,有关态和力学量的物理性质在酉变换下是不变的.前面已用到过一些,这里还可再举几例.

(1) 两个态之间的关系反映在内积$\langle\varphi|\psi\rangle$上,它反映了两个态互相包含的程度或从态$|\varphi\rangle$转变到态$|\psi\rangle$的可能性,它在酉变换下不变.作为特例,正交归一条件在酉变换下不变.

(2) 力学量 H 的本征值代表粒子具有力学量 H 的值,是物理的,它当然在酉变换下不变.

既然力学量的每个本征值不变,那么所有的本征值之和当然也不变.所有本征值之和,就是算符的迹,记为 $\mathrm{Sp}H$ 或 $\mathrm{Tr}H$,它也就是在某表象中力学量的矩阵表示的对角元之和,在酉变换下是不变的.

(3) 矩阵元$\langle\varphi|\hat{F}|\psi\rangle$代表两态之间经 $\hat{F}$ 作用而互相转换的概率幅,是物理的,因此也是在酉变换下不变的.

3.7 状态的完全确定

我们曾经讲过,状态的一种力学量分布反映了状态的一种特性、一个侧面.一般地,状态的物理性质是多方面的,因此就存在一个问题,对一个状态要知道些什么才能完全确定呢?这在实验上和理论上都是有意义的.弄清楚了这一点就可以知道,我们测量些什么量和测多少量后就可以把这个状态完全了解了.

3.7.1 自由度问题

在经典力学里,这个问题就是系统的自由度问题.自由度是确定粒子运动状态的独立条件的最小数目,或者说是粒子可能同时做的独立运动的个数.譬如,电子和质子组成的系统,自由度是 6,因为如果把质子的 3 个位置坐标和电子的 3 个位置坐标同时固定了,此系统(氢原子)就没有活动的余地了.这种自由度可以有不同的理解,例如,氢原子的 6 个自由度也可以看作质心有 3 个自由度,电子相对质子运动有 3 个自由度.在经典力学里描写一个独立运动需要 2 个独立的量,如坐标和动量,加上牛顿定律可以把运动完全定下来.因此,经典力学里每一个自由度要用两个量来描写.

在量子力学里，同样存在着自由度的问题. 氢原子中电子相对于质子的运动有3个自由度. 我们知道了电子运动的能量后，这种能量可以分配在粒子的径向运动和角向运动之间；当我们知道了角向运动的能量(决定于角动量的模方)后，径向运动能量也就定了，但角向运动又有两部分(φ 角的变化和 θ 角的变化)，反映 φ 角变化的角动量知道后，有关 θ 角的情况也清楚了. 这样整个运动才明确.

具体描述这些话，就要用波函数的语言讲. 在实验上，由于波函数不能直接测量，因此只能测力学量，光测一个力学量不一定能定出波函数. 一般地讲，如测量粒子的力学量 F，得到的是一系列的值 $f_1, f_2, \cdots$ 和各值的概率. 概率等于这个状态中力学量 F 的分布 $C(f_n)$ 的模方 $|C(f_n)|^2$. 分布 $C(f_n)$ 直接关联波函数 $\psi(\boldsymbol{x},t)$，而从 $|C(f_n)|^2$ 到 $C(f_n)$ 还有距离，如从 $|\psi|^2$ 到 ψ 本身可以差一个相因子 $e^{i\varepsilon(\boldsymbol{x},t)}$，这个相因子不能借助位置测量来确定. 所以，单测一个力学量，一般地讲并不能把波函数定下来.

在理论上，测得了状态 ψ 中力学量 $\hat{F}$ 的值 $f_1, f_2, \cdots$ 就知道了 $\hat{F}$ 的本征函数 ψ_1，$\psi_2, \cdots$，即从 $\hat{F}$ 形式和本征值 f_n 可以定下本征函数 ψ_n. 但是，知道一个力学量的本征函数，只能确定总波函数 ψ 的一部分. 譬如，自由粒子，我们知道它的波函数是

$$\begin{cases}\psi(\boldsymbol{x},t) = Ce^{i(\boldsymbol{p}\cdot\boldsymbol{x}-Et)/\hbar} \\ E = \boldsymbol{p}^2/2m\end{cases} \tag{3.7.1}$$

如果我们测量了动量的 x_1 分量，并且得到结果 p_1，那么粒子处于 $\hat{p}_1$ 的本征态，相应的波函数是

$$\psi = C_1 e^{ip_1x_1/\hbar} \tag{3.7.2}$$

但 C_1 显然可以是 x_2、x_3 和 t 的函数

$$C_1 = C_1(x_2, x_3, t)$$

即测量动量第一分量有确定值 p_1，只能定出整个波函数的一部分——沿 x_1 方向变化的部分.

那么如果我们再测一个量 $\hat{F}$，它是 $\hat{p}_1$ 的函数 $\hat{F}(\hat{p}_1)$，得值 $F(p_1)$，能否对波函数的确定有所贡献呢？没用，因为它所能确定的波函数部分还是 x_1 方向变化的部分. 造成这一问题的原因是 $\hat{F}$ 和 $\hat{p}_1$ 不是独立的，测量 $\hat{F}(\hat{p}_1)$ 得到结果 $F(p_1)$ 的概率等于测量 $\hat{p}_1$ 得到结果 p_1 的概率. 但是，如果我们同时测量此粒子的 $\hat{p}_2$、$\hat{p}_3$，得到确定值 p_2、p_3，那么可以再定下沿 x_2、x_3 方向变化的部分，它们是 $\hat{p}_2$、$\hat{p}_3$ 的本征函数.

$$\begin{aligned}\psi &= C_3(t)e^{ip_1x_1/\hbar}e^{ip_2x_2/\hbar}e^{ip_3x_3/\hbar} \\ &= C_3(t)e^{i\boldsymbol{p}\cdot\boldsymbol{x}/\hbar}\end{aligned} \tag{3.7.3}$$

如果我们知道没有位势(相互作用)，那么由薛定谔方程就可以把这个自由粒子的波函数完全定下来了(归一化后确定到一个常数相因子).

由此可见，要确定一个有 3 个自由度的自由粒子的运动状态，需要同时知道 3 个动量的分量 p_1、p_2 和 p_3 的值，它们是彼此独立的，并且我们知道，动量算符各分量之间是可以对易的.

由前面两点不难理解，确定一个状态所应知道的力学量的数目应当与系统的自由度相应，这些力学量要彼此独立. 但是第三点似乎意味着与这些力学量对应的算符可以对易，也可以不对易，实际上，这些算符必须对易. 因为我们对状态 ψ 测力学量 F 和 G，有确定的值 f 和 g，是指用力学量 F 和 G 对状态作用后仍得到原状态. 那么，先作用 F 再作用 G 得到的状态与先作用 G 再作用 F 得到的状态是相同的，即两个力学量先后作用的结果与次序无关，用算符讲就是可对易.

3.7.2 共有完备本征态条件

现在我们来严格证明，两个力学量具有共同完备本征态系的充分必要条件是：代表这两个力学量的算符可以对易.

先证必要性.

力学量 $\hat{F}$ 的本征态 $|\psi_1\rangle$，$|\psi_2\rangle$，…构成希尔伯特空间的一组完备基

$$\hat{F}\mid\psi_n\rangle = f_n\mid\psi_n\rangle \tag{3.7.4}$$

如果这组本征态也是力学量 $\hat{G}$ 的本征态

$$\hat{G}\mid\psi_n\rangle = g_n\mid\psi_n\rangle \tag{3.7.5}$$

则显然有下面关系：

$$\hat{F}\hat{G}\mid\psi_n\rangle = \hat{F}(g_n\mid\psi_n\rangle) = g_n f_n\mid\psi_n\rangle$$

$$\hat{G}\hat{F}\mid\psi_n\rangle = f_n g_n\mid\psi_n\rangle$$

$$(\hat{F}\hat{G}-\hat{G}\hat{F})\mid\psi_n\rangle = [\hat{F},\hat{G}]\mid\psi_n\rangle = 0 \tag{3.7.6}$$

由于 $|\psi_n\rangle$ 构成完备基，上式意味着

$$[\hat{F},\hat{G}] = 0 \tag{3.7.7}$$

这表示，这两个力学量总是同时有确定的值，它们就有共同的完备的本征波函数，这两个算符必须是可对易的. 注意，这里不是对一个特定的状态讲的. 对一个态讲，即使两个算符不可对易，也可能同时有确定值.

现在来证充分性，即反过来，如果两个算符可对易，那么它们一定有共同的完备的本征函数，在这些所有本征态中，这两个力学量同时有确定值.

设表象 $\{\hat{F}, f_n, |\psi_n\rangle\}$，

$$\hat{F}\mid\psi_n\rangle = f_n\mid\psi_n\rangle \tag{3.7.8}$$

其中，$|\psi_n\rangle$ 构成完备系. 先假定 f_n 不退化(非简并)，对每一个本征值只有一个本征

函数与它对应.

$\hat{G}$ 算符与 $\hat{F}$ 可对易

$$[\hat{F},\hat{G}]=0 \tag{3.7.9}$$

于是有

$$\hat{G}\hat{F}\mid\psi_n\rangle=\hat{F}\hat{G}\mid\psi_n\rangle=f_n\hat{G}\mid\psi_n\rangle \tag{3.7.10}$$

其中,$\hat{G}|\psi_n\rangle$是 $\hat{F}$ 的属于本征值 f_n 的本征函数. 由于 f_n 不退化,因此 $\hat{G}|\psi_n\rangle$是$|\psi_n\rangle$的倍数

$$\hat{G}\mid\psi_n\rangle=g_n\mid\psi_n\rangle \tag{3.7.11}$$

$|\psi_n\rangle$也是 $\hat{G}$ 的本征函数. 即 $\hat{F}$ 和 $\hat{G}$ 两者有共同的完备本征函数.

如果 $\hat{F}$ 的本征谱中有某个本征值 f 是退化的,简并度为 k,则

$$f:\mid\psi^1\rangle,\mid\psi^2\rangle,\cdots,\mid\psi^k\rangle$$

$$\hat{F}\mid\psi^i\rangle=f\mid\psi^i\rangle,\quad i=1,2,\cdots,k \tag{3.7.12}$$

设$|\psi^i\rangle$彼此已正交化,那么,同样有

$$\hat{F}\hat{G}\mid\psi^i\rangle=f\hat{G}\mid\psi^i\rangle \tag{3.7.13}$$

因此,$\hat{G}|\psi^i\rangle$是属于 $\hat{F}$ 的本征值为 f 的本征函数,一般它应是$|\psi^1\rangle,|\psi^2\rangle,\cdots,|\psi^k\rangle$的线性组合,即

$$\hat{G}\mid\psi^i\rangle=\sum_{j=1}^{k}c_{ji}\mid\psi^j\rangle \tag{3.7.14}$$

其中,c_{ji}为数,对于确定的函数$|\psi^i\rangle$和算符 $\hat{G}$,它们是完全确定的. 现在我们可以把$|\psi^i\rangle$重新组合一下,得到 $\hat{G}$ 的本征函数,同时保持该组合形式仍然为 $\hat{F}$ 的本征函数:

$$\mid\varphi\rangle=\sum a_i\mid\psi^i\rangle$$

而

$$\hat{G}\mid\varphi\rangle=g\mid\varphi\rangle$$

这就要求

$$\hat{G}\mid\varphi\rangle=\sum a_i\hat{G}\mid\psi^i\rangle=\sum a_i\sum c_{ji}\mid\psi^j\rangle=\sum_{ij}a_ic_{ji}\mid\psi^j\rangle$$

比较$|\psi^j\rangle$的系数,有

$$\sum_{i=1}^{k}c_{ji}a_i=ga_j \tag{3.7.15}$$

这是矩阵(c_{ij})的本征方程,其有非零解的充要条件是行列式

$$\mid c_{ji}-g\delta_{ji}\mid=0 \tag{3.7.16}$$

或

$$\begin{vmatrix} c_{11}-g & c_{12} & c_{13} & \cdots & c_{1k} \\ c_{21} & c_{22}-g & c_{23} & \cdots & c_{2k} \\ \vdots & \vdots & \vdots & & \vdots \\ c_{k1} & c_{k2} & c_{k3} & \cdots & c_{kk}-g \end{vmatrix} = 0 \qquad (3.7.17)$$

由此解出 k 个根（本征值）g^i，代回方程（3.7.15），求出系数 a（记为 a_j^i），得到 $\hat{G}$ 的相应于本征值 g^i 的本征函数 $|\varphi^i\rangle$ 为

$$|\varphi^i\rangle = \sum_j a_j^i \, |\psi^j\rangle, \quad i = 1,2,\cdots,k \qquad (3.7.18)$$

其中，$|\varphi^i\rangle$ 当然还是 $\hat{F}$ 的本征函数.

这样，我们证明了，两个力学量有共同的完备的本征函数系的充要条件是两个算符可以对易. 当粒子处于这个共同的本征态中时，两个力学量同时有确定的值. 这个结果可以推广到多个力学量上去. 如果这些力学量有共同的完备的本征函数，则这些力学量彼此都可以交换，反过来也成立.

前面讲到的选三个互相可对易的动量分量来确定自由粒子的波函数，这不是偶然的，因为它们有共同的本征函数系. 同样，角动量平方 $\hat{L}^2$ 和它的分量 $\hat{L}_3$ 是可对易的，所以有共同的本征函数系，即球谐函数 Y_{lm}.

从上面的证明我们看到，虽然两个相互对易的算符 $\hat{F}$、$\hat{G}$ 有共同的完备的本征函数系，但只有当 $\hat{F}$ 的本征值没有简并时，$\hat{F}$ 的本征函数才一定是 $\hat{G}$ 的本征函数；当有简并时，$\hat{F}$ 的本征函数不一定是 $\hat{G}$ 的本征函数，因此，虽然我们知道状态有确定的值 f，但并不能确定本征函数是 $|\psi^i\rangle(i=1,2,\cdots,k)$ 中的哪一个或什么组合. 只有当我们同时知道力学量 $\hat{G}$ 的值 g^j 时才确定了波函数 $|\varphi^i\rangle$. 这样，用 $\hat{G}$ 的量子数可把同属于量子数 f 的各个波函数分开. 因此，当自由度大于 1 时，单凭一个力学量是无法把波函数完全定下来的. 由此可见，如果力学量 $\hat{F}$、$\hat{G}$ 可对易，$\hat{F}$、$\hat{K}$ 也可对易，但这两组力学量的共同本征函数一般是不一样的，虽然它们都是 $\hat{F}$ 的本征函数.

3.7.3 完全力学量组

现在知道，要完全确定系统所处的状态，需要一组可以相互对易的独立力学量. 这组力学量称为该系统的力学量的完全集合（记为 CSCO）. 譬如，氢原子，如果我们知道了电子、质子的相对运动能量（用主量子数 n 标志），还不能完全定下波函数；如果我们又知道了总角动量的大小 $l(l+1)\hbar^2$（轨道量子数 l），我们对波函数可确定得更多了，选择的范围窄了，但还不能定下，因为还有 $2l+1$ 重简并；如果我们又测得了电子在 φ 角方向转动的角动量 $\hat{L}_3$ 的值（用量子数 m 标志），那么波函数

就完全定了,如

$$\psi_{nlm} = R_{nl} Y_{lm}$$

所以,确定氢原子中电子相对运动最少要用三个量

$$\hat{H}, \quad \hat{\boldsymbol{L}}^2, \quad \hat{L}_3$$

它们彼此是可以对易的

$$[\hat{H}, \hat{\boldsymbol{L}}^2] = [\hat{H}, \hat{L}_3] = [\hat{\boldsymbol{L}}^2, \hat{L}_3] = 0$$

氢原子中电子相对质子运动的自由度为3,这和经典力学里的自由度数一样.但是不要以为在量子力学里,自由度总和经典的一样.因为量子力学允许的运动内容比经典力学广泛和深入,因此它讨论的自由度也可能会多.譬如,氢原子中的电子,它实际上至少有四个自由度,因为还有自旋,这点我们以后会知道.

3.7.4 定态系统的形式解

量子系统的薛定谔方程求解一般因系统而异.但是对于定态系统,我们可以得到一个形式解,它在许多情况下有用处.

定态系统的哈密顿量 $\hat{H}$ 不显含时间

$$\mathrm{i}\hbar\partial_t\hat{H} = \mathrm{i}\hbar\frac{\partial\hat{H}}{\partial t} = 0 \tag{3.7.19}$$

系统演化的薛定谔方程为

$$\mathrm{i}\hbar\partial_t|\psi(t)\rangle = \hat{H}|\psi(t)\rangle \tag{3.7.20}$$

加上一定的初始条件

$$|\psi(t)\rangle|_{t=0} = |\psi(0)\rangle \equiv |\psi_0\rangle \tag{3.7.21}$$

就是定解问题.

不妨设

$$|\psi(t)\rangle = \hat{U}(t)|\psi(0)\rangle \tag{3.7.22}$$

代入薛定谔方程可得算符 $\hat{U}$ 满足的方程和初始条件

$$\begin{aligned} &\mathrm{i}\hbar\partial_t\hat{U}(t) = \hat{H}\hat{U}(t) \\ &\hat{U}(0) = 1 \end{aligned} \tag{3.7.23}$$

这个方程可以用迭代法进行积分

$$\hat{U}(t) = \exp\left[\frac{1}{\mathrm{i}\hbar}\int_0^t \hat{H}\mathrm{d}\tau\right] = \mathrm{e}^{-\mathrm{i}\hat{H}t/\hbar} \tag{3.7.24}$$

于是,我们得到薛定谔方程的形式解

$$|\psi(t)\rangle = \hat{U}(t)|\psi(0)\rangle$$

$$= e^{-i\hat{H}t/\hbar} \mid \psi_0 \rangle \tag{3.7.25}$$

算符 $\hat{U}(t)$ 称为系统的时间演化算符. 由于哈密顿量是厄米的，容易验证，演化算符是个酉算符，满足关系

$$\hat{U}(t)\hat{U}^{+}(t) = \hat{U}^{+}(t)\hat{U}(t) = 1 \tag{3.7.26}$$

这表示，定态量子系统从初态到末态的演化是个酉过程. 在希尔伯特空间看，初态矢量和末态矢量的模不变，因此是个酉变换.

3.7.5 守恒量

一个量子系统的哈密顿量包含了系统的全部信息，并控制着系统的演化，因此通常是完全力学量组的第一成员. 其他成员必须与哈密顿量可对易，这样的力学量有些什么特点呢？

设定态系统哈密顿量为 $\hat{H}$，反映系统演化的薛定谔方程为

$$i\hbar \frac{\partial}{\partial t} \mid \psi \rangle = \hat{H} \mid \psi \rangle \tag{3.7.27}$$

我们先来考虑不显含时间的力学量 $\hat{F}$，即它满足

$$\partial_t \hat{F} \equiv \frac{\partial \hat{F}}{\partial t} = 0 \tag{3.7.28}$$

同时，它与系统的哈密顿量可以交换

$$[\hat{F}, \hat{H}] = 0 \tag{3.7.29}$$

于是，它有资格入选完全力学量组. 根据前面的讨论，我们知道它和哈密顿量有共同的完备本征态系

$$\begin{aligned}
&\{\mid n, f\rangle\} \\
&\hat{H} \mid n, f\rangle = E_n \mid n, f\rangle \\
&\hat{F} \mid n, f\rangle = f_n \mid n, f\rangle \\
&\langle n, f \mid n', f'\rangle = \delta_{nn'}\delta_{ff'} \\
&\sum_{nf} \mid n, f\rangle\langle n, f \mid = 1
\end{aligned} \tag{3.7.30}$$

系统的任何状态都可以展开为这些本征态的叠加

$$\mid \psi(t)\rangle = \sum_{nf} C_{nf}(t) \mid n, f\rangle \tag{3.7.31}$$

而展开系数可表示为

$$\begin{aligned}
C_{nf}(t) &= \langle n, f \mid \psi(t)\rangle = \langle n, f \mid \hat{U}(t) \mid \psi(t=0)\rangle \\
&= \langle n, f \mid e^{-i\hat{H}t/\hbar} \mid \psi(0)\rangle
\end{aligned}$$

$$
\begin{aligned}
&= e^{-iE_n t/\hbar}\langle n,f \mid \psi(0)\rangle \\
&= e^{-iE_n t/\hbar}C_{nf}(0)
\end{aligned}
\tag{3.7.32}
$$

于是我们可以得到以下结论：

(1) 定态系统的 $\hat{F}$ 分布不随时间而变化. 根据概率解释，t 时刻力学量的分布概率为

$$
\begin{aligned}
P(f,t) &= | C_{nf}(t) |^2 = | e^{-iE_n t/\hbar}C_{nf}(0) |^2 \\
&= | C_{nf}(0) |^2 = P(f,0)
\end{aligned}
\tag{3.7.33}
$$

或简单表示为

$$
\partial_t P(f) = 0 \tag{3.7.34}
$$

即分布是稳定的.

(2) 好量子数. 如果系统开始时处于 $\hat{F}$ 的某个本征态，则以后任何时刻，系统将处于 $\hat{F}$ 的同一本征态，与此本征态对应的量子数将伴随始终，故称为好量子数. 这是显然的，本征态不过是个特殊的分布而已.

(3) 平均值不变. 力学量 $\hat{F}$ 在任意态中的平均值为

$$
\begin{aligned}
\bar{F}(t) &= \langle \psi(t) \mid \hat{F} \mid \psi(t)\rangle \\
&= \langle \psi(0) \mid \hat{U}^{+}(t)\hat{F}\hat{U}(t) \mid \psi(0)\rangle \\
&= \langle \psi(0) \mid e^{i\hat{H}t/\hbar}\hat{F}e^{-i\hat{H}t/\hbar} \mid \psi(0)\rangle \\
&= \langle \psi(0) \mid \hat{F} \mid \psi(0)\rangle \\
&= \bar{F}(0)
\end{aligned}
\tag{3.7.35}
$$

或记为

$$
\partial_t \bar{F} = 0 \tag{3.7.36}
$$

计算中用到了

$$
e^{i\hat{H}t/\hbar}\hat{F}e^{-i\hat{H}t/\hbar} = \hat{F} + \frac{1}{1!}\frac{-it}{\hbar}[\hat{F},\hat{H}] + \frac{1}{2!}\left(\frac{-it}{\hbar}\right)^2[[\hat{F},\hat{H}],\hat{H}] + \cdots \tag{3.7.37}
$$

由于这里算符可对易，故有

$$
e^{i\hat{H}t/\hbar}\hat{F}e^{-i\hat{H}t/\hbar} = \hat{F} \tag{3.7.38}
$$

如果一个量子系统中，某个力学量在任意态中的平均值均不随时间变化，则称该力学量为此系统的守恒量(conserved quantity, c. q.). 从前面的讨论我们看到，如果不显含时间的力学量与系统的哈密顿量可以对易，那它就是系统的守恒量.

如果在一个定态系统，我们有一组不显含时间的力学量完全组$(\hat{H},\hat{F},\hat{G},\cdots)$，

实际上我们就是选定了一组守恒量,它们在态中的分布将永远不变,它们的量子数就是好量子数.一旦系统用它们标志了状态,这组量子数将伴随系统始终!这是否能使我们回忆起经典力学中用守恒量来求解问题的情形?

3.8 不确定关系

3.7 节我们讲了,两个力学量总是同时有确定值的条件是它们可交换.在 3.3 节讲过,在一个状态中力学量有确定值意味着在此状态中每个粒子有相同的力学量值,或平均值等于单个值,均方差为零.3.7 节的结论就是,如果力学量 $\hat{F}$ 和 $\hat{G}$ 可对易

$$[\hat{F},\hat{G}]=0 \tag{3.8.1}$$

那么它们有共同的本征态,在此态中,$\hat{F}$ 的均方差为零

$$\overline{(\Delta\hat{F})^2}=0 \tag{3.8.2}$$

同时,$\hat{G}$ 的均方差亦为零

$$\overline{(\Delta\hat{G})^2}=0 \tag{3.8.3}$$

即同时有这两个力学量的平均值等于单个粒子的值.状态反映了力学量的分布,由于两个力学量有某种特殊的关系(可换),所以就存在这样的状态,其中两个力学量的分布都是完全集中而没有分散的.

但是,一般来讲,由于某些力学量相互有牵扯、影响,所以通常不可对易.不可对易的最简单的情况是对易式为一个数,即此力学量为共轭力学量.以前证明过,这个数一定是纯虚数,如坐标和动量

$$[\hat{x},\hat{p}]=\mathrm{i}\hbar$$

这种力学量既然不可对易,那肯定不会同时有确定值,因此不会在任意状态中,两个力学量的均方差同时为零,但是会不会有什么关系呢?

3.8.1 实验分析

我们先来看实验.

粒子衍射是反映粒子波粒二象性的典型实验.大量的单能粒子,有相同的沿 y 方向的动量 $\boldsymbol{p}$,在穿过宽为 $2d$ 的小缝后,射到屏上各处,产生规则的衍射图样.粒子穿过小缝,就对所有粒子的 x 坐标有了限制,即

$$\Delta x=d \tag{3.8.4}$$

它就是粒子的坐标偏离中心的程度或 x 坐标的不确定程度. 穿过小缝后,粒子大部分在 $x=0$ 附近,此处有一个主极大. 主极大说明大部分粒子还是继续按原来方向运动的. 但在屏上其他区域也出现粒子,说明一部分粒子在小缝处获得了 x 方向的动量增量 Δp_x. 由图 3.8.1 可见

$$\Delta p_x = p\sin\alpha = \frac{2\pi\hbar}{\lambda}\sin\alpha \tag{3.8.5}$$

其中,λ 是入射粒子的德布罗意波长.

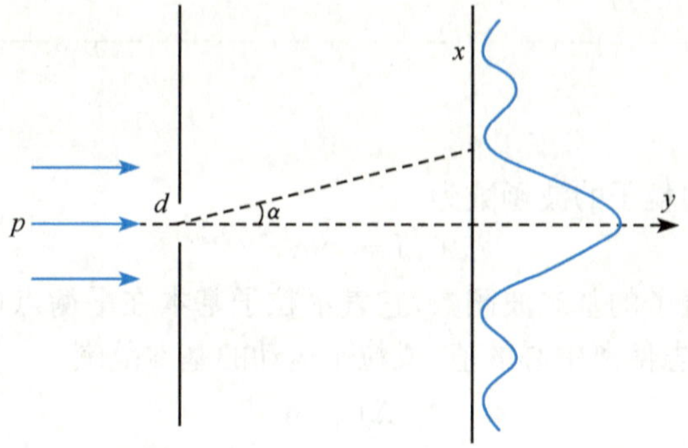

图 3.8.1 粒子衍射

另外,由衍射理论知道,第一个极小的角度 α 由下面的公式给出:

$$2d\sin\alpha = \frac{\lambda}{2} \tag{3.8.6}$$

由以上这些关系,可得

$$\begin{aligned}\Delta x\Delta p_x &= d\cdot\frac{2\pi\hbar}{\lambda}\sin\alpha \\ &= \pi\hbar\,\frac{2d\sin\alpha}{\lambda} = \pi\hbar/2\end{aligned}$$

由于粒子不只是局限在主极大,还有次极大等,所以 Δp_x 还要大些,上式可改为不等式

$$\Delta x\Delta p_x \geqslant \pi\hbar/2 = h/4 \tag{3.8.7}$$

这就是海森伯最早提出的**不确定关系**(uncertainty relation). 其中,Δx 为粒子活动的范围;Δp 为粒子在相应方向的动量变化范围. 因此,式(3.8.7)告诉我们粒子活动的空间大小与和它相联系的波动的波长大小之间有一种关系. 我们举例来详细说明它的意义.

人物简介

沃纳·海森伯(Werner Heisenberg，1901～1976，德国)，量子力学的创建者之一. 因创建矩阵力学而获得了1932年诺贝尔物理学奖. 他有敏锐的物理意识，提出了不确定关系、同位旋、物质磁性模型等，对物理做出了独到的贡献.

3.8.2 两种分布

设一维运动的粒子的波函数为

$$\psi(x) = N e^{-x^2/2a^2} \tag{3.8.8}$$

我们知道这是谐振子的基态波函数，它表示粒子基本在平衡点(坐标原点)附近运动，可以用 a 来标志偏离中心的值，或粒子运动的基本范围

$$\Delta x = a \tag{3.8.9}$$

因为当 $x = \pm a$ 时，波函数为原点值的 $1/\sqrt{e} = 1/1.6$，而找到粒子的概率下降到1/2.7.

由于粒子的波粒二象性，粒子的这种运动可以和一系列平面波相联系，即可以展开为一定动量 p 的平面波的叠加. 但是，一个单色平面波肯定不行，因为它是无边无界的，而粒子运动大致有一个基本范围，因此要展开为一系列平面波的叠加

$$\begin{aligned}\psi(x) &= \int_{-\infty}^{\infty} C(p)\varphi_p(x)\mathrm{d}p \\ &= \int_{-\infty}^{\infty} C(p)\frac{1}{\sqrt{2\pi\hbar}}e^{ipx/\hbar}\mathrm{d}p\end{aligned} \tag{3.8.10}$$

其中叠加系数 $C(p)$ 可以表示为

$$\begin{aligned}C(p) &= \int_{-\infty}^{\infty}\psi(x)\frac{1}{\sqrt{2\pi\hbar}}e^{-ipx/\hbar}\mathrm{d}x \\ &= \int \mathrm{d}x N e^{-x^2/2a^2}\frac{1}{\sqrt{2\pi\hbar}}e^{-ipx/\hbar} \\ &= \frac{N}{\sqrt{2\pi\hbar}}\int \mathrm{d}x e^{-(x/\sqrt{2}a + iap/\hbar\sqrt{2})^2}e^{(iap/\hbar\sqrt{2})^2} \\ &= \frac{a}{\sqrt{\hbar}}N e^{-p^2/2(\hbar/a)^2}\end{aligned} \tag{3.8.11}$$

同样,参与叠加的主要的波的波长范围可以用波长谱线曲线(图 3.8.2)最高处的$\sqrt{e}$分之一的宽度标志,即

$$\Delta p = \hbar/a \tag{3.8.12}$$

把式(3.8.12)与式(3.8.9)合起来就有

$$\Delta p \Delta x = \hbar \tag{3.8.13}$$

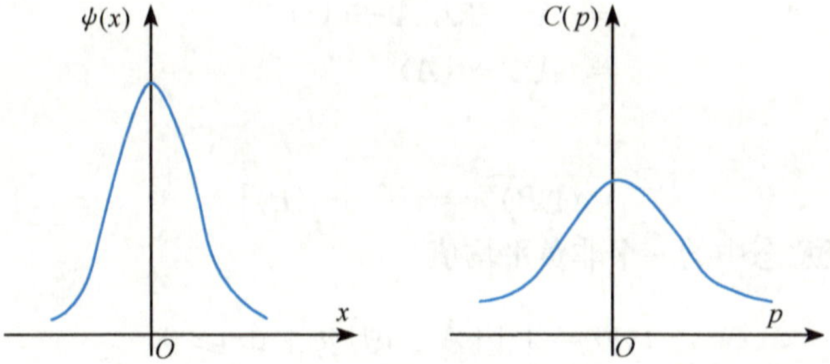

图 3.8.2　两种分布

这里取曲线最高处的$\sqrt{e}$分之一处的宽度作为胖瘦程度的标志. 如果我们取最高处的一半的宽度(半宽度)作为量度,就有

$$\Delta p \Delta x \geqslant \hbar \tag{3.8.14}$$

这就和前面从实验分析得到的关系很接近了.

从上面的推导过程可以看到,粒子的运动和波相联系,当粒子的运动局限在有限的空间范围 τ 内时,在这范围之外,这些波应当互相干涉掉,如图 3.8.3 所示,这样对这些波的波长(动量)有一定的限制. 粒子运动的空间范围越小,那么这些波的波长(动量)范围就越大,这样才能使干涉的范围越大. 这种关系并不依赖于我们所选的波函数(3.8.8)的形式. 在数学曲线的宽度和它的傅里叶分量曲线的宽度之间存在着类似于式(3.8.14)的关系. 现在我们用量子力学的语言来给它一个严格的证明.

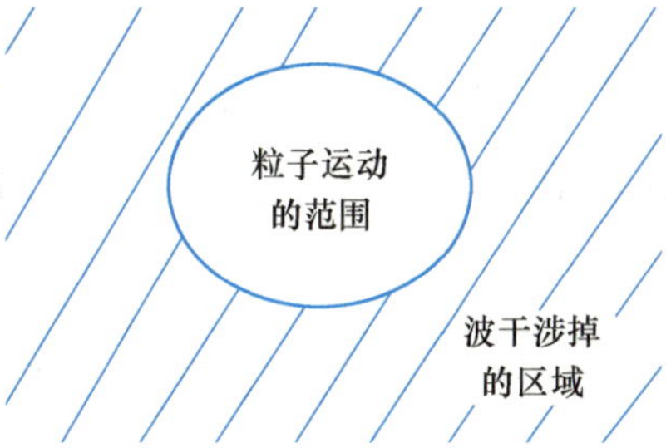

图 3.8.3　波的干涉

3.8.3 理论证明

前面讲过粒子的某种力学量分布的离散程度或不确定程度是由均方差来表达的. 设 $\hat{A}$ 和 $\hat{B}$ 为两个力学量，那么有

$$\begin{aligned}\overline{(\Delta\hat{A})^2} &= \overline{(A-\bar{A})^2} = \langle \hat{A}^2 - 2\hat{A}\bar{A} + \bar{A}^2 \rangle \\ &= \langle \hat{A}^2 - 2\bar{A}\ \bar{A} + \bar{A}^2 \rangle \\ &= \langle A^2 \rangle - \langle A \rangle^2 \end{aligned} \tag{3.8.15}$$

同样

$$\overline{(\Delta B)^2} = \langle B^2 \rangle - \langle B \rangle^2 \tag{3.8.16}$$

考虑在任意态中的一个非负平均值

$$I(\xi) = \int |[\hat{A} + \mathrm{i}\xi\hat{B}]\varphi|^2 \mathrm{d}\tau \geqslant 0 \tag{3.8.17}$$

其中，ξ 为实参数. 把 I 展开，有

$$\begin{aligned} I(\xi) &= \int [(\hat{A} + \mathrm{i}\xi\hat{B})\psi]^* (\hat{A} + \mathrm{i}\xi\hat{B})\psi \mathrm{d}\tau \\ &= \int \mathrm{d}\tau [(\hat{A}\psi)^* \hat{A}\psi + \mathrm{i}\xi(\hat{A}\psi)^* \hat{B}\psi - \mathrm{i}\xi(\hat{B}\psi)^* \hat{A}\psi + (\hat{B}\psi)^* \hat{B}\psi] \\ &= \int \mathrm{d}\tau (\psi^* \hat{A}^2\psi + \mathrm{i}\xi\psi^* \hat{A}\hat{B}\psi - \mathrm{i}\xi\psi^* \hat{B}\hat{A}\psi + \psi^* \hat{B}^2\psi) \\ &= \overline{A^2} + \mathrm{i}\xi\overline{[\hat{A},\hat{B}]} + \xi^2\,\overline{B^2} \geqslant 0 \end{aligned}$$

此不等式对任意 ξ 成立，这就要求

$$\{\mathrm{i}\,\overline{[\hat{A},\hat{B}]}\}^2 - 4\,\overline{A^2}\cdot\overline{B^2} \leqslant 0$$

或

$$\overline{A^2}\cdot\overline{B^2} \geqslant \frac{1}{4}(\overline{\mathrm{i}[\hat{A},\hat{B}]})^2 \tag{3.8.18}$$

如果分别用 $\Delta\hat{A}=\hat{A}-\bar{A}$、$\Delta\hat{B}=\hat{B}-B$ 来代替算符 $\hat{A}$、$\hat{B}$，由于

$$[\Delta\hat{A},\Delta\hat{B}] = [\hat{A}-\bar{A},\hat{B}-\bar{B}] = [\hat{A},\hat{B}]$$

则式(3.8.18)为

$$\overline{(\Delta A)^2}\ \overline{(\Delta B)^2} \geqslant \frac{1}{4}(\overline{\mathrm{i}[\hat{A},\hat{B}]})^2 \tag{3.8.19}$$

这就是不确定关系的一般表达式.

特别地，如果 $\hat{A}$、$\hat{B}$ 是共轭力学量，$\hat{A}$、$\hat{B}$ 的对易式是纯虚数，即

$$[\hat{A},\hat{B}] = \mathrm{i}\hbar \tag{3.8.20}$$

则有

$$\overline{(\Delta A)^2}\;\overline{(\Delta B)^2} \geqslant \frac{\hbar^2}{4} \tag{3.8.21}$$

例如,坐标和动量就是如此

$$[\hat{x},\hat{p}_x] = \mathrm{i}\hbar$$

$$\overline{(\Delta x)^2}\;\overline{(\Delta p_x)^2} \geqslant \frac{\hbar^2}{4} \tag{3.8.22}$$

有时为了简单起见,用均方差根,此关系常记为

$$\Delta x \Delta p \geqslant \frac{\hbar}{2} \tag{3.8.23}$$

从上面全部证明过程可以看到,不确定关系存在的根源在于粒子的波粒二象性,在于量子力学对微观现象的统计描述方式. 由于我们用概率幅或波函数来统计描写粒子的行为,力学量是个分布,要用算符表示,这就使力学量之间有一些新的关系. 同一个波函数既然同时给出各种力学量的分布,那么,有一定的关系的力学量之间的分布也会有某种关系. 不确定关系只是其中的一种. 它表示,如果两个力学量彼此有共轭的关系,那么在任意态中它们的分布是互相制约的:一个收得紧些,一个就散得开些;一个"胖"些,另一个就"瘦"些.

正是由于这些,不确定关系非但不是消极的限制,反而是我们认识世界的积极的手段. 我们试举几例说明.

3.8.4 应用

1. 谐振子的基态

$$\hat{H} = \frac{\hat{p}^2}{2\mu} + \frac{1}{2}\mu\omega^2\hat{x}^2 \tag{3.8.24}$$

它在任何态中的平均值即能量为

$$\begin{aligned} E = \bar{H} &= \frac{1}{2\mu}\overline{p^2} + \frac{1}{2}\mu\omega^2\overline{x^2} \geqslant 2\left(\frac{1}{2\mu}\overline{p^2}\cdot\frac{1}{2}\mu\omega^2\overline{x^2}\right)^{1/2} \\ &= \omega[\overline{p^2}\cdot\overline{x^2}]^{1/2} \geqslant \omega\left(\frac{1}{4}\mathrm{i}\,\overline{[\hat{p},\hat{x}]}^2\right)^{1/2} = \frac{\hbar\omega}{2} \end{aligned} \tag{3.8.25}$$

于是可知,谐振子的基态能量为 $\hbar\omega/2$.

2. 氢原子的基态能级

氢原子中电子相对质子运动的能量为

$$E = \frac{p^2}{2m} - \frac{e^2}{r} \tag{3.8.26}$$

利用不确定关系估计

$$pr \geqslant \hbar \tag{3.8.27}$$

$$E \geqslant \frac{\hbar^2}{2mr^2} - \frac{e^2}{r} \tag{3.8.28}$$

基态相当于能量的极小值

$$\frac{\mathrm{d}E}{\mathrm{d}r} = 0, \quad -\frac{2\hbar^2}{2mr^3} + \frac{e^2}{r^2} = 0$$

$$r = a = \frac{\hbar^2}{me^2} \tag{3.8.29}$$

代回式(3.8.28),得基态能量为

$$E_1 = -\frac{me^4}{2\hbar^2} \tag{3.8.30}$$

结果和用粗估的办法得到的一致.

历史上,人们根据不确定关系才最终确定原子核中是不能存在电子的.

3.9 薛定谔图像、海森伯图像和相互作用图像

量子系统随时间的演化是量子力学的重要内容.一般来说,有两种观点描述并处理量子系统随时间的演化.一种观点是关注量子态的时间演化,具体形式是薛定谔方程,我们把这种观点称为**薛定谔图像**.另一种观点称为**海森伯图像**,它关注的是力学量随时间的演化,具体形式是海森伯方程.把这两种观点结合在一起,就有了**相互作用图像**,也称为**狄拉克图像**.

我们先重述一遍量子态随时间的演化,然后考虑在任意时刻对某个力学量的测量.对于测量结果的概率分布,有两种不同但是等价的看法,它们分别是薛定谔图像和海森伯图像.

在2.2.2节我们看到,量子系统的一般解可以表示为线性叠加的形式,即式(2.2.18)

$$\Psi(\boldsymbol{x},t) = \sum_E C_E \psi_E(\boldsymbol{x}) \mathrm{e}^{-\mathrm{i}Et/\hbar}$$

这里 $\psi_E(\boldsymbol{x})$ 是哈密顿量 $\hat{H}$ 的本征函数,相应的本征值为 E,C_E 是叠加系数.

在这一章中,我们引入了狄拉克记号.量子态 $|\psi\rangle$ 在坐标表象中的表示就是坐标波函数 $\psi(\boldsymbol{x}) = \langle \boldsymbol{x} | \psi \rangle$,在动量表象中的表示是动量波函数 $\langle \psi(\boldsymbol{p}) = \boldsymbol{p} | \psi \rangle$.将量子系统在 $t=0$ 时刻的初态记作 $|\psi(0)\rangle$,将系统哈密顿量 $\hat{H}$ 的本征态记作

$|u_n\rangle$，相应的本征值记作 E_n，即

$$\hat{H}|u_n\rangle = E_n|u_n\rangle \tag{3.9.1}$$

本征态 $|u_n\rangle$ 构成一组正交归一完备的基向量. 系统的初态 $|\psi(0)\rangle$ 可以用 $|u_n\rangle$ 展开，

$$|\psi(0)\rangle = \sum_n C_n|u_n\rangle \tag{3.9.2}$$

其中，展开系数可以表示为内积

$$C_n = \langle u_n|\psi(0)\rangle \tag{3.9.3}$$

系数 C_n 满足归一化条件 $\sum_n |C_n|^2 = 1$.

t 时刻的量子态 $|\psi(t)\rangle$ 由初态演化而来，

$$|\psi(t)\rangle = \hat{U}(t)|\psi(0)\rangle \tag{3.9.4}$$

其中，$\hat{U}(t)$ 是系统的时间演化算符，$\hat{U}(t)=e^{-i\hat{H}t/\hbar}$，这里假设哈密顿量不依赖于时间. 哈密顿量的本征态随时间的演化是简单的，仅仅多了一个与能量本征值有关的相因子，

$$|u_n\rangle \to \hat{U}(t)|u_n\rangle = e^{-iE_n t/\hbar}|u_n\rangle$$

将式(3.9.2)代入式(3.9.4)，$|\psi(t)\rangle$ 可以改写为

$$|\psi(t)\rangle = \hat{U}(t)|\psi(0)\rangle = \sum_n C_n e^{-iE_n t/\hbar}|u_n\rangle \tag{3.9.5}$$

与初态式(3.9.2)相比，每一个展开系数由 C_n 变成了 $C_n e^{-iE_n t/\hbar}$.

对于 t 时刻的量子态 $|\psi(t)\rangle$，我们可以提一些问题. 例如，若在 t 时刻对系统进行观测，测量对象是系统的能量(或哈密顿量)，那么，发现它处于能级 E_n 的概率 $P(n,t)$ 是多少？能级 E_n 对应于哈密顿量的本征态 $|u_n\rangle$，所以概率 $P(n,t)$ 是

$$P(n,t) = |\langle u_n|\psi(t)\rangle|^2 = |C_n e^{-iE_n t/\hbar}|^2 = |C_n|^2 \tag{3.9.6}$$

显然，$P(n,t)=P(n,0)$，即 t 时刻观测到系统处于 E_n 的概率等于 $t=0$ 时刻观测到系统处于同一能级的概率.

上面说的 $P(n,t)$ 是系统哈密顿量 $\hat{H}$ 的测量结果的概率分布. 如果观测对象换作另外某个力学量 $\hat{F}$，它的本征态和相应的本征值分别记作 $|\varphi_k\rangle$ 和 f_k，即

$$\hat{F}|\varphi_k\rangle = f_k|\varphi_k\rangle \tag{3.9.7}$$

那么在 t 时刻，测量 $\hat{F}$，得到测量结果 f_k 的概率为

$$P(\hat{F}=f_k,t) = |\langle\varphi_k|\psi(t)\rangle|^2 = |\langle\varphi_k|\hat{U}(t)|\psi(0)\rangle|^2 \tag{3.9.8}$$

这里 $\hat{F}=f_k$ 的意思是“测量力学量 $\hat{F}$，得到结果 f_k”. 一般情况下，力学量 $\hat{F}$ 与哈密顿量 $\hat{H}$ 不对易，$\hat{F}$ 不是守恒量，概率 $P(\hat{F}=f_k,t)$ 不能保持不变. 这一点可以从 $P(\hat{F}=f_k,t)$ 更具体的表达式看出

$$P(\hat{F}=f_k,t) = |\langle\varphi_k|\psi(t)\rangle|^2 = \left|\sum_n C_n e^{-iE_n t/\hbar}\langle f_k|u_n\rangle\right|^2$$

这里用到了 $|\psi(t)\rangle$ 的表达式(3.9.5). 上述形式中，与时间有关的因子 $e^{-iE_n t/\hbar}$ 不能

移到求和号或者模的符号的外面，概率 $P(\hat{F}=f_k,t)$ 随时间变化.

考察 $P(\hat{F}=f_k,t)$ 的表达式(3.9.8)，有两种不同的观点：

(1)时间演化算符 $\hat{U}(t)$ 向右作用于系统的初态 $|\psi(0)\rangle$，得到 t 时刻的量子态 $|\psi(t)\rangle$，然后再与 $|\varphi_k\rangle$ 作内积，进而由模的平方给出概率 $P(\hat{F}=f_k,t)$. 这种观点着眼于系统的量子态随时间的演化，量子态随时间的演化由薛定谔方程支配，这也是到目前为止我们一直采用的观点. 这种描述方式被称为**薛定谔图像**.

(2)时间演化算符 $\hat{U}(t)$ 向左作用于力学量 $\hat{F}$ 的左矢形式的本征态 $\langle\varphi_k|$. 设

$$\langle\varphi_k(t)|=\langle\varphi_k|\hat{U}(t) \tag{3.9.9}$$

用右矢形式表示为

$$|\varphi_k(t)\rangle=\hat{U}^{\dagger}(t)|\varphi_k\rangle \tag{3.9.10}$$

注意到，$|\varphi_k\rangle$ 是力学量 $\hat{F}$ 的本征态，并且 $\hat{F}$ 可以表示为

$$\hat{F}=\sum_k f_k|\varphi_k\rangle\langle\varphi_k|$$

因此，$\hat{U}^{\dagger}(t)$ 作用于右矢 $|\varphi_k\rangle$ 得到 $|\varphi_k(t)\rangle$，以及 $\hat{U}(t)$ 作用于左矢 $\langle\varphi_k|$ 得到 $\langle\varphi_k(t)|$，这相当于对力学量 $\hat{F}$ 的变换，

$$\begin{aligned}\hat{U}^{\dagger}(t)\hat{F}\hat{U}(t)&=\hat{U}^{\dagger}(t)\Big(\sum_k f_k|\varphi_k\rangle\langle\varphi_k|\Big)\hat{U}(t)\\&=\sum_k f_k\hat{U}^{\dagger}(t)|\varphi_k\rangle\langle\varphi_k|\hat{U}(t)\\&=\sum_k f_k|\varphi_k(t)\rangle\langle\varphi_k(t)|\end{aligned}$$

于是，我们定义

$$\hat{F}(t)=\hat{U}^{\dagger}(t)\hat{F}\hat{U}(t) \tag{3.9.11}$$

这种描述方式着眼于力学量随时间的演化，被称为**海森伯图像**.

下面我们分别讨论这两种图像.

3.9.1 薛定谔图像

薛定谔图像的主要内容就是薛定谔方程. 由薛定谔方程解出 t 时刻系统的量子态 $|\psi(t)\rangle$，然后就能预言在 t 时刻测量力学量 $\hat{F}$，得到结果 f_k 的概率 $P(\hat{F}=f_k,t)$，即式(3.9.8).

我们还可以知道力学量 $\hat{F}$ 在 t 时刻的期望值为

$$\begin{aligned}\overline{F}(t)&=\sum_k f_k P(\hat{F}=f_k,t)\\&=\sum_k f_k|\langle\varphi_k|\psi(t)\rangle|^2\\&=\sum_k f_k\langle\varphi_k|\psi(t)\rangle\langle\psi(t)|\varphi_k\rangle\end{aligned}$$

$$= \langle \psi(t) \mid \left(\sum_k f_k \mid \varphi_k\rangle\langle\varphi_k \mid\right) \mid \psi(t)\rangle$$

其中，对 k 的求和正是力学量 $\hat{F}$，于是有

$$\overline{F}(t) = \langle \psi(t) \mid \hat{F} \mid \psi(t)\rangle \tag{3.9.12}$$

在薛定谔图像中，量子系统随时间的演化完全体现在量子态上，力学量不参与量子系统的动力学演化. 这种描述方式与经典力学有本质上的不同. 在经典力学中，没有态的概念，或者说，经典系统的状态完全由力学量确定，所以，经典动力学系统随时间的演化是通过力学量体现的. 接下来讨论的海森伯图像则体现出量子力学与经典力学的类比.

3.9.2 海森伯图像

我们再来看看概率 $P(\hat{F} = f_k, t)$ 的表达式

$$P(\hat{F} = f_k, t) = |\langle \varphi_k \mid \psi(t)\rangle|^2 = |\langle \varphi_k \mid \hat{U}(t) \mid \psi(0)\rangle|^2 \tag{3.9.13}$$

它描述的是 t 时刻量子系统处于 $|\psi(t)\rangle$，对力学量 $\hat{F}$ 做测量，得到测量结果 f_k 的概率. 现在我们采用式(3.9.9)，即

$$\langle \varphi_k(t) \mid = \langle \varphi_k \mid \hat{U}(t)$$

这导致如下两个结果：

(1)在式(3.9.13)中，时间演化算符 $\hat{U}(t)$ 用来向左作用于 $\langle \varphi_k \mid$，便不能再向右作用于系统的初态 $|\psi(0)\rangle$，因此系统的量子态将不发生任何变化.

(2)左矢形式(3.9.9)以及右矢形式(3.9.10)描述的都是力学量 $\hat{F}$ 的本征态随时间的变化，它们合在一起导致了力学量随时间的演化，即式(3.9.11)

$$\hat{F}(t) = \hat{U}^\dagger(t)\hat{F}\hat{U}(t)$$

力学量随时间的演化是由时间演化算符决定的，这是动力学过程. 为了更明确地体现这一点，我们为 $\hat{F}(t)$ 添加一个上标 H，用来表明这是在海森伯图像中的形式

$$\hat{F}^{\mathrm{H}}(t) = \hat{U}^\dagger(t)\hat{F}\hat{U}(t) \tag{3.9.14}$$

这里有一个需要注意的地方. 在薛定谔图像中，我们说过，力学量不参与系统的动力学演化. 但是，力学量本身可以显含时间，可以随时间变化. 例如，设想一维运动的粒子具有如下形式的力学量：

$$\hat{G}(t) = g(t)\hat{x} \tag{3.9.15}$$

其中，$g(t)$ 是时间的函数；$\hat{x}$ 是坐标算符. 显然，$\hat{G}(t)$ 显含时间，随时间变化. 然而，这一形式是在薛定谔图像中写下的. 在薛定谔图像中，$\hat{G}(t)$ 随时间的变化仅仅依赖于函数 $g(t)$，这样的变化不是动力学过程. 为了体现 $\hat{G}(t)$ 的动力学演化，我们需要在海森伯图像中，根据式(3.9.14)得到

$$\hat{G}^{\mathrm{H}}(t) = g(t)\hat{x}^{\mathrm{H}}(t) = g(t)\hat{U}^\dagger(t)\hat{x}\hat{U}(t) \tag{3.9.16}$$

其中，$\hat{x}^{\mathrm{H}}(t) = \hat{U}^\dagger(t)\hat{x}\hat{U}(t)$ 是海森伯图像中的坐标算符，它随时间的变化是动力

学过程.这可以类比于经典力学:质点的位置坐标 x 当然不显含时间,位置与时间的关系 $x(t)$ 来自牛顿方程,是动力学演化的结果.在下面的讨论中,我们还将进一步看到量子力学与经典力学的类比.

如果我们想看到式(3.9.16)更明确的形式,那么,就需要知道时间演化算符 $\hat{U}(t)$.为此我们考虑一维谐振子.谐振子的哈密顿量是

$$\hat{H} = \frac{\hat{p}^2}{2\mu} + \frac{1}{2}\mu\omega^2\hat{x}^2 \tag{3.9.17}$$

相应的时间演化算符是

$$\hat{U}(t) = \exp\{-\mathrm{i}\hat{H}t/\hbar\} \tag{3.9.18}$$

让我们来计算 $\hat{x}^{\mathrm{H}}(t)$.利用式(3.7.37),并注意到

$$[\hat{H},\hat{x}] = -\mathrm{i}\hbar\frac{\hat{p}}{\mu}, \quad [\hat{H},\hat{p}] = \mathrm{i}\hbar\mu\omega^2\hat{x}$$

有

$$\begin{aligned}\hat{x}^{\mathrm{H}}(t) &= \exp\{\mathrm{i}\hat{H}t/\hbar\}\hat{x}\exp\{-\mathrm{i}\hat{H}t/\hbar\}\\ &= \hat{x} + \frac{\mathrm{i}t}{\hbar}[\hat{H},\hat{x}] + \frac{1}{2!}\left(\frac{\mathrm{i}t}{\hbar}\right)^2[\hat{H},[\hat{H},\hat{x}]] + \frac{1}{3!}\left(\frac{\mathrm{i}t}{\hbar}\right)^3[\hat{H},[\hat{H},[\hat{H},\hat{x}]]]\cdots\\ &= \hat{x} + \frac{\hat{p}}{\mu\omega}\omega t - \frac{1}{2!}\hat{x}\omega^2t^2 - \frac{1}{3!}\frac{\hat{p}}{\mu\omega}\omega^3t^3\cdots\\ &= \hat{x}\cos\omega t + \frac{\hat{p}}{\mu\omega}\sin\omega t \end{aligned} \tag{3.9.19}$$

有了 $\hat{x}^{\mathrm{H}}(t)$ 的表达式,就容易写出

$$\hat{G}^{\mathrm{H}}(t) = g(t)\left(\hat{x}\cos\omega t + \frac{\hat{p}}{\mu\omega}\sin\omega t\right)$$

$\hat{x}^{\mathrm{H}}(t)$ 的形式(3.9.19)可以类比于经典谐振子的位置与时间的关系

$$x(t) = x(0)\cos\omega t + \frac{p(0)}{\mu\omega}\sin\omega t$$

其中,$x(0)$ 和 $p(0)$ 分别是初始时刻的位置和动量.另外,类似的计算可以给出谐振子的动量算符在海森伯图像中的表示

$$\hat{p}^{\mathrm{H}}(t) = \hat{U}^{\dagger}(t)\hat{p}\hat{U}(t) = \mu\omega\hat{x}\sin\omega t + \hat{p}\cos\omega t$$

这同样可以类比于经典谐振子的动量随时间的变化

$$p(t) = \mu\omega x(0)\sin\omega t + p(0)\cos\omega t$$

现在我们来讨论海森伯图像中描述力学量随时间演化的方程——海森伯方程,设 $\hat{F}(t)$ 是量子系统的某个力学量,它可以显含时间.在海森伯图像中的形式由式(3.9.14)给出,即

$$\hat{F}^{\mathrm{H}}(t) = \hat{U}^{\dagger}(t)\hat{F}(t)\hat{U}(t)$$

对 $\hat{F}^{\mathrm{H}}(t)$ 求时间的导数,并注意到 $\hat{U}(t) = \mathrm{e}^{-\mathrm{i}\hat{H}t/\hbar}$,$\frac{\mathrm{d}\hat{U}(t)}{\mathrm{d}t} = \frac{1}{\mathrm{i}\hbar}\hat{H}\hat{U}(t)$,以及它们的

厄米共轭形式，有

$$\begin{aligned}\frac{\mathrm{d}\hat{F}^{\mathrm{H}}(t)}{\mathrm{d}t}&=\frac{\mathrm{d}\hat{U}^{\dagger}(t)}{\mathrm{d}t}\hat{F}(t)\hat{U}(t)+\hat{U}^{\dagger}(t)\hat{F}(t)\frac{\mathrm{d}\hat{U}(t)}{\mathrm{d}t}+\hat{U}^{\dagger}(t)\frac{\partial\hat{F}(t)}{\partial t}\hat{U}(t)\\&=-\frac{1}{\mathrm{i}\hbar}\hat{U}^{\dagger}(t)\hat{H}\hat{F}(t)\hat{U}(t)+\frac{1}{\mathrm{i}\hbar}\hat{U}^{\dagger}(t)\hat{F}(t)\hat{H}\hat{U}(t)+\hat{U}^{\dagger}(t)\frac{\partial\hat{F}(t)}{\partial t}\hat{U}(t)\\&=-\frac{1}{\mathrm{i}\hbar}(\hat{U}^{\dagger}(t)\hat{H}\hat{U}(t))(\hat{U}^{\dagger}(t)\hat{F}\hat{U}(t))+\frac{1}{\mathrm{i}\hbar}(\hat{U}^{\dagger}(t)\hat{F}\hat{U}(t))(\hat{U}^{\dagger}(t)\hat{H}\hat{U}(t))\\&\quad+\hat{U}^{\dagger}(t)\frac{\partial\hat{F}(t)}{\partial t}\hat{U}(t)\\&=\frac{1}{\mathrm{i}\hbar}[\hat{F}^{\mathrm{H}}(t),\hat{H}^{\mathrm{H}}(t)]+\left(\frac{\partial\hat{F}(t)}{\partial t}\right)^{\mathrm{H}}\end{aligned}$$

其中，$\hat{H}^{\mathrm{H}}$ 和 $\left(\frac{\partial\hat{F}(t)}{\partial t}\right)^{\mathrm{H}}$ 分别由下面的式(3.9.21)和式(3.9.22)给出. 这就是海森伯运动方程，我们再把它写一遍

$$\frac{\mathrm{d}\hat{F}^{\mathrm{H}}(t)}{\mathrm{d}t}=\frac{1}{\mathrm{i}\hbar}[\hat{F}^{\mathrm{H}}(t),\hat{H}^{\mathrm{H}}(t)]+\left(\frac{\partial\hat{F}(t)}{\partial t}\right)^{\mathrm{H}}\tag{3.9.20}$$

让我们对上述海森伯运动方程做一些说明：

(1)方程(3.9.20)是关于算子 $\hat{F}^{\mathrm{H}}(t)$ 的微分方程，它描述的是力学量在海森伯图像中的运动行为.

(2)出现在方程中的力学量都必须是海森伯图像中的形式. $\hat{F}^{\mathrm{H}}(t)$ 自然如此，$\hat{H}^{\mathrm{H}}(t)$ 则是哈密顿量在海森伯图像中的表示

$$H^{\mathrm{H}}(t)=\hat{U}^{\dagger}(t)\hat{H}\hat{U}(t)\tag{3.9.21}$$

如果哈密顿量与时间无关，那么薛定谔图像中的哈密顿量与在海森伯图像中的哈密顿量形式完全一样，即

$$\hat{H}^{\mathrm{H}}(t)=\hat{U}^{\dagger}(t)\hat{H}\hat{U}(t)=\hat{H}$$

如果哈密顿量与时间有关，那么就不一定如此了.

(3)方程中的 $\left(\frac{\partial\hat{F}(t)}{\partial t}\right)^{\mathrm{H}}$ 定义为

$$\left(\frac{\partial\hat{F}(t)}{\partial t}\right)^{\mathrm{H}}=\hat{U}^{\dagger}(t)\frac{\partial\hat{F}(t)}{\partial t}\hat{U}(t)\tag{3.9.22}$$

这个形式符合从薛定谔图像到海森伯图像的变换. 之所以有 $\frac{\partial\hat{F}(t)}{\partial t}$，是因为力学量 $\hat{A}$ 可以显含时间，例如式(3.9.15).

(4)海森伯运动方程可以类比于经典力学中的哈密顿运动方程. 两者的类比关系是

$$\frac{1}{\mathrm{i}\hbar}[\,,\,]\leftrightarrow\{\,,\,\}_{\mathrm{PB}}$$

其中，$\{,\}_{PB}$ 表示经典力学的哈密顿形式中的泊松括号.

(5)在海森伯图像中，如果有 $\frac{\mathrm{d}\hat{F}^{H}(t)}{\mathrm{d}t}=0$，那么，力学量 $\hat{A}$ 是守恒量. 具体地说，如果 $\hat{F}$ 不显含时间，而且与哈密顿量对易，即

$$\frac{\partial \hat{F}(t)}{\partial t}=0,\quad [\hat{F},\hat{H}]=0$$

那么，有 $\frac{\mathrm{d}\hat{F}^{H}(t)}{\mathrm{d}t}=0$. 这里需要注意到

$$\begin{aligned}[\hat{F}^{H},\hat{H}^{H}]&=[\hat{U}^{\dagger}(t)\hat{F}\hat{U}(t),\hat{U}^{\dagger}(t)\hat{H}\hat{U}(t)]\\&=\hat{U}^{\dagger}(t)\hat{F}\hat{U}(t)\hat{U}^{\dagger}(t)\hat{H}\hat{U}(t)-\hat{U}^{\dagger}(t)\hat{H}\hat{U}(t)\hat{U}^{\dagger}(t)\hat{F}\hat{U}(t)\\&=\hat{U}^{\dagger}(t)\hat{F}\hat{H}\hat{U}(t)-\hat{U}^{\dagger}(t)\hat{H}\hat{F}\hat{U}(t)\\&=\hat{U}^{\dagger}(t)[\hat{F},\hat{H}]\hat{U}(t)\end{aligned}$$

也就是说，如果力学量 $\hat{F}$ 在薛定谔图像中与哈密顿量对易，那么，在海森伯图像中也是对易的.

在这一节的最后，我们来看看力学量的期望值. 在薛定谔图像中，设 t 时刻系统的量子态是 $|\psi(t)\rangle$，则 t 时刻力学量 $\hat{F}$ 的期望值由式(3.9.12)给出，即

$$\overline{F}(t)=\langle\psi(t)|\hat{F}|\psi(t)\rangle \tag{3.9.23}$$

这一形式描述了力学量在 t 时刻的量子态中的期望值.

我们知道，t 时刻的量子态 $|\psi(t)\rangle$ 可以写为 $|\psi(t)\rangle=\hat{U}(t)|\psi(0)\rangle$，所以有

$$\begin{aligned}\overline{F}(t)&=\langle\psi(t)|\hat{F}|\psi(t)\rangle\\&=\langle\psi(0)|\hat{U}^{\dagger}(t)\hat{F}\hat{U}(t)|\psi(0)\rangle\\&=\langle\psi(0)|\hat{F}^{H}(t)|\psi(0)\rangle\end{aligned} \tag{3.9.24}$$

这表明，期望值也可以在海森伯图像中计算. 在海森伯图像中，时间演化体现在力学量上，系统的量子态保持在初态，所以 t 时刻力学量的期望值表示为 t 时刻的力学量 $\hat{F}^{H}(t)$ 在初态上的期望值.

如果 $\hat{F}$ 是守恒量，那么有

$$\frac{\mathrm{d}\overline{F}(t)}{\mathrm{d}t}=\langle\psi(0)|\frac{\mathrm{d}\hat{F}^{H}(t)}{\mathrm{d}t}|\psi(0)\rangle=0$$

守恒量的期望值不随时间改变. 式(3.7.36)表达了相同的意思.

3.9.3 相互作用图像

在薛定谔图像中，量子态随时间变化，力学量不参与动力学演化；在海森伯图像中，量子态不变化，力学量经历时间演化. 在有些情况下，这两个图像都不好用(在本章最后一节会有这样的例子)，但是把这两个图像结合起来就能解决这类问题，这是我们介绍相互作用图像的动机和目的.

设系统的哈密顿量由两部分组成

$$\hat{H}(t)=\hat{H}_0+\hat{W}(t) \tag{3.9.25}$$

其中，$\hat{H}_0$ 与时间无关，而 $\hat{W}(t)$ 随时间变化. 我们假设 $\hat{H}_0$ 的本征态和本征值可以严格解出

$$\hat{H}_0\mid u_n\rangle=E_n\mid u_n\rangle \tag{3.9.26}$$

在下面的讨论中，假设 E_n 和 $\mid u_n\rangle$ 是已知的. 所有的 $\mid u_n\rangle$ 构成一组正交归一的完备基. 与 $\hat{H}_0$ 相关的时间演化算子记作

$$\hat{U}_0(t)=\mathrm{e}^{-\mathrm{i}\hat{H}_n t/\hbar} \tag{3.9.27}$$

容易验证，$\hat{U}_0(t)$ 满足的方程是

$$\mathrm{i}\hbar\frac{\mathrm{d}\hat{U}_0(t)}{\mathrm{d}t}=\hat{H}_0\hat{U}_0(t) \tag{3.9.28}$$

与 $\hat{H}(t)$ 相关的时间演化算子记作 $\hat{U}(t)$，它满足如下方程：

$$\mathrm{i}\hbar\frac{\mathrm{d}\hat{U}(t)}{\mathrm{d}t}=\hat{H}(t)\hat{U}(t) \tag{3.9.29}$$

这实际上是用时间演化算符表示的薛定谔方程. 由于

$$\mid\psi(t)\rangle=\hat{U}(t)\mid\psi(0)\rangle$$

将这个形式写入薛定谔方程

$$\mathrm{i}\hbar\frac{\mathrm{d}}{\mathrm{d}t}[\hat{U}(t)\mid\psi(0)\rangle]=\hat{H}(t)[\hat{U}(t)\mid\psi(0)\rangle]$$

$$\mathrm{i}\hbar\frac{\mathrm{d}\hat{U}(t)}{\mathrm{d}t}\mid\psi(0)\rangle=\hat{H}(t)\hat{U}(t)\mid\psi(0)\rangle$$

上述方程对任意初态 $\mid\psi(0)\rangle$ 都成立，所以有式(3.9.29). 当然，这个方程很难解.

我们现在定义这样一个含时算符

$$\hat{U}^{\mathrm{I}}(t)=\hat{U}_0^\dagger(t)\hat{U}(t) \tag{3.9.30}$$

其中，上标 I 表示相互作用图像(interaction picture). 我们把 $\hat{U}^{\mathrm{I}}(t)$ 称为相互作用图像中的时间演化算符. 容易看出，$\hat{U}^{\mathrm{I}}(t)$ 是一个酉算符

$$\begin{aligned}\hat{U}^{\mathrm{I}}(t)\ (\hat{U}^{\mathrm{I}}(t))^\dagger&=\hat{U}_0^\dagger(t)\hat{U}(t)\ (\hat{U}_0^\dagger(t)\hat{U}(t))^\dagger\\&=\hat{U}_0^\dagger(t)\hat{U}(t)\hat{U}^\dagger(t)\hat{U}_0(t)\\&=1\end{aligned} \tag{3.9.31}$$

以及类似地，$(\hat{U}^{\mathrm{I}}(t))^\dagger\hat{U}^{\mathrm{I}}(t)=1$.

我们来看看 $\hat{U}^{\mathrm{I}}(t)$ 满足怎样的时间演化方程.

$$\begin{aligned}\frac{\mathrm{d}\hat{U}^{\mathrm{I}}(t)}{\mathrm{d}t}&=\frac{\mathrm{d}\hat{U}_0^\dagger(t)}{\mathrm{d}t}\hat{U}(t)+\hat{U}_0^\dagger(t)\frac{\mathrm{d}\hat{U}(t)}{\mathrm{d}t}\\&=\frac{1}{-\mathrm{i}\hbar}U_0^\dagger(t)\hat{H}_0\hat{U}(t)+\frac{1}{\mathrm{i}\hbar}U_0^\dagger(t)\hat{H}(t)\hat{U}(t)\end{aligned}$$

$$
\begin{aligned}
&= \frac{1}{\mathrm{i}\hbar} U_0^\dagger(t)[\hat{H}(t) - \hat{H}_0]\hat{U}(t) \\
&= \frac{1}{\mathrm{i}\hbar} U_0^\dagger(t)\hat{W}(t)\hat{U}(t) \\
&= \frac{1}{\mathrm{i}\hbar} U_0^\dagger(t)\hat{W}(t)\hat{U}_0(t)U_0^\dagger(t)\hat{U}(t) \\
&= \frac{1}{\mathrm{i}\hbar} \hat{W}^{\mathrm{I}}(t)\hat{U}^{\mathrm{I}}(t)
\end{aligned} \tag{3.9.32}
$$

其中

$$
\hat{W}^{\mathrm{I}}(t) = U_0^\dagger(t)\hat{W}(t)\hat{U}_0(t) \tag{3.9.33}
$$

对上面的计算过程做些说明.

(1)在式(3.9.32)的第二个等式中,用到了式(3.9.28)的厄米共轭形式,即

$$
-\mathrm{i}\hbar\frac{\mathrm{d}\hat{U}_0^\dagger(t)}{\mathrm{d}t} = \hat{U}_0^\dagger(t)\hat{H}_0
$$

以及 $\hat{U}(t)$ 满足的方程(3.9.29).

(2)在最后一个等式中,我们定义了 $\hat{W}^{\mathrm{I}}(t) = \hat{U}_0^\dagger(t)\hat{W}(t)\hat{U}_0(t)$. 这个形式就像是,当系统的哈密顿量仅仅是 $\hat{H}_0$ 时,力学量 $\hat{W}(t)$ 在海森伯图像中的表示.

(3)在式(3.9.32)中,哈密顿量 $\hat{H}(t)$ 中不含时的部分 $\hat{H}_0$ 对时间演化的影响已经被包含在 $\hat{U}^{\mathrm{I}}(t)$ 和 $\hat{W}^{\mathrm{I}}(t)$ 中, $\hat{H}(t)$ 中的含时部分 $\hat{W}(t)$ 以 $\hat{W}^{\mathrm{I}}(t)$ 的形式决定了相互作用图像中的时间演化算符 $\hat{U}^{\mathrm{I}}(t)$.

接下来,我们想知道在相互作用图像中量子态是如何演化的. 首先,我们有

$$
|\psi(t)\rangle = \hat{U}(t)|\psi(0)\rangle
$$

为了能看到 $\hat{U}^{\mathrm{I}}(t)$, 即 $\hat{U}_0^\dagger(t)\hat{U}(t)$, 我们很自然地在上述方程的两端乘以 $\hat{U}_0^\dagger(t)$

$$
U_0^\dagger(t)|\psi(t)\rangle = U_0^\dagger(t)\hat{U}(t)|\psi(0)\rangle = \hat{U}^{\mathrm{I}}(t)|\psi(0)\rangle \tag{3.9.34}
$$

然后,令

$$
|\psi^{\mathrm{I}}(t)\rangle = U_0^\dagger(t)|\psi(t)\rangle \tag{3.9.35}
$$

对于 $t=0$ 时的初态,有

$$
|\psi^{\mathrm{I}}(0)\rangle = U_0^\dagger(0)|\psi(0)\rangle = |\psi(0)\rangle
$$

回到式(3.9.34),得到相互作用图像中初始时刻的量子态与 t 时刻的量子态之间的联系

$$
|\psi^{\mathrm{I}}(t)\rangle = \hat{U}^{\mathrm{I}}(t)|\psi^{\mathrm{I}}(0)\rangle \tag{3.9.36}
$$

对上式求时间的导数,并利用式(3.9.32),得到相互作用图像中量子态随时间变化的微分方程

$$
\mathrm{i}\hbar\frac{\mathrm{d}|\psi^{\mathrm{I}}(t)\rangle}{\mathrm{d}t} = \hat{W}^{\mathrm{I}}(t)|\psi^{\mathrm{I}}(t)\rangle \tag{3.9.37}
$$

可以看到,相互作用图像中, $\hat{W}^{\mathrm{I}}(t)$ 扮演的角色就像是哈密顿量.

让我们对相互作用图像做个小结.

(1)相互作用图像中的时间演化算符在形式上表示为式(3.9.30),即

$$\hat{U}^{\mathrm{I}}(t)=\hat{U}_0^{\dagger}(t)\hat{U}(t)$$

之所以说“形式上”,是因为其中的 $\hat{U}(t)$ 未知,而且难以求解. 为了得到 $\hat{U}^{\mathrm{I}}(t)$, 我们需要解方程(3.9.32),即

$$\mathrm{i}\hbar\frac{\mathrm{d}\hat{U}^{\mathrm{I}}(t)}{\mathrm{d}t}=\hat{W}^{\mathrm{I}}(t)\hat{U}^{\mathrm{I}}(t)$$

这个方程意味着, $\hat{U}^{\mathrm{I}}(t)$ 主要是由哈密顿量中的含时部分 $\hat{W}(t)$ 决定的.

(2)在相互作用图像中,量子态随时间的酉演化由 $\hat{U}^{\mathrm{I}}(t)$ 决定,即式(3.9.36),相应的微分方程则是式(3.9.37),其中, $\hat{W}^{\mathrm{I}}(t)$ 扮演了哈密顿量的角色.

(3)在相互作用图像中力学量随时间的变化如同式(3.9.33),即对于力学量 $\hat{F}(t)$, 它在相互作用图像中的形式是

$$\hat{F}^{\mathrm{I}}(t)=\hat{U}_0^{\dagger}(t)\hat{F}(t)\hat{U}(t) \tag{3.9.38}$$

在形式上,这像是力学量在海森伯图像中的表示. 于是很自然地, $\hat{F}^{\mathrm{I}}(t)$ 满足的微分方程形如海森伯运动方程

$$\frac{\mathrm{d}\hat{F}^{\mathrm{I}}(t)}{\mathrm{d}t}=\frac{1}{\mathrm{i}\hbar}[\hat{F}^{\mathrm{I}}(t),\hat{H}_0(t)]+\hat{U}_0^{\dagger}(t)\frac{\partial\hat{F}(t)}{\partial t}\hat{U}_0(t)$$

这里,右端的对易子中的 $\hat{H}_0$ 本来应该是 $\hat{U}_0^{\dagger}(t)\hat{H}_0\hat{U}_0(t)$, 但是由于 $\hat{U}_0(t)$, 或者 $\hat{U}_0^{\dagger}(t)$, 与 $\hat{H}_0$ 对易,所以就变成了简单的 $\hat{H}_0$.

现在可以看到,相互作用图像是薛定谔图像和海森伯图像的结合. 作为一个简单的特例,设想 $\hat{W}(t)=0$, 因而 $\hat{U}_0(t)=\hat{U}(t)$, 接着有 $\hat{U}^{\mathrm{I}}(t)=\mathbb{1}$, 于是相互作用图像回到了海森伯图像. 在 3.11 节,我们将利用相互作用图像解决一个具体的含时问题.

3.10 粒子数表象中的谐振子

在数学中,各个坐标系虽然都是等价的,但在不同的问题中,适当地选择坐标常常能简化问题. 在量子力学里也一样,不同的表象虽然可以等价,但适当地选择表象,常常可以使问题易于解决,且容易看出明显的物理意义. 作为一个例子,我们来讨论线性谐振子.

在前面已经讨论过谐振子的量子行为,给出了能级和本征函数. 现在利用表象理论来看同样一个问题.

3.10.1 吸收算符和发射算符

一维谐振子的哈密顿量为

$$\hat{H}=\frac{1}{2\mu}\hat{p}^2+\frac{1}{2}k\hat{x}^2=\frac{1}{2\mu}\hat{p}^2+\frac{1}{2}\mu\omega^2\hat{x}^2$$
$$\omega=\sqrt{\frac{k}{\mu}} \tag{3.10.1}$$

现在我们引进一个新算符

$$\hat{a}=\left(\frac{\mu\omega}{2\hbar}\right)^{1/2}\left(\hat{x}+\frac{\mathrm{i}}{\mu\omega}\hat{p}\right) \tag{3.10.2}$$

其厄米共轭则为

$$\hat{a}^+=\left(\frac{\mu\omega}{2\hbar}\right)^{1/2}\left(\hat{x}-\frac{\mathrm{i}}{\mu\omega}\hat{p}\right) \tag{3.10.3}$$

反过来，有

$$\begin{cases}\hat{x}=\left(\dfrac{\hbar}{2\mu\omega}\right)^{1/2}(\hat{a}+\hat{a}^+)\\ \hat{p}=\dfrac{1}{\mathrm{i}}\left(\dfrac{\hbar\omega\mu}{2}\right)^{1/2}(\hat{a}-\hat{a}^+)\end{cases} \tag{3.10.4}$$

其中，$\hat{a}$ 不是厄米算符，因而它不能代表有物理意义的力学量. 我们通过式(3.10.2)和式(3.10.3)把两个厄米算符组合为一个非厄米算符，利用坐标和动量之间的对易关系可以证明，$\hat{a}$ 和 $\hat{a}^+$ 之间的对易式为

$$\begin{aligned}[\hat{a},\hat{a}^+]&=\frac{\mu\omega}{2\hbar}\left[\hat{x}+\frac{\mathrm{i}}{\mu\omega}\hat{p},\hat{x}-\frac{\mathrm{i}}{\mu\omega}\hat{p}\right]\\&=\frac{\mu\omega}{2\hbar}\left[x,\frac{-\mathrm{i}}{\mu\omega}\hat{p}\right]+\left[\frac{-\mathrm{i}}{\mu\omega}\hat{p},x\right]\\&=1\end{aligned} \tag{3.10.5}$$

其中，1 表示单位算符. 而此时哈密顿量式(3.10.1)可改写为

$$\begin{aligned}\hat{H}&=\frac{1}{2\mu}(\hat{p}^2+\mu^2\omega^2\hat{x}^2)=\frac{\hbar\omega}{4}[(\hat{a}+\hat{a}^+)^2-(a-\hat{a}^+)^2]\\&=\frac{\hbar\omega}{4}[\hat{a}^2+\hat{a}^+\hat{a}+\hat{a}\hat{a}^++\hat{a}^{+2}-(\hat{a}^2+\hat{a}^{+2}-\hat{a}\hat{a}^+-\hat{a}^+\hat{a})]\\&=\frac{\hbar\omega}{2}(2\hat{a}^+\hat{a}+1)=\hbar\omega\hat{a}^+\hat{a}+\frac{1}{2}\hbar\omega\\&=\hbar\omega\left(\hat{N}+\frac{1}{2}\right)\end{aligned} \tag{3.10.6}$$

其中

$$\hat{N}=\hat{a}^+\hat{a} \tag{3.10.7}$$

称为**粒子数算符**，它显然是厄米的.

3.10.2 粒子数算符的本征态

现在我们来求谐振子的能级，即哈密顿量的本征值. 从式(3.10.6)可见，这等价于求粒子数算符的本征值，因此我们来仔细讨论这个粒子数算符.

首先，$\hat{N}$ 本征值都是非负的. 设 $\hat{N}$ 的本征态矢为 $|n\rangle$

$$\begin{cases} \hat{N} \mid n\rangle = n \mid n\rangle \\ \langle n \mid n\rangle \mid = 1 \end{cases} \tag{3.10.8}$$

我们可证

$$n \geqslant 0$$

这是因为

$$\langle n \mid \hat{N} \mid n\rangle = n\langle n \mid n\rangle = n$$

而

$$\langle n \mid \hat{N} \mid n\rangle = \langle n \mid \hat{a}^{+} \hat{a} \mid n\rangle$$

按定义，这是态矢 $\hat{a}|n\rangle$ 的模方，所以是非负的，即

$$\langle n \mid \hat{N} \mid n\rangle \geqslant 0 \tag{3.10.9}$$

命题得证. 式(3.10.9)中等号当且仅当 $\hat{a}|n\rangle=0$ 时才成立.

由此可知，谐振子能级 E_n 满足下面的关系：

$$E_n = \hbar\omega n + \frac{1}{2}\hbar\omega \geqslant \frac{1}{2}\hbar\omega \tag{3.10.10}$$

这和不确定关系估计的结果是一致的.

算符 $\hat{a}$ 和 $\hat{N}$ 的对易关系为

$$[\hat{a},\hat{N}] = [\hat{a},\hat{a}^{+} \hat{a}] = \hat{a} \tag{3.10.11}$$

同样我们有

$$[\hat{a}^{+},\hat{N}] = -\hat{a}^{+} \tag{3.10.12}$$

这样我们就有

$$\begin{aligned} \hat{N}\hat{a} \mid n\rangle &= ([\hat{N},\hat{a}] + \hat{a}\hat{N}) \mid n\rangle \\ &= (n-1)\hat{a} \mid n\rangle \end{aligned} \tag{3.10.13}$$

$$\begin{aligned} \hat{N}\hat{a}^{+} \mid n\rangle &= ([\hat{N},\hat{a}^{+}] + \hat{a}^{+} \hat{N}) \mid n\rangle \\ &= (n+1)\hat{a}^{+} \mid n\rangle \end{aligned} \tag{3.10.14}$$

它表明，如果 $|n\rangle$ 是 $\hat{N}$ 的本征值为 n 的本征矢，则 $\hat{a}|n\rangle$ 也是 $\hat{N}$ 的本征矢，相应的本征值为 $(n-1)$，$\hat{a}^{+}|n\rangle$ 也是 $\hat{N}$ 的本征矢，相应的本征值为 $(n+1)$. 依次这样做下去，我们就得到 $\hat{N}$ 的本征值和本征矢系列

本征矢　　　$\cdots,\hat{a}^2|n\rangle,\hat{a}|n\rangle,|n\rangle,\hat{a}^+|n\rangle,\hat{a}^{+2}|n\rangle,\cdots$

本征值　　　$\cdots,n-2,n-1,n,n+1,n+2,\cdots$

但是这个本征值系列不能无限下去，因为前面已证明 $\hat{N}$ 的所有本征值不能取负值. 设最小本征值为 n_0，对应的本征矢记为 $|n_0\rangle$

$$\begin{aligned}&\hat{N}\mid n_0\rangle=n_0\mid n_0\rangle\\&\langle n_0\mid n_0\rangle=1\\&\hat{a}\mid n_0\rangle=0\end{aligned}\tag{3.10.15}$$

最后一式是为了保证 n_0 最小，否则 n_0-1 也为本征值. 于是

$$n_0=\langle n_0\mid\hat{N}\mid n_0\rangle=\langle n_0\mid\hat{a}^+\hat{a}\mid n_0\rangle=0\tag{3.10.16}$$

即 $\hat{N}$ 的本征值最小为零. 我们得到 $\hat{N}$ 的本征矢和本征值系列为

本征矢　　　$|0\rangle,|1\rangle,|2\rangle,\cdots,|n\rangle,\cdots$

本征值　　　$0,1,2,\cdots,n,\cdots$

但是本征矢还没有归一化. 为归一化，只要求这些矢量的模方就可以了，先设最低态 $|0\rangle$ 是归一化的

$$\langle 0\mid 0\rangle=1\tag{3.10.17}$$

则

$$\langle 0\mid\hat{a}\hat{a}^+\mid 0\rangle=\langle 0\mid([\hat{a},\hat{a}^+]+\hat{a}^+\hat{a})\mid 0\rangle=1$$

$$\begin{aligned}\langle 0\mid\hat{a}\hat{a}\hat{a}^+\hat{a}^+\mid 0\rangle&=\langle 0\mid\hat{a}(1+\hat{N})\hat{a}^+\mid 0\rangle\\&=\langle 0\mid\hat{a}\hat{a}^+\mid 0\rangle+\langle 0\mid a\hat{N}\hat{a}^+\mid 0\rangle\\&=\langle 0\mid\hat{a}\hat{a}^+\mid 0\rangle+\langle 0\mid(\hat{N}\hat{a}+\hat{a})\hat{a}^+\mid 0\rangle\\&=2\langle 0\mid\hat{a}\hat{a}^+\mid 0\rangle+\langle 0\mid\hat{N}\hat{a}\hat{a}^+\mid 0\rangle=2!\end{aligned}$$

用归纳法不难证明

$$\langle 0\mid\hat{a}^k\hat{a}^{+k}\mid 0\rangle=k!\tag{3.10.18}$$

因此，归一化的本征矢可取为 $|k\rangle=\frac{1}{\sqrt{k!}}\hat{a}^{+n}|0\rangle$，这样可得本征矢

$$\mid n\rangle=\frac{1}{\sqrt{n!}}\hat{a}^{+n}\mid 0\rangle\tag{3.10.19}$$

$$\begin{cases}\hat{N}\mid n\rangle=n\mid n\rangle\\\langle n\mid k\rangle=\delta_{nk}\\n,k=0,1,2,3,\cdots\end{cases}\tag{3.10.20}$$

3.10.3　各算符的矩阵形式

根据表象理论，我们可以用粒子数算符的本征矢 $|n\rangle$ 作基底构成一表象. 在此

表象中,粒子数算符本身为对角矩阵,对角元即为本征值.因此,它的形式为

$$\boldsymbol{N}=\begin{pmatrix} 0 & 0 & 0 & 0 & \cdots \\ 0 & 1 & 0 & 0 & \cdots \\ 0 & 0 & 2 & 0 & \cdots \\ 0 & 0 & 0 & 3 & \cdots \\ \vdots & \vdots & \vdots & \vdots & \end{pmatrix} \tag{3.10.21}$$

在这表象中,算符 $\hat{a}$、$\hat{a}^+$ 的形式也可求出来,这只要求一个矩阵元

$$\langle m \mid a^+ \mid n\rangle$$

就可以了.

$$\begin{aligned}\langle m \mid \hat{a}^+ \mid n\rangle &= \langle m \mid \hat{a}^+ \frac{\hat{a}^{+n}}{\sqrt{n!}} \mid 0\rangle \\ &= \langle m \mid \sqrt{n+1}\frac{\hat{a}^{+n}}{\sqrt{(n+1)!}} \mid 0\rangle \\ &= \sqrt{n+1}\langle m \mid n+1\rangle = \sqrt{n+1}\,\delta_{m,n+1}\end{aligned} \tag{3.10.22}$$

$$\boldsymbol{a}^+=\begin{pmatrix} 0 & 0 & 0 & 0 \\ \sqrt{1} & 0 & 0 & 0 \\ 0 & \sqrt{2} & 0 & 0 \\ 0 & \cdots & \cdots & \cdots \end{pmatrix} \tag{3.10.23}$$

它的厄米共轭算符 $\hat{a}$ 的表示则为

$$\boldsymbol{a}=\begin{pmatrix} 0 & \sqrt{1} & 0 & \cdots \\ 0 & 0 & \sqrt{2} & \cdots \\ 0 & 0 & 0 & \cdots \\ \vdots & \vdots & \vdots & \end{pmatrix} \tag{3.10.24}$$

现在回过头来看能级,因为能量算符和粒子数算符呈简单的线性关系,所以粒子数算符的本征态也是能量本征矢,其本征值为

$$\begin{aligned}E_n &= \langle n \mid \hat{H} \mid n\rangle = \langle n \mid \hbar\omega\left(\hat{N}+\frac{1}{2}\right) \mid n\rangle \\ &= \left(n+\frac{1}{2}\right)\hbar\omega\end{aligned} \tag{3.10.25}$$

因此,粒子数表象实则也就是能量表象,其中哈密顿算符为

$$\boldsymbol{H}=\begin{pmatrix} \hbar\omega/2 & 0 & 0 & \cdots \\ 0 & 3\hbar\omega/2 & 0 & \cdots \\ 0 & 0 & 5\hbar\omega/2 & \cdots \\ \vdots & \vdots & \vdots & \end{pmatrix} \tag{3.10.26}$$

而坐标算符和动量算符的形式为

$$\hat{x}=\left(\frac{\hbar}{2\mu\omega}\right)^{1/2}(\hat{a}+\hat{a}^{+})=\left(\frac{\hbar}{2\mu\omega}\right)^{1/2}\begin{pmatrix}0 & \sqrt{1} & 0 & \cdots \\ \sqrt{1} & 0 & \sqrt{2} & \cdots \\ 0 & \sqrt{2} & 0 & \cdots \\ \vdots & \vdots & \vdots & \end{pmatrix} \tag{3.10.27}$$

$$\begin{aligned}\hat{p}&=\frac{1}{\mathrm{i}}\left(\frac{\hbar\omega\mu}{2}\right)^{1/2}(\hat{a}-\hat{a}^{+})\\ &=\frac{1}{\mathrm{i}}\left(\frac{\hbar\omega\mu}{2}\right)^{1/2}\begin{pmatrix}0 & \sqrt{1} & 0 & \cdots \\ -\sqrt{1} & 0 & \sqrt{2} & \cdots \\ 0 & -\sqrt{2} & 0 & \cdots \\ \vdots & \vdots & \vdots & \end{pmatrix}\end{aligned} \tag{3.10.28}$$

或写成分量形式为

$$\begin{aligned}x_{mn}&=\left(\frac{\hbar}{2\mu\omega}\right)^{1/2}(\hat{a}_{mn}+a_{mn}^{+})\\ &=\left(\frac{\hbar}{2\hbar\omega}\right)^{1/2}(\sqrt{n+1}\,\delta_{m,n+1}+\sqrt{n}\,\delta_{m,n-1})\end{aligned} \tag{3.10.29}$$

$$\begin{aligned}p_{mn}&=\frac{1}{\mathrm{i}}\left(\frac{\hbar\mu\omega}{2}\right)^{1/2}(a_{mn}-a_{mn}^{+})\\ &=\frac{1}{\mathrm{i}}\left(\frac{\hbar\mu\omega}{2}\right)^{1/2}(\sqrt{n+1}\,\delta_{m,n+1}-\sqrt{n}\,\delta_{m,n-1})\end{aligned} \tag{3.10.30}$$

3.10.4 谐振子谱

这样，我们又得到了前面的结果，谐振子有等间隔的离散谱，在谐振子中只有束缚态存在. 任何两个相邻的能级之间都差一份相同的能量 $\hbar\omega$. 这一份份的能量 $\hbar\omega$ 就是能量子，它在量子力学的启蒙阶段扮演了重要的角色. 在这里，我们可以把这份能量子描述为声子. 这样，我们可以把能量本征态解释如下：基态 $|0\rangle$ 代表没有一个声子激发出来，于是只有零点能 $\hbar\omega/2$；第一激发态 $|1\rangle$，代表激发出了一个声子，能量为 $\hbar\omega+\hbar\omega/2=3\hbar\omega/2$；一般地，$|n\rangle$ 代表有 n 个声子激发出来，能量为 $n\hbar\omega+\hbar\omega/2=(2n+1)\hbar\omega/2$.

这样，算符 N 代表声子的个数，而算符 a^{+} 作用在一个声子态上能使它变为增加一个声子激发的态

$$\hat{a}^{+}|n\rangle=\sqrt{n+1}\,|n+1\rangle$$

它反映了声子的激发，因此称为**发射算符**，而相反地，$\hat{a}$ 就称为**吸收算符**. 这样，两

个相邻态之间的过渡可以看作声子的发射或吸收过程(图 3.10.1).

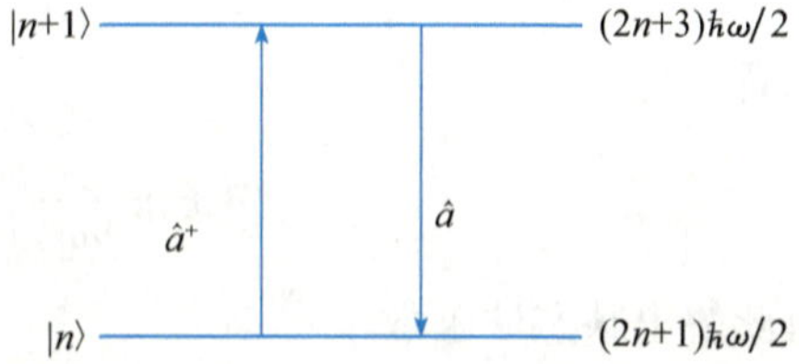

图 3.10.1　声子吸收发射

3.10.5　状态波函数

如果只要求谐振子的能级特性,那么到此问题就解决了. 但有时还要求出表示状态的波函数的具体形式,以了解其他的内容. 量子态$|n\rangle$作为 $\hat{H}$ 的本征值为$(n+1/2)\hbar\omega$ 的本征态,它满足的方程为

$$\hat{H}\mid n\rangle=\frac{2n+1}{2}\hbar\omega\mid n\rangle \tag{3.10.31}$$

在坐标表象中,它的形式为

$$\hat{H}(\hat{x},\hat{p})\langle x\mid n\rangle=\frac{2n+1}{2}\hbar\omega\langle x\mid n\rangle$$

$\langle x|n\rangle$即为波函数在坐标表象中的表示,记为 $\psi_n(x)$

$$\hat{H}(x,\hat{p})\psi_n(x)=\frac{2n+1}{2}\hbar\omega\psi_n(x)$$

或

$$\left(\frac{\hat{p}^2}{2\mu}+\frac{1}{2}\mu\omega^2\hat{x}^2\right)\psi_n(x)=\left(n+\frac{1}{2}\right)\hbar\omega\psi_n(x)$$

把 $\hat{p}$ 的形式代入,为

$$\frac{\hbar^2}{2\mu}\frac{\mathrm{d}^2\psi_n}{\mathrm{d}x^2}+\left[\left(n+\frac{1}{2}\right)\hbar\omega-\frac{\mu\omega^2}{2}x^2\right]\psi_n=0 \tag{3.10.32}$$

它的解法我们以前已经讨论过了. 现在我们可用另一种递推的办法来求谐振子的波函数. 前面用粒子数表象来求能级时得到一个基态的边界条件

$$\hat{a}\mid 0\rangle=0 \tag{3.10.33}$$

写到坐标表象中就是

$$\langle x\mid\hat{a}\mid 0\rangle=0 \tag{3.10.34}$$

插入坐标表象的完备基

$$\int\mathrm{d}x'\langle x\mid\hat{a}\mid x'\rangle\langle x'\mid 0\rangle=\int\mathrm{d}x'\langle x\mid\hat{a}\mid x'\rangle\langle x'\mid 0\rangle=0$$

利用吸收算符的定义及坐标动量算符在坐标表象中的表达式,我们得到方程

$$\left(\frac{\mu\omega}{2\hbar}\right)^{\frac{1}{2}}\int\mathrm{d}x'\left\langle x\left|\left(\hat{x}+\frac{\mathrm{i}}{\mu\omega}\hat{p}\right)\right|x'\right\rangle\psi_0(x')=0$$

或者

$$\left(x+\frac{\mathrm{i}}{\mu\omega}\frac{\hbar}{\mathrm{i}}\frac{\mathrm{d}}{\mathrm{d}x}\right)\psi_0(x)=0 \tag{3.10.35}$$

由此解出基态波函数

$$\begin{aligned}\psi_0(x)&=A\mathrm{e}^{-\frac{1}{2}\frac{\mu\omega}{\hbar}x^2}\\&=A\mathrm{e}^{-\frac{1}{2}\alpha^2x^2}\end{aligned} \tag{3.10.36}$$

第一激发态的波函数则可以如下递推：

$$\begin{aligned}\langle x\mid 1\rangle&=\langle x\mid \hat{a}^{+}\mid 0\rangle\\&=\int\mathrm{d}x'\langle x\mid \hat{a}^{+}\mid x'\rangle\langle x'\mid 0\rangle\\&=\int\mathrm{d}x'\sqrt{\frac{\mu\omega}{2\hbar}}\left\langle x\left|\left(\hat{x}-\frac{\mathrm{i}}{\mu\omega}\hat{p}\right)\right|x'\right\rangle\psi_0(x')\\&=\sqrt{\frac{\mu\omega}{2\hbar}}\left(x-\frac{\hbar}{\mu\omega}\frac{\mathrm{d}}{\mathrm{d}x}\right)\psi_0(x)\\&=\sqrt{2}\alpha x\psi_0(x)\end{aligned} \tag{3.10.37}$$

3.11 受迫谐振子

一维谐振子的哈密顿量是

$$\hat{H}_0=\frac{\hat{p}^2}{2\mu}+\frac{1}{2}\mu\omega^2\hat{x}^2 \tag{3.11.1}$$

再对谐振子施加一个与时间有关的力，记作 $f(t)$，这就构成了受迫谐振子. 外力 $f(t)$ 对谐振子的贡献是 $-f(t)\hat{x}$，故受迫谐振子的哈密顿量是

$$\hat{H}(t)=\hat{H}_0-f(t)\hat{x}=\frac{\hat{p}^2}{2\mu}+\frac{1}{2}\mu\omega^2\hat{x}^2-f(t)\hat{x} \tag{3.11.2}$$

这是一个含时哈密顿量. 我们想求解 t 时刻的量子态 $|\psi(t)\rangle$.

讨论受迫谐振子的意义在于：

(1)这是一个很有意义的模型. 在有些场合中(例如，引力波的探测)，量子系统作为“探针”用来感知外部环境中的力场. 如果外部力场随时间变化，那么，量子系统的哈密顿量中就会出现类似于 $-f(t)\hat{x}$ 的项.

(2)哈密顿量(式(3.11.2))与时间有关，求解相应的薛定谔方程不是一件显而易见的事情. 在量子力学中，能够严格求解的含时问题非常少. 在这之前，我们还没有遇到过这类问题. 因此，讨论受迫谐振子是很有启发性的.

(3)我们要借助这个模型讨论一下相互作用图像的具体应用.

受迫谐振子的薛定谔方程是

$$\mathrm{i}\hbar\frac{\mathrm{d}\,|\,\psi(t)\rangle}{\mathrm{d}t}=\hat{H}(t)\,|\,\psi(t)\rangle \tag{3.11.3}$$

其中,$|\,\psi(t)\rangle$ 是谐振子在 t 时刻的量子态,在坐标表象中的形式是波函数 $\psi(x,t)$. 薛定谔方程(3.11.3)在坐标表象中的形式是

$$\mathrm{i}\hbar\frac{\partial\psi(x,t)}{\partial t}=-\frac{\hbar^2}{2\mu}\frac{\partial^2\psi(x,t)}{\partial x^2}+\frac{1}{2}\mu\omega^2x^2\psi(x,t)-f(t)x\psi(x,t) \tag{3.11.4}$$

现在我们面临如下困难:

(1)薛定谔方程(3.11.4)不易求解. 回顾第 2 章中求解薛定谔方程的内容. 在那里,哈密顿量与时间无关,于是可以采用分离变量法将波函数表示为空间部分和时间部分的乘积,然后分别求解. 但是在这里,分离变量法不适用.

(2)在海森伯图像中,力学量随时间的演化也不易计算. 为了走进海森伯图像,我们需要知道时间演化算符 $\hat{U}(t)$ ——海森伯图像中的力学量是由式(3.9.14) 给出的. 令人沮丧的是,对于含时哈密顿量式(3.11.2),时间演化算符不能简单地表示为式(3.7.24)的形式,即

$$\hat{U}(t)\neq\exp\left[\frac{1}{\mathrm{i}\hbar}\int_0^t\hat{H}(t')\mathrm{d}t'\right] \tag{3.11.5}$$

原因在于,在不同时刻哈密顿量不是对易的

$$\begin{aligned}[\hat{H}(t_1),\hat{H}(t_2)]&=[\hat{H}_0-F(t_1)\hat{x},\hat{H}_0-F(t_2)\hat{x}]\\&=[-F(t_1)\hat{x},\hat{H}_0]+[\hat{H}_0,-F(t_2)\hat{x}]\\&=-\mathrm{i}\hbar\frac{\hat{p}}{\mu}[F(t_1)-F(t_2)]\end{aligned}$$

我们不能肯定在任意两个不同时刻外力是否相同,所以一般来说 $[\hat{H}(t_1),\hat{H}(t_2)]\neq 0$. 在这种情况下,$\hat{U}(t)$ 没有简单的表示. 对这类问题的讨论超出了本书范围.

虽然我们在薛定谔图像和海森伯图像中都遇到了困难,但是可以在相互作用图像中解决这个问题. 在下面的讨论中,我们利用 3.10 节中定义的吸收算符和发射算符表示受迫谐振子的哈密顿量,写出它在相互作用图像中的形式,接着求解 $\hat{U}^{\mathrm{I}}(t)$ 满足的方程(3.9.32),然后根据式(3.9.30)得到薛定谔图像的时间演化算符 $\hat{U}(t)$. 将 $\hat{U}(t)$ 作用于系统的初态,便有了 t 时刻的量子态.

3.11.1 相互作用图像中的吸收算符和发射算符

3.10 节中的式(3.10.2)和式(3.10.3)分别定义了谐振子的吸收算符和发射算符

$$\hat{a}=\frac{\alpha}{\sqrt{2}}\left(\hat{x}+\frac{\mathrm{i}}{\mu\omega}\hat{p}\right) \tag{3.11.6}$$

$$\hat{a}^{\dagger}=\frac{\alpha}{\sqrt{2}}\left(\hat{x}-\frac{\mathrm{i}}{\mu\omega}\hat{p}\right) \tag{3.11.7}$$

其中，$\alpha=\left(\frac{\mu\omega}{2\hbar}\right)^{1/2}$. 用 $\hat{a}$ 和 $\hat{a}^{\dagger}$ 改写哈密顿量式(3.11.2)，有

$$\hat{H}(t)=\hbar\omega\left(\hat{a}^{\dagger}\hat{a}+\frac{1}{2}\right)-\frac{f(t)}{\sqrt{2}\alpha}(\hat{a}+\hat{a}^{\dagger}) \tag{3.11.8}$$

其中，$\hat{H}_0=\hbar\omega\left(\hat{a}^{\dagger}\hat{a}+\frac{1}{2}\right)$ 与时间无关. 令

$$\hat{W}(t)=-\frac{f(t)}{\sqrt{2}\alpha}(\hat{a}+\hat{a}^{\dagger}) \tag{3.11.9}$$

在相互作用图像中，

$$\begin{aligned}\hat{W}^{\mathrm{I}}(t)&=\hat{U}^{\dagger}(t)\hat{W}(t)\hat{U}(t)\\&=-\frac{f(t)}{\sqrt{2}\alpha}\mathrm{e}^{\mathrm{i}\hat{H}_0t/\hbar}(\hat{a}+\hat{a}^{\dagger})\mathrm{e}^{-\mathrm{i}\hat{H}_0t/\hbar}\end{aligned}$$

我们来计算吸收算符在相互作用图像中的形式. 利用式(3.7.37)，并注意到 $[\hat{a},\hat{a}^{\dagger}]=1$，有

$$\begin{aligned}\hat{a}^{\mathrm{I}}(t)&=\mathrm{e}^{\mathrm{i}\hat{H}_0t/\hbar}\hat{a}\,\mathrm{e}^{-\mathrm{i}\hat{H}_0t/\hbar}\\&=\exp\left[\mathrm{i}\omega t\left(\hat{a}^{\dagger}\hat{a}+\frac{1}{2}\right)\right]\hat{a}\exp\left[-\mathrm{i}\omega t\left(\hat{a}^{\dagger}\hat{a}+\frac{1}{2}\right)\right]\\&=\hat{a}+\left[\mathrm{i}\omega t\left(\hat{a}^{\dagger}\hat{a}+\frac{1}{2}\right),\hat{a}\right]+\frac{1}{2!}\left[\mathrm{i}\omega t\left(\hat{a}^{\dagger}\hat{a}+\frac{1}{2}\right),\left[\mathrm{i}\omega t\left(\hat{a}^{\dagger}\hat{a}+\frac{1}{2}\right),\hat{a}\right]\right]+\cdots\\&=\hat{a}+(-\mathrm{i}\omega t)\hat{a}+\frac{1}{2!}(-\mathrm{i}\omega t)^2\hat{a}+\cdots\\&=\hat{a}\mathrm{e}^{-\mathrm{i}\omega t}\end{aligned}$$

类似地，发射算符在相互作用图像中的形式是

$$(\hat{a}^{\dagger})^{\mathrm{I}}(t)=\mathrm{e}^{\mathrm{i}\hat{H}_0t/\hbar}\hat{a}^{\dagger}\mathrm{e}^{-\mathrm{i}\hat{H}_0t/\hbar}=\hat{a}^{\dagger}\mathrm{e}^{\mathrm{i}\omega t}$$

进而，$\hat{W}^{\mathrm{I}}(t)$ 可以表示为

$$\hat{W}^{\mathrm{I}}(t)=-\frac{f(t)}{\sqrt{2}\alpha}(\hat{a}\mathrm{e}^{-\mathrm{i}\omega t}+\hat{a}^{\dagger}\mathrm{e}^{\mathrm{i}\omega t}) \tag{3.11.10}$$

3.11.2 时间演化算符 $\hat{U}^{\mathrm{I}}(t)$

相互作用图像中的时间演化算符满足方程(3.9.32)，即

$$\mathrm{i}\hbar\frac{\mathrm{d}\hat{U}^{\mathrm{I}}(t)}{\mathrm{d}t}=\hat{W}^{\mathrm{I}}(t)\hat{U}^{\mathrm{I}}(t)$$

也就是

$$i\hbar \frac{d\hat{U}^{I}(t)}{dt} = -\frac{f(t)}{\sqrt{2}\alpha}(\hat{a}e^{-i\omega t} + \hat{a}^{\dagger}e^{i\omega t})\hat{U}^{I}(t) \tag{3.11.11}$$

为了计算过程简洁,令

$$F(t) = \frac{1}{\sqrt{2}\hbar\alpha}\int_0^t f(s)e^{i\omega s}ds$$

把式(3.11.11)改写为

$$\frac{d\hat{U}^{I}(t)}{dt} = i[\dot{F}^*(t)\hat{a} + \dot{F}(t)\hat{a}^{\dagger}]\hat{U}^{I}(t) \tag{3.11.12}$$

其中,$\dot{F}(t) = \frac{dF(t)}{dt}$,即

$$\dot{F}(t) = \frac{1}{\sqrt{2}\hbar\alpha}f(t)e^{i\omega t}$$

现在我们的任务是解方程(3.11.12).定义一个新的算符 $\hat{S}(t)$

$$\hat{S}(t) = e^{-iF(t)\hat{a}^{\dagger}}\hat{U}^{I}(t) \tag{3.11.13}$$

当 $t=0$ 时,$F(0)=0$,并且 $\hat{U}^{I}(0)=1$,所以 $\hat{S}(t)$ 的初始条件是

$$\hat{S}^{I}(0) = 1 \tag{3.11.14}$$

我们引入算符 $\hat{S}(t)$ 的目的稍后就能明白.

对 $\hat{S}(t)$ 求时间的导数,并利用式(3.11.12),有

$$\begin{aligned}
\frac{d\hat{S}(t)}{dt} &= -i\dot{F}(t)\hat{a}^{\dagger}e^{-iF(t)\hat{a}^{\dagger}}\hat{U}^{I}(t) + e^{-iF(t)\hat{a}^{\dagger}}\frac{d\hat{U}^{I}(t)}{dt} \\
&= -i\dot{F}(t)\hat{a}^{\dagger}e^{-iF(t)\hat{a}^{\dagger}}\hat{U}^{I}(t) + ie^{-iF(t)\hat{a}^{\dagger}}[\dot{F}^*(t)\hat{a} + \dot{F}(t)\hat{a}^{\dagger}]\hat{U}^{I}(t) \\
&= i\dot{F}^*(t)e^{-iF(t)\hat{a}^{\dagger}}\hat{a}U^{I}(t) \\
&= i\dot{F}^*(t)e^{-iF(t)\hat{a}^{\dagger}}\hat{a}e^{iF(t)\hat{a}^{\dagger}}e^{-iF(t)\hat{a}^{\dagger}}\hat{U}^{I}(t) \\
&= i\dot{F}^*(t)\{\hat{a} - iF(t)[\hat{a}^{\dagger},\hat{a}]\}e^{-iF(t)\hat{a}^{\dagger}}\hat{U}^{I}(t) \\
&= i\dot{F}^*(t)[\hat{a} + iF(t)]\hat{S}(t)
\end{aligned}$$

在倒数第三个等式中,我们需要利用式(3.7.37)计算 $e^{-iF(t)\hat{a}^{\dagger}}\hat{a}e^{iF(t)\hat{a}^{\dagger}}$,其结果只有两项,因为第二项中的对易子 $[\hat{a}^{\dagger},\hat{a}] = -1$,第三项及以后所有的对易子都为零,我们决定把 $\hat{S}(t)$ 的方程再抄一遍

$$\frac{d\hat{S}(t)}{dt} = i\dot{F}^*(t)[\hat{a} + iF(t)]\hat{S}(t) \tag{3.11.15}$$

注意到上述方程有一个很好的性质:对于任意两个不同的时刻 t_1 和 t_2,在其右端,$i\dot{F}^*(t_1)[\hat{a} + iF(t_1)]$ 和 $i\dot{F}^*(t_2)[\hat{a} + iF(t_2)]$ 对易.这个性质可以让我们把 $\hat{S}(t)$ 表示为

$$\hat{S}(t) = \exp\left[\int_0^t i\dot{F}^*(s)[\hat{a} + iF(s)]ds\right]$$

$$= e^{iF^*(t)\hat{a}} \exp\left[-\int_0^t F(s)\dot{F}^*(s)ds\right] \tag{3.11.16}$$

相比而言，方程(3.11.12)则没有这样的性质，这就是我们作变换式(3.11.13)的原因.

根据 $\hat{U}^{I}(t)=e^{iF(t)\hat{a}^\dagger}\hat{S}(t)$ 以及 $\hat{U}(t)=\hat{U}_0(t)\hat{U}^{I}(t)$，可以得到薛定谔图像中的时间演化算符

$$\hat{U}(t) = e^{-i\hat{H}_0 t/\hbar} e^{iF(t)\hat{a}^\dagger} e^{iF^*(t)\hat{a}} \exp\left[-\int_0^t F(s)\dot{F}^*(s)ds\right] \tag{3.11.17}$$

为了形式上的简明，令

$$G(t) = \exp\left[-\int_0^t F(s)\dot{F}^*(s)ds\right]$$

将指数上的积分做进一步处理

$$\int_0^t F(s)\dot{F}^*(s)ds = F(s)F^*(s)\big|_0^t - \int_0^t \dot{F}(s)F^*(s)ds$$

$$= |F(t)|^2 - \int_0^t \dot{F}(s)F^*(s)ds$$

这说明，$\int_0^t F(s)\dot{F}^*(s)ds$ 的实部等于 $\frac{1}{2}|F(t)|^2$，其虚部记作 $\beta(t)$，即

$$\int_0^t F(s)\dot{F}^*(s)ds = \frac{1}{2}|F(t)|^2 + i\beta(t)$$

于是 $\hat{U}(t)$ 可以重写为

$$\hat{U}(t) = e^{-|F(t)|^2/2} e^{-i\beta(t)} e^{-i\hat{H}_0 t/\hbar} e^{iF(t)\hat{a}^\dagger} e^{iF^*(t)\hat{a}} \tag{3.11.18}$$

$\hat{U}(t)$ 决定了量子态的演化. 假设在 $t=0$ 时刻谐振子处于 $\hat{H}_0$ 的基态 $|0\rangle$，即

$$|\psi(0)\rangle = |0\rangle$$

那么在 t 时刻，谐振子的量子态是

$$|\psi(t)\rangle = \hat{U}(t)|0\rangle \tag{3.11.19}$$

在式(3.11.18)中，最右端的算符 $e^{iF^*(t)\hat{a}}$ 对 $|0\rangle$ 的作用结果是

$$e^{iF^*(t)\hat{a}}|0\rangle = \left[1 + iF^*(t)\hat{a} + \frac{1}{2!}(iF^*(t))^2\hat{a}^2 + \cdots\right]|0\rangle = |0\rangle$$

这里用到了吸收算符的基本定义，$\hat{a}|0\rangle = 0$. 接着用 $e^{iF(t)\hat{a}^\dagger}$ 作用于 $|0\rangle$，注意到 $\hat{a}^\dagger|n\rangle = \sqrt{n+1}|n+1\rangle$；最后考虑酉算符 $e^{-i\hat{H}_0 t/\hbar}$，它对 $|n\rangle$ 的作用结果是乘以一个相因子

$$e^{-i\hat{H}_0 t/\hbar}|n\rangle = e^{-iE_n t/\hbar}|n\rangle = e^{-i\omega t/2}e^{-in\omega t}|n\rangle$$

最终得到 t 时刻的量子态

$$|\psi(t)\rangle = e^{-|F(t)|^2/2} e^{-i\beta(t)} e^{-i\hat{H}_0 t/\hbar} e^{iF(t)\hat{a}^\dagger}|0\rangle$$

$$= e^{-|F(t)|^2/2} e^{-i\beta(t)} e^{-i\hat{H}_0 t/\hbar} \sum_{n=0}^{\infty} \frac{[iF(t)]^n}{n!}(\hat{a}^\dagger)^n|0\rangle$$

$$= e^{-|F(t)|^2/2} e^{-i\beta(t)} e^{-i\hat{H}_0 t/\hbar} \sum_{n=0}^{\infty} \frac{[iF(t)]^n}{\sqrt{n!}} \mid n\rangle$$

$$= e^{-|F(t)|^2/2} e^{-i\beta(t)} e^{-i\omega t/2} \sum_{n=0}^{\infty} \frac{[iF(t)e^{-i\omega t}]^n}{\sqrt{n!}} \mid n\rangle \tag{3.11.20}$$

然后可以考虑这样的场景：当 $t<0$ 时，谐振子没有受到外力作用，哈密顿量为 $\hat{H}_0$，谐振子处于 $\hat{H}_0$ 的基态 $|0\rangle$；从 $t=0$ 时刻起，外力 $f(t)$ 作用于谐振子，那么，在 t 时刻对哈密顿量 $\hat{H}_0$ 进行测量，发现谐振子处于 $\hat{H}_0$ 的能级 E_k 的概率是

$$\begin{aligned} P(E_k,t) &= |\langle k \mid \psi(t)\rangle|^2 \\ &= e^{-|F(t)|^2} \mid e^{-i\beta(t)} e^{-i\omega t/2} \mid^2 \left| \langle k \mid \sum_{0}^{\infty} \frac{[iF(t)e^{-i\omega t}]^n}{\sqrt{n!}} |n\rangle \right|^2 \\ &= e^{-|F(t)|^2} \left| \frac{[iF(t)e^{-i\omega t}]^k}{\sqrt{k!}} \right|^2 \\ &= \frac{1}{k!} \mid F(t) \mid^{2k} e^{-|F(t)|^2} \end{aligned} \tag{3.11.21}$$

通过受迫谐振子的讨论，我们应该看到，求解薛定谔方程不仅仅是求出哈密顿量的本征值和本征态，更重要的是获得系统量子态随时间的演化.

总结这一章，我们可以回答本章开头提出的问题. 要使波函数能完全描写状态，必须假定力学量用线性厄米算符代表. 描写一个系统需要一组互相可易的力学量. 这些力学量的共同本征态构成正交归一完备系，形成希尔伯特空间的一组基，成为一个表象. 力学量 F 在它自己的表象中被表示为对角矩阵，对角元为 $\hat{F}$ 的本征值也是该力学量的可能取值，而波函数在 F 的表象中的表示就代表粒子取该力学量值的概率振幅. 不同表象之间，亦即力学量的不同分布之间或波函数的各种表示之间的关系是酉变换. 用平均值和均方差可以反映状态的基本特征. 互相对易的力学量在它们的共同本征态中能够同时有确定值，即均方差同时为零；对易式为数的共轭力学量的均方差之间满足不确定关系. 有了这样一些手段，就可以把波函数的物理意义完全表达出来了.

到此为止，我们把量子力学的基础理论部分学完了，量子力学是在人们发现经典力学不能解释微观现象的情况下产生的. 在波粒二象性概念的引导下，量子力学建立了一整套物理数学理论，它可以用下面假设的形式归纳起来：

(1)微观粒子运动的状态用波函数完全描述，波函数是概率振幅.

(2)波函数满足薛定谔方程.

(3)力学量用线性厄米算符代表. 其本征值即为粒子可能的取值，而归一化的波函数在它的本征函数系上的展开系数即为它取该力学量值的概率幅. 在测得某本征值之后，系统便处于相应的本征态(坍缩).

这样，通常量子力学的问题归结为在给定相互作用(位势)下求解薛定谔方程，找出波函数.

第 4 章　带电粒子在电磁场中的运动

4.1　电磁场中带电粒子的薛定谔方程

4.1.1　哈密顿量

电磁相互作用是自然界非常普遍的一种力，氢原子就是两个带电粒子——质子和电子在静电作用下形成的束缚态.

在经典电动力学里我们知道，电磁场是用电场强度 $\boldsymbol{E}$ 和磁感应强度 $\boldsymbol{B}$ 来描述的，它们是可以直接测量的物理量. 为了运算方便，电动力学中也引进电磁势 ϕ、$\boldsymbol{A}$，分别称为**标量势**和**矢量势**，合起来则称为 4 矢量势. 它们和电磁场强度的关系是

$$\boldsymbol{E} = -\frac{\partial \boldsymbol{A}}{\partial t} - \nabla\phi \tag{4.1.1}$$

$$\boldsymbol{B} = \nabla \times \boldsymbol{A} \tag{4.1.2}$$

当电磁场强度给定后，电磁势并不能完全确定. 两组电磁势 ϕ、$\boldsymbol{A}$ 和 ϕ'、$\boldsymbol{A}'$之间如果满足下面的规范变换关系：

$$\begin{aligned} \phi' &= \phi - \frac{\partial \alpha}{\partial t} \\ \boldsymbol{A}' &= \boldsymbol{A} + \nabla\alpha \end{aligned} \tag{4.1.3}$$

其中，α 为时空的任意函数，则它们给出同样的电磁场强度. 电磁势的这一不确定性有时称为**规范自由度**.

电磁场的运动规律也可写成哈密顿形式. 由电动力学知道，质量为 μ、带电量为 q 的粒子在由电磁势$(\phi,\boldsymbol{A})$描写的电磁场中运动，其运动方程可以从下面的哈密顿量导出：

$$H = \frac{1}{2\mu}(\boldsymbol{p} - q\boldsymbol{A})^2 + q\phi \tag{4.1.4}$$

现在进入到量子力学，即讨论同样一个粒子的量子运动，情形会如何?

首先，哈密顿量要算符化. 按照我们前面的做法，此时的哈密顿算符为

$$\begin{aligned} \hat{H} &= \frac{1}{2\mu}(\hat{\boldsymbol{p}} - q\boldsymbol{A})^2 + q\phi \\ &= \frac{1}{2\mu}\hat{\boldsymbol{p}}^2 - \frac{q}{2\mu}(\boldsymbol{A}\cdot\hat{\boldsymbol{p}} + \hat{\boldsymbol{p}}\cdot\boldsymbol{A}) + \frac{q^2}{2\mu}\boldsymbol{A}^2 + q\phi \end{aligned}$$

$$= -\frac{\hbar^2}{2\mu}\nabla^2 + \frac{iq\hbar}{\mu}\mathbf{A}\cdot\nabla + \frac{i\hbar q}{2\mu}(\nabla\cdot\mathbf{A}) + \frac{q^2}{2\mu}\mathbf{A}^2 + q\phi \tag{4.1.5}$$

如果既有电磁场,又有保守力场,则在哈密顿量上还要加一个非电磁势能项

$$\hat{H} = \frac{1}{2\mu}(\hat{\boldsymbol{p}} - q\mathbf{A})^2 + q\phi + U(\boldsymbol{x}) \tag{4.1.6}$$

4.1.2 运动方程

带电粒子在电磁场中运动的薛定谔方程为

$$i\hbar\frac{\partial\Psi}{\partial t} = \hat{H}\Psi$$

在纯电磁场中运动的单粒子薛定谔方程是

$$\begin{aligned} i\hbar\frac{\partial\Psi}{\partial t} &= \left[\frac{1}{2\mu}(\hat{\boldsymbol{p}} - q\mathbf{A})^2 + q\phi\right]\Psi \\ &= \left[-\frac{\hbar^2}{2\mu}\nabla^2 + \frac{iq\hbar}{\mu}\mathbf{A}\cdot\nabla + \frac{i\hbar q}{2\mu}(\nabla\cdot\mathbf{A}) + \frac{q^2}{2\mu}\mathbf{A}^2 + q\phi\right]\Psi \end{aligned} \tag{4.1.7}$$

如果电磁场是稳定的,则电磁势可不显含时间,定态薛定谔方程是

$$\begin{aligned} &\left[\frac{1}{2\mu}(\hat{\boldsymbol{p}} - q\mathbf{A})^2 + q\phi\right]\Psi = E\Psi \\ &\left[-\frac{\hbar^2}{2\mu}\nabla^2 + \frac{iq\hbar}{\mu}\mathbf{A}\cdot\nabla + \frac{i\hbar q}{2\mu}(\nabla\cdot\mathbf{A}) + \frac{q^2}{2\mu}\mathbf{A}^2 + q\phi\right]\Psi = E\Psi \end{aligned} \tag{4.1.8}$$

可以选择适当的规范来解方程.

在只有静电场的情形,矢量势可选为零,于是带电粒子在静电场中运动的定态薛定谔方程变为

$$\begin{aligned} &\left(\frac{1}{2\mu}\hat{\boldsymbol{p}}^2 + q\phi\right)\Psi = E\Psi \\ &\left(-\frac{\hbar^2}{2\mu}\nabla^2 + q\phi\right)\Psi = E\Psi \end{aligned} \tag{4.1.9}$$

这个方程在解氢原子中的相对运动时见到过.

如果只有静磁场,定态方程变成

$$\left[-\frac{\hbar^2}{2\mu}\nabla^2 + \frac{iq\hbar}{\mu}\mathbf{A}\cdot\nabla + \frac{i\hbar q}{2\mu}(\nabla\cdot\mathbf{A}) + \frac{q^2}{2\mu}\mathbf{A}^2\right]\Psi = E\Psi \tag{4.1.10}$$

我们以后会见到它的应用.

4.1.3 概率守恒

概率守恒定律是薛定谔方程的基本结果之一. 我们现在从带电粒子在电磁场

中运动的薛定谔方程(4.1.7)出发，来看看这一定律的特殊形式.

和前面 2.2 节中的推导类似，式(4.1.7)的复共轭为

$$-\mathrm{i}\hbar\frac{\partial\Psi^*}{\partial t}=\left[-\frac{\hbar^2}{2\mu}\nabla^2-\frac{\mathrm{i}q\hbar}{\mu}\boldsymbol{A}\cdot\nabla-\frac{\mathrm{i}\hbar q}{2\mu}(\nabla\cdot\boldsymbol{A})+\frac{q^2}{2\mu}\boldsymbol{A}^2+q\phi\right]\Psi^* \tag{4.1.11}$$

这里自然假定了电磁势是时空的实函数. 用 Ψ^* 乘式(4.1.7)，减去 Ψ 乘式(4.1.11)的积，适当运算后，可得下面的守恒定律：

$$\frac{\partial\rho}{\partial t}+\nabla\cdot\boldsymbol{j}=0 \tag{4.1.12}$$

这里概率密度 ρ 和概率流密度 $\boldsymbol{j}$ 分别为

$$\begin{aligned}\rho&=|\Psi|^2=\Psi^*\Psi\\ \boldsymbol{j}&=\frac{1}{2\mu}\{\Psi^*(\hat{\boldsymbol{p}}-q\boldsymbol{A})\Psi+[(\hat{\boldsymbol{p}}-q\boldsymbol{A})\Psi]^*\Psi\}\\ &=-\frac{\mathrm{i}\hbar}{2\mu}[\Psi^*\nabla\Psi-(\nabla\Psi^*)\Psi]-\frac{q}{\mu}\Psi^*\boldsymbol{A}\Psi\end{aligned} \tag{4.1.13}$$

和 2.2 节相比，概率流有变化. 它的前一项是和以前一样的，但在后面多了与电磁场的矢量势有关的一项.

4.1.4 阿哈罗诺夫-玻姆效应

为了了解量子运动与经典运动的差别，我们再来看一下电子的双缝干涉效应.

之前我们已经看到，单能电子穿过有双缝的栅墙时会在后面的显示屏上留下此起彼落的干涉条纹.

现在如果在栅墙的两缝之间放入一根螺线管，方向与电子的运动方向垂直，通过电流就可产生磁场(图 4.1.1)，但是磁场会局限在螺线管内，在电子经过的地方不会有磁场. 按照经典物理学，此时电子不会受到磁场的作用，于是在显示屏上的干涉条纹应该没有变化.

对此量子力学如何说？在量子力学里，出现在哈密顿量里的不是磁感应强度而是矢量势. 在没有磁场时，矢量势可以在全空间选为零；但在有磁场时，由于连续性，即使在没有磁场的地方我们也不能把它全选为零，这会有物理效应吗？

我们来解相应的量子力学问题.

此时的哈密顿量是(对电子，电荷 $q=-e,e>0$)

$$\begin{aligned}\hat{H}&=\frac{1}{2\mu}(\hat{\boldsymbol{p}}+e\boldsymbol{A})^2\\ \boldsymbol{B}&=\nabla\times\boldsymbol{A}\end{aligned} \tag{4.1.14}$$

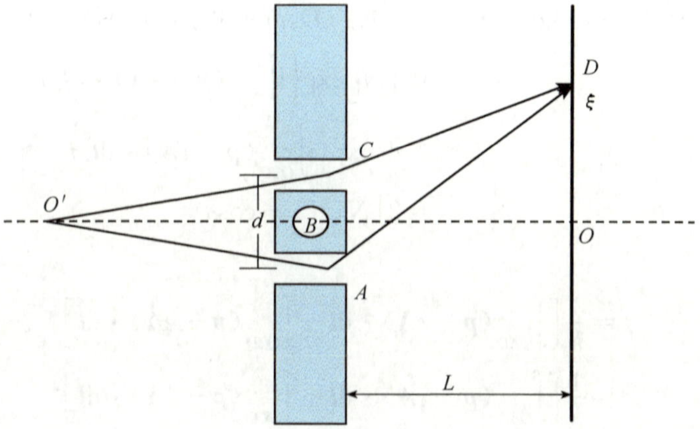

图 4.1.1 有磁场时的双缝干涉

定态方程为

$$\hat{H}\Psi = E\Psi \tag{4.1.15}$$

由于是散射问题,能量可以实验预设.

当没有磁场时($B=0$),完全是自由电子,定态解为

$$\Psi(\boldsymbol{x},t) = \psi_0(\boldsymbol{x})\mathrm{e}^{-\mathrm{i}Et/\hbar} \tag{4.1.16}$$

当有磁场时($B\neq 0$),定态波函数满足的方程为

$$-\frac{\hbar^2}{2\mu}\left(\boldsymbol{\nabla}+\frac{\mathrm{i}e}{\hbar}\boldsymbol{A}\right)^2\Psi(\boldsymbol{x},t) = E\Psi(\boldsymbol{x},t) \tag{4.1.17}$$

此方程可用下面的办法解. 令

$$\Psi(\boldsymbol{x},t) = \mathrm{e}^{-\mathrm{i}Et/\hbar}\psi_0(\boldsymbol{x})\phi(\boldsymbol{x}) \tag{4.1.18}$$

其中,$\psi_0(\boldsymbol{x})$即为无磁场时的自由电子解

$$-\frac{\hbar^2}{2\mu}\boldsymbol{\nabla}^2\psi_0(\boldsymbol{x}) = E\psi_0(\boldsymbol{x}) \tag{4.1.19}$$

而函数 $\phi(\boldsymbol{x})$则满足辅助方程

$$\left(\boldsymbol{\nabla}+\frac{\mathrm{i}e}{\hbar c}\boldsymbol{A}\right)\phi(\boldsymbol{x}) = 0 \tag{4.1.20}$$

这两个方程都易于解出,于是我们得到一般解

$$\Psi(\boldsymbol{x},t) = N\exp\left\{-\frac{\mathrm{i}Et}{\hbar}+\frac{\mathrm{i}}{\hbar}\int^{x}(\boldsymbol{p}-e\boldsymbol{A})\cdot\mathrm{d}\boldsymbol{l}\right\} \tag{4.1.21}$$

根据叠加性,可以求出在屏上 D 处发现粒子的概率

$$P(D) \sim |\Psi(D,t)|^2 = |\Psi_{OA}(D,t) + \Psi_{OC}(D,t)|^2$$
$$= \left| N\left[\exp\left\{ \mathrm{i}\int_{OAD} (\boldsymbol{p} - e\boldsymbol{A}) \cdot \mathrm{d}\boldsymbol{l}/\hbar \right\} + \exp\left\{ \mathrm{i}\int_{OCD} (\boldsymbol{p} - e\boldsymbol{A}) \cdot \mathrm{d}\boldsymbol{l}/\hbar \right\} \right] \right|^2$$
$$= 2|N|^2(1 + \cos\delta) \tag{4.1.22}$$

其中,相角

$$\delta = \frac{1}{\hbar}\left[\int_{OAD} (\boldsymbol{p} - e\boldsymbol{A}) \cdot \mathrm{d}\boldsymbol{l} - \int_{OCD} (\boldsymbol{p} - e\boldsymbol{A}) \cdot \mathrm{d}\boldsymbol{l} \right]$$
$$= \frac{1}{\hbar}\left[\int_{OAD} (\boldsymbol{p} - e\boldsymbol{A}) \cdot \mathrm{d}\boldsymbol{l} + \int_{DCO} (\boldsymbol{p} - e\boldsymbol{A}) \cdot \mathrm{d}\boldsymbol{l} \right]$$
$$= \frac{1}{\hbar}\oint (\boldsymbol{p} - e\boldsymbol{A}) \cdot \mathrm{d}\boldsymbol{l} = -\frac{e}{\hbar}\oint \boldsymbol{A} \cdot \mathrm{d}\boldsymbol{l} + \frac{1}{\hbar}\oint \boldsymbol{p} \cdot \mathrm{d}\boldsymbol{l}$$
$$= -\frac{e}{\hbar}\iint \nabla \times \boldsymbol{A} \cdot \mathrm{d}\boldsymbol{s} + \frac{1}{\hbar}\oint \boldsymbol{p} \cdot \mathrm{d}\boldsymbol{l}$$
$$= -\frac{e}{\hbar}\iint \boldsymbol{B} \cdot \mathrm{d}\boldsymbol{s} + \frac{1}{\hbar}\oint \boldsymbol{p} \cdot \mathrm{d}\boldsymbol{l} \tag{4.1.23}$$

最后一式的第一项正比于螺线管中的磁通量

$$\Phi = \iint \boldsymbol{B} \cdot \mathrm{d}\boldsymbol{s} \tag{4.1.24}$$

而第二项,参看图 4.1.1 的几何,可以从两条路径的波程差算出

$$\frac{1}{\hbar}\oint \boldsymbol{p} \cdot \mathrm{d}\boldsymbol{l} = \frac{2\pi}{\lambda}(l_{OAD} - l_{OCD}) = \frac{2\pi}{\lambda}(l_{AD} - l_{CD})$$
$$= \frac{2\pi}{\lambda}\left[\sqrt{L^2 + (\xi + d/2)^2} - \sqrt{L^2 + (\xi - d/2)^2} \right]$$
$$\doteq \frac{2\pi}{\lambda}\frac{\xi}{L} = \delta \quad (B = 0) \tag{4.1.25}$$

其中,d 为缝宽;L 为屏栅间距离;而

$$\lambda = \frac{h}{p} = \frac{h}{\sqrt{2\mu E}} \tag{4.1.26}$$

为电子的德布罗意波长.

最终我们得到干涉相角的表达式

$$\delta = \frac{d\xi}{L\lambda} - \frac{e\Phi}{\hbar} \tag{4.1.27}$$

干涉条纹的主极大在干涉相角等于零处. 如果没有磁场,磁通量为零,那么干涉条纹的主极大在中心处

$$\xi = 0 \tag{4.1.28}$$

如果有磁场，$\Phi \neq 0$，则主极大有变化，要移到

$$\xi = \frac{L\lambda}{2\pi d}\frac{e\Phi}{\hbar} = \frac{L}{d}\frac{e\Phi}{\sqrt{2\mu E}} \tag{4.1.29}$$

如图 4.1.1 所示，如果是磁场向纸外穿出，$\Phi > 0$，则加上磁场时，干涉条纹的主极大会向上移动. 如果改变磁场方向，则主极大会向相反方向移动.

实验完全证实了理论的预测. 这一效应称为**阿哈罗诺夫-玻姆效应**，是玻姆(D. Bohm)和阿哈罗诺夫(Y. Aharonov)在 1959 年理论上提出、1960 年实验证实的. 它反映了经典物理所没有揭示的电磁场背后的特性.

4.2 朗道能级

现在我们来讨论带电粒子(如电子)在均匀恒定磁场中的运动. 此时磁感应强度是个常矢量，于是可选常矢量势

$$\frac{\partial \boldsymbol{B}}{\partial t} = 0, \quad \frac{\partial \boldsymbol{B}}{\partial x_i} = 0, \quad \boldsymbol{B} = \nabla \times \boldsymbol{A}, \quad \partial_t \boldsymbol{A} = 0 \tag{4.2.1}$$

这个方程可以有多个解，不同解之间差一个规范变换.

4.2.1 不对称规范

设磁场沿 z 方向

$$\boldsymbol{B} = (0, 0, B) \tag{4.2.2}$$

我们可取个不对称规范，令

$$\boldsymbol{A} = (-By, 0, 0) \tag{4.2.3}$$

这时系统的哈密顿量为

$$\begin{aligned}\hat{H} &= \frac{1}{2\mu}(\hat{\boldsymbol{p}} - q\boldsymbol{A})^2 \\ &= \frac{1}{2\mu}[(\hat{p}_x + qBy)^2 + \hat{p}_y^2 + \hat{p}_z^2]\end{aligned} \tag{4.2.4}$$

对电子，则 $q = -e$. 这是个三自由度的系统. 从哈密顿量看，其中只出现坐标 y，因此 x、z 方向的动量就与哈密顿量对易，即可选为完备力学量组成员. 我们得到力学量完全组(CSCO)如下：

$$\begin{aligned}&(\hat{H}, \hat{p}_x, \hat{p}_z) \\ &[\hat{H}, \hat{p}_x] = [\hat{H}, \hat{p}_z] = [\hat{p}_z, \hat{p}_x] = 0\end{aligned} \tag{4.2.5}$$

这样定态方程

$$\hat{H}\psi(x,y,z)=E\psi(x,y,z) \tag{4.2.6}$$

的解可以用它们的共同本征态展开. 显然,动量 $\hat{p}_x$、$\hat{p}_z$ 的本征态是平面波,于是有

$$\psi(x,y,z)=\mathrm{e}^{\mathrm{i}(p_1x+p_3z)/\hbar}\chi(y) \tag{4.2.7}$$

把它代入定态方程,我们得到函数 $\chi(y)$满足的方程

$$\frac{1}{2\mu}\left[(p_1+qBy)^2-\hbar^2\frac{\mathrm{d}^2}{\mathrm{d}y^2}+p_3^2\right]\chi(y)=E\chi(y) \tag{4.2.8}$$

整理后得到下面的方程:

$$-\frac{\hbar^2}{2\mu}\frac{\mathrm{d}^2\chi(y)}{\mathrm{d}y^2}+\frac{1}{2}\mu\omega^2(y-y_0)^2\chi(y)=\varepsilon\chi(y) \tag{4.2.9}$$

其中

$$\omega^2=\left(\frac{qB}{\mu}\right)^2,\quad y_0=-\frac{p_1}{qB},\quad \varepsilon=E-\frac{p_3^2}{2\mu} \tag{4.2.10}$$

这是个谐振子,角频率为 ω,平衡点在 y_0 处. 根据以前关于谐振子的结果,我们得到$\varepsilon=(n+1/2)\hbar\omega$,于是总的能量本征值是

$$E=E_{p_3n}=\frac{p_3^2}{2\mu}+\left(n+\frac{1}{2}\right)\hbar\omega=\frac{p_3^2}{2\mu}+\left(n+\frac{1}{2}\right)\frac{\hbar|qB|}{\mu}$$
$$n=0,1,2,\cdots \tag{4.2.11}$$

而相应的本征函数为

$$\begin{aligned}\psi_{p_1p_3n}(x,y,z)&=N\mathrm{e}^{\mathrm{i}(p_1x+p_3z)/\hbar}\mathrm{e}^{-\alpha^2(y-y_0)^2/2}\mathrm{H}_n[\alpha(y-y_0)]\\&=N\mathrm{e}^{\mathrm{i}(p_1x+p_3z)/\hbar}\mathrm{e}^{-\frac{|qB|}{2\hbar}\left(y+\frac{p_1}{qB}\right)^2}\mathrm{H}_n\left[\sqrt{\frac{|qB|}{\hbar}}\left(y+\frac{p_1}{qB}\right)\right]\end{aligned} \tag{4.2.12}$$

其中,H_n 是厄米多项式.

从波函数看,粒子一方面以平面波的形式在 xz 平面内移动,另一方面则绕着平衡面 $y=y_0$ 振动. 从能谱上看,能量本征谱是一个连续背景上的离散谱,它被称为**朗道能级**.

由于动量 $\hat{p}_x$ 的本征值 p_1 不出现在能级里,所以电子在磁场中运动的能级一般是无穷简并的.

人物简介

列夫·朗道(Lev Landau,1908～1968,苏联)因关于凝聚态物质,特别是液氦的开创性理论(超流)而获得了1962年的诺贝尔物理学奖.朗道是物理的多面手,他对物理学的贡献几乎涉及各个领域.抗磁性和朗道能级、等离子体物理的朗道阻尼、低温物理的朗道能谱等,也都是他在物理学史上留下的足迹.他还给后人留下了著名的九卷教科书《理论物理教程》.

4.2.2 对称规范

现在考虑另一种规范,让我们将矢量势取为

$$\mathbf{A}=\left(-\frac{By}{2},\frac{Bx}{2},0\right) \tag{4.2.13}$$

而哈密顿量为

$$\begin{aligned}\hat{H}&=\frac{1}{2\mu}\left[\left(\hat{p}_x+\frac{qB}{2}\hat{y}\right)^2+\left(\hat{p}_y-\frac{qB}{2}\hat{x}\right)^2+\hat{p}_z^2\right]\\&=\frac{1}{2\mu}\left[(\hat{p}_x^2+\hat{p}_y^2+\hat{p}_z^2)+\frac{1}{4}(qB)^2(\hat{x}^2+\hat{y}^2)-qB\hat{L}_z\right]\end{aligned} \tag{4.2.14}$$

这里 $\hat{L}_z$ 是轨道角动量在 z 方向的投影.显然,在这种情况下用柱坐标系(ρ,φ,z)比较好

$$\begin{aligned}&x=\rho\cos\varphi,\quad y=\rho\sin\varphi\\&x^2+y^2=\rho^2\end{aligned} \tag{4.2.15}$$

此时

$$\hat{L}_z=\frac{\hbar}{\mathrm{i}}\frac{\partial}{\partial\varphi} \tag{4.2.16}$$

哈密顿量变为

$$\hat{H}=-\frac{\hbar^2}{2\mu}\frac{1}{\rho}\frac{\partial}{\partial\rho}\left(\rho\frac{\partial}{\partial\rho}\right)+\frac{1}{8\mu}(qB)^2\rho^2+\frac{1}{2\mu\rho^2}\hat{L}_z^2-\frac{qB}{2\mu}\hat{L}_z+\frac{1}{2\mu}\hat{p}_z^2 \tag{4.2.17}$$

从这个哈密顿量可以看出,前两项为垂直于磁场方向的聚散(径向)运动,第三、第四项是围绕磁场方向的转动,而最后一项是沿着磁场方向的平动.于是可选下面的完全力学量组:

$$(\hat{H}, \hat{p}_z, \hat{L}_z) \tag{4.2.18}$$

这三个力学量可以相互对易. 而能量本征态可以写成

$$\psi(\rho, \varphi, z) = e^{ip_3 z/\hbar} e^{im\varphi} \chi(\rho) \tag{4.2.19}$$

代到定态方程

$$\hat{H}\psi(\rho, \varphi, z) = E\psi(\rho, \varphi, z)$$

马上得到$\chi(\rho)$满足的方程

$$\begin{cases} \chi'' + \dfrac{1}{\rho}\chi' + \left[\dfrac{2\mu\varepsilon}{\hbar^2} - \dfrac{1}{4}\left(\dfrac{qB}{\hbar}\right)^2 \rho^2 - \dfrac{m^2}{\rho^2}\right]\chi = 0 \\ E = \varepsilon + \dfrac{p_3^2}{2\mu} + \dfrac{mqB\hbar}{2\mu} \end{cases} \tag{4.2.20}$$

这个方程可化到贝塞尔方程,由此可解出能量本征值 ε 和径向波函数,从而整个问题得解.

从这里我们可以看到,矢量势取不同的规范会导致不同的完全力学量组,从而得到不同的运动分解,用不同的波函数形式来描写. 也就是说,在不同的表象里看问题,图像是不一样的.

4.3 原子磁矩和塞曼效应

4.3.1 原子磁矩

前面我们已经解过氢原子,求出了氢原子里电子相对原子核运动的波函数. 作为氢原子波函数的一个应用,我们来看看氢原子中由于电子相对运动所形成的电流.

电流密度由电子所在的运动状态决定. 电子相对于核运动的状态由波函数(2.5.96)描写.

由概率守恒定律知道,电流密度 $\boldsymbol{J}_e$ 等于电子电荷($-e$)乘上概率流密度

$$\boldsymbol{J}_e = (-e)\boldsymbol{J} = -\frac{ie\hbar}{2\mu}\{\psi_{nlm} \nabla \psi_{nlm}^* - \psi_{nlm}^* \nabla \psi_{nlm}\} \tag{4.3.1}$$

在球坐标下,梯度算符

$$\begin{aligned} \nabla &= e_r \frac{\partial}{\partial r} + e_\theta \frac{1}{r}\frac{\partial}{\partial \theta} + e_\varphi \frac{1}{r\sin\theta}\frac{\partial}{\partial \varphi} \\ \boldsymbol{J}_e &= e_r J_{er} + e_\theta J_{e\theta} + e_\varphi J_{e\varphi} \end{aligned} \tag{4.3.2}$$

其中,e_r、e_θ、e_φ 分别表示沿 r、θ、φ 方向的单位矢量. 把波函数代入后,分别有

$$
\begin{aligned}
J_{er} &= \frac{i\hbar e}{2\mu}\left\{\psi_{nlm}^{*}\frac{\partial\psi_{nlm}}{\partial r}-\psi_{nlm}\frac{\partial}{\partial r}\psi_{nlm}^{*}\right\}=0\\
J_{e\theta} &= \frac{i\hbar e}{2\mu}\frac{1}{r}\left\{\psi_{nlm}^{*}\frac{\partial\psi_{nlm}}{\partial\theta}-\psi_{nlm}\frac{\partial}{\partial\theta}\psi_{nlm}^{*}\right\}=0\\
J_{e\varphi} &= \frac{i\hbar e}{2\mu r\sin\theta}\left\{\psi_{nlm}^{*}\frac{\partial\psi_{nlm}}{\partial\varphi}-\psi_{nlm}\frac{\partial\psi_{nlm}^{*}}{\partial\varphi}\right\}=-\frac{e\hbar m}{\mu r\sin\theta}\left|\psi_{nlm}\right|^{2}\\
&=-\frac{e\hbar m}{\mu r\sin\theta}R_{nl}^{2}(r)P_{l}^{m}(\cos\theta)^{2}
\end{aligned}
\tag{4.3.3}
$$

这些式子表明，电流只在垂直于 z 轴的平面内流动，电流的大小与方位角 φ 无关，在同一(r,θ)处的电流大小一样. 这就是说有一稳定的圆周电流绕 z 轴运动(图 4.3.1).

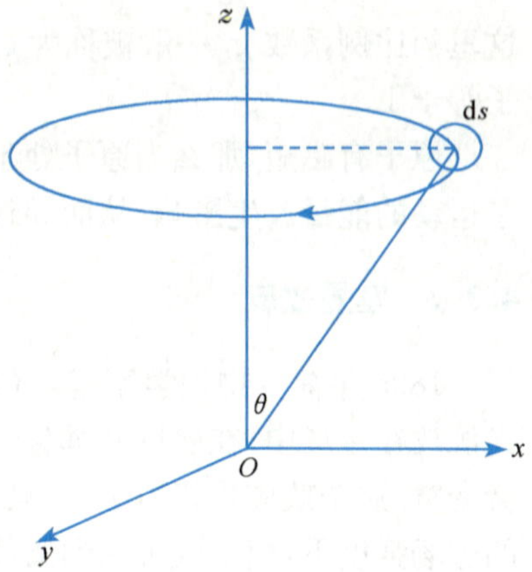

图 4.3.1　轨道电流

现在在(r,θ,φ)处，垂直于电流流动方向(e_{φ})取一横截面积 ds，则流过 ds 的圆周电流强度为

$$
\mathrm{d}I = J_{e\varphi}\mathrm{d}s \tag{4.3.4}
$$

它产生一磁矩. 根据电动力学计算有

$$
\mathrm{d}M_z = A\mathrm{d}I = \pi r^2\sin^2\theta J_{e\varphi}\mathrm{d}s \tag{4.3.5}
$$

其中，$A=\pi r^2\sin^2\theta$ 是圆周电流所环绕的平面区域面积. 将式(4.3.3)代入，有

$$
\begin{aligned}
\mathrm{d}M_z &= \frac{-e\hbar m}{2\mu}2\pi r\sin\theta\mathrm{d}s\left|\psi_{nlm}\right|^{2}\\
&=-\frac{e\hbar}{2\mu}m\left|\psi_{nlm}\right|^{2}\mathrm{d}\tau=-\frac{e\hbar}{2\mu}m\left|\psi_{nlm}\right|^{2}\mathrm{d}\tau
\end{aligned}
\tag{4.3.6}
$$

其中，$\mathrm{d}\tau=2\pi r\sin\theta\mathrm{d}s$ 是圆周电流所占的体积. 为求得原子中电子相对核运动产生的总磁矩，我们可对整个空间积分，由于波函数的归一化，得到

$$
M_z=-\frac{e\hbar}{2\mu}m\int\left|\psi_{nlm}\right|^{2}\mathrm{d}\tau=-\frac{e\hbar}{2\mu}m\approx-\mu_{\mathrm{B}}m \tag{4.3.7}
$$

其中

$$
\mu_{\mathrm{B}}=\frac{e\hbar}{2m_{\mathrm{e}}}=5.7883818060(17)\times10^{-11}\,\mathrm{MeV/T} \tag{4.3.8}
$$

称为**玻尔磁子**. 原子磁矩正比于轨道角动量的投影量子数 m，因而 m 被称为**磁量子数**. 因为磁量子数 m 取离散值，所以原子的磁矩是量子化的，且一般总不为零.

原子磁矩与角动量之比称为原子的回转磁比率. 这里的值为

$$\gamma = \frac{M_z}{L_z} = \frac{-e}{2\mu} \tag{4.3.9}$$

这个值与经典理论中得到的结果是一致的. 因为 z 轴可以任意取,所以磁矩与角动量在任何方向的投影的比也由式(4.3.9)给出,于是一般有

$$\begin{cases} \boldsymbol{M} = \gamma \boldsymbol{L} \\ \gamma = \dfrac{-e}{2\mu} = g_l \dfrac{-e}{2\mu} \\ g_l = 1 \end{cases} \tag{4.3.10}$$

这里的比例系数 g_l 一般被称为 g **因子**. 我们看到,对轨道角动量产生的磁矩,g 因子等于 1.

原子有磁矩,那么当原子处于外磁场中时,磁场对它就会有作用,这就会对电子运动的能量产生影响,从而导致光谱的变化.

4.3.2 塞曼效应

1896 年荷兰物理学家塞曼(P. Zeeman,1865～1943,荷兰)首先观察到,将钠光源放在磁场中,在磁场外垂直于磁力线方向用光谱仪测量谱线,发现钠的光谱线会变宽. 这个效应是相当小的,只有用高分辨率的谱仪才能观察到. 在当时可达到的磁场强度下,用谱仪观测到谱线的宽度约为钠的黄色双线间隔的 1/30,即相当于 0.02nm. 后人称这种现象为**塞曼效应**(图 4.3.2). 磁场能改变电磁波的振荡频率,这在当时是很难理解的. 为了进一步确认,通过在磁铁极上打孔来观察沿着磁力线方向的光谱线,观察到相同的现象.

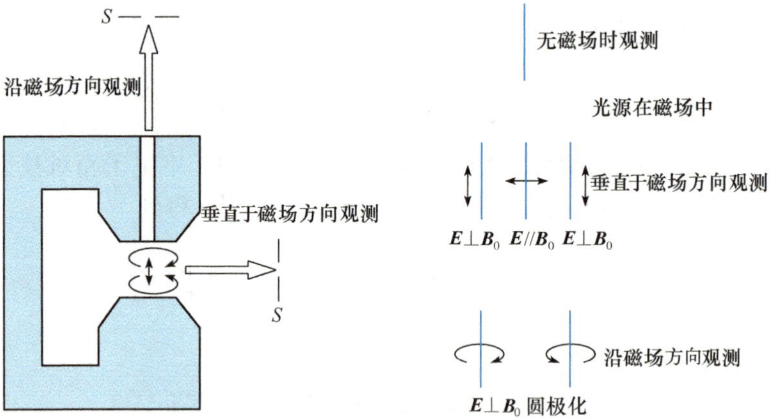

图 4.3.2 塞曼效应(图中由电矢量 $\boldsymbol{E}$ 表示谱线的极化特性)

人物简介

彼得·塞曼(Pieter Zeeman,1865~1943,荷兰),1882年即在《自然》杂志上发表了他第一篇关于北极光观察的文章.1885年进莱顿大学学习,1890年作为洛伦兹的助手研究克尔效应.1897年发现光谱的磁分裂,即为塞曼效应.由于此工作获1902年的诺贝尔物理学奖.他的工作还涉及光的多普勒效应,光在运动介质中的传播、原子核磁矩对谱线超精细结构的影响、发现同位素^{38}Ar和^{64}Ni等.

洛伦兹在塞曼效应发现后不久,就用经典电子论给出了理论解释.他认为光的发射是由物质中电子的振荡引起的.任意一个方向上的振动都可以分解为沿磁场方向的振动和在垂直于磁场方向平面内两个反向的圆周运动,共三个分量.在磁场中的光源,由于磁场对运动的电子的作用会产生以下效果:对平行于磁场的电子振荡,洛伦兹力为0,电子振荡频率不改变,它发射的光是沿磁场方向的线极化的光;对两个做相反方向圆周运动的电子运动,洛伦兹力会分别使频率变慢和变快,这两个分量发射的是垂直于磁场方向的圆极化的光.因此,在磁场中光源发出的谱线会分裂为三条谱线,而且分裂后的各条谱线是偏振的.

人物简介

亨德里克·洛伦兹(Hendrik Lorentz,1853~1928,荷兰),1875年以论文《光的反射和折射》获博士学位.24岁就任莱顿大学理论物理教授,他创建了物质的电子论,提出洛伦兹力,求出介质中光速与密度和成分有关的洛伦茨-洛伦兹公式.因塞曼效应的解释而获1902年诺贝尔物理学奖.为解释实验而假定洛伦兹收缩进而于1904年提出洛伦兹变换,为爱因斯坦狭义相对论的建立铺平了道路.退休后仍勤于科学传播,从1912年开始,每周为著名的"星期一上午讲座"作报告,坚持了近16年,向公众介绍世界科技进展.

4.3.3 理论解释

按照薛定谔关于单电子原子的理论,原子态由三个量子数:主量子数、轨道角动量量子数和磁量子数决定.在没有外场的情况下,原子的能量对磁量子数是简并的,当一个原子处在外磁场中时,由于原子磁矩和外磁场的作用,磁矩在磁感应强度为$\boldsymbol{B}$的磁场中的势能是

$$\Delta E = -\boldsymbol{M}_l \cdot \boldsymbol{B} \tag{4.3.11}$$

其中 $\boldsymbol{M}_l$ 是原子的轨道磁矩. 设磁场方向为 z 轴,用前面算得的原子磁矩代入,则有

$$\Delta E_m = m_l g_l \mu_B B \tag{4.3.12}$$

具有不同 m_l 量子数的态的势能不相同. 而磁矩在磁场中可能有 $2l+1$ 个取向,因此一个具有角动量 l 的原子态,若它的能量在没有外磁场时为 E_l,在外磁场中它的能量就可能处在 $2l+1$ 子能级中的某一个上,它的能量值 E_{ml} 为

$$E_{ml} = E_l + \Delta E_m \tag{4.3.13}$$

能级分裂如图 4.3.3 所示.

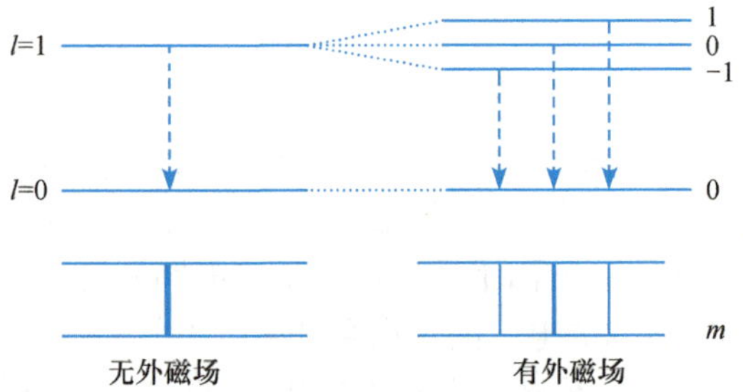

图 4.3.3　在磁场中能级的分裂

设磁场 $\boldsymbol{B}$ 沿 z 轴方向,原子在能级 E_2 和 E_1 间跃迁,在无磁场时原子发射的谱线频率为 ν,则

$$h\nu = E_2 - E_1 \tag{4.3.14}$$

在外磁场下能级发生分裂,即

$$\begin{aligned} E_2' &= E_2 + \Delta E_2 = E_2 + m_l g_l \mu_B B \\ E_1' &= E_1 + \Delta E_1 = E_1 + m_{l'} g_l \mu_B B \end{aligned} \tag{4.3.15}$$

分裂的能级是等间隔的. 在磁场中,原子发射的谱线的频率为 ν',则

$$h\nu' = E_2' - E_1' = (E_2 - E_1) + (m_l - m_{l'}) g_l \mu_B B \tag{4.3.16}$$

存在磁场时,发射的谱线与原谱线的频率之差为

$$h(\nu' - \nu) = \Delta m \cdot g_l \mu_B B = \Delta m \cdot \mu_B B \tag{4.3.17}$$

所以,原来原子角向激发 p 态($l=1, m=1,0,-1$)到基态 s 态($l=0, m=0$)跃迁只产生一条谱线,在磁场中就会分裂成三条($\Delta m=1,0,-1$). 这就很清楚地解释了三分裂的塞曼效应.

4.4 电子自旋

4.4.1 施特恩-格拉赫实验

我们已经知道,原子的轨道角动量在空间的取向是量子化的,原子有磁矩,那是否可以用实验直接来验证和测量呢? 1921 年施特恩(O. Stern, 1888～1969,德

裔美国)和格拉赫(W. Gerlach,1889～1979,德国)根据多年分子束实验的经验提出一个实验方案,直接显示原子的空间量子化并测量原子的磁矩.

由电磁理论知道,磁矩在不均匀磁场中除了受到力矩的作用,产生绕磁场的进动外,还将受到一个平移力

$$\boldsymbol{F}=\nabla(\boldsymbol{M}\cdot\boldsymbol{B}) \tag{4.4.1}$$

它取决于磁矩和磁场梯度. 设磁场方向沿 z 轴,且只是在 z 轴方向上是不均匀的,则平移力也在 z 轴方向

$$F_z=M_z\frac{\mathrm{d}B}{\mathrm{d}z} \tag{4.4.2}$$

将 $M_z=-m_l g_l\mu_B$ 代入得

$$F_z=-m_l g_l\mu_B\frac{\mathrm{d}B}{\mathrm{d}z} \tag{4.4.3}$$

式中,负号表示当 m_l 为负值时,μ_z 和磁场同方向,平移力沿磁场增加方向. 很明显,磁矩受力的情况和角动量在空间取向的量子化有关. 如果将原子射入磁场区,若磁场梯度 $\frac{\mathrm{d}B}{\mathrm{d}z}$ 和原子束流方向垂直,则在平移力的作用下,原子将沿磁场梯度方向发生位移. 这样,对于轨道角动量量子数为 l 的原子,在经过一个不均匀磁场区域后,由于它的磁矩的不同取向,束流将分散成 $2l+1$ 个空间成分. 于是,由束线分裂的数目可以定出 l. 如果已知磁场梯度、原子运动的速度等实验参数,根据原子束的位移就可推断出磁矩的大小.

图 4.4.1 为施特恩-格拉赫实验装置示意图. 在真空室中将银放在一个加热容器中,蒸发后的银原子从容器的小孔射出,通过准直缝后成为细束. 银原子束从垂直于磁场的方向射入,穿过磁场区后射在真空室内的屏上. 在屏上银原子会冷凝形成斑纹.

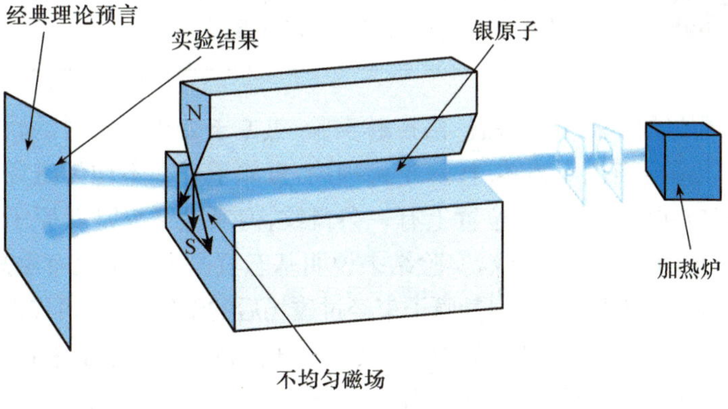

图 4.4.1 施特恩-格拉赫实验装置示意图

实验观察到屏上在垂直于束流的方向上形成两条斑纹，它们对称地分布在原子束射入位置的两侧，但在对应束线入射位置处并没有斑纹. 图 4.4.2 是施特恩实验成功后寄给玻尔的明信片，那是用实验结果照片做的. 从经典力学的观点看，原子轨道角动量的取向应是随机分布的，在屏上应观察到一条连续分布的斑痕，明显与此不同. 因此施特恩-格拉赫实验肯定了空间量子化的理论. 但由薛定谔理论的分析，若原子的轨道角动量量子数为 l，则应有 $2l+1$ 条斑痕. 不论 l 是何值，都应该有奇数条斑痕. 而实验的结果却出现了偶数，两条！

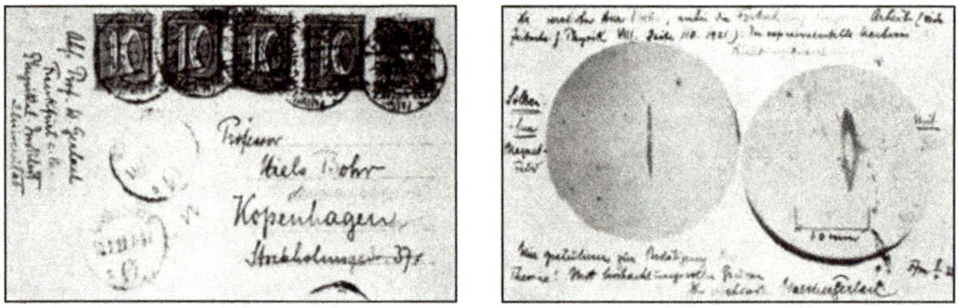

(a) (b)

图 4.4.2 施特恩的明信片(a)和施特恩-格拉赫银原子实验的结果(b)

(b)中左为不加磁场时的束流位置；右为有磁场的情况

人物简介

奥托·施特恩(Otto Stern，1888～1969，德国、美国)，早期在理论物理领域工作，1919 年后转向实验，发展了用分子束方法研究分子、原子和原子核的性质. 1922 年他和格拉赫一起用银原子束实验证明了空间量子化，测量了原子磁矩. 他还成功地进行了氢分子束和氦原子束与氟化锂晶体的衍射实验，验证了德布罗意物质波. 1933 年，用氢分子束的实验测量了质子的磁矩. 由于他在发展分子束方法上的贡献和质子磁矩的测定工作而获得 1943 年的诺贝尔物理学奖.

1927 年用氢原子做了施特恩-格拉赫实验. 氢原子处于基态时的轨道角动量为零，即 $l=0$，轨道磁矩也应为零. 按薛定谔理论，氢原子束在不均匀磁场中不应该分裂，在屏上只应在原束线入射位置上有一条斑纹，但实验结果是氢原子束分裂成两束，在屏上出现两条离散的斑纹，实验结果说明基态氢原子一定也有磁矩. 实验中的磁场梯度是可以测定的，通过测量原子束经过磁场后的偏转位移，可以测量原子的磁矩，结果是氢原子和银原子基态的磁矩都是一个玻尔磁子. 氢原子中只有一个电子，而磁矩总是和角动量联系在一起的. 因此，原子中的电子除了有轨道角动量以外，还可能具有其他未被我们认识的角动量，而且这个角动量是电子固有的.

由原子束的施特恩-格拉赫实验结果可以引出下列结论：

(1) 证实了空间量子化，原子的磁矩在磁场中只能有几个离散的不连续的取向.

(2) 通过对原子束线通过不均匀磁场后位移的定量计算，可以测量原子磁矩.

(3) 对单价原子即最外层只有一个电子的原子(如银原子和氢原子)，在磁场中受到的平移力都是相同的. 这说明所有原子内层电子的角动量和磁矩都相互抵消了，实验测量的只是最外层电子的效应.

(4) 氢原子基态的磁矩为一个玻尔磁子，这只能是电子本身磁矩的贡献.

例 4.4.1

银原子的施特恩-格拉赫实验. 实验时加热银蒸气的炉温为 1320K，不均匀磁场区的长度 d 为 0.1m，磁场梯度是 2300T/m，冷凝屏放在磁场末端. 屏上两条斑痕的间隔为 4mm. 试求银原子的磁矩.

解 设银原子以水平初速度 v 射入磁场中，原子经过不均匀磁场所需的时间是 $t=d/v$. 在通过磁场区后原子沿磁场方向的偏离位移为

$$s=\frac{1}{2}at^2=\frac{1}{2}\frac{F_z}{\mu_{\mathrm{Ag}}}\left(\frac{d}{v}\right)^2$$

其中，μ_{Ag} 为银原子的质量. 原子的方均根速率 $v=\sqrt{\frac{3kT}{\mu_{\mathrm{Ag}}}}$，所以

$$s=\frac{1}{2}\left(\boldsymbol{M}_z\frac{\mathrm{d}B}{\mathrm{d}z}\right)\frac{d^2}{3kT}=0.002\mathrm{m}$$

$$\boldsymbol{M}_z=\frac{6kT\times0.002}{2300\times0.1^2}=0.95\times10^{-23}(\mathrm{J/T})\approx\mu_{\mathrm{B}}$$

所以，银原子的磁矩约为一个玻尔磁子.

4.4.2 钠原子光谱线的精细结构

氢原子能级的主要结构是由原子中电子和原子核间的静电作用决定的，通过解薛定谔方程计算氢原子的能级，能够很好地解释用一般分辨本领的光谱仪测得的氢原子光谱. 碱金属原子是一种类氢原子，照例应该有和氢原子类似的光谱. 由银原子的施特恩-格拉赫实验也可以说明对单价电子原子，所有原子内层电子的角动量都相互抵消了，只考虑价电子的角动量. 因此，碱金属原子的光谱也较简单，只是由价电子的能级跃迁引起的. 但实际上发现，碱金属如钠，其许多光谱线都有双线结构. 这表明钠原子的能级有较氢原子复杂的结构. 图 4.4.3(a)给出钠的发射谱和在太阳光谱中的吸收线，图 4.4.3(b)给出钠的相应能级，作为参考，在图的

右侧画出了氢原子的能级. 可以看到在主量子数较大时钠能级逐渐和氢原子接近. 碱金属原子的光谱的黄色谱线是 3p-3s 间的跃迁，当用较高分辨本领的光谱仪观察时，发现它有双线结构，即谱线有精细结构. 钠的黄色谱线常被称为 D 双线，两条谱线的波长分别为 589.0nm 和 589.6nm.

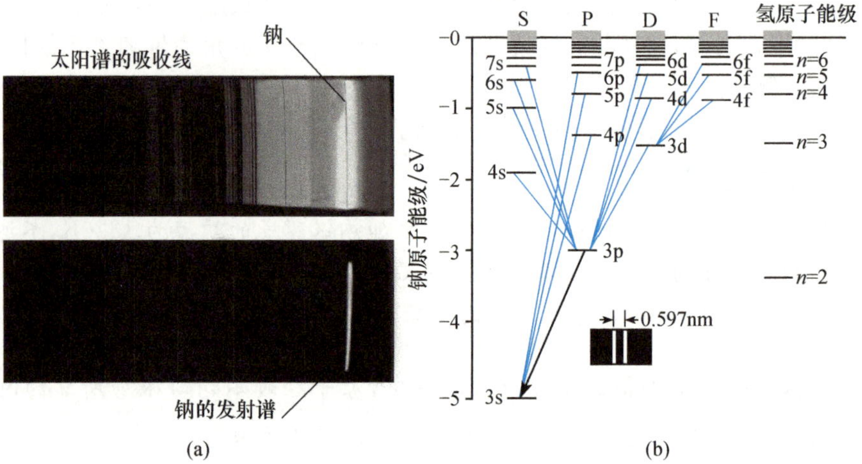

图 4.4.3　钠的谱线和能级

(a) 钠的吸收线和发射谱线；(b) 钠原子的能级图和黄色谱线的双线结构

用高分辨本领的光谱仪观察氢原子的光谱，同样发现了光谱线的精细结构. 光谱的精细结构是指当人们用分辨本领高的光谱仪观察原子光谱时，发现原来的一条谱线实际上包含着两条或几条波长非常接近的谱线. 氢原子的精细结构光谱显示出，巴耳末系中的每一谱线都具有双线结构，双线间隔约为 0.36cm^{-1}，相应的能级分裂为 4.5×10^{-5}eV. 针对氢原子光谱的精细结构如何由原子的能级来解释，早期索末菲(A. J. W. Sommerfeld，1868～1951，德国)提出可用电子能量的相对论修正来解释. 索末菲认为按照相对论，电子运动时其质量要随速度而变化. 电子以椭圆轨道运动时，它的速度的变化将对电子的能量产生影响. 他由此出发对玻尔模型的能级公式进行了修正，所得的结果与氢原子光谱相当符合. 但将索末菲的理论应用到碱金属原子时遇到了困难. 在碱金属原子中，价电子的运动速度较氢原子中的电子速度要慢，其质量随速度的变化很小，相应的能量的修正很小，因此而引起的谱线的分裂应很小. 然而，实际观察到的是，对钠原子光谱的波长为 589.3nm 谱线，其精细结构的双线间隔，用波数表示是 $\Delta\tilde{\nu}=17\text{cm}^{-1}$，相应的能量分裂 $\Delta E=2.1\times10^{-3}$eV. 可以看，到碱金属原子谱线的分裂比氢原子谱线的分裂要大得多，因此索末菲的理论不适用.

4.4.3　电子自旋假设

1925 年，乌伦贝克(G. E. Uhlenbeck，1900～1988，德国)和古兹密特(S. A.

Goudsmit,1902～1978,德国)为了解释这些实验现象,首先提出了电子自旋假说.

(1) 每一个电子都具有内禀角动量(称为自旋 spin)$\boldsymbol{S}$,它在空间任何方向上的投影只可能取两个数值

$$S_z=\pm\frac{\hbar}{2} \tag{4.4.4}$$

(2) 假设每个电子都具有自旋磁矩 $\boldsymbol{M}_s$,它和自旋角动量的关系为

$$\boldsymbol{M}_s=-\frac{e}{m_e}\boldsymbol{S} \tag{4.4.5}$$

其中,$-e$ 为电子电荷;m_e 为电子质量. $\boldsymbol{\mu}_s$ 在空间任意方向的投影只能取两个数值

$$M_{S_z}=\pm\frac{e\hbar}{2m_e}=\pm\mu_B \tag{4.4.6}$$

其中,$\mu_B=e\hbar/2m$ 为玻尔磁子.

之后大量的实验证明,这两条假设是正确的,从而证实了电子自旋的存在.

除了电子有自旋以外,实验还发现,所有的微观粒子都有自旋,例如,质子、中子、μ 子自旋为 1/2,π 介子自旋为 0,光子自旋为 1. 自从高能加速器建造成功以来,实验上又发现了大量新的微观粒子及“共振态”,它们都具有自旋,取值从 0、1/2 直到 1、3/2、2、5/2 以至于更高. 这些事实说明,自旋是与微观粒子的本性有关的,是一种与空间自由度运动无关的内禀运动,自旋变量只能取离散的数值.

我们知道原子中电子的轨道运动(轨道角动量)会产生磁矩,电子的自旋也会产生磁矩,两者有什么不同呢?

我们来看旋磁比

$$\gamma=\frac{M_{S_z}}{S_z}=\frac{e}{m_e}=\frac{e}{2m_e}g_s \tag{4.4.7}$$
$$g_s=2$$

即自旋产生磁矩的 g 因子为 2,而轨道角动量产生磁矩的 g 因子为 1! 这表明电子的自旋角动量和轨道角动量有着本质上的不同.

4.4.4 自旋波函数

由于微观粒子具有自旋,描写粒子所处的状态,除了像前面用三个变数来描写粒子的空间运动以外,还需要引进第四个变数,即自旋在空间某给定方向(如 z 方向)上的投影 S_z 来描写自旋态,这就是说,微观粒子具有四个自由度:三个坐标和一个自旋变量. 自旋变量可以作为一个指标加在波函数上,因而粒子的波函数成为

$$\psi=\psi(x,y,z,S_z,t) \tag{4.4.8}$$

由于电子自旋变量只取两个离散的值,我们干脆把全函数写出来成一列矩阵

$$\psi=\begin{pmatrix}\psi\left(x,y,z,S_z=\dfrac{\hbar}{2},t\right)\\ \psi\left(x,y,z,S_z=-\dfrac{\hbar}{2},t\right)\end{pmatrix}=\begin{pmatrix}\psi_1(\boldsymbol{x},t)\\ \psi_2(\boldsymbol{x},t)\end{pmatrix}\tag{4.4.9}$$

它有时被称为旋量波函数，ψ_1 称为朝上分量，ψ_2 称为朝下分量.

按照波函数的概率解释，整体归一后，$|\psi_1(\boldsymbol{x},t)|^2$ 就是在坐标 $\boldsymbol{x}$ 处发现粒子自旋朝上的概率密度，$|\psi_2(\boldsymbol{x},t)|^2$ 则为自旋朝下的概率密度. $\int|\psi_1(\boldsymbol{x},t)|^2\mathrm{d}\tau$ 则为整个空间中粒子自旋朝上的概率；$\int|\psi_2(\boldsymbol{x},t)|^2\mathrm{d}\tau$ 则为自旋朝下的概率. 于是归一化条件为

$$\begin{aligned}1&=\int|\psi_1(\boldsymbol{x},t)|^2\mathrm{d}\tau+\int|\psi_2(\boldsymbol{x},t)|^2\mathrm{d}\tau=\int\mathrm{d}\tau\sum_{a=1,2}\int|\psi_a(\boldsymbol{x},t)|^2\mathrm{d}\tau\\&=\int\mathrm{d}\tau\sum_{S_z=\pm\hbar/2}\int|\psi(\boldsymbol{x},S_z,t)|^2=\int\mathrm{d}\tau\psi^+\psi\end{aligned}\tag{4.4.10}$$

旋量波函数(4.4.9)也可写为

$$\begin{aligned}\psi&=\psi_1(\boldsymbol{x},t)\begin{pmatrix}1\\0\end{pmatrix}+\psi_2(\boldsymbol{x},t)\begin{pmatrix}0\\1\end{pmatrix}\\&=\psi_1(\boldsymbol{x},t)\chi_{1/2}+\psi_2(\boldsymbol{x},t)\chi_{-1/2}\end{aligned}\tag{4.4.11}$$

其中，纯自旋波函数为

$$\begin{aligned}\chi_{1/2}&=\begin{pmatrix}1\\0\end{pmatrix}\equiv\chi_+\equiv|+\rangle\equiv|0\rangle\\ \chi_{-1/2}&=\begin{pmatrix}0\\1\end{pmatrix}\equiv\chi_-\equiv|-\rangle\equiv|1\rangle\end{aligned}\tag{4.4.12}$$

它们分别为自旋朝上和朝下的本征态.

在许多情况下，粒子的空间部分可与自旋分开，此时波函数可写为

$$\begin{aligned}\boldsymbol{\Psi}&=\psi(\boldsymbol{x},t)\chi\\ \chi&=\begin{pmatrix}a\\b\end{pmatrix}=a\chi_++b\chi_-\end{aligned}\tag{4.4.13}$$

而自旋部分的归一化条件便是

$$\chi^+\chi=a^*a+b^*b=1\tag{4.4.14}$$

亦即 $|a|^2$ 为此时自旋朝上的概率，$|b|^2$ 为此时自旋朝下的概率.

4.4.5 自旋算符

作用于自旋指标上的算符就是自旋角动量算符. 电子的自旋算符 $\hat{\boldsymbol{S}}$ 应满足和

轨道角动量一样的对易关系，即

$$\hat{\boldsymbol{S}} \times \hat{\boldsymbol{S}} = \mathrm{i}\hbar \hat{\boldsymbol{S}} \tag{4.4.15}$$

或写成分量形式

$$[\hat{S}_i, \hat{S}_j] = \mathrm{i}\hbar \sum_k \varepsilon_{ijk} \hat{S}_k, \quad i,j = 1,2,3 \tag{4.4.16}$$

引进自旋平方算符

$$\hat{\boldsymbol{S}}^2 = \hat{S}_x^2 + \hat{S}_y^2 + \hat{S}_z^2 \equiv \sum \hat{S}_i^2 \tag{4.4.17}$$

它和自旋的各个分量 $\hat{S}_x$、$\hat{S}_y$、$\hat{S}_z$ 是相互对易的. 由前面的讨论，$\hat{\boldsymbol{S}}^2$ 的本征值为 $S(S+1)\hbar^2$，$\hat{\boldsymbol{S}}$ 的分量 $\hat{S}_z$ 的本征值为 $m_s\hbar$，可能的 m_s 值为 $-S$ 到 $+S$，一共有 $(2S+1)$ 个值. 但实验上，自旋分量只能取两种可能的值，这表明 $2S+1=2$，因此 $S=\frac{1}{2}$，而 $m_s=+\frac{1}{2}$、$-\frac{1}{2}$，即电子的自旋等于 $\frac{1}{2}\hbar$. 若以 χ_{m_s} 表示 $\hat{\boldsymbol{S}}^2$、$\hat{S}_z$ 的共同本征态，则有

$$\begin{aligned} \hat{\boldsymbol{S}}^2 \chi_{m_s} &= \frac{1}{2}\left(\frac{1}{2}+1\right)\hbar^2 \chi_{m_s} = \frac{3}{4}\hbar^2 \chi_{m_s} \\ \hat{S}_z \chi_{m_s} &= m_s\hbar \chi_{m_s}, \quad m_s = \pm\frac{1}{2} \end{aligned} \tag{4.4.18}$$

由于自旋的三个分量 $\hat{S}_x$、$\hat{S}_y$、$\hat{S}_z$ 处于完全等同的地位，因此将式(4.4.18)中的 $\hat{S}_z$ 换成 $\hat{S}_x$、$\hat{S}_y$ 即可看出，$\hat{S}_x$、$\hat{S}_y$ 的本征值也是 $\pm\hbar/2$.

通常为了表述的方便，引入算符 $\hat{\boldsymbol{\sigma}}(\hat{\sigma}_x, \hat{\sigma}_y, \hat{\sigma}_z)$ 代替 $\hat{\boldsymbol{S}}(\hat{S}_x, \hat{S}_y, \hat{S}_z)$，$\hat{\boldsymbol{\sigma}}$ 与 $\hat{\boldsymbol{S}}$ 的关系是

$$\hat{\boldsymbol{S}} = \frac{\hbar}{2}\hat{\boldsymbol{\sigma}} \tag{4.4.19}$$

写成分量形式

$$\hat{S}_x = \frac{\hbar}{2}\hat{\sigma}_x, \quad \hat{S}_y = \frac{\hbar}{2}\hat{\sigma}_y, \quad \hat{S}_z = \frac{\hbar}{2}\hat{\sigma}_z \tag{4.4.20}$$

由 $\hat{\boldsymbol{S}}$ 的性质不难推得算符 $\hat{\boldsymbol{\sigma}}$ 具有下列性质.

(1) 由 $\hat{\boldsymbol{S}}$ 的对易关系式(4.4.16)可以得出 $\hat{\boldsymbol{\sigma}}$ 满足如下对易关系：

$$\begin{aligned} &\hat{\boldsymbol{\sigma}} \times \hat{\boldsymbol{\sigma}} = 2\mathrm{i}\hat{\boldsymbol{\sigma}} \\ &[\hat{\sigma}_i, \hat{\sigma}_j] = 2\mathrm{i}\sum_k \varepsilon_{ijk}\hat{\sigma}_k \end{aligned} \tag{4.4.21}$$

写成分量形式为

$$\begin{cases} \hat{\sigma}_x\hat{\sigma}_y - \hat{\sigma}_y\hat{\sigma}_x = [\hat{\sigma}_x, \hat{\sigma}_y] = 2\mathrm{i}\hat{\sigma}_z \\ \hat{\sigma}_y\hat{\sigma}_z - \hat{\sigma}_z\hat{\sigma}_y = [\hat{\sigma}_y, \hat{\sigma}_z] = 2\mathrm{i}\hat{\sigma}_x \\ \hat{\sigma}_z\hat{\sigma}_x - \hat{\sigma}_x\hat{\sigma}_z = [\hat{\sigma}_z, \hat{\sigma}_x] = 2\mathrm{i}\hat{\sigma}_y \end{cases} \tag{4.4.22}$$

(2) 由于 $\hat{S}_x$、$\hat{S}_y$、$\hat{S}_z$ 的本征值为 $\pm\hbar/2$，可知 $\hat{\sigma}_x$、$\hat{\sigma}_y$、$\hat{\sigma}_z$ 的本征值为 ±1，而 $\hat{\sigma}_x^2$、$\hat{\sigma}_y^2$、$\hat{\sigma}_z^2$ 的本征值为 1，即 $\hat{\sigma}_x^2$、$\hat{\sigma}_y^2$、$\hat{\sigma}_z^2$ 皆为单位算符

$$\hat{\sigma}_x^2 = \hat{\sigma}_y^2 = \hat{\sigma}_z^2 = \mathbb{1} \tag{4.4.23}$$

这里 $\mathbb{1}$ 是单位算符，对于自旋为 1/2 的粒子，它的形式是 2×2 的矩阵.

(3) $\hat{\boldsymbol{\sigma}}$ 的三个分量相互反对易，即

$$\begin{cases}\hat{\sigma}_x\hat{\sigma}_y + \hat{\sigma}_y\hat{\sigma}_x = \{\hat{\sigma}_x,\hat{\sigma}_y\} = 0\\ \hat{\sigma}_y\hat{\sigma}_z + \hat{\sigma}_z\hat{\sigma}_y = \{\hat{\sigma}_y,\hat{\sigma}_z\} = 0\\ \hat{\sigma}_z\hat{\sigma}_x + \hat{\sigma}_x\hat{\sigma}_z = \{\hat{\sigma}_z,\hat{\sigma}_x\} = 0\end{cases} \tag{4.4.24}$$

我们来证明其中之一. 由式(4.4.22)有

$$\begin{aligned}\hat{\sigma}_x\hat{\sigma}_y + \hat{\sigma}_y\hat{\sigma}_x &= \frac{1}{2\mathrm{i}}(\hat{\sigma}_y\hat{\sigma}_z - \hat{\sigma}_z\hat{\sigma}_y)\hat{\sigma}_y + \frac{1}{2\mathrm{i}}\hat{\sigma}_y(\hat{\sigma}_y\hat{\sigma}_z - \hat{\sigma}_z\hat{\sigma}_y)\\ &= \frac{1}{2\mathrm{i}}(\hat{\sigma}_y\hat{\sigma}_z\hat{\sigma}_y - \hat{\sigma}_z\hat{\sigma}_y^2 + \hat{\sigma}_y^2\hat{\sigma}_z - \hat{\sigma}_y\hat{\sigma}_z\hat{\sigma}_y)\end{aligned}$$

由于 $\hat{\sigma}_y^2=1$，则得到

$$\hat{\sigma}_x\hat{\sigma}_y + \hat{\sigma}_y\hat{\sigma}_x = 0$$

同理可证式(4.4.24)中的另外两式. 结合前面的关系，可以把反对易关系写为

$$\{\hat{\sigma}_i,\hat{\sigma}_j\} = 2\delta_{ij}, \quad i,j = 1,2,3 \tag{4.4.25}$$

再和对易关系结合，有下面很实用的一般关系：

$$\hat{\sigma}_i\hat{\sigma}_j = \frac{1}{2}\{\hat{\sigma}_i,\hat{\sigma}_j\} + \frac{1}{2}[\hat{\sigma}_i,\hat{\sigma}_j] = \delta_{ij} + \mathrm{i}\sum\nolimits_k \varepsilon_{ijk}\hat{\sigma}_k \tag{4.4.26}$$

(4) 将式(4.4.22)中的头一式作用到 $\hat{\sigma}_z$ 上，可得等式

$$\hat{\sigma}_x\hat{\sigma}_y\hat{\sigma}_z = \mathrm{i}\,\mathbb{1} \tag{4.4.27}$$

根据前面的表象理论，我们可以写下自旋算符在它自己的表象中的矩阵形式. 由于 $(\hat{\boldsymbol{S}}^2,\hat{S}_z)$ 只有两个共同本征态 χ_+、χ_-，因此自旋算符都是二阶矩阵. 首先 $(\hat{\boldsymbol{S}}^2,\hat{S}_z)$ 在自己的表象中是对角的，对角元即为本征值，于是有

$$\hat{S}^2 = \frac{3}{4}\hbar^2\begin{pmatrix}1 & 0\\ 0 & 1\end{pmatrix} = \frac{3}{4}\hbar^2\,\mathbb{1} \tag{4.4.28}$$

$$\hat{S}_z = \frac{\hbar}{2}\hat{\sigma}_z = \frac{\hbar}{2}\begin{pmatrix}1 & 0\\ 0 & -1\end{pmatrix} \equiv \frac{\hbar}{2}\sigma_z \tag{4.4.29}$$

再由前面的对易关系，适当选择相位后，可得其他两个自旋算符的形式

$$\hat{S}_x = \frac{\hbar}{2}\hat{\sigma}_x = \frac{\hbar}{2}\begin{pmatrix}0 & 1\\ 1 & 0\end{pmatrix} \equiv \frac{\hbar}{2}\sigma_x \tag{4.4.30}$$

$$\hat{S}_y = \frac{\hbar}{2}\hat{\sigma}_y = \frac{\hbar}{2}\begin{pmatrix} 0 & -\mathrm{i} \\ \mathrm{i} & 0 \end{pmatrix} \equiv \frac{\hbar}{2}\sigma_y \tag{4.4.31}$$

式中的三个矩阵

$$\begin{cases} \hat{\sigma}_x = \begin{pmatrix} 0 & 1 \\ 1 & 0 \end{pmatrix} \\ \hat{\sigma}_y = \begin{pmatrix} 0 & -\mathrm{i} \\ \mathrm{i} & 0 \end{pmatrix} \\ \hat{\sigma}_z = \begin{pmatrix} 1 & 0 \\ 0 & -1 \end{pmatrix} \end{cases} \tag{4.4.32}$$

称为**泡利自旋矩阵**，显然，它们是厄米矩阵，相互反对易，并满足式(4.4.22)～式(4.4.27)确立的全部关系.

人物简介

沃尔夫冈·泡利(Wolfgang Pauli，1900～1958，奥地利)，量子力学的创建者之一，因提出不相容原理而获得了1945年的诺贝尔物理学奖. 他有尖锐的物理批判能力，提出了自旋方程、中微子假说等，在量子场论理论等方面贡献突出. 他在大学时应其导师索末菲之约而为《数学科学百科全书》写的关于相对论文章获得了爱因斯坦的罕见赞誉：无论谁研究这部成熟且构思宏大的著作，或许都不会相信其作者年仅21岁. 人们不禁要问，究竟该最钦佩作者的哪一点：对思想发展的心理理解、数学推导的严谨性、深刻的物理洞察力、清晰系统的阐述能力、对文献的掌握、对主题的全面处理，还是对批评性评价的把握.

4.4.6 自旋在任意方向投影的波函数

前面我们有了自旋在 z 方向的投影 $\hat{S}_z$ 的本征函数 χ_m，如果考虑自旋在任意方向 $\boldsymbol{n}=(\sin\theta\cos\varphi, \sin\theta\sin\varphi, \cos\theta)$ 的投影 $\hat{\boldsymbol{S}}\cdot\boldsymbol{n}$，那么它的本征态又如何呢？

$$\hat{\boldsymbol{S}}\cdot\boldsymbol{n} = \frac{\hbar}{2}\boldsymbol{\sigma}\cdot\boldsymbol{n} = \frac{\hbar}{2}\begin{pmatrix} \cos\theta & \sin\theta \mathrm{e}^{-\mathrm{i}\varphi} \\ \sin\theta \mathrm{e}^{\mathrm{i}\varphi} & -\cos\theta \end{pmatrix} \tag{4.4.33}$$

本征方程

$$\begin{aligned} \hat{\boldsymbol{S}}\cdot\boldsymbol{n}\chi &= \frac{\hbar}{2}r\chi \\ \boldsymbol{\sigma}\cdot\boldsymbol{n}\chi &= r\chi \end{aligned} \tag{4.4.34}$$

由此可求出两个本征态的显示式($r=\pm1$)

$$
\begin{aligned}
\chi_+(\boldsymbol{n}) &= \begin{pmatrix} \cos\frac{\theta}{2}e^{-i\varphi/2} \\ \sin\frac{\theta}{2}e^{i\varphi/2} \end{pmatrix} = \cos\frac{\theta}{2}e^{-i\varphi/2}\chi_+ + \sin\frac{\theta}{2}e^{i\varphi/2}\chi_- \\
\chi_-(\boldsymbol{n}) &= \begin{pmatrix} -\sin\frac{\theta}{2}e^{-i\varphi/2} \\ \cos\frac{\theta}{2}e^{i\varphi/2} \end{pmatrix} = -\sin\frac{\theta}{2}e^{-i\varphi/2}\chi_+ + \cos\frac{\theta}{2}e^{i\varphi/2}\chi_-
\end{aligned}
\tag{4.4.35}
$$

下面列出自旋在 x 方向和 y 方向的本征态

$$
\begin{aligned}
\chi_+(x) &= \frac{1}{\sqrt{2}}\begin{pmatrix} 1 \\ 1 \end{pmatrix}, \quad \chi_-(x) = \frac{-1}{\sqrt{2}}\begin{pmatrix} 1 \\ -1 \end{pmatrix} \\
\chi_+(y) &= \frac{e^{-i\pi/4}}{\sqrt{2}}\begin{pmatrix} 1 \\ i \end{pmatrix}, \quad \chi_-(y) = \frac{e^{-i3\pi/4}}{\sqrt{2}}\begin{pmatrix} 1 \\ -i \end{pmatrix}
\end{aligned}
\tag{4.4.36}
$$

它们分别为 σ_x 和 σ_y 的本征态(实用上为了方便,常常可忽略掉一个整体相因子).

4.4.7 泡利方程

前面我们说到过质量为 μ、电荷为 q 的粒子在由电磁势$(\varphi,\boldsymbol{A})$描写的电磁场中运动的哈密顿量.现在考虑到此粒子还有内部自由度自旋,它所产生的磁矩也要与磁场作用,于是哈密顿量需改写为

$$
\hat{H} = \frac{1}{2\mu}(\hat{\boldsymbol{p}} - q\boldsymbol{A})^2 + q\varphi + (-\boldsymbol{M}\cdot\boldsymbol{B}) \tag{4.4.37}
$$

如果是电子,则

$$
q = -e, \quad -\boldsymbol{M}\cdot\boldsymbol{B} = \frac{e}{\mu}\hat{\boldsymbol{S}}\cdot\boldsymbol{B} = \frac{e\hbar B}{2\mu}\boldsymbol{\sigma}\cdot\boldsymbol{n}, \quad \boldsymbol{n} = \frac{\boldsymbol{B}}{B} \tag{4.4.38}
$$

因此,自旋的电子在电磁场中的运动方程为

$$
\begin{aligned}
& i\hbar\frac{\partial\Psi}{\partial t} = \hat{H}\Psi = \left[-\frac{\hbar^2}{2\mu}\left(\nabla + \frac{ie}{\hbar}\boldsymbol{A}\right)^2 - e\varphi + \frac{e}{\mu}\hat{\boldsymbol{S}}\cdot\boldsymbol{B}\right]\Psi \\
& \boldsymbol{\Psi} = \begin{pmatrix} \psi_1 \\ \psi_2 \end{pmatrix}
\end{aligned}
\tag{4.4.39}
$$

这就是考虑了电子自旋的泡利方程.如果电磁场不依赖于时间,则我们有定态方程

$$
\begin{aligned}
& \left[-\frac{\hbar^2}{2\mu}\left(\nabla + \frac{ie}{\hbar}\boldsymbol{A}\right)^2 - e\varphi + \frac{e\hbar B}{2\mu}\boldsymbol{\sigma}\cdot\boldsymbol{n}\right]\Psi = E\Psi \\
& \boldsymbol{\Psi} = \begin{pmatrix} \psi_1 \\ \psi_2 \end{pmatrix}
\end{aligned}
\tag{4.4.40}
$$

加上初始条件和相应的边界条件就可以求解.

4.4.8 自旋磁矩在磁场中的转动

在很多讨论自旋运动的情况中,轨道运动与自旋运动可以分离.下面我们只讨论自旋磁矩在稳定磁场中的转动.此时哈密顿量就是

$$\hat{H} = -\boldsymbol{M}_s \cdot \boldsymbol{B} = \frac{e}{\mu}\hat{\boldsymbol{S}} \cdot \boldsymbol{B} = \frac{e\hbar B}{2\mu}\boldsymbol{\sigma} \cdot \boldsymbol{n} = \hbar\omega\boldsymbol{\sigma} \cdot \boldsymbol{n}$$
$$\boldsymbol{n} \equiv \frac{\boldsymbol{B}}{B}, \quad \omega = \frac{eB}{2\mu} \tag{4.4.41}$$

显然,$\boldsymbol{n}$ 即为粒子所在位置的磁场方向,与时间无关;2ω 是自旋进动的拉莫尔(Larmor)频率.

考虑了初始条件的定解方程为

$$\mathrm{i}\hbar\frac{\partial\Psi}{\partial t} = \hat{H}\Psi = \hbar\omega\boldsymbol{\sigma} \cdot \boldsymbol{n}\Psi$$
$$\Psi(t) = \begin{pmatrix}\psi_1(t)\\ \psi_2(t)\end{pmatrix} \tag{4.4.42}$$
$$\Psi(t=0) = \begin{pmatrix}\psi_1(0)\\ \psi_2(0)\end{pmatrix} = \chi_i$$

这个方程可以用各种方法求解.例如,写成分量,用联合方程求解,也可用 $\boldsymbol{\sigma} \cdot \boldsymbol{n}$ 的本征态展开求解.这里我们提供另一种解法.

方程可以从形式上积分得

$$\Psi(t) = \mathrm{e}^{-\frac{\mathrm{i}}{\hbar}\int_0^t \hat{H}\mathrm{d}\tau}\Psi(t=0) = \mathrm{e}^{-\mathrm{i}\omega t\boldsymbol{\sigma}\cdot\boldsymbol{n}}\chi_i \tag{4.4.43}$$

利用泡利矩阵的性质可知

$$(\boldsymbol{\sigma} \cdot \boldsymbol{n})^2 = 1 \tag{4.4.44}$$

于是,我们有

$$\begin{aligned}
\mathrm{e}^{-\mathrm{i}\omega t\boldsymbol{\sigma}\cdot\boldsymbol{n}} &= \sum_{m=0}^{\infty}\frac{(-\mathrm{i}\omega t\boldsymbol{\sigma} \cdot \boldsymbol{n})^m}{m!} \\
&= \sum_{k=0}^{\infty}\frac{(-\mathrm{i}\omega t)^{2k+1}(\boldsymbol{\sigma} \cdot \boldsymbol{n})^{2k+1}}{(2k+1)!} + \sum_{k=0}^{\infty}\frac{(-\mathrm{i}\omega t)^{2k}(\boldsymbol{\sigma} \cdot \boldsymbol{n})^{2k}}{(2k)!} \\
&= \sum_{k=0}^{\infty}\frac{(-\mathrm{i}\omega t)^{2k+1}(\boldsymbol{\sigma} \cdot \boldsymbol{n})}{(2k+1)!} + \sum_{k=0}^{\infty}\frac{(-\mathrm{i}\omega t)^{2k}}{(2k)!}1 \\
&= 1\cos\omega t - \mathrm{i}\boldsymbol{\sigma} \cdot \boldsymbol{n}\sin\omega t
\end{aligned}$$

$$=\begin{pmatrix}\cos\omega t-\mathrm{i}\cos\theta\sin\omega t & -\mathrm{i}\sin\theta\sin\omega t\,\mathrm{e}^{-\mathrm{i}\varphi}\\ -\mathrm{i}\sin\theta\sin\omega t\,\mathrm{e}^{\mathrm{i}\varphi} & \cos\omega t+\mathrm{i}\cos\theta\sin\omega t\end{pmatrix} \tag{4.4.45}$$

这样知道了初始态，就可以从式(4.4.45)算出任一时刻的自旋波函数，也就可以求出自旋沿某一方向的概率.

例如，设外磁场沿 z 方向，开始时，电子自旋沿 x 方向，问 t 时刻电子自旋沿 y 方向的概率是多少.

将磁场的方向 $\boldsymbol{n}$，系统的初态 χ_i 以及希望达到的末态 χ_f 分别设为

$$\boldsymbol{n}=(0,0,1),\quad \chi_i=\chi_+(x)=\frac{1}{\sqrt{2}}\begin{pmatrix}1\\1\end{pmatrix},\quad \chi_f=\chi_+(y)=\frac{\mathrm{e}^{-\mathrm{i}\pi/4}}{\sqrt{2}}\begin{pmatrix}1\\ \mathrm{i}\end{pmatrix}$$

则 t 时刻的量子态可以表示为

$$\Psi(t)=\mathrm{e}^{-\mathrm{i}\omega t\boldsymbol{\sigma}_z}\chi_i=(\cos\omega t-\mathrm{i}\sigma_z\sin\omega t)\chi_i$$

$$=\frac{1}{\sqrt{2}}\begin{pmatrix}\mathrm{e}^{-\mathrm{i}\omega t}\\ \mathrm{e}^{\mathrm{i}\omega t}\end{pmatrix}=\cos\omega t\,\chi_+(x)+\mathrm{i}\sin\omega t\,\chi_-(x)$$

这状态表明，自旋矢量在 xy 平面内以角速度 ω（拉莫尔频率的一半！）绕磁场方向（z 轴）转动. 这可以从表 4.4.1 中看出.

表 4.4.1　各时刻的波函数

$t=0$	$t=\frac{\pi}{4\omega}$	$t=\frac{\pi}{2\omega}$	$t=\frac{3\pi}{4\omega}$	$t=\frac{\pi}{\omega}$
$\frac{1}{\sqrt{2}}\begin{pmatrix}1\\1\end{pmatrix}=\boldsymbol{\chi}_+(x)$	$\frac{\mathrm{e}^{-\mathrm{i}\pi/4}}{\sqrt{2}}\begin{pmatrix}1\\ \mathrm{i}\end{pmatrix}=\boldsymbol{\chi}_+(y)$	$\frac{\mathrm{i}}{\sqrt{2}}\begin{pmatrix}-1\\1\end{pmatrix}=\mathrm{i}\boldsymbol{\chi}_-(x)$	$\frac{\mathrm{e}^{-\mathrm{i}3\pi/4}}{\sqrt{2}}\begin{pmatrix}1\\ -\mathrm{i}\end{pmatrix}=\boldsymbol{\chi}_-(y)$	$\frac{1}{\sqrt{2}}\begin{pmatrix}1\\1\end{pmatrix}=\boldsymbol{\chi}_+(x)$

t 时刻电子自旋沿 y 方向的概率可算出

$$\begin{aligned}P(y,t)&=|\chi_f^+\Psi(t)|^2\\&=|\chi_f^+(I\cos\omega t-\mathrm{i}\sigma_z\sin\omega t)\chi_i|^2\\&=\left|\frac{\mathrm{e}^{\mathrm{i}\pi/4}}{\sqrt{2}}(1\quad -\mathrm{i})\begin{pmatrix}\cos\omega t-\mathrm{i}\sin\omega t & 0\\ 0 & \cos\omega t+\mathrm{i}\sin\omega t\end{pmatrix}\frac{1}{\sqrt{2}}\begin{pmatrix}1\\1\end{pmatrix}\right|^2\\&=(1+\sin2\omega t)/2\end{aligned}$$

4.5　角动量理论

以前我们讨论过轨道角动量，用解微分方程的办法求出了其本征值以及本征函数. 4.4 节我们又讨论了自旋，用表象的办法给出了自旋力学量的矩阵形式. 它们都是角动量，那么加起来是否也是角动量？加起来后的本征值又是怎样的？

4.5.1 角动量算符的本征值和矩阵表示

角动量算符的本征值由它们的对易关系完全决定.

下面我们从角动量算符所满足的对易关系出发,求出角动量算符的本征值和矩阵表示.角动量算符的对易关系按角动量写出,就是

$$\begin{aligned}\hat{J}_x\hat{J}_y-\hat{J}_y\hat{J}_x&=\mathrm{i}\hbar\hat{J}_z\\ \hat{J}_y\hat{J}_z-\hat{J}_z\hat{J}_y&=\mathrm{i}\hbar\hat{J}_x\\ \hat{J}_z\hat{J}_x-\hat{J}_x\hat{J}_z&=\mathrm{i}\hbar\hat{J}_y\end{aligned}\tag{4.5.1}$$

或

$$\begin{gathered}[\hat{J}_i,\hat{J}_j]=\mathrm{i}\hbar\sum_k\varepsilon_{ijk}\hat{J}_k\\ i,j=1,2,3\end{gathered}\tag{4.5.2}$$

引进角动量算符的平方

$$\hat{\boldsymbol{J}}^2\equiv\hat{J}^2=\hat{J}_x^2+\hat{J}_y^2+\hat{J}_z^2=\sum_k\hat{J}_k^2\tag{4.5.3}$$

其中,$\hat{\boldsymbol{J}}^2$ 和 $\hat{J}_x$、$\hat{J}_y$、$\hat{J}_z$ 都是互相对易的,例如

$$[\hat{\boldsymbol{J}}^2,\hat{J}_i]=0,\quad i=1,2,3\tag{4.5.4}$$

即

$$[\hat{\boldsymbol{J}}^2,\hat{J}_x]=[\hat{\boldsymbol{J}}^2,\hat{J}_y]=[\hat{\boldsymbol{J}}^2,\hat{J}_z]=0\tag{4.5.5}$$

因此,角动量算符的平方 $\hat{\boldsymbol{J}}^2$ 可以和角动量 $\hat{\boldsymbol{J}}$ 的任一分量同时对角化(当然必须注意,$\hat{\boldsymbol{J}}^2$ 只能和 $\hat{\boldsymbol{J}}$ 的分量之一同时对角化,而不是和三个分量同时对角化,因为 $\hat{J}_x$、$\hat{J}_y$、$\hat{J}_z$ 彼此是不对易的).我们现在考虑 $\hat{\boldsymbol{J}}^2$ 和 $\hat{J}_z$ 是同时对角化的,即它们有共同的本征函数 $|\lambda m\rangle$.下面就来求,在 $\hat{\boldsymbol{J}}^2$ 和 $\hat{J}_z$ 的同时对角化的表象(角动量表象)内,角动量算符 $\hat{\boldsymbol{J}}^2$、$\hat{J}_z$、$\hat{J}_x$、$\hat{J}_y$ 的具体矩阵表示.

我们引进两个新的算符

$$\begin{aligned}\hat{J}_+&=\hat{J}_x+\mathrm{i}\hat{J}_y\\ \hat{J}_-&=\hat{J}_x-\mathrm{i}\hat{J}_y\end{aligned}\tag{4.5.6}$$

或

$$\hat{J}_\pm=\hat{J}_x\pm\mathrm{i}\hat{J}_y\tag{4.5.7}$$

利用前面角动量的对易关系,可知 $\hat{J}_\pm$ 和 $\hat{J}_z$ 之间满足下面的对易关系:

$$\begin{gathered}[\hat{\boldsymbol{J}}^2,\hat{J}_\pm]=0\\ [\hat{J}_z,\hat{J}_\pm]=\pm\hbar\hat{J}_\pm\end{gathered}$$

$$[\hat{J}_+,\hat{J}_-]=2\hbar\hat{J}_z \tag{4.5.8}$$

而此时角动量平方可表达为

$$\hat{\boldsymbol{J}}^2=\frac{1}{2}(\hat{J}_+\hat{J}_-+\hat{J}_-\hat{J}_+)+\hat{J}_z^2 \tag{4.5.9}$$

$\lambda\hbar^2$ 和 $m\hbar$ 分别是 $\hat{\boldsymbol{J}}^2$ 和 $\hat{J}_z$ 相应于共同的本征函数 $|\lambda m\rangle$ 的本征值，即

$$\begin{cases}\hat{\boldsymbol{J}}^2\,|\lambda m\rangle=\lambda\hbar^2\,|\lambda m\rangle\\ \hat{J}_z\,|\lambda m\rangle=m\hbar\,|\lambda m\rangle\end{cases} \tag{4.5.10}$$

那么，$\lambda=?$ $m=?$

(1) $\lambda\geqslant 0$.

这是由于任何一个厄米算符 $\hat{A}$ 的平方的对角元非负，即

$$(\hat{\boldsymbol{A}}^2)_{nn}=\sum_k A_{nk}A_{kn}=\sum_k A_{kn}^*A_{kn}=\sum_k|A_{kn}|^2\geqslant 0$$

几个厄米算符的平方和的矩阵当然也有此性质.

(2) $|m|\leqslant\sqrt{\lambda}$.

由式(4.5.3)和式(4.5.10)可知，$\hat{J}_x^2+\hat{J}_y^2=\hat{\boldsymbol{J}}^2-\hat{J}_z^2$ 也是对角化的，因为

$$(\hat{J}_x^2+\hat{J}_y^2)\,|\lambda m\rangle=(\hat{\boldsymbol{J}}^2-\hat{J}_z^2)\,|\lambda m\rangle=(\lambda-m^2)\hbar^2\,|\lambda m\rangle \tag{4.5.11}$$

而 $\hat{J}_x^2+\hat{J}_y^2$ 是厄米算符的平方和，其对角矩阵元$\geqslant 0$，由此得出 λ 和 m 必须满足的一个条件

$$\lambda-m^2\geqslant 0 \tag{4.5.12}$$

式(4.5.12)表明，对于一个给定的 λ 来说，角动量在 z 轴上的投影量子数 m 受下面的限制：

$$-\sqrt{\lambda}\leqslant m\leqslant\sqrt{\lambda} \tag{4.5.13}$$

(3) 如果 $|\lambda m\rangle$ 是 $\hat{\boldsymbol{J}}^2$ 和 $\hat{J}_z$ 的本征态，相应的本征值是 $\lambda\hbar^2$ 和 $m\hbar$，那么 $\hat{J}_\pm|\lambda m\rangle$ 也是 $\hat{\boldsymbol{J}}^2$ 和 $\hat{J}_z$ 的本征态，相应的本征值是 $\lambda\hbar^2$ 和 $(m\pm 1)\hbar$.

$$\hat{\boldsymbol{J}}^2(\hat{J}_\pm|\lambda m\rangle)=\hat{J}_\pm\hat{\boldsymbol{J}}^2\,|\lambda m\rangle=\lambda\hbar^2(\hat{J}_\pm|\lambda m\rangle) \tag{4.5.14}$$

$$J_z(J_\pm|\lambda m\rangle)=(J_\pm J_z\pm\hbar J_\pm)\,|\lambda m\rangle=(m\pm 1)\hbar(J_\pm|\lambda m\rangle) \tag{4.5.15}$$

因此，$\hat{J}_\pm|\lambda m\rangle$ 和归一化的本征函数 $|\lambda m+1\rangle$ 一定只相差一个常数，令此常数为 $N_\pm$，则有

$$\hat{J}_\pm|\lambda m\rangle=N_\pm|\lambda\, m\pm 1\rangle \tag{4.5.16}$$

由于式(4.5.15)，$\hat{J}_+$、$\hat{J}_-$ 有时分别被称为“升”和“降”算符，因为它们使本征值 m 增加 1 和减少 1.

(4) 根据式(4.5.13)可以看出,对某一固定的λ(固定的总角动量平方本征值)来说,m 是受限制的,所以 m 必然有一个最大值 m_2 和一个最小值 m_1,于是就有两个约束条件:

$$\hat{J}_+ | \lambda m_2 \rangle = 0 \tag{4.5.17}$$

$$\hat{J}_- | \lambda m_1 \rangle = 0 \tag{4.5.18}$$

将式(4.5.17)从左作用 $\hat{J}_-$,式(4.5.18)从左作用 $\hat{J}_+$,再利用关系式

$$\hat{J}_\mp \hat{J}_\pm = J^2 - \hat{J}_z(\hat{J}_z \pm 1) \tag{4.5.19}$$

就可以得到

$$\begin{cases} \lambda - m_2(m_2 + 1) = 0 \\ \lambda - m_1(m_1 - 1) = 0 \end{cases} \tag{4.5.20}$$

从式(4.5.20)中消去λ,则得

$$m_2(m_2 + 1) = m_1(m_1 - 1)$$

或

$$(m_2 + m_1)(m_2 - m_1 + 1) = 0 \tag{4.5.21}$$

从式(4.5.21)得到两种解 $m_1 = -m_2$ 和 $m_2 = m_1 - 1$,由于 $m_2 \geqslant m_1$,所以 $m_2 = m_1 - 1$ 是不合理的,唯一合理的解是

$$m_1 = -m_2 \tag{4.5.22}$$

由于两个相继的 m 差数为 1,所以 $m_2 - m_1$ 是一个非负的整数,我们用 $2j$ 来表示这个整数,就有

$$m_2 - m_1 = 2j \tag{4.5.23}$$

从式(4.5.22)和式(4.5.23)解出

$$m_1 = -j, \quad m_2 = j \tag{4.5.24}$$

因此,对于一个确定的 j,m 的许可值是 $-j \leqslant m \leqslant j$,即

$$m = j, j-1, j-2, \cdots, -j+1, -j \tag{4.5.25}$$

于是对于每一个 j,有 $2j+1$ 个许可的 m 值.

(5) 由于 $2j$ 是非负的整数,因而 j 可以是零和正的整数或半整数,即

$$j = 0, \frac{1}{2}, 1, \frac{3}{2}, 2, \cdots \tag{4.5.26}$$

将 m_2(或 m_1)的值代入式(4.5.20)就得到

$$\lambda = j(j+1) \tag{4.5.27}$$

由于最大角动量投影量子数 j 完全决定了λ,因此我们改记本征态 $|\lambda m\rangle$ 为 $|jm\rangle$.

总结以上结果，我们有

$$
\begin{aligned}
&\hat{\boldsymbol{J}}^2 \mid jm\rangle = j(j+1)\hbar^2 \mid jm\rangle \\
&\hat{J}_z \mid jm\rangle = m\hbar \mid jm\rangle \\
&m = j, j-1, \cdots, -j \\
&j = 0, \frac{1}{2}, 1, \frac{3}{2}, 2, \cdots
\end{aligned} \tag{4.5.28}
$$

(6) 归一化系数. 找到了 $\hat{\boldsymbol{J}}^2$ 及 $\hat{J}_z$ 的本征值以后，不难求出常数 $N_\pm$ 的数值. 从式(4.5.14)有

$$
\begin{aligned}
1 &= \langle jm+1 \mid jm+1\rangle = \left(\frac{1}{N_+}\hat{J}_+ \mid jm\rangle\right)^* \frac{1}{N_+}\hat{J}_+ \mid jm\rangle \\
&= \frac{1}{\mid N_+\mid^2}\langle jm \mid \hat{J}_+^\dagger \hat{J}_+ \mid jm\rangle \\
&= \frac{1}{\mid N_+\mid^2}\langle jm \mid \hat{J}_- \hat{J}_+ \mid jm\rangle \\
&= \frac{1}{\mid N_+\mid^2}\langle jm \mid \hat{\boldsymbol{J}}^2 - \hat{J}_z^2 - \mathrm{i}[\hat{J}_y, \hat{J}_x] \mid jm\rangle \\
&= \frac{1}{\mid N_+\mid^2}\langle jm \mid \hat{\boldsymbol{J}}^2 - \hat{J}_z^2 - \hbar\hat{J}_z \mid jm\rangle \\
&= \frac{1}{\mid N_+\mid^2}[j(j+1) - m(m+1)]\hbar^2
\end{aligned} \tag{4.5.29}
$$

注意，算符 $\hat{J}_\pm$ 是互为厄米的. 由此得

$$
\mid N_+\mid^2 = [j(j+1) - m(m+1)]\hbar^2 \tag{4.5.30}
$$

同样可得

$$
\mid N_-\mid^2 = [j(j+1) - m(m-1)]\hbar^2 \tag{4.5.31}
$$

如果在波函数 $|jm\rangle$ 中适当选取相位，就可以使 $N_\pm$ 是实数，于是

$$
N_\pm = \sqrt{(j\mp m)(j\pm m+1)}\,\hbar \tag{4.5.32}
$$

代入式(4.5.16)，即有

$$
\hat{J}_\pm \mid jm\rangle = \sqrt{(j\mp m)(j\pm m+1)}\,\hbar \mid j\, m\pm 1\rangle \tag{4.5.33}
$$

(7) 角动量矩阵元. 现在我们有了整套的本征态，根据厄米算符本征态的性质，知道它们正交归一

$$
\langle jm \mid j'm'\rangle = \delta_{jj'}\delta_{mm'} \tag{4.5.34}
$$

它们构成($\hat{J}^2, \hat{J}_z$)表象的基. 从式(4.5.28)和式(4.5.33)就不难写出在($\hat{J}^2, \hat{J}_z$)表象内，算符 $\hat{J}^2$、$\hat{J}_z$、$\hat{J}_\pm$ 的矩阵表示

$$
(\hat{J}^2)_{jm,j'm'} = \langle jm \mid \hat{J}^2 \mid j'm'\rangle = j(j+1)\hbar^2\delta_{jj'}\delta_{mm'} \tag{4.5.35}
$$

$$(\hat{J}_z)_{jm,j'm'} = \langle jm \mid \hat{J}_z \mid j'm' \rangle = m\hbar\delta_{jj'}\delta_{mm'} \tag{4.5.36}$$

$$(\hat{J}_\pm)_{jm,j'm'} = \langle jm \mid \hat{J}_\pm \mid j'm' \rangle = \sqrt{(j\pm m)(j\mp m+1)}\,\hbar\delta_{jj'}\delta_{m,m'\pm1} \tag{4.5.37}$$

由式(4.5.7)可以解出

$$\hat{J}_x = \frac{1}{2}(\hat{J}_+ + \hat{J}_-)$$
$$\hat{J}_y = \frac{1}{2\mathrm{i}}(\hat{J}_+ - \hat{J}_-) \tag{4.5.38}$$

因而从 $\hat{J}_\pm$ 的矩阵表示式(4.5.37)可以得到 $\hat{J}_x$、$\hat{J}_y$ 的矩阵表示

$$(\hat{J}_x)_{jm,j'm'} = \langle jm \mid \hat{J}_x \mid j'm' \rangle = \frac{\hbar}{2}\left(\sqrt{(j+m)(j-m+1)}\,\delta_{jj'}\delta_{mm'+1} + \sqrt{(j-m)(j+m+1)}\,\delta_{jj'}\delta_{m,m'-1}\right)$$

$$(\hat{J}_y)_{jm,j'm'} = \langle jm \mid \hat{J}_y \mid j'm' \rangle = \frac{\hbar}{2\mathrm{i}}\left(\sqrt{(j+m)(j-m+1)}\,\delta_{jj'}\delta_{mm'+1} - \sqrt{(j-m)(j+m+1)}\,\delta_{jj'}\delta_{m,m'-1}\right) \tag{4.5.39}$$

4.5.2 自旋角动量算符

作为例子，我们写下电子自旋角动量算符 $\hat{\boldsymbol{S}}$ 的矩阵形式（此时 $j=1/2$，$m=\pm1/2$）：

$$(\hat{\boldsymbol{S}}^2)_{mm'} = \langle m \mid \hat{S}^2 \mid m' \rangle = \frac{1}{2}\left(\frac{1}{2}+1\right)\hbar^2\delta_{mm'} = \frac{3}{4}\hbar^2\delta_{mm'}$$

$$(\hat{S}_z)_{mm'} = \langle m \mid \hat{S}_z \mid m' \rangle == m\hbar\delta_{mm'}$$

$$(\hat{S}_x)_{mm'} = \frac{\hbar}{2}\left(\sqrt{\frac{3}{4}-m(m-1)}\,\delta_{m,m'+1} + \sqrt{\frac{3}{4}-m(m+1)}\,\delta_{m,m'-1}\right)$$

$$(\hat{S}_y)_{mm'} = \frac{\hbar}{2\mathrm{i}}\left(\sqrt{\frac{3}{4}-m(m-1)}\,\delta_{m,m'+1} - \sqrt{\frac{3}{4}-m(m+1)}\,\delta_{m,m'-1}\right)$$

整体写下来就有

$$\hat{\boldsymbol{S}}^2 = \frac{\hbar^2}{4}\begin{pmatrix}1 & 0\\ 0 & 1\end{pmatrix}$$

$$\hat{S}_x = \frac{\hbar}{2}\begin{pmatrix}0 & 1\\ 1 & 0\end{pmatrix},\quad \hat{S}_y = \frac{\hbar}{2}\begin{pmatrix}0 & -\mathrm{i}\\ \mathrm{i} & 0\end{pmatrix},\quad \hat{S}_z = \frac{\hbar}{2}\begin{pmatrix}1 & 0\\ 0 & -1\end{pmatrix}$$

不难看到此泡利矩阵和前面我们使用的一样.

再看看自旋升降算符的矩阵形式

$$\hat{S}_+ = \frac{\hbar}{2}\begin{pmatrix} 0 & 1 \\ 0 & 0 \end{pmatrix}, \quad \hat{S}_- = \frac{\hbar}{2}\begin{pmatrix} 0 & 0 \\ 1 & 0 \end{pmatrix}$$

4.6 角动量的耦合

4.6.1 两个角动量的耦合

现在我们来考虑两个角动量耦合的问题,这两个角动量可以是两个粒子的轨道角动量、两个粒子的自旋角动量或一个粒子的轨道角动量和自旋角动量等.

考虑体系的两个角动量算符 $\hat{\boldsymbol{J}}_1$、$\hat{\boldsymbol{J}}_2$,分别满足角动量的一般对易关系

$$\hat{\boldsymbol{J}}_1 \times \hat{\boldsymbol{J}}_1 = \mathrm{i}\hbar\hat{\boldsymbol{J}}_1 \tag{4.6.1}$$

$$\hat{\boldsymbol{J}}_2 \times \hat{\boldsymbol{J}}_2 = \mathrm{i}\hbar\hat{\boldsymbol{J}}_2 \tag{4.6.2}$$

而它们又是相互独立的(两个自由度),可以彼此对易,即

$$[\hat{\boldsymbol{J}}_{1i}, \hat{\boldsymbol{J}}_{2j}] = 0, \quad i,j = 1,2,3 \tag{4.6.3}$$

根据角动量算符的一般性质,不难验证 $\hat{J}_1^2$、$\hat{J}_{1z}$、$\hat{J}_2^2$、$\hat{J}_{2z}$ 四个算符是相互对易的,可以构成一个力学量组(CSCO),它们的共同本征函数$\{|j_1m_1\rangle|j_2m_2\rangle\}$组成正交归一的完备系. 以$|j_1m_1\rangle$和$|j_2m_2\rangle$分别表示 $\hat{J}_1^2$、$\hat{J}_{1z}$和 $\hat{J}_2^2$、$\hat{J}_{2z}$的本征函数,即有

$$\begin{aligned} \hat{J}_1^2 \,|\, j_1m_1\rangle &= j_1(j_1+1)\hbar^2 \,|\, j_1m_1\rangle \\ \hat{J}_{1z} \,|\, j_1m_1\rangle &= m_1\hbar \,|\, j_1m_1\rangle \end{aligned} \tag{4.6.4}$$

$$\begin{aligned} \hat{J}_2^2 \,|\, j_2m_2\rangle &= j_2(j_2+1)\hbar^2 \,|\, j_2m_2\rangle \\ \hat{J}_{2z} \,|\, j_2m_2\rangle &= m_2\hbar \,|\, j_2m_2\rangle \end{aligned} \tag{4.6.5}$$

则它们的直接乘积$|j_1m_1;j_2m_2\rangle \equiv |j_1m_1\rangle|j_2m_2\rangle$ 就是这四个力学量的共同本征态. 以这些本征函数作为基矢的表象称为**非耦合表象**. 在这个表象中,对固定角动量量子数 j_1、j_2,表示子空间是$(2j_1+1)(2j_2+1)$维的,力学量 $\hat{J}_1^2$、$\hat{J}_{1z}$、$\hat{J}_2^2$、$\hat{J}_{2z}$都是$(2j_1+1)(2j_2+1)$阶的对角矩阵.

现在我们用另一个观点来看问题. 把两个角动量加起来,称

$$\hat{\boldsymbol{J}} = \hat{\boldsymbol{J}}_1 + \hat{\boldsymbol{J}}_2 \tag{4.6.6}$$

为体系的总角动量算符. 可以证明,$\hat{\boldsymbol{J}}$ 也满足角动量的对易关系式. 事实上

$$\begin{aligned} [\hat{J}_i, \hat{J}_j] &= [\hat{J}_{1i} + \hat{J}_{2i}, \hat{J}_{1j} + \hat{J}_{2j}] \\ &= [\hat{J}_{1i}, \hat{J}_{1j}] + [\hat{J}_{1i}, \hat{J}_{2j}] + [\hat{J}_{2i}, \hat{J}_{1j}] + [\hat{J}_{2i}, \hat{J}_{2j}] \\ &= \mathrm{i}\hbar\sum_k \varepsilon_{ijk}\hat{J}_{1k} + 0 + 0 + \mathrm{i}\hbar\sum_k \varepsilon_{ijk}\hat{J}_{2k} \\ &= \mathrm{i}\hbar\sum_k \varepsilon_{ijk}\hat{J}_k \end{aligned} \tag{4.6.7}$$

写成矢量形式即为

$$\hat{\boldsymbol{J}} \times \hat{\boldsymbol{J}} = \mathrm{i}\hbar \hat{\boldsymbol{J}} \tag{4.6.8}$$

因而 $\hat{\boldsymbol{J}}$ 也是角动量. 总角动量算符的平方

$$\hat{\boldsymbol{J}}^2 = \hat{J}_x^2 + \hat{J}_y^2 + \hat{J}_z^2 \tag{4.6.9}$$

和它的分量 $\hat{J}_x$、$\hat{J}_y$、$\hat{J}_z$ 中的任一个都是相互对易的,即

$$[\hat{\boldsymbol{J}}^2, \hat{\boldsymbol{J}}] = 0 \tag{4.6.10}$$

另外,$\hat{\boldsymbol{J}}^2$ 又可以写成

$$\hat{\boldsymbol{J}}^2 = (\hat{\boldsymbol{J}}_1 + \hat{\boldsymbol{J}}_2)^2 = \hat{\boldsymbol{J}}_1^2 + \hat{\boldsymbol{J}}_2^2 + 2\hat{\boldsymbol{J}}_1 \cdot \hat{\boldsymbol{J}}_2 \tag{4.6.11}$$

其中,利用了 $\hat{\boldsymbol{J}}_1$ 和 $\hat{\boldsymbol{J}}_2$ 的可对易性. 由式(4.6.9)可知,$\hat{\boldsymbol{J}}^2$ 与 $\hat{\boldsymbol{J}}_1^2$ 和 $\hat{\boldsymbol{J}}_2^2$ 都对易,即

$$[\hat{\boldsymbol{J}}^2, \hat{\boldsymbol{J}}_1^2] = 0 \tag{4.6.12}$$

$$[\hat{\boldsymbol{J}}^2, \hat{\boldsymbol{J}}_2^2] = 0 \tag{4.6.13}$$

但是,$\hat{\boldsymbol{J}}^2$ 和 $\hat{J}_{1x}$、$\hat{J}_{1y}$、$\hat{J}_{1z}$ 以及 $\hat{J}_{2x}$、$\hat{J}_{2y}$、$\hat{J}_{2z}$ 都是不对易的,这从式(4.6.10)中含有 $\hat{\boldsymbol{J}}_1$、$\hat{\boldsymbol{J}}_2$ 的项可以看出.

不难证明,总角动量的分量 $\hat{J}_z$ 和 $\hat{\boldsymbol{J}}_1^2$、$\hat{\boldsymbol{J}}_2^2$ 也是可对易的

$$[\hat{\boldsymbol{J}}_z, \hat{\boldsymbol{J}}_1^2] = 0 \tag{4.6.14}$$

$$[\hat{\boldsymbol{J}}_z, \hat{\boldsymbol{J}}_2^2] = 0 \tag{4.6.15}$$

四个力学量 $\hat{\boldsymbol{J}}^2$、$\hat{J}_z$、$\hat{\boldsymbol{J}}_1^2$、$\hat{\boldsymbol{J}}_2^2$ 互易,可以是另一套 CSCO,有共同的本征函数系,令其本征态为 $|j_1 j_2 jm\rangle$ 或简写为 $|jm\rangle$(对固定的 j_1、j_2):

$$\begin{aligned}
\hat{\boldsymbol{J}}_1^2 \mid jm\rangle &= j_1(j_1+1)\hbar^2 \mid jm\rangle \\
\hat{\boldsymbol{J}}_2^2 \mid jm\rangle &= j_2(j_2+1)\hbar^2 \mid jm\rangle \\
\hat{\boldsymbol{J}}^2 \mid jm\rangle &= j(j+1)\hbar^2 \mid jm\rangle \\
\hat{J}_z \mid jm\rangle &= m\hbar \mid jm\rangle
\end{aligned} \tag{4.6.16}$$

以 $|jm\rangle$ 为基矢的表象称为**耦合表象**. 在这个表象中,对已确定的总角动量量子数 j_1、j_2、j,力学量 $\hat{\boldsymbol{J}}^2$、$\hat{J}_z$、$\hat{\boldsymbol{J}}_1^2$、$\hat{\boldsymbol{J}}_2^2$ 都是 $2j+1$ 阶对角矩阵. 这两套表象都是在同一个态空间,其维数为 $(2j_1+1)(2j_2+1)$. 表象转换不会改变空间维数. 因此,对固定的角动量 j_1、j_2 值,总角动量的本征值 j 可取不同的数.

$|j_1 m_1\rangle |j_2 m_2\rangle$ 不仅是 $\hat{\boldsymbol{J}}_1^2$、$\hat{J}_{1z}$、$\hat{\boldsymbol{J}}_2^2$、$\hat{J}_{2z}$ 的共同本征函数,而且也是 $\hat{J}_z$、$\hat{\boldsymbol{J}}_1^2$、$\hat{\boldsymbol{J}}_2^2$ 的共同本征函数,因为

$$\begin{aligned}
\hat{J}_z \mid j_1 m_1\rangle \mid j_2 m_2\rangle &= (\hat{J}_{1z} + \hat{J}_{2z}) \mid j_1 m_1\rangle \mid j_2 m_2\rangle \\
&= (m_1 + m_2)\hbar \mid j_1 m_1\rangle \mid j_2 m_2\rangle \\
&= m\hbar \mid j_1 m_1\rangle \mid j_2 m_2\rangle
\end{aligned} \tag{4.6.17}$$

但是$|j_1m_1\rangle|j_2m_2\rangle$不是总角动量平方$\hat{\boldsymbol{J}}^2$的本征函数. 为了得到$\hat{\boldsymbol{J}}^2$、$\hat{J}_z$、$\hat{\boldsymbol{J}}_1^2$、$\hat{\boldsymbol{J}}_2^2$的共同本征函数,可以将$|j_1m_1\rangle|j_2m_2\rangle$进行线性组合(表象变换)而得到

$$\begin{aligned}|jm\rangle &= \sum_{m_1m_2} C^{jm}_{j_1m_1j_2m_2} |j_1m_1\rangle |j_2m_2\rangle \\ &\equiv \sum_{m_1m_2} |j_1m_1\rangle |j_2m_2\rangle\langle j_1m_1j_2m_2 | jm\rangle\end{aligned} \tag{4.6.18}$$

上式对m_1、m_2的所有可能值求和. 式中的系数$C^{jm}_{j_1m_1j_2m_2}\equiv\langle j_1m_1j_2m_2|jm\rangle$称为矢量耦合系数或克莱布什-戈丹(Clebsch-Gordon, CG)系数. 将$\hat{J}_z$作用于式(4.6.18)两边,可以得出

$$\sum_{m_1m_2}(m-m_1-m_2)\langle j_1m_1j_2m_2 | jm\rangle |j_1m_1\rangle |j_2m_2\rangle = 0$$

从中看出,只有当

$$m = m_1 + m_2 \tag{4.6.19}$$

时,系数$\langle j_1m_1j_2m_2|jm\rangle$才可能不为0. 所以式(4.6.18)中的求和实际上只需要对m_1进行,而m_2可用$m-m_1$代入

$$|jm\rangle = \sum_{m_1} |j_1m_1\rangle |j_2,m-m_1\rangle\langle j_1\, m_1\, j_2,m-m_1 | jm\rangle \tag{4.6.20}$$

式(4.6.18)或式(4.6.20)就是从非耦合表象基矢$|j_1m_1\rangle|j_2m_2\rangle$到耦合表象基矢$|jm\rangle$之间的一个幺正交换,矢量耦合系数是幺正变换矩阵的矩阵元.

现在我们来求,当j_1和j_2给定时,总角动量j可能取的数值.

由于磁量子数相加$m=m_1+m_2$,而m_1、m_2的最大值分别是j_1、j_2,m的最大值就是j_1+j_2,所以j的最大值可以立即得出

$$j_{\max} = j_1 + j_2 \tag{4.6.21}$$

而且j只有这一个最大值. 于是,可取它的最大投影态为

$$|j_{\max}j_{\max}\rangle = |j_1+j_2,j_1+j_2\rangle = |j_1j_1\rangle |j_2j_2\rangle \tag{4.6.22}$$

这相当于取CG系数

$$\langle j_1j_1j_2j_2 | j_1+j_2,j_1+j_2\rangle = 1 \tag{4.6.23}$$

两边作用以降算符

$$\hat{J}_- = \hat{J}_{1-} + \hat{J}_{2-}$$

根据降算符作用的性质,左边为

$$\hat{J}_-|j_{\max}j_{\max}\rangle = \sqrt{2j_{\max}}\,\hbar\,|j_{\max},j_{\max}-1\rangle = \sqrt{2(j_1+j_2)}\,\hbar\,|j_1+j_2,j_1+j_2-1\rangle$$

而右边为

$$(\hat{J}_{1-}+\hat{J}_{2-})|j_1j_1\rangle|j_2j_2\rangle = \hat{J}_{1-}|j_1j_1\rangle|j_2j_2\rangle + |j_1j_1\rangle\hat{J}_{2-}|j_2j_2\rangle$$

$$=\sqrt{2j_1}\hbar\,|j_1,j_1-1\rangle|j_2j_2\rangle+\sqrt{2j_2}\hbar\,|j_1,j_1\rangle|j_2,j_2-1\rangle$$

两边相等,我们就得到了最大总角动量的第二个态

$$\begin{aligned}|j_{\max},j_{\max}-1\rangle&=|j_1+j_2,j_1+j_2-1\rangle\\&=\sqrt{\frac{j_1}{j_1+j_2}}\,|j_1,j_1-1\rangle|j_2j_2\rangle+\sqrt{\frac{j_2}{j_1+j_2}}\,|j_1j_1\rangle|j_2,j_2-1\rangle\end{aligned}\tag{4.6.24}$$

我们实际上求出了两个 CG 系数

$$\begin{aligned}\langle j_1,j_1-1,j_2j_2|j_1+j_2,j_1+j_2-1\rangle&=\sqrt{\frac{j_1}{j_1+j_2}}\\\langle j_1j_1j_2,j_2-1|j_1+j_2,j_1+j_2-1\rangle&=\sqrt{\frac{j_2}{j_1+j_2}}\end{aligned}\tag{4.6.25}$$

同样,再用降算符作用在式(4.6.24)两边,可求得第三个态$|j_{\max},j_{\max}-2\rangle=|j_1+j_2,j_1+j_2-2\rangle$及相应的 CG 系数,如此一直算到最后一个态$|j_{\max},-j_{\max}\rangle=|j_1+j_2,-(j_1+j_2)\rangle$,我们就得到了最大总角动量的一组态$\{|j_1+j_2,m\rangle,m=j_1+j_2,j_1+j_2-1,\cdots,-(j_1+j_2)\}$.

接着来求仅次于最大总角动量的态.这时剩下的非耦合态中,m 的最大值是j_1+j_2-1,这个值来自两个非耦合态:$m_1=j_1$、$m_2=j_2-1$ 和 $m_1=j_1-1$、$m_2=j_2$,这两个态的一种组合给出耦合态$|j_1+j_2,j_1+j_2-1\rangle$,而另外一种组合只能给出耦合态 $m=j=j_1+j_2-1$.设

$$|j_1+j_2-1,j_1+j_2-1\rangle=a\,|j_1,j_1-1\rangle|j_2j_2\rangle+b\,|j_1j_1\rangle|j_2,j_2-1\rangle$$

它本身归一,且必须与$|j_1+j_2,j_1+j_2-1\rangle$正交

$$\langle j_1+j_2,j_1+j_2-1|j_1+j_2-1,j_1+j_2-1\rangle=0$$
$$\langle j_1+j_2-1,j_1+j_2-1|j_1+j_2-1,j_1+j_2-1\rangle=1$$

由此得两个关于系数 a、b 的方程

$$a\sqrt{\frac{j_1}{j_1+j_2}}+b\sqrt{\frac{j_2}{j_1+j_2}}=0$$
$$|a|^2+|b|^2=1$$

可解出(选择实系数)

$$a=\sqrt{\frac{j_2}{j_1+j_2}},\quad b=-\sqrt{\frac{j_1}{j_1+j_2}}$$

亦即

$$|j_1+j_2-1,j_1+j_2-1\rangle$$

$$=\sqrt{\frac{j_2}{j_1+j_2}}\,|j_1,j_1-1\rangle|j_2\,j_2\rangle-\sqrt{\frac{j_1}{j_1+j_2}}\,|j_1\,j_1\rangle|j_2,j_2-1\rangle \tag{4.6.26}$$

从此态出发,利用降算符的作用,可以生成总角动量为 j_1+j_2-1 的全部 $2(j_1+j_2-1)+1=2(j_1+j_2)-1$ 个投影态 $\{|j_1+j_2-1,m\rangle, m=j_1+j_2-1, j_1+j_2-2, \cdots, -(j_1+j_2-1)\}$.

这样计算下去,我们就发现 j 可以取

$$j_1+j_2, j_1+j_2-1, j_1+j_2-2, \cdots$$

每两个相邻的 j 值都差 1,而最后 j 一定有一个最小值 $j_{\min}$. 为了定出 $j_{\min}$,我们利用一个条件,即非耦合表象中基矢 $|j_1m_1\rangle|j_2\,m_2\rangle$ 的总数和耦合表象中基矢 $|jm\rangle$ 的总数应该是相等的.

非耦合表象基矢的总数为 $(2j+1)(2j_2+1)$ 个. 而耦合表象中,基矢为 $\{|jm\rangle, m=j, j-1, \cdots -j; j=j_{\max}, j_{\max}-1, \cdots, j_{\min}; j_{\max}=j_1+j_2\}$. 于是两个表象中基矢总数相等的条件就变成

$$\sum_{j=j_{\min}}^{j_{\max}}(2j+1)=(2j_1+1)(2j_2+1) \tag{4.6.27}$$

上式左边是一个等差级数的求和(相邻的 j 值差 1),很容易求出为

$$\begin{aligned}\sum_{j=j_{\min}}^{j_{\max}}(2j+1)&=\frac{(2j_{\max}+1)+(2j_{\min}+1)}{2}(j_{\max}-j_{\min}+1)\\&=(j_{\max}+j_{\min}+1)(j_{\max}-j_{\min}+1)\\&=(j_{\max}+1)^2-j_{\min}^2\\&=(j_1+j_2+1)^2-j_{\min}^2\end{aligned} \tag{4.6.28}$$

将式(4.6.28)代入式(4.6.27),可得

$$j_{\min}^2=(j_1-j_2)^2$$

由于 $j_{\min}\geqslant 0$,故得

$$j_{\min}=|j_1-j_2| \tag{4.6.29}$$

由此可知,当 j_1 和 j_2 给定时,j 可能的取值是

$$j=j_1+j_2,\quad j_1+j_2-1,\quad j_1+j_2-2,\quad \cdots,\quad |j_1-j_2| \tag{4.6.30}$$

为了简明,我们常用下式表示这一约化过程:

$$\underline{j_1}\otimes\underline{j_2}=\underline{j_1+j_2}\oplus\underline{j_1+j_2-1}\oplus\cdots\oplus\underline{|j_1-j_2|}$$

在熟悉的情况下，这里的直乘、直和号常会被普通的乘号、加号代替，例如，$\underline{\frac{1}{2}}\times\underline{\frac{1}{2}}=\underline{0}+\underline{1}$.

如果用矢量来表示角动量，式(4.6.30)就表示两个角动量矢量之和可以由两角动量数值之和变到它们的数值之差(平行变为反平行)，每一步的改变是1. j_1、j_2、j 所满足的关系式(4.6.30)称为三角形关系，通常以$\triangle(j_1\,j_2 j)$表示(图4.6.1).

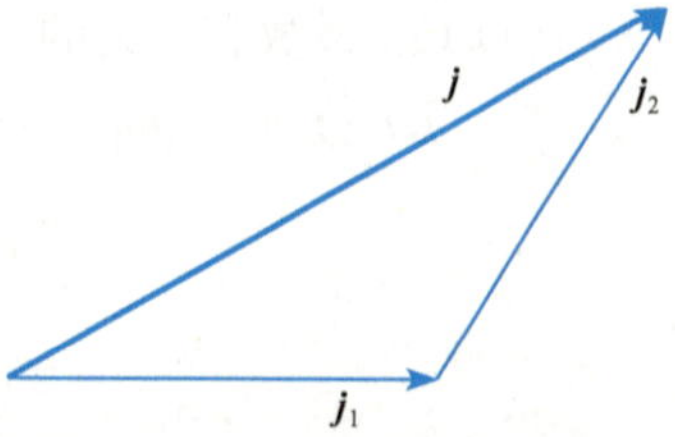

图 4.6.1 两个角动量的耦合

知道了两个角动量的耦合，那么多个角动量的耦合也可依次进行了.

4.6.2 矢量耦合系数

我们求得了 j 和 m 的值，就解决了 j^2 和 j_z 的本征值问题，至于总角动量的本征函数$|jm\rangle$，由式(4.6.18)或式(4.6.20)可知，需要知道矢量耦合系数(CG系数)才能确定. 这一节我们就来讨论矢量耦合系数$\langle j_1m_1j_2m_2\,|\,jm\rangle$的性质及其具体表达式.

矢量耦合系数有下列性质.

(1) 如果 j_1、j_2、j 不满足三角形关系，则矢量耦合系数为0，即

$$\langle j_1m_1j_2m_2\mid jm\rangle=0,\text{如果}\ \triangle(j_1j_2j)\ \text{不成立}. \tag{4.6.31}$$

如果 $m\neq m_1+m_2$，则矢量耦合系数为0，即

$$\langle j_1m_1j_2m_2\mid jm\rangle=0,\text{如果}\ m\neq m_1+m_2 \tag{4.6.32}$$

如果 $m=j=j_1+j_2$ 取最大值，有

$$\langle j_1j_1j_2j_2\mid j_1+j_2,j_1+j_2\rangle=1 \tag{4.6.33}$$

因为展开式只有一项.

(2) 适当选择相位，CG系数总可选为实的

$$\langle j_1m_1j_2m_2\mid jm\rangle^*=\langle j_1m_1j_2m_2\mid jm\rangle$$

(3) CG系数实现表象变换，是一个幺正变换的矩阵元，满足下列正交关系：

$$\sum_{m_1=-j_1}^{j_1}\langle j_1\,m_1\,j_2,m-m_1\mid jm\rangle\langle j_1\,m_1\,j_2,m'-m_1\mid j'm'\rangle=\delta_{jj'}\delta_{mm'} \tag{4.6.34}$$

$$\sum_{j=|j_1-j_2|}^{j_1+j_2}\langle j_1\,m_1\,j_2,m-m_1\mid jm\rangle\langle j_1\,m_1'\,j_2,m'-m_1'\mid jm'\rangle=\delta_{m_1m_1'}\delta_{mm'} \tag{4.6.35}$$

利用这种正交关系,我们可以证明变换式(4.6.20)的逆变换式为

$$|j_1m_1\rangle|j_2m_2\rangle=\sum_j\langle j_1m_1j_2m_2|jm\rangle|jm\rangle \tag{4.6.36}$$

(4) CG 系数有下列的对称性质:

$$\langle j_1m_1j_2m_2|jm\rangle=(-1)^{j_1+j_2-j}\langle j_1-m_1,j_2-m_2|j-m\rangle \tag{4.6.37}$$

$$=(-1)^{j_1+j_2-j}\langle j_2m_2j_1m_1|jm\rangle \tag{4.6.38}$$

$$=(-1)^{j_1-m_1}\left(\frac{2j+1}{2j_2+1}\right)^{\frac{1}{2}}\langle j_1m_1,j-m|j_2-m_2\rangle \tag{4.6.39}$$

式(4.6.37)右边的 CG 系数是由左边的 CG 系数中的 m_1、m_2、m 反号得出的,式(4.6.39)右边的 CG 系数是把左边的 j_2 和 j 互换以及将 m_2 和 m 互换并且反号得出的.这些 CG 系数中 m 都等于 m_1 与 m_2 之和,否则系数为零. CG 系数的对称关系中上述三个是独立的,从它们还可以推导出其他的关系,例如,从式(4.6.37)~式(4.6.39)可以推出关系

$$\langle j_1m_1j_2m_2|jm\rangle=(-1)^{j_2+m_2}\left(\frac{2j+1}{2j_1+1}\right)^{1/2}\langle j-m,j_2m_2|j_1-m_1\rangle \tag{4.6.40}$$

对称关系的证明要用到 CG 系数的明显表示式,在这里就不详述了.矢量耦合系数的明显表示式的推导比较复杂,结果是

$$\begin{aligned}&\langle j_1m_1j_2m_2|j_3m_3\rangle\\&=\delta_{m_3,m_1+m_2}\times\Big[(2j_3+1)\frac{(j_1+j_2-j_3)!(j_3+j_1-j_2)!(j_3+j_2-j_1)!}{(j_1+j_2+j_3+1)!}\\&\quad\times(j_1+m_1)!(j_1-m_1)!(j_2+m_2)!(j_2-m_2)!(j_3+m_3)!(j_3-m_3)!\Big]^{\frac{1}{2}}\\&\quad\times\sum_\nu\frac{(-1)^\nu}{\nu!}[(j_1+j_2-j_3-\nu)!(j_1-m_1-\nu)!(j_2+m_2-\nu)!(j_3-j_2+m_1+\nu)!\\&\quad\times(j_3-j_1-m_2+\nu)!]^{-1}\end{aligned} \tag{4.6.41}$$

式中,求和指标 ν 所取的值只限于使求和项内所有阶乘符号里面的数不为负数,这是会自动满足的,因为当 n 为正整数时,定义 $\frac{1}{(-n)!}=0$.

CG 系数的数值并不常常直接用到,因为有许多分析工作常常利用正交关系式(4.6.34)、式(4.6.35)和对称关系式(4.6.37)~式(4.6.39)来完成.但有时也需要 CG 系数的数值,于是人们为了实际应用的方便,就做出一些常用的 CG 系数表,以备查用,如图 4.6.2 所示.

1/2×1/2	1 +1	1 0	0 0	1 −1
+1/2 +1/2	1			
+1/2 −1/2		1/2	1/2	
−1/2 +1/2		1/2	−1/2	
−1/2 −1/2				1

图 4.6.2　自旋-自旋耦合 CG 系数表

它表示的是两个自旋 $\hbar/2$ 的耦合系数，即$\left\langle \frac{1}{2}m_1\ \frac{1}{2}m_2 \middle| jm \right\rangle$. 为了印刷方便，把开根号的符号省去了. 例如，应从表上读出$\left\langle \frac{1}{2},-\frac{1}{2}\frac{1}{2}\frac{1}{2} \middle| 00 \right\rangle=-\sqrt{\frac{1}{2}}$.

图 4.6.3 再给出 $\underline{1}\otimes\underline{\frac{1}{2}}$ 的 CG 系数.

1×1/2	3/2 +3/2	3/2 +1/2	1/2 +1/2	3/2 −1/2	1/2 −1/2	3/2 −3/2
+1 +1/2	1					
+1 −1/2		1/3	2/3			
0 +1/2		2/3	−1/3			
0 −1/2				2/3	1/3	
−1 +1/2				1/3	−2/3	
−1 −1/2						1

图 4.6.3　$\underline{1}\otimes\underline{1/2}$ CG 系数表

4.6.3　自旋态的耦合

实际应用中经常要用到两个自旋的耦合. 由关系$\underline{\frac{1}{2}}\times\underline{\frac{1}{2}}=\underline{0}+\underline{1}$知道，两个自旋为 1/2 的粒子，可以耦合出一个**单态**(总自旋为 0)和一个**三态**(总自旋为 1). 由前面的 CG 系数，可以写下耦合的态为

$$\begin{aligned}
|00\rangle &= \frac{1}{\sqrt{2}}\left(\left|\frac{1}{2}\right\rangle_1\left|-\frac{1}{2}\right\rangle_2-\left|-\frac{1}{2}\right\rangle_1\left|\frac{1}{2}\right\rangle_2\right)\\
|11\rangle &= \left|\frac{1}{2}\right\rangle_1\left|\frac{1}{2}\right\rangle_2\\
|10\rangle &= \frac{1}{\sqrt{2}}\left(\left|\frac{1}{2}\right\rangle_1\left|-\frac{1}{2}\right\rangle_2+\left|-\frac{1}{2}\right\rangle_1\left|\frac{1}{2}\right\rangle_2\right)\\
|1,-1\rangle &= \left|-\frac{1}{2}\right\rangle_1\left|-\frac{1}{2}\right\rangle_2
\end{aligned} \tag{4.6.42}$$

我们注意到，单态对两个粒子的交换是反对称的；而三态则是对称的.

当然反过来，非耦合态也可用耦合态表示为

$$
\begin{aligned}
&\left|\frac{1}{2}\right\rangle_1\left|\frac{1}{2}\right\rangle_2=|11\rangle \\
&\left|\frac{1}{2}\right\rangle_1\left|-\frac{1}{2}\right\rangle_2=\frac{1}{\sqrt{2}}(|10\rangle+|00\rangle) \\
&\left|-\frac{1}{2}\right\rangle_1\left|\frac{1}{2}\right\rangle_2=\frac{1}{\sqrt{2}}(|10\rangle-|00\rangle) \\
&\left|-\frac{1}{2}\right\rangle_1\left|-\frac{1}{2}\right\rangle_2=|1,-1\rangle
\end{aligned}
\tag{4.6.43}
$$

4.7 自旋轨道耦合和能级精细结构

我们在前面讨论氢原子或类氢原子时都只考虑了静电作用. 单原子光谱的复杂现象告诉我们,光是静电作用是远远不够的.

4.7.1 托马斯耦合

描述电子的相对论运动方程叫狄拉克方程,在狄拉克方程里自旋会自然出现. 从处在有心势场$V(r)$中的电子的狄拉克方程出发,作非相对论近似,会得到下面的哈密顿量:

$$
\hat{H}=\frac{1}{2\mu}\hat{\boldsymbol{p}}^2+V(r)+\frac{1}{2\mu^2c^2}\frac{1}{r}\frac{\mathrm{d}V(r)}{\mathrm{d}r}\hat{\boldsymbol{L}}\cdot\hat{\boldsymbol{S}}=\hat{H}_0+\hat{H}' \tag{4.7.1}
$$

该哈密顿量比以前原子的哈密顿量多出了一项

$$
\begin{aligned}
H' &= \xi(r)\hat{\boldsymbol{L}}\cdot\hat{\boldsymbol{S}} \\
\xi(r) &= \frac{1}{2\mu^2c^2}\frac{1}{r}\frac{\mathrm{d}V(r)}{\mathrm{d}r}
\end{aligned}
\tag{4.7.2}
$$

称为托马斯(Thomas)耦合项. 从磁矩与角动量的关系可知,它代表了轨道磁矩与自旋磁矩之间的相互作用.

4.7.2 CSCO

以前讲氢原子时,没有托马斯项,那时我们选的完全力学量组是三个($\hat{H}$,$\hat{\boldsymbol{L}}^2$,$\hat{L}_z$). 现在自旋进来了,多了个自由度. 另外,原来的完全力学量组是否还可以继续保留呢? 要检查!

哈密顿量式(4.7.1)有个自旋轨道耦合 $\hat{\boldsymbol{L}}\cdot\hat{\boldsymbol{S}}$,我们看轨道角动量是否可与哈密顿量对易

$$
[\hat{L}_i,\hat{\boldsymbol{L}}\cdot\hat{\boldsymbol{S}}]=[\hat{L}_i,\sum_j\hat{L}_j\hat{S}_j]=\sum_j[\hat{L}_i,\hat{L}_j\hat{S}_j]
$$

$$= \sum_j [\hat{L}_i, \hat{L}_j]\hat{S}_j] + \sum_j \hat{L}_j[\hat{L}_i, \hat{S}_j]$$

$$= \mathrm{i}\hbar \sum_{jk} \varepsilon_{ijk} \hat{L}_k \hat{S}_j$$

$$\neq 0 \tag{4.7.3}$$

这里自旋和轨道是两种不同的自由度,可以交换. 由此可知,$[\hat{\boldsymbol{L}}, H] \neq 0$,$\hat{L}_z$ 不适合进完备组了,但注意

$$[\hat{\boldsymbol{L}}^2, \hat{\boldsymbol{L}} \cdot \hat{\boldsymbol{S}}] = \sum_i [\hat{\boldsymbol{L}}^2, \hat{L}_i]\hat{S}_i = 0 \tag{4.7.4}$$

所以轨道角动量平方可以保留.

再看自旋角动量

$$[\hat{S}_i, \hat{\boldsymbol{L}} \cdot \hat{\boldsymbol{S}}] = [\hat{S}_i, \sum_j \hat{L}_j \hat{S}_j] = \sum_j [\hat{S}_i, \hat{L}_j \hat{S}_j]$$

$$= \sum_j [\hat{S}_i, \hat{L}_j]\hat{S}_j] + \sum_j \hat{L}_j [\hat{S}_i, \hat{S}_j]$$

$$= \mathrm{i}\hbar \sum_{jk} \varepsilon_{ijk} \hat{L}_j \hat{S}_k = -[\hat{L}_i, \hat{\boldsymbol{L}} \cdot \hat{\boldsymbol{S}}]$$

$$\neq 0 \tag{4.7.5}$$

因此,自旋投影 $\hat{S}_z$ 也不适合进完备组. 从上面两个对易关系看,轨道角动量和自旋角动量的和(总角动量)

$$\hat{\boldsymbol{J}} = \hat{\boldsymbol{L}} + \hat{\boldsymbol{S}} \tag{4.7.6}$$

是与哈密顿量可易的

$$[\hat{J}_i, \hat{\boldsymbol{L}} \cdot \hat{\boldsymbol{S}}] = [\hat{L}_i, \hat{\boldsymbol{L}} \cdot \hat{\boldsymbol{S}}] + [\hat{S}_i, \hat{\boldsymbol{L}} \cdot \hat{\boldsymbol{S}}] = 0 \tag{4.7.7}$$

$$\begin{aligned} [\hat{\boldsymbol{J}}, \hat{H}] &= 0 \\ [\hat{\boldsymbol{J}}^2, \hat{H}] &= 0 \end{aligned} \tag{4.7.8}$$

因此,我们可选力学量完备组为

$$\{\hat{H}, \hat{\boldsymbol{L}}^2, \hat{\boldsymbol{J}}^2, \hat{J}_z\}$$

4.7.3 角向本征函数——球旋量

哈密顿量是与具体系统有关的(取决于势),而完全组中三个角动量有普遍意义. 我们先来求出它们的共同本征函数,这相当于一个轨道角动量与一个1/2自旋的耦合. 轨道角动量的本征态为球谐函数$\{\mathrm{Y}_{lm}, m=l, l-1, \cdots, -l; l=0,1,2,\cdots\}$,自旋波函数是$\{\chi_s, s=\pm 1/2\}$.

依据4.6节的角动量耦合理论我们可得到总角动量平方、总角动量投影以及轨道角动量平方的共同本征态

$$|JM\rangle = \sum_{M=m+s} \left\langle lm\, \frac{1}{2} s \middle| JM \right\rangle \mathrm{Y}_{lm} \chi_s$$

$$M=J,J-1,\cdots,-J$$
$$J=l+1/2,l-1/2 \tag{4.7.9}$$

利用 CG 系数的表达式，可以具体写出其在坐标表象中的形式

$$\begin{aligned}\left\langle \boldsymbol{x}\middle| J=l+\frac{1}{2},M\right\rangle &=\sqrt{\frac{l+M+1/2}{2l+1}}\mathrm{Y}_{l,M-1/2}\chi_{1/2}+\sqrt{\frac{l-M+1/2}{2l+1}}\mathrm{Y}_{l,M+1/2}\chi_{-1/2}\\ &=\begin{pmatrix}\sqrt{\dfrac{l+M+1/2}{2l+1}}\mathrm{Y}_{l,M-1/2}\\ \sqrt{\dfrac{l-M+1/2}{2l+1}}\mathrm{Y}_{l,M+1/2}\end{pmatrix}\end{aligned} \tag{4.7.10}$$

$$\begin{aligned}\left\langle \boldsymbol{x}\middle| J=l-\frac{1}{2},M\right\rangle &=-\sqrt{\frac{l-M+1/2}{2l+1}}\mathrm{Y}_{l,M-1/2}\chi_{1/2}+\sqrt{\frac{l+M+1/2}{2l+1}}\mathrm{Y}_{l,M+1/2}\chi_{-1/2}\\ &=\begin{pmatrix}-\sqrt{\dfrac{l-M+1/2}{2l+1}}\mathrm{Y}_{l,M-1/2}\\ \sqrt{\dfrac{l+M+1/2}{2l+1}}\mathrm{Y}_{l,M+1/2}\end{pmatrix}\end{aligned} \tag{4.7.11}$$

它们被称为**球旋量**，满足的本征方程为

$$\begin{aligned}\hat{\boldsymbol{J}}^2\mid JM\rangle &= J(J+1)\hbar^2\mid JM\rangle\\ \hat{J}_z\mid JM\rangle &= M\hbar\mid JM\rangle\\ \hat{\boldsymbol{L}}^2\mid JM\rangle &= l(l+1)\hbar^2\mid JM\rangle\end{aligned} \tag{4.7.12}$$

利用关系

$$\hat{\boldsymbol{L}}\cdot\hat{\boldsymbol{S}}=\frac{1}{2}(\hat{\boldsymbol{J}}^2-\hat{\boldsymbol{L}}^2-\hat{\boldsymbol{S}}^2) \tag{4.7.13}$$

我们知道球旋量也是托马斯项的本征函数

$$\hat{\boldsymbol{L}}\cdot\hat{\boldsymbol{S}}\mid JM\rangle=\frac{\hbar^2}{2}\left[J(J+1)-l(l+1)-\frac{3}{4}\right]\mid JM\rangle \tag{4.7.14}$$

4.7.4　一般解

哈密顿量式(4.7.1)的定态方程为

$$\begin{aligned}\hat{H}\Psi &= E\Psi\\ \Psi &= R(r)\mid JM\rangle\end{aligned} \tag{4.7.15}$$

径向函数满足的方程为

$$\frac{1}{r^2}\frac{\mathrm{d}}{\mathrm{d}r}r^2\frac{\mathrm{d}R}{\mathrm{d}r}+\left[\frac{2\mu}{\hbar^2}(E-V(r))-\frac{l(l+1)}{r^2}\right]R$$

$$-\frac{\left[J(J+1)-l(l+1)-\frac{3}{4}\right]}{2\mu c^2}\frac{1}{r}\frac{\mathrm{d}V(r)}{\mathrm{d}r}R=0 \tag{4.7.16}$$

有了具体的形成原子的位势，就可以解出本征值和本征函数

$$\begin{cases}E=E_{nlJ}\\ R=R_{nlJ}(r)\\ \Psi_{nlJM}=R_{nlJ}(r)\mid JM\rangle\end{cases} \tag{4.7.17}$$

如果忽略方程中反映自旋轨道耦合的项，此方程就是我们过去解氢原子时的径向薛定谔方程，其解就是 $R_{nl}(r)$.

4.7.5 能级修正

现在我们来看看考虑了自旋轨道耦合后能级的变化.

能量本征值为

$$\begin{aligned}E_{nlj}&=\langle nlJM\mid\hat{H}\mid nlJM\rangle\\&=\langle nlJM\mid\hat{H}_0\mid nlJM\rangle+\langle nlJM\mid\hat{H}'\mid nlJM\rangle\\&=\langle nlJM\mid\hat{H}_0\mid nlJM\rangle+\frac{\hbar^2}{2}\left[J(J+1)-l(l+1)-\frac{3}{4}\right]\langle nlJM\mid\xi\mid nlJM\rangle\\&=\langle R_{nlJ}\mid\hat{H}_0\mid R_{nlJ}\rangle+\frac{\hbar^2}{2}\left[J(J+1)-l(l+1)-\frac{3}{4}\right]\langle R_{nlJ}\mid\xi\mid R_{nlJ}\rangle\end{aligned} \tag{4.7.18}$$

其中，径向函数 R_{nlJ} 满足方程(4.7.16). 考虑到自旋轨道耦合的修正比较小，我们可以在求解径向方程时先忽略掉它的影响，这时的解就是 $R_{nl}(r)$. 于是我们可得到

$$\begin{aligned}E_{nlJ}&=E_{nl}+\frac{\hbar^2}{2}\left[J(J+1)-l(l+1)-\frac{3}{4}\right]\langle R_{nl}\mid\xi\mid R_{nl}\rangle\\&=E_{nl}+E'_{nlJ}\\E'_{nlJ}&=\frac{\hbar^2}{2}\left[J(J+1)-l(l+1)-\frac{3}{4}\right]\langle R_{nl}\mid\xi\mid R_{nl}\rangle\\&=\begin{cases}\frac{\hbar^2}{2}lA, & J=l+1/2\\ -\frac{(l+1)\hbar^2}{2}A, & J=l-1/2\end{cases}\\A&=\langle R_{nl}\mid\xi\mid R_{nl}\rangle=\int r^2\mathrm{d}r\,R_{nl}^2\xi(r)\end{aligned} \tag{4.7.19}$$

对于氢原子或类氢原子，$V(r)=-Ze^2/4\pi\varepsilon_0 r$，利用 2.5 节中的波函数，可以算出

$$A=\langle\xi\rangle=\left\langle\frac{1}{2\mu^2}\frac{1}{r}\frac{\mathrm{d}V}{\mathrm{d}r}\right\rangle=\frac{Ze^2}{8\pi\varepsilon_0\mu^2c^2}\left\langle\frac{1}{r^3}\right\rangle$$

$$=\frac{e^2}{8\pi\varepsilon_0\mu^2c^2a_0^3}\frac{Z^4}{n^3l(l+1/2)(l+1)}\quad(l>0)\tag{4.7.20}$$

现在我们得到,原来一个能级,由于自旋轨道耦合的作用而分裂为两个能级,能量分别是

$$\begin{cases}E_{nl,J=l+1/2}=E_{nl}+\dfrac{\mu c^2}{2}\left(\dfrac{Z\alpha}{n}\right)^4\dfrac{n}{(2l+1)(l+1)}\\E_{nl,J=l-1/2}=E_{nl}-\dfrac{\mu c^2}{2}\left(\dfrac{Z\alpha}{n}\right)^4\dfrac{n}{(2l+1)l}\end{cases}\tag{4.7.21}$$

其中,精细结构常数 $\alpha=\dfrac{e^2}{4\pi\varepsilon_0\hbar c}\approx\dfrac{1}{137}$. 能级分裂的间隔大小为

$$\Delta E'_n=\frac{\mu c^2}{2}\left(\frac{Z\alpha}{n}\right)^4\frac{n}{l(l+1)}=-E_n\frac{(Z\alpha)^2}{n^2}\frac{n}{l(l+1)}\tag{4.7.22}$$

与原来能级高度的比约为

$$\frac{\Delta E'}{|E_{nl}|}=\frac{(Z\alpha)^2}{nl(l+1)}\approx10^{-4}$$

即自旋轨道耦合修正约为万分之一.

图 4.7.1 显示了钠原子 3P 项的精细结构.

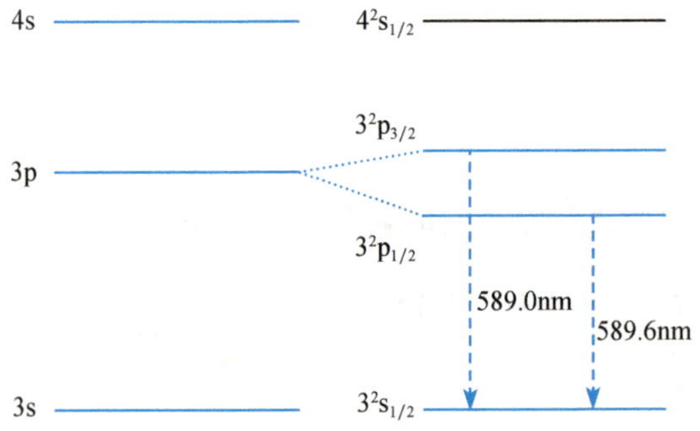

图 4.7.1 钠原子 3P 项的精细结构

4.7.6 相对论动能修正

对于氢原子的能级,光用自旋轨道耦合还不足以解释实际的分裂,还有两项同样量级的修正需要考虑.

一是动能的修正. 从相对论质能关系

$$E^2=\mu^2c^4+p^2c^2\tag{4.7.23}$$

出发,得到动能为

$$T = E - \mu c^2 = \sqrt{\mu^2 c^4 + p^2 c^2} - \mu c^2$$
$$= \mu c^2 \left[\sqrt{1 + \frac{p^2}{\mu^2 c^2}} - 1\right] \tag{4.7.24}$$

当动量较小时，有

$$T = \mu c^2 \left\{\frac{1}{2}\frac{p^2}{\mu^2 c^2} - \frac{1}{8}\left(\frac{p^2}{\mu^2 c^2}\right)^2 + \cdots\right\} = \frac{p^2}{2\mu} - \frac{p^4}{8\mu^3 c^2} + \cdots$$
$$\approx T_0 - \frac{p^4}{8\mu^3 c^2} \tag{4.7.25}$$

算符化后，可得到动能的相对论修正算符

$$\Delta \hat{T} = -\frac{\hat{p}^4}{8\mu^3 c^2} = -\frac{1}{2\mu c^2}\left(\frac{\hat{p}}{2\mu}\right)^2 = -\frac{1}{2\mu c^2}\hat{T}_0^2$$
$$= -\frac{1}{2\mu c^2}(\hat{H} - V)^2 \tag{4.7.26}$$

在能量本征态里，此动能修正的期望值为

$$\Delta E_n'' = \langle \Delta \hat{T} \rangle = -\frac{1}{2\mu c^2}\langle (\hat{H} - V)^2 \rangle$$
$$= -\frac{1}{2\mu c^2}\langle (E_n - V)^2 \rangle = -\frac{1}{2\mu c^2}\langle E_n^2 - 2E_n V + V^2 \rangle$$
$$= -\frac{1}{2\mu c^2}(E_n^2 - 2E_n\langle V \rangle + \langle V^2 \rangle) \tag{4.7.27}$$

对于氢原子，有

$$E_n = -\frac{1}{2}\mu c^2 (Z\alpha)^2 \frac{1}{n^2}$$
$$\langle V \rangle = -2\langle \hat{T} \rangle = 2E_n = -\mu c^2 (Z\alpha)^2 \frac{1}{n^2} \tag{4.7.28}$$
$$\langle V^2 \rangle = (Ze^2)^2 \left\langle \frac{1}{r^2} \right\rangle = \frac{(\mu c^2)^2 (Z\alpha)^4}{n^3 (l + 1/2)}$$

于是有

$$\Delta E_n'' = -\frac{1}{2}\mu c^2 (Z\alpha)^2 \frac{1}{n^2}\frac{(Z\alpha)^2}{n^2}\left(\frac{3}{4} - \frac{n}{l + 1/2}\right)$$
$$= -E_n \frac{(Z\alpha)^2}{n^2}\left[\frac{3}{4} - \frac{n}{l + \frac{1}{2}}\right] \tag{4.7.29}$$

这一修正消除了原来氢原子的 l 简并，它比例于精细结构常数的平方，约为原来能级的万分之一，与自旋轨道耦合修正同量级.

4.7.7 波函数零点值修正

对于氢原子的 s 态（$l=0$），还有一项特别的修正. 注意到非相对论近似的条件是$|\langle V(r)\rangle|\ll\mu c^2$，这里 $V(r)$是电子的势能，对于非 s 态（$l<0$），波函数在原点的值为零，非相对论近似的条件容易满足. 而对于 s 态，原点波函数不为零，此时电子在核附近的行为起主要作用，从相对论方程出发可计算其修正为

$$\Delta E_n'''=\frac{\pi\hbar^2 Ze^2}{2\mu^2c^2}\mid\psi(0)\mid^2 \tag{4.7.30}$$

代以氢原子态波函数可得

$$\Delta E_n'''=-E_n\frac{(Z\alpha)^2}{n^2},\quad l=0 \tag{4.7.31}$$

把上面三项修正加在一起，我们可得到能级的精细结构，它们源自相对论的修正

$$\begin{aligned}\Delta E_n&=\Delta E_n'+\Delta E_n''\\&=-E_n\frac{(Z\alpha)^2}{n}\left[\left(\frac{3}{4n}-\frac{1}{l+1/2}\right)\right.\\&\qquad\left.+\frac{J(J+1)-l(l+1)-s(s+1)}{2l(l+1/2)(l+1)}\right],\quad l>0\end{aligned} \tag{4.7.32}$$

$$\Delta E_n=\Delta E_n''+\Delta E_n'''=-E_n\frac{(Z\alpha)^2}{n^2}\left(\frac{3}{4}-n\right),\quad l=0 \tag{4.7.33}$$

我们发现，如果在前一式中代以 $l=0$、$J=s=1/2$，则可得到后一式. 再把 $J=l\pm1/2$、$s=1/2$ 代入前一公式，可得到相对论修正后的类氢原子能级公式

$$\begin{aligned}&E_{nJ}=E_n\left[1-\frac{(Z\alpha)^2}{n^2}\left(\frac{3}{4}-\frac{n}{J+1/2}\right)\right]\\&J=\frac{1}{2},\frac{3}{2},\cdots,n-\frac{1}{2}\end{aligned} \tag{4.7.34}$$

于是原来一条以主量子数 n 标志的氢原子能级，现在分裂为 n 条. 分裂开的能级间隔约为原来能级的万分之一. 显然，能级的这种精细结构会带来氢原子光谱线的精细结构. 当然，实际的氢原子光谱的精细结构还要复杂，因为氢原子核有自旋、有核磁矩等，都会对能谱造成影响，形成能级的超精细结构.

例如，考虑到核磁矩与电子磁矩的耦合，则氢原子基态能级还会分裂(图 4.7.2)，两个自旋平行还是反平行影响不同. 两个能级之间跃迁放出的光的波长为 21cm (图 4.7.3). 在天体物理中正是利用此射电短波来探测宇宙中广泛存在的中性原子氢云.

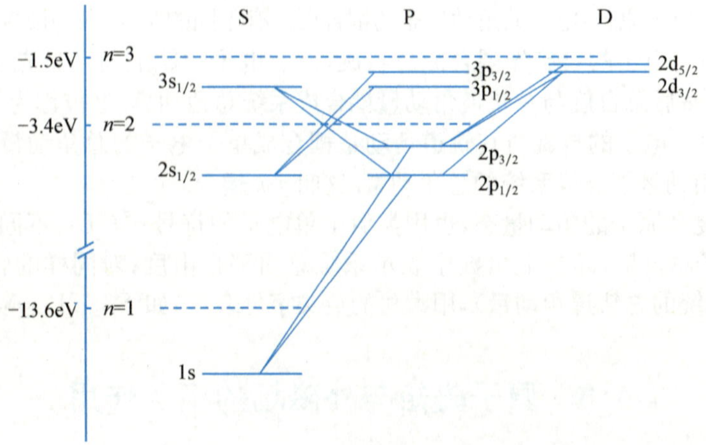

图 4.7.2 氢原子 $n=1,2,3$ 能级的精细结构及允许跃迁

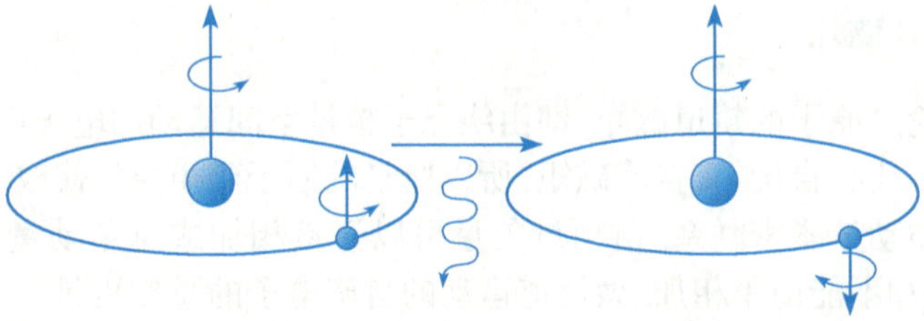

图 4.7.3 中性氢原子 21cm 波的形成

4.7.8 光谱项符号

我们看到，考虑了托马斯项以后，能级一般用三个量子数 nlJ 标识，由于总角动量投影量子数 M 不出现，故此能级一般是 $2J+1$ 重简并的. 为了标记具体电子的角动量态，我们采用符号组合

$$^{2S+1}L_J$$

其中，L 为与轨道角动量量子数对应的符号，J 为总角动量，而 $2S+1$ 为自旋多重数，S 为自旋角动量量子数. 表 4.7.1 给出自旋 $S=1/2$ 与轨道耦合光谱项的一些例子.

表 4.7.1 光谱项符号

l	0	1		2		3		4	
J	1/2	1/2	3/2	3/2	5/2	5/2	7/2	7/2	9/2
L_J	$s_{1/2}$	$p_{1/2}$	$p_{3/2}$	$d_{3/2}$	$d_{5/2}$	$f_{5/2}$	$f_{7/2}$	$g_{7/2}$	$g_{9/2}$
$^{2S+1}L_J$	$^2s_{1/2}$	$^2p_{1/2}$	$^2p_{3/2}$	$^2d_{3/2}$	$^2d_{5/2}$	$^2f_{5/2}$	$^2f_{7/2}$	$^2g_{7/2}$	$^2g_{9/2}$

对于多电子原子，电子的角动量态的耦合可以有不同的路线. 两种极端情况如下.

(1) 所有电子的自旋先耦合成总自旋，所有电子的轨道角动量先耦合成总轨道角动量，然后总自旋与总轨道角动量耦合成系统总角动量. 这被称为 L-S 耦合.

(2) 每个电子的自旋与其轨道角动量耦合成单个电子的总角动量，然后所有电子的总角动量耦合成系统的总角动量. 这叫 j-j 耦合.

对于复杂原子的角动量态，也用类似于单电子的符号 $^{2S+1}L_J$，不同处为，此时 S 表示原子总自旋，即左上角数字表示系统总内部自由度；对同样的轨道量子数（现在是系统的总轨道角动量），用大写的英文字母表示，如 $^2\mathrm{S}_{1/2}$、$^2\mathrm{P}_{3/2}$ 等.

4.8 原子磁矩与外磁场的相互作用

考虑了自旋，原子的各种性质都会受其影响.

4.8.1 原子总磁矩

以前讨论过原子的轨道磁矩，即由绕原子核做空间运动的电子产生的磁矩. 现在考虑到电子还有自旋，有自旋磁矩，所以原来的原子磁矩要作修改.

磁矩与角动量紧密联系. 角动量矢量可以直接相加成总角动量，但由于 g 因子不同，磁矩却不能简单相加. 做轨道运动的自旋电子的总磁矩是

$$\hat{\boldsymbol{\mu}} = -g_l(\mu_\mathrm{B}/\hbar)\hat{\boldsymbol{L}} - g_S(\mu_\mathrm{B}/\hbar)\hat{\boldsymbol{S}} \tag{4.8.1}$$

其中，$\mu_\mathrm{B}=e\hbar/2m_\mathrm{e}$ 是玻尔磁子；$g_l=1$；$g_S=2$.

实验上只要求得出磁矩的最大投影值. 为此我们计算下面的平均值：

$$\begin{aligned}\mu &= \langle JM \mid \hat{\mu}_z \mid JM\rangle\big|_{M=J} = \langle JJ \mid \hat{\mu}_z \mid JJ\rangle \\ &= -(\mu_\mathrm{B}/\hbar)\langle JJ \mid g_l\hat{L}_z + g_S\hat{S}_z \mid JJ\rangle \\ &= -(\mu_\mathrm{B}/\hbar)\langle JJ \mid g_l(J_z-\hat{S}_z) + g_S\hat{S}_z \mid JJ\rangle \\ &= -(\mu_\mathrm{B}/\hbar)J - (\mu_\mathrm{B}/\hbar)(g_l-g_S)\langle JJ \mid \hat{S}_z \mid JJ\rangle\end{aligned} \tag{4.8.2}$$

$$\mid JJ\rangle = \left\langle l,J-\frac{1}{2},\frac{1}{2}\,\frac{1}{2}\middle| JJ\right\rangle \mathrm{Y}_{l,J-1/2}\,\chi_{1/2} + \left\langle l,J+\frac{1}{2},\frac{1}{2},-\frac{1}{2}\middle| JJ\right\rangle \mathrm{Y}_{l,J+1/2}\,\chi_{-1/2} \tag{4.8.3}$$

于是可以算得

$$\begin{aligned}\langle JJ \mid \hat{S}_z \mid JJ\rangle &= \frac{1}{2}\left(\left|\left\langle l,J-\frac{1}{2},\frac{1}{2}\,\frac{1}{2}\middle| JJ\right\rangle\right|^2 - \left|\left\langle l,J+\frac{1}{2},\frac{1}{2}-\frac{1}{2}\middle| JJ\right\rangle\right|^2\right) \\ &= \begin{cases}\dfrac{\hbar}{2}, & J=l+\dfrac{1}{2} \\ -\dfrac{\hbar}{2}\,\dfrac{l-1/2}{l+1/2}, & J=l-\dfrac{1}{2}\end{cases}\end{aligned} \tag{4.8.4}$$

这样磁矩投影的最大平均值为

$$\mu=\begin{cases}-\mu_{\mathrm{B}}(l+1), & J=l+1/2\\ -\mu_{\mathrm{B}}\dfrac{l(2l-1)}{2l+1}, & J=l-1/2\end{cases}\tag{4.8.5}$$

这里自然假定轨道角动量 $l>0$. 当轨道态是 S 态时，总角动量就是自旋，总磁矩也就是自旋磁矩.

当自旋的电子在外磁场中时，即使轨道角动量相同，不同的总角动量态与磁场的相互作用能量也不同，能级还要分裂.

4.8.2 总磁矩在总角动量方向的投影

我们看到总磁矩矢量与总角动量矢量不是平行的. 在很多涉及原子与外场相互作用的过程中，总角动量守恒，因此有必要考虑总磁矩在总角动量方向上的投影. 这一投影正比于

$$\begin{aligned}\hat{\boldsymbol{M}}\cdot\hat{\boldsymbol{J}}&=-(\mu_{\mathrm{B}}/\hbar)(g_l\hat{\boldsymbol{L}}+g_S\hat{\boldsymbol{S}})\cdot(\hat{\boldsymbol{L}}+\hat{\boldsymbol{S}})\\&=-(\mu_{\mathrm{B}}/\hbar)[g_l\hat{\boldsymbol{L}}^2+g_S\hat{\boldsymbol{S}}^2+(g_l+g_S)(\hat{\boldsymbol{L}}\cdot\hat{\boldsymbol{S}})]\\&=-(\mu_{\mathrm{B}}/\hbar)[g_l\hat{\boldsymbol{L}}^2+g_S\hat{\boldsymbol{S}}^2+(g_l+g_S)\frac{1}{2}(\hat{\boldsymbol{J}}^2-\hat{\boldsymbol{L}}^2-\hat{\boldsymbol{S}}^2)]\\&=-(\mu_{\mathrm{B}}/2\hbar)[(g_l+g_S)\hat{\boldsymbol{J}}^2-(g_S-g_l)\hat{\boldsymbol{L}}^2+(g_S-g_l)\hat{\boldsymbol{S}}^2]\end{aligned}\tag{4.8.6}$$

考虑到方向，形式上可以定义一个与总角动量矢量平行的总磁矩矢量

$$\begin{aligned}\hat{\boldsymbol{M}}_J&\equiv\hat{\boldsymbol{M}}\cdot\hat{\boldsymbol{J}}\frac{\hat{\boldsymbol{J}}}{\hat{\boldsymbol{J}}^2}\\&=-\left(\frac{\mu_{\mathrm{B}}}{2\hbar}\right)[(g_l+g_S)\hat{\boldsymbol{J}}^2-(g_S-g_l)\hat{\boldsymbol{L}}^2+(g_S-g_l)\hat{\boldsymbol{S}}^2]\frac{\hat{\boldsymbol{J}}}{\hat{\boldsymbol{J}}^2}\end{aligned}\tag{4.8.7}$$

在耦合表象中它可写成

$$\begin{aligned}\hat{\boldsymbol{M}}_J&=-\left(\frac{\mu_{\mathrm{B}}}{\hbar}\right)g_J\hat{\boldsymbol{J}}\\ g_J&=1+\frac{J(J+1)-l(l+1)+s(s+1)}{2J(J+1)}\end{aligned}\tag{4.8.8}$$

其中，g_J 有时被称为朗德 g 因子.

4.8.3 自旋电子的塞曼效应

前面讨论过氢原子或类氢原子的能级在外加磁场的作用下产生分裂的现象. 现在考虑到电子有自旋，因此要用泡利方程. 仍设外磁场 $\boldsymbol{B}$ 沿 z 方向，取对称规范

$$\hat{\boldsymbol{A}}=\left(-\frac{1}{2}By,\frac{1}{2}Bx,0\right)$$

于是，我们有哈密顿量为

$$\begin{aligned}\hat{H} &= \frac{1}{2\mu}(\hat{\boldsymbol{p}} + e\boldsymbol{A})^2 + U(r) - \boldsymbol{\mu}_S \cdot \boldsymbol{B} \\ &= -\frac{\hbar^2}{2\mu}\nabla^2 - \frac{\mathrm{i}e\hbar}{2\mu}\frac{\mathrm{i}}{\hbar}B\hat{L}_z + \frac{\hbar^2}{2\mu}\frac{B^2}{4}(x^2+y^2) + U(r) + \frac{e\hbar}{\mu}B\hat{S}_z \\ &= \hat{H}_0 + \frac{eB}{2\mu}(\hat{L}_z + 2\hat{S}_z) + \frac{\hbar^2 B^2}{8\mu}(x^2+y^2)\end{aligned} \tag{4.8.9}$$

其中，算符 $\hat{H}_0$ 即为没有外磁场时形成原子的哈密顿量. 我们看到，有了外磁场，能量增加了两项，一项是由原子轨道磁矩和电子自旋磁矩引起的，而另一项则起因于电子在垂直于磁场的平面内的振动. 我们可以估计这两项能量的大小之比：

$$\left|\frac{\dfrac{\hbar^2 B^2}{8\mu}(x^2+y^2)}{\dfrac{eB}{2\mu}(\hat{L}_z + 2\hat{S}_z)}\right| \approx \frac{\hbar B}{4}\frac{a_0^2}{e} = 4\times 10^{-6}B$$

这里原子的大小用玻尔半径 a_0 来代替，而最后一项中磁场的单位是 T. 在通常的实验室中，外磁场一般小于几十特[斯拉]，因此作为一级近似，振动能量可以忽略.

于是我们可以取一个等效的哈密顿量

$$\begin{aligned}\hat{H}_1 &= -\frac{\hbar^2}{2\mu}\nabla^2 + U(r) - \frac{\mathrm{i}e\hbar}{2\mu}\frac{\mathrm{i}}{\hbar}B\hat{L}_z + \frac{e\hbar}{\mu}B\hat{S}_z \\ &= \hat{H}_0 + \frac{eB}{2\mu}(\hat{L}_z + 2\hat{S}_z)\end{aligned} \tag{4.8.10}$$

从这个哈密顿量可以看出，原先原子的两个角动量力学量 $\hat{\boldsymbol{L}}^2$、$\hat{L}_z$ 仍可以选为完全组的力学量，因为它们与自旋可以交换. 但现在自由度增加，必须要添一个力学量，当然非自旋 $\hat{S}_z$ 莫属. 于是此时的完全力学量组为

$$(\hat{H}_1, \hat{\boldsymbol{L}}^2, \hat{L}_z, \hat{S}_z)$$

而角动量部分的共同本征态波函数是

$$\phi_{lms}(\boldsymbol{x}) = \mathrm{Y}_{lm}(\boldsymbol{x}/r)\,\chi_s$$

$$m = l, l-1, \cdots, -l, \quad l = 0, 1, 2, \cdots, \quad s = \frac{1}{2}, -\frac{1}{2}$$

由于 $\hat{H}_0$ 与 $\hat{H}_1$ 可易，因此只要把 $\hat{H}_0$ 的本征波函数稍加扩充就可以得到 $\hat{H}_1$ 的本征函数

$$\psi_{nlms}(r, \theta, \varphi; S_z) = R_{nl}(r)\,\mathrm{Y}_{lm}(\theta, \varphi)\,\chi_s \tag{4.8.11}$$

它满足下面的本征方程：

$$
\begin{cases}
\hat{H}_1\psi_{nlms}(r,\theta,\varphi;S_z)=E_{nlms}\psi_{nlms}(r,\theta,\varphi;S_z)\\
\hat{\boldsymbol{L}}^2\psi_{nlms}(r,\theta,\varphi;S_z)=l(l+1)\hbar^2\psi_{nlms}(r,\theta,\varphi;S_z)\\
\hat{L}_z\psi_{nlms}(r,\theta,\varphi;S_z)=m\hbar\psi_{nlms}(r,\theta,\varphi;S_z)\\
\hat{S}_z\psi_{nlms}(r,\theta,\varphi;S_z)=s\hbar\psi_{nlms}(r,\theta,\varphi;S_z)
\end{cases}
\tag{4.8.12}
$$

于是我们得到考虑了电子自旋后原子在磁场中的能级为

$$
\begin{aligned}
E_{nlms}&=E_{nlms}(B=0)+\frac{e\hbar B}{2\mu}(m+2s)\\
&=E_{nl}(B=0)+\frac{e\hbar B}{2\mu}(m+2s)
\end{aligned}
\tag{4.8.13}
$$

我们看到,除了磁量子数外,自旋量子数也对能量有影响,也即对不同的自旋量子态,能量也可能不同. 图 4.8.1 给出 4.3 节相同的原子在外磁场中的能级分裂,加上了自旋的影响.

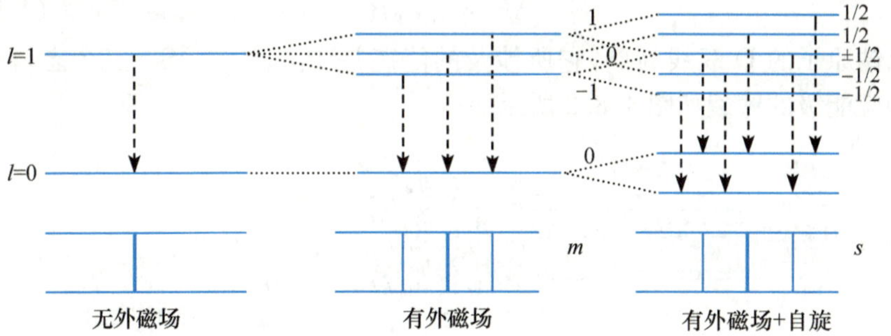

图 4.8.1 自旋电子塞曼效应

由式(4.8.13),在外磁场中电子从能级 E_{nlms} 跃迁到 $E_{n'l'm's'}$ 时,谱线的频率为

$$
\omega=\frac{E_{n'l'm's'}-E_{nlms}}{\hbar}=\omega_0+\frac{eB}{2\mu}\Delta m+\frac{eB}{\mu}\Delta s
\tag{4.8.14}
$$

其中,$\omega_0=\dfrac{E_{n'l'}-E_{nl}}{\hbar}$ 为没有外磁场时的跃迁频率;$\Delta m=m'-m$ 为跃迁中轨道磁量子数的改变;$\Delta s=s'-s$ 则为跃迁中自旋投影量子数的改变.

在强外场中,跃迁主要是轨道磁矩作用,自旋磁矩的作用弱,可略去. 此时内部自由度不会改变,即自旋量子数保持不变($\Delta s=0$),因此图 4.8.1 中的光谱线仍分裂为 3 条(正常塞曼效应). 如果磁场很弱,电子的自旋与轨道相互作用不能略去,这时能级的分裂比正常塞曼效应要复杂得多,称为复杂(或反常)塞曼效应.

4.8.4 反常塞曼效应

现在我们讨论弱的外磁场情形. 所谓“弱”是指外磁场比原子内的磁场要弱，即由外磁场引起的能级分裂比精细结构小，也就是自旋-轨道间的耦合比起它们任一个与外磁场的耦合要强. 但是自旋-轨道耦合的强度随核电荷 Z 很快增加，所以对轻原子来说是强的场，对重原子就不是了. 例如，钠的 D 双线的间距是 17.2cm^{-1}，而锂原子谱线相应的间距是 0.3cm^{-1}. 在 B 为 3T 的外磁场中，能级的塞曼劈裂对它们是相同的，约为 1cm^{-1}. 此外场对于锂原子是强场，但对钠原子就是弱场.

在弱外磁场时可用 L-S 耦合近似，这时总角动量为 $\boldsymbol{J}$ 的原子磁矩见式(4.8.8). 设外场方向沿 z 方向，则磁矩在 z 方向的投影为

$$(\mu_j)_{j,z} = -m_j g_j \mu_B, \quad m_j = j, j-1, \cdots, -j \tag{4.8.15}$$

对一个量子数为(l,s,j,m_j)的状态，在磁场中的能级劈裂为 $2j+1$ 个能级，这些能级的能量间隔 ΔE 为

$$\Delta E = g_j \mu_B B \tag{4.8.16}$$

以钠原子的 D 双线为例，它所涉及的能态是${}^2P_{1/2}$、${}^2P_{3/2}$、${}^2S_{1/2}$三个态，在弱磁场中相应能级的劈裂如图 4.8.2 所示.

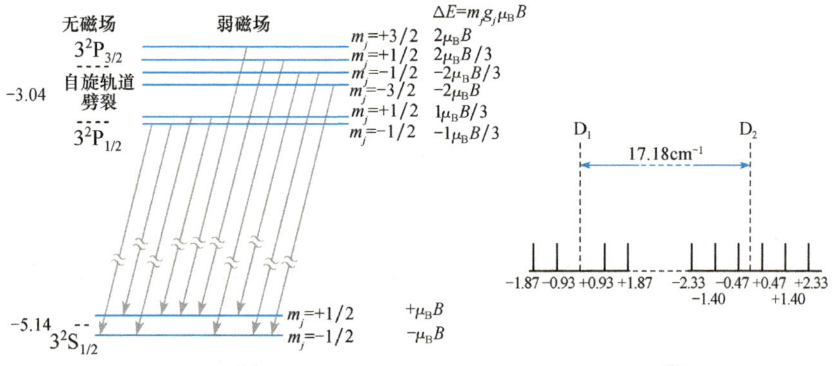

图 4.8.2 钠的 D 双线所对应能级在弱磁场中的能级劈裂(a)和相应的光谱线(b)

在弱磁场中各态的朗德 g 因子分别如下.

(1) ${}^2S_{1/2}$态. 状态量子数为 $s=1/2, l=0, j=1/2$，轨道角动量为 0，所以 g_j 因子由自旋决定，这时 $g_j=g_s=2$. 能级分裂为两条. $\Delta E=\pm\mu_B B$.

(2) ${}^2P_{1/2}$态. 状态量子数为 $s=1/2, l=1, j=1/2$，计算得 $g_j=2/3$. 能级分裂为两条. $\Delta E=\pm\mu_B B/3$.

(3) $^2P_{3/2}$态. 状态量子数为 $s=1/2, l=1, j=3/2$,计算得 $g_j=4/3$. 能级分裂为四条. $\Delta E=\pm 2\mu_B B/3, \Delta E=\pm 2\mu_B B$.

跃迁时初末态之间有选择定则: $\Delta m_j=\pm 1, 0$,因此从$^2P_{1/2}$态到$^2S_{1/2}$的跃迁分裂为四条谱线,$^2P_{3/2}$态到$^2S_{1/2}$的跃迁分裂为六条谱线.

由上面讨论可见,在光学跃迁中涉及的两个能级的 g_j 因子,一般是不同的. 因此塞曼效应的谱线就不是简单地分裂为三条,这是相应于更普遍的塞曼效应的情形. 但由于历史的原因,反而将这称为"反常",而把特殊情形即原子的自旋磁矩为0的能态间跃迁时发生的称为"正常塞曼效应"了.

4.8.5 帕邢-巴克效应

当磁场 $\boldsymbol{B}$ 是强场时,能级的劈裂就变得简单了. 外场将精细结构的耦合解除了,自旋轨道耦合相对不重要,轨道角动量 $\boldsymbol{L}$ 和自旋角动量 $\boldsymbol{S}$ 分别绕外场 $\boldsymbol{B}$ 进动. 总角动量 $\boldsymbol{J}$ 的物理含义就没有了. 这个极端情形导致了所谓的帕邢-巴克效应.

这实际上就又回到了前面讨论过的情形. 由式(4.8.13)可知,能级分裂为

$$\Delta E=(m+2s)\mu_B B \tag{4.8.17}$$

若 $g_s=2$,那么 $m=-1$、$s=1/2$ 态和 $m=1$、$s=-1/2$ 态在磁场中的能量是一样的,见图 4.8.3(c).

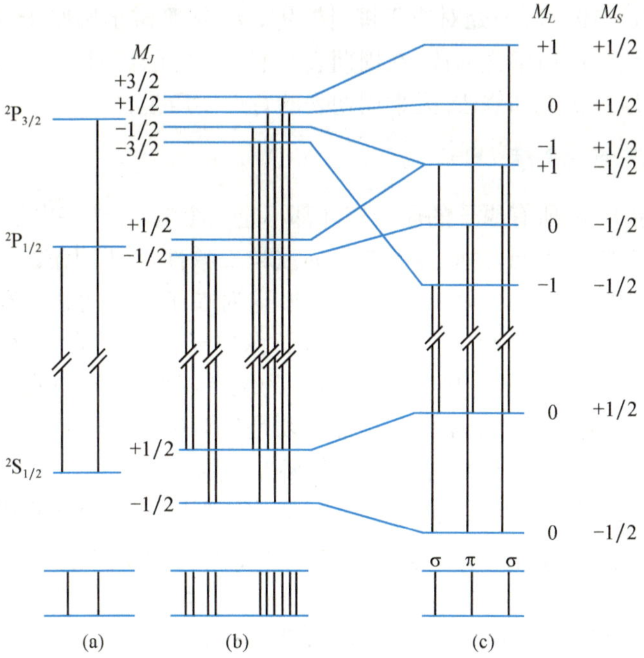

图 4.8.3 钠原子在磁场中

(a) 钠原子的 D 双线;(b) 在弱场中的谱线劈裂;(c) 极强磁场的帕邢-巴克效应

对光学跃迁同样要遵循选择定则,对电偶极跃迁不可能有自旋的翻转,所以选择定则是

$$\Delta s = 0 \qquad \begin{array}{ll} \Delta l = 0 & \pi \text{ 偏振} \\ \Delta l = \pm 1 & \sigma \text{ 偏振} \end{array}$$

由选择条件 $\Delta s=0$ 决定了谱线在强磁场中劈裂为 3 条,就像正常塞曼效应一样. 图 4.8.3 给出(a)钠原子的 D 双线,(b)在弱场中的谱线劈裂和(c)极强磁场的帕邢-巴克效应.

对中等场强的情形,这时外磁场的作用和自旋-轨道相互作用的强度相近,j、l 和 s 都不是好量子数,只有 m_j 是好量子数,具体计算就比较复杂了.

4.9 元素周期表

1869 年,俄国科学家门捷列夫(D. I. Mendeleev,1834～1907)提出,如果将元素按原子量排列,元素的化学性质和物理性质将呈现出周期性变化. 图 4.9.1 给出原子的电离能和原子半径随原子序数变化的曲线,曲线表明在 $Z=2,10,18,36,\cdots$ 处的电离能都有极大值. 与这些原子序数对应的是氦、氖、氩、氪、氙等惰性气体原子. 在 $Z=3,11,19,37,\cdots$ 处对应于锂、钠、钾、铷、铯等碱金属原子,电离能都是极小值,它们的化学性质都很活泼. 在周期表发明以后,元素周期表(已改为按原子序数排列)不断地被扩充和修改. 元素周期表的背后实质是什么?

4.9.1 泡利不相容原理

除了氢原子外,所有原子的原子核外都不止一个电子. 这些电子组成一个多电子系统. 和经典物理不同,由于微观粒子的波粒二象性,我们无法把两个电子区分开来,这叫微观粒子的不可分辨性或全同性. 这对粒子系统的状态有重大的影响. 粒子的全同性首先由泡利在 1925 年发现. 像电子这样的自旋为半整数(1/2, 3/2,…)的粒子,叫费米子. 费米子遵守特殊的统计叫费米-狄拉克统计. 费米子系统的波函数对任何两个费米子的交换都必须是反对称的. 于是一个结果便是任何两个粒子不能处于同一个量子态. 这就是泡利不相容原理.

泡利不相容原理反映了微观世界的特性,是对物理状态的一个选择规则. 我们以两个电子系统为例. 设系统波函数为 $\Psi(\boldsymbol{x}_1,\boldsymbol{x}_2;s_1,s_2)$;定义 1、2 两个粒子的交换算符 $\hat{P}_{12}$ 为

$$\hat{P}_{12}\Psi(\boldsymbol{x}_1,\boldsymbol{x}_2;s_1,s_2) = \Psi(\boldsymbol{x}_2,\boldsymbol{x}_1;s_2,s_1) \tag{4.9.1}$$

则泡利不相容原理要求此电子系统波函数满足关系

$$\hat{P}_{12}\Psi(\boldsymbol{x}_1,\boldsymbol{x}_2;s_1,s_2) = -\Psi(\boldsymbol{x}_1,\boldsymbol{x}_2;s_1,s_2) \tag{4.9.2}$$

即系统要有负的交换宇称.

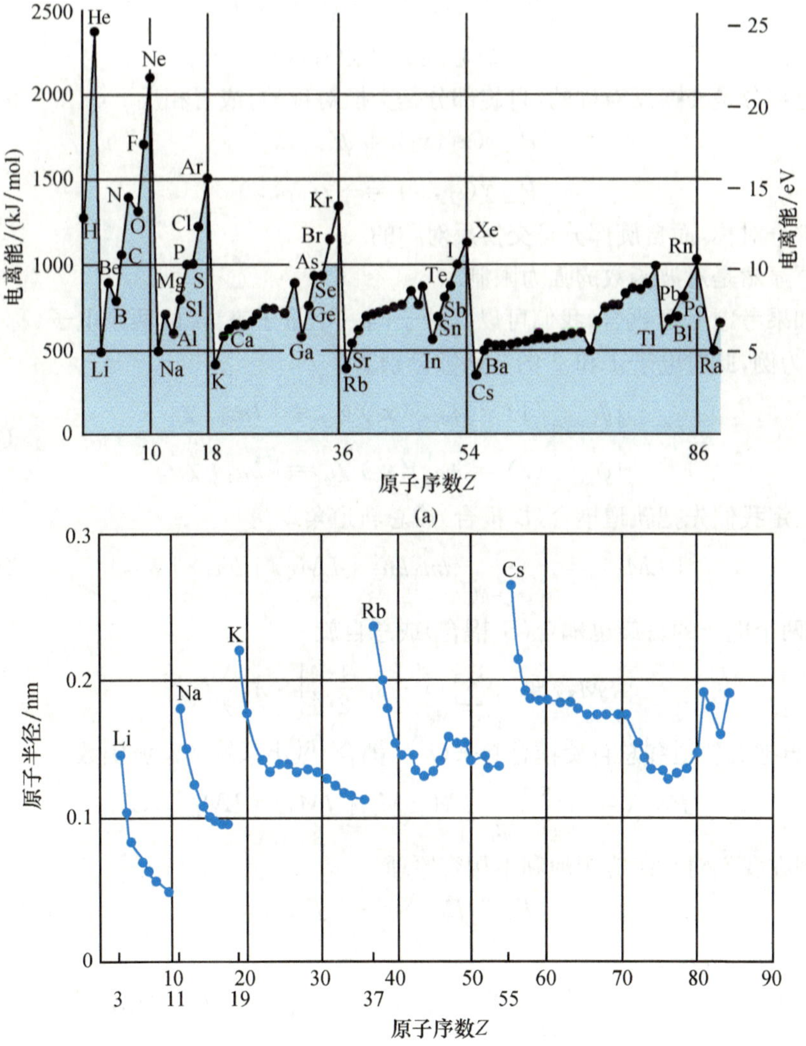

(a)
(b)

图 4.9.1 元素性质的周期性

(a) 元子电离能;(b) 原子半径

如果不考虑自旋轨道耦合,系统定态波函数可写为 $\Psi(\boldsymbol{x}_1,\boldsymbol{x}_2;s_1,s_2)=\psi(\boldsymbol{x}_1,\boldsymbol{x}_2)\chi(s_1,s_2)$,我们有

$$\hat{P}_{12}\Psi(\boldsymbol{x}_1,\boldsymbol{x}_2;s_1,s_2)=\psi(\boldsymbol{x}_2,\boldsymbol{x}_1)\chi(s_2,s_1)$$
$$=-\psi(\boldsymbol{x}_1,\boldsymbol{x}_2)\chi(s_1,s_2) \tag{4.9.3}$$

这可能有如下两种情形:

$$\begin{cases}\hat{P}_{12}\psi(\boldsymbol{x}_1,\boldsymbol{x}_2)=-\psi(\boldsymbol{x}_1,\boldsymbol{x}_2)\\ \hat{P}_{12}\chi(s_1,s_2)=\chi(s_1,s_2)\end{cases}\tag{4.9.4}$$

即轨道部分是交换反对称的，自旋部分是交换对称的；或者相反

$$\begin{cases}\hat{P}_{12}\psi(\boldsymbol{x}_1,\boldsymbol{x}_2)=\psi(\boldsymbol{x}_1,\boldsymbol{x}_2)\\ \hat{P}_{12}\chi(s_1,s_2)=-\chi(s_1,s_2)\end{cases}\tag{4.9.5}$$

轨道部分对称，而自旋部分是交换反对称的.

这显然是对波函数的强力限制.

如果考虑 L-S 耦合，我们可以以处于同一个量子态 nl 的两个电子（称为同科电子）为例，此时电子 1 和 2 的波函数分别为

$$\begin{cases}\psi_{nlm_1s_1}(1)=\phi_{nlm_1}(\boldsymbol{x}_1)\chi_{s_1}\equiv|lm_1\rangle\chi_{s_1}\\ \psi_{nlm_2s_2}(2)=\phi_{nlm_2}(\boldsymbol{x}_2)\chi_{s_2}\equiv|lm_2\rangle\chi_{s_2}\end{cases}\tag{4.9.6}$$

假定我们先把轨道耦合（L-耦合）成总轨道角动量

$$|LM_L\rangle=\sum_{m_1+m_2=M_L}\langle lm_1lm_2|LM_L\rangle|lm_1\rangle|lm_2\rangle\tag{4.9.7}$$

同时，两个电子的自旋也耦合（S-耦合）成总自旋

$$|SM_S\rangle=\sum_{s_1+s_2=M_S}\left\langle\frac{1}{2}s_1\,\frac{1}{2}s_2\right|SM_S\left.\right\rangle\chi_{s_1}\chi_{s_2}\tag{4.9.8}$$

然后，再把总轨道和总自旋耦合起来（L-S 耦合）做出系统的总波函数

$$|JM_J\rangle=\sum_{M_L+M_S=M_J}\langle LM_LSM_S|JM_J\rangle|LM_L\rangle|SM_S\rangle\tag{4.9.9}$$

现在我们对系统应用泡利不相容原理

$$\hat{P}_{12}|JM_J\rangle=-|JM_J\rangle\tag{4.9.10}$$

左方给出

$$\begin{aligned}\hat{P}_{12}|JM_J\rangle&=\sum_{M_L+M_S=M_J}\langle LM_LSM_S|JM_J\rangle\hat{P}_{12}(|LM_L\rangle|SM_S\rangle)\\&=\sum_{M_L+M_S=M_J}\langle LM_LSM_S|JM_J\rangle(\hat{P}_{12}|LM_L\rangle)(\hat{P}_{12}|SM_S\rangle)\end{aligned}$$

$$\begin{aligned}\hat{P}_{12}|LM_L\rangle&=\sum_{m_1+m_2=M}\langle lm_1lm_2|LM_L\rangle\hat{P}_{12}(|lm_1\rangle_1|lm_2\rangle_2)\\&=\sum_{m_1+m_2=M}\langle lm_1lm_2|LM_L\rangle|lm_1\rangle_2|lm_2\rangle_1\\&=\sum_{m_1+m_2=M}(-1)^{l+l-L}\langle lm_2lm_1|LM_L\rangle|lm_1\rangle_2|lm_2\rangle_1\\&=(-1)^{2l-L}|LM_L\rangle\end{aligned}$$

$$\hat{P}_{12}|SM_S\rangle=(-1)^{2\times(1/2)-S}|SM_S\rangle=-(-1)^S|SM_S\rangle\tag{4.9.11}$$

其中,用到了 CG 系数的性质. 于是

$$\hat{P}_{12}\mid JM_J\rangle=-(-1)^{L+S}\mid JM_J\rangle \tag{4.9.12}$$

代入要求式(4.9.10)后得

$$\begin{gathered}-(-1)^{L+S}=-1\\ L+S=\text{偶数}\end{gathered} \tag{4.9.13}$$

即物理态要求系统的总轨道与总自旋之和需为偶数. 这样,用原子态记号来表示,则满足泡利不相容原理的原子态为

$$^{2S+1}L_J,\quad L+S=\text{偶数}$$

对于 j-j 耦合,也可做类似的讨论.

4.9.2 原子的壳层结构

元素化学性质的周期性主要反映了原子中电子组态,特别是价电子组态的周期性. 这种周期性是怎样形成的?

在原子序数为 Z 的多电子原子中,一个电子除了受到原子核的有心力作用外,还会受到电子间的排斥作用. 如果忽略电子间作用的非各向同性,那么我们可以认为各个电子都是独立地在一个等效电荷为 Z^* 的有心力场中运动. Z^* 与 Z 的差就反映了电子的屏蔽作用. 在这样的场中运动的电子能量有离散结构,能级可以表示为

$$\begin{cases}E_n=-\dfrac{\alpha^2m_ec^2}{2}\cdot\dfrac{(Z^*)^2}{n^2}\\ n=n_r+l+1=1,2,3,\cdots\\ n_r=0,1,2,\cdots\\ l=0,1,\cdots,n-1\end{cases} \tag{4.9.14}$$

而每个电子的状态可以用四个量子数 n、l、m_l、m_s 表达,其中,磁量子数 $m_l=l$, $l-1,\cdots,-l$;自旋量子数 $m_s=1/2,-1/2$. 因此,能级是 $D(E_n)=2n^2$ 重简并的.

能量虽然有分级结构,但如果每个状态不限制电子的个数,那么所有电子都会占据最低能态,就不会导致周期结构. 这时泡利不相容原理就显出其关键作用了. 泡利不相容原理要求一个量子态最多只允许一个电子占领,于是,电子就会形成分层结构,因为一个能级的量子态个数是有限的. 例如,能级 E_n 最多只允许 $2n^2$ 个电子.

为了形象起见,我们把用主量子数代表的能级叫**主壳**,并用符号 K,L,M,N,O,P,…来分别代表 $n=1,2,3,4,5,6,\cdots$的主壳. 在同一个主壳里,轨道角动量量子数 l 可以有 n 个不同的取值,我们把不同 l 标志的态叫 **l 支壳**. 电子组态的周期性和特定壳层上可容纳的电子数有关. 而电子的排列自然遵循能量最小的原则,由低向高进行.

例如,氢原子外面只有一个电子,自然占据 $n=1$ 的能级,即 K 壳,此电子叫 K 电子,其轨道角动量量子数 $l=0$,即处于 s 态.

对于氦原子，$Z=2$，核外有两个电子.由于K壳可容纳两个电子，因此它们都处于K壳，且都是s态.为了满足泡利不相容原理，它们的自旋必须耦合成单态，于是氦原子的基态为 $^1S_0$.

由于K层最多只能容纳两个电子，而氦原子中K层已经占满了，这样的壳叫满壳.再增加电子，如锂原子，核外有三个电子，除了两个占领K层外，余下的一个电子只能到更高的层——L($n=2$)壳去了.这样的电子叫满壳外电子.如果化学性质主要由外层的电子起作用，那么锂原子和氢原子最外层都只有一个电子，化学性质应相近.这就出现了周期性.

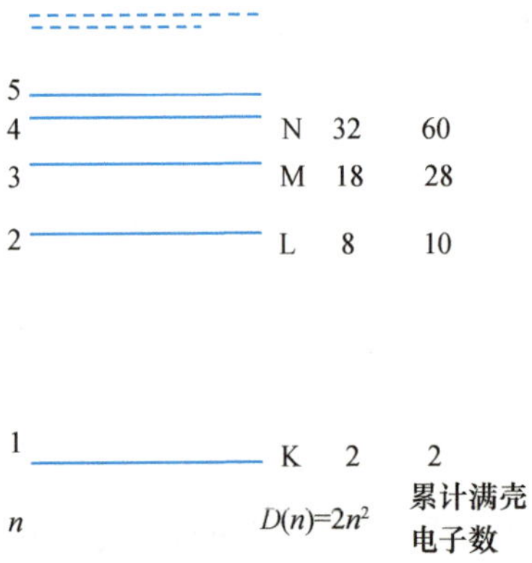

图 4.9.2　能壳电子分布

从类氢原子的能级分布可以看出，每个主壳的满壳层电子数是 2，8，18，32，…，累计达到满壳的原子序数为 $Z=2,10,28,60,\cdots$（图 4.9.2）.我们看到这里出现了周期表中发现的两个幻数：2 和 10.但其他还不怎么对.怎么办？

4.9.3　自旋轨道耦合

在前面我们介绍过，从相对论情形作非相对论近似时，自然出现一个托马斯耦合项

$$\begin{cases} H' = \xi(r)\hat{\boldsymbol{L}}\cdot\hat{\boldsymbol{S}} \\ \xi(r) = \dfrac{1}{2\mu^2c^2}\dfrac{1}{r}\dfrac{\mathrm{d}V(r)}{\mathrm{d}r} \end{cases} \tag{4.9.15}$$

它源于电子自旋与其轨道角动量的耦合.当形成原子的势确定的时候，这一项也是完全确定的.

由于这个自旋轨道耦合项的出现，能级将要按新的完备力学量组量子数(n,l,J,m_J)分类，原来能级里对轨道量子数的简并会部分解除.经过计算后，类氢原子的能级分布如图 4.9.3 所示.图中左边显示不同的 l 的态，因自旋轨道耦合修正不同，能级的 l 简并解除；右边则是修正后总的能级分布.我们看到能级分成一组一组，两组间的间隔明显大于组内的能级间隔，从而形成一个一个新的能壳.最右边的一排数字显示了满能壳时的电子总填充数，它们分别是 2，10，18，36，54，86，….这正是那位俄国科学家发现的幻数！这些满壳的原子分别对应的 He，Ne，Ar，Kr，Xe，Rn，…都是化学性质不活泼的惰性气体.

我们看到，元素周期律的本质是：

(1) 形成原子的基本作用是有心力场，它提供原子能级的一个基本框架.

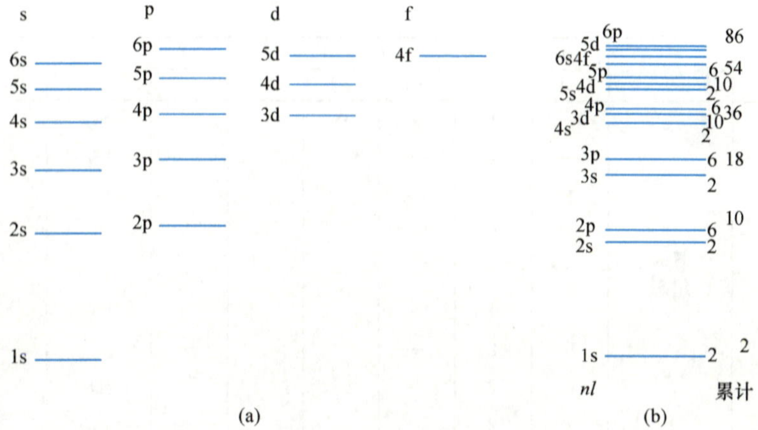

图 4.9.3 原子能壳

(a) 经轨道自旋耦合修正后轨道简并解除;(b) 归总后的能壳

(2) 电子是自旋 1/2 的费米子,因此第一要考虑自旋轨道耦合,第二要遵循泡利不相容原理. 由此形成核外电子排列的壳层结构(表 4.9.1),外层电子分布的周期性导致了化学元素性质的周期性.

表 4.9.1 原子中电子组态

(基项指原子基态能级,电离电势指基态原子失去一个电子所需能量)

元素	K	L		M			N		基项	电离电势/eV
	1s	2s	2p	3s	3p	3d	4s	4p		
H 氢 1	1	—	—	—	—	—	—	—	$^2S_{1/2}$	13.598
He 氦 2	2	—	—	—	—	—	—	—	$^1S_0$	24.581
Li 锂 3	2	1	—	—	—	—	—	—	$^2S_{1/2}$	5.390
Be 铍 4	2	2	—	—	—	—	—	—	$^1S_0$	9.320
B 硼 5	2	2	1	—	—	—	—	—	$^2P_{1/2}$	8.296
C 碳 6	2	2	2	—	—	—	—	—	$^3P_0$	11.256
N 氮 7	2	2	3	—	—	—	—	—	$^4S_{3/2}$	14.545
O 氧 8	2	2	4	—	—	—	—	—	$^3P_2$	13.614
F 氟 9	2	2	5	—	—	—	—	—	$^2P_{3/2}$	17.418
Ne 氖 10	2	2	6	—	—	—	—	—	$^1S_0$	21.559
Na 钠 11				1	—	—	—	—	$^2S_{1/2}$	5.138
Mg 镁 12				2	—	—	—	—	$^1S_0$	7.644
Al 铝 13				2	1	—	—	—	$^2P_{1/2}$	5.984
Si 硅 14		氖的组态		2	2	—	—	—	$^3P_0$	8.149
P 磷 15				2	3	—	—	—	$^4S_{1/2}$	10.484
S 硫 16				2	4	—	—	—	$^3P_2$	10.357
Cl 氯 17				2	5	—	—	—	$^2P_{3/2}$	13.01
Ar 氩 18				2	6	—	—	—	$^1S_0$	15.755

续表

元素	内层组态	M	N				O	基项	电离电势/eV
		3d	4s	4p	4d	4f	5s		
K 钾 19	氩的组态	—	1	—	—	—	—	$^2S_{1/2}$	4.339
Ca 钙 20		—	2	—	—	—	—	$^1S_0$	6.111
Sc 钪 21		1	2	—	—	—	—	$^2D_{3/2}$	6.538
Ti 钛 23		2	2	—	—	—	—	$^3F_2$	6.818
V 钒 23		3	2	—	—	—	—	$^4F_{3/2}$	6.743
Cr 铬 24		5	1	—			—	$^7S_3$	6.764
Mn 锰 25		5	2	—			—	$^6S_{5/2}$	7.432
Fe 铁 26		6	2	—			—	$^5D_4$	7.868
Co 钴 27		7	2	—			—	$^4F_{a/2}$	7.862
Ni 镍 28		8	2	—			—	$^3F_4$	7.633
Cu 铜 29	氩的组态	10	1	—	—	—	—	$^2S_{1/2}$	7.724
Zn 锌 30		10	2	—	—	—	—	$^1S_0$	9.391
Ga 镓 31		10	2	1	—	—	—	$^2P_{1/2}$	6.00
Ge 锗 32		10	2	2	—	—	—	$3P_0$	7.88
As 砷 33		10	2	3			—	$^4S_{3/2}$	9.81
Se 硒 34		10	2	4			—	$^3P_2$	9.75
Br 溴 35		10	2	5			—	$^2P_{3/2}$	11.84
Kr 氪 36		10	2	6			—	$^1S_0$	13.996
Rb 铷 37	氪的组态				—	—	1	$^2S_{1/2}$	4.176
Sr 锶 38					—	—	2	$^1S_0$	5.692
Y 钇 39					1	—	2	$^2D_{3/2}$	6.377
Zr 锆 40					2	—	2	$^3F_2$	6.835
Nb 铌 41					4	—	1	$^6D_{1/2}$	6.881
Mo 钼 42					5	—	1	$^7S_3$	7.10
Tc 锝 43					5	—	2	$^6S_{5/2}$	7.228
Ru 钌 44					7	—	1	$^5F_5$	7.365
Rh 铑 45					8	—	1	$^4F_{9/2}$	7.461
Pd 钯 46					10	—	—	$^1S_0$	8.334

元素	内层组态	N	O				P	基项	电离电势/eV
		4f	5s	5p	5d	5f	6s		
Ag 银 47	钯的组态	—	1	—	—	—	—	$^2S_{1/2}$	7.574
Cd 镉 48		—	2	—	—	—	—	$^1S_0$	8.991
In 铟 49		—	2	1	—	—	—	$^2P_{1/2}$	5.785
Sn 锡 50		—	2	2	—	—	—	$^3P_0$	7.342
Sb 锑 51		—	2	3	—	—	—	$^4S_{3/2}$	8.639
Te 碲 52		—	2	4	—	—	—	$^3P_2$	9.01
I 碘 53		—	2	5	—	—	—	$^2P_{3/2}$	10.454
Xe 氙 54		—	2	6	—	—	—	$^1S_0$	12.127

续表

元　素	内层组态	N	O				P	基　项	电离电势/eV
		4f	5s	5p	5d	5f	6s		
Cs 铯 55	从1s到4d共含46个电子	—	5s和5p含有8个电子		—		1	$^2S_{1/2}$	3.893
Ba 钡 56		—			—		2	$^1S_0$	5.210
La 镧 57		—			1		2	$^2D_{3/2}$	5.61
Ce 铈 58		1			1		2	$^1G_4$	5.54
Pr 镨 59		3			—		2	$^4I_{9/2}$	5.48
Nd 钕 60		4			—		2	$^5I_4$	5.51
Pm 钷 61		5			—		2	$^6H_{5/2}$	5.55
Sm 钐 62		6			—		2	$^7F_0$	5.63
Eu 铕 63		7			—		2	$^8S_{7/2}$	5.67
Gd 钆 64		7			1		2	$^9D_2$	6.16
Tb 铽 65		9			—		2	$^6H_{15/2}$	5.86
Dy 镝 66		10			—		2	$^5I_8$	5.94
Ho 钬 67		11			—		2	$^4I_{15/2}$	6.02
Er 铒 68		12			—		2	$^3H_6$	6.10
Tm 铥 69		13			—		2	$^2H_{7/2}$	6.18
Yb 镱 70		14			—		2	$^1S_0$	6.22
Lu 镥 71		14			1		2	$^2D_{3/2}$	5.43
Hf 铪 72		14			2		2	$^3F_2$	6.83
Ta 钽 73		14			3		2	$^4F_{3/2}$	7.55
W 钨 74		14			4		2	$^5D_0$	7.86

元　素	内层组态	O		P			Q	基　项	电离电势/eV
		5d	5f	6s	6p	6d	7s		
Re 铼 75	从1s到5p层共含68个电子	5	—	2	—	—	—	$^6S_{5/2}$	7.87
Os 锇 76		6	—	2	—	—	—	$^5D_4$	8.44
Ir 铱 77		7	—	2	—	—	—	$^4F_{9/2}$	8.97
Pt 铂 78		9	—	1	—	—	—	$^3D_3$	8.96
Au 金 79	从1s到5d层共含78个电子		—	1	—	—	—	$^2S_{1/2}$	9.223
Hg 汞 80			—	2	—	—	—	$^1S_0$	10.434
Tl 铊 81			—	2	1	—	—	$^2P_{1/2}$	6.106
Pb 铅 82			—	2	2	—	—	$^3P_0$	7.415
Bi 铋 83			—	2	3	—	—	$^4S_{3/2}$	7.287
Po 钋 84			—	2	4	—	—	$^3P_2$	8.43
At 砹 85			—	2	5	—	—	$^2P_{3/2}$	9.5
Rn 氡 86			—	2	6	—	—	$^1S_0$	10.745

续表

元　素	内层组态	O		P			Q	基　项	电离电势/eV
		5d	5f	6s	6p	6d	7s		
Fr 钫 87	从 1s 到 5d 层共含 78 个电子		—	2	6	—	1	$^2S_{1/2}$	4.0
Ra 镭 88			—	2	6	—	2	$^1S_0$	5.277
Ac 锕 89			—	2	6	1	2	$^2D_{3/2}$	5.13
Th 钍 90			—	2	6	2	2	$^3F_2$	6.31
Pa 镤 91			2	2	6	1	2	$^4K_{11/2}$	5.89
U 铀 92			3	2	6	1	2	$^5L_6$	6.19
Np 镎 93			4	2	6	1	2	$^6L_{11/2}$	6.26
Pu 钚 94			6	2	6	—	2	$^7F_0$	6.02
Am 镅 95			7	2	6	—	2	$^8S_{7/2}$	5.97
Cm 锔 96			7	2	6	1	2	$^9D_2$	
Bk 锫 97			9	2	6	—	2	$^6H_{15/2}$	
Cf 锎 98			10	2	6	—	2	$^5I_8$	
Es 锿 99			11	2	6	—	2	$^4I_{15/2}$	
Fm 镄 100			12	2	6	—	2	$^3H_6$	
Md 钔 101			13	2	6	—	2	$^2F_{7/2}$	
No 锘 102			14	2	6	—	2	$^1S_0$	

元　素	内层组态	O	P			Q	基项	电离电势/eV
		5f	6s	6p	6d	7s		
Lr 铹 103	从 1s 到 5d 层共含 78 个电子	14	2	6	1	2	$^2D_{5/2}$	
Rf 𬬻 104		14	2	6	2	2		
Db 𬭊 105		14	2	6	3	2		
Sg 𬭳 106								
Bh 𬭛 107								
Hs 𬭶 108								
Mt 鿏 109								
Ds 𫟼 110								
Rg 𬬭 111								
Cn 鿔 112								

第 5 章　原子核、粒子和宇宙演化

1911 年卢瑟福提出原子的核式模型以后，人们对原子核的了解不断深入. 1896 年发现的天然放射性现象是人们首次观察到的核现象，这一重大发现可看成是原子核物理的开端. 在核物理发展的最初阶段，人们便注意到这门新学科的可能应用，很快就认识到放射性射线对疾病的治疗作用. 20 世纪 40 年代，核能利用进入到一个大发展的阶段. 1939 年发现了核裂变，1942 年在世界上建成了第一个热中子链式反应堆，开始了大规模利用原子能的研究及国际上在此领域的激烈竞争. 1945 年美国洛斯阿拉莫斯国家实验室研制成原子弹，1952 年氢弹试验成功. 1954 年苏联建成第一个原子能发电站. 1958 年我国建成第一个原子反应堆，1964 年第一颗原子弹试爆成功，1967 年成功试爆第一颗氢弹，1991 年我国的第一座核电站电力并入电网. 现在核能和核技术已经与人类的日常生活密切相关，烟雾报警器、核子秤、放射性同位素(如${}^{99m}_{43}\mathrm{Tc}$、${}^{60}_{27}\mathrm{Co}$、${}^{131}_{53}\mathrm{I}$、${}^{18}_{9}\mathrm{F}$)已很普遍地应用在疾病治疗和诊断上；核影像技术、正电子辐射断层成像(PET)、核磁共振成像和核 CT 在医学研究、工业探伤、材料分析、环境检测等已被广泛应用. 全世界应用的核能约占总能源的 17%.

粒子加速器、射线探测技术、核电子学和计算技术的飞速发展为核物理的基础研究提供了必要的技术基础，使人们对原子核的基本结构和变化规律有了更深入的认识，对核子在核内的运动等有了较系统的理解. 由于原子核的复杂性，至今还没有建立起系统的完整理论. 目前，核物理进入纵深发展的阶段，重离子加速器和放射性核束的发展扩充了研究原子核的手段，从而可以开展高自旋态的核、大形变的核、奇特核和高温高密度核物质态的研究. 核物理是一门在理论和应用方面都十分重要的学科.

5.1　原子核的基本性质

前面讨论原子时，我们总是将原子核看成是非常小但非常重(与电子相比)的带电粒子. 在很多场合可以近似认为原子核是点粒子，而且它的质量与电子质量相比为无限大. 然而实际上原子核的大小和质量都是有限的.

原子核的基本性质通常是指原子核作为整体所具有的静态性质，它包括原子核的电荷、质量、半径、自旋等. 这些性质和原子核结构有密切关系.

5.1.1 原子核的组成

1911 年，卢瑟福通过 α 射线散射实验，确立了原子的核式模型，原子中存在一个带正电的核心，它的大小是 10^{-14} m 的数量级，其质量却占整个原子质量的 99.9%以上. 原子核带正电，原子序数为 Z 的原子核的电量是 Ze，这里 e 是基本电荷量，即一个电子电量的绝对值.

1919 年，卢瑟福又发现用 α 粒子轰击氮，能释放出氢原子的原子核. 这是首次用人工实现的核蜕变. 卢瑟福认为是高速的 α 粒子将氮核敲碎了，碎裂为更轻的核. 而氢原子核是最轻的核，他称其为质子，质子是原子核的组成成分. 早期人们曾认为原子核是由质子和电子组成的，即原子核由 A 个质子和 $A-Z$ 个电子组成. 这种观点似乎可以让人相信，因为在原子核的 β 衰变中，原子核发射出电子；另外元素的原子量约为氢元素原子量的整数倍. 按照这种观点，质量数为 14 的氮原子核应是由 14 个质子和 7 个电子组成. 但这种观点存在许多严重的问题：首先，根据不确定关系，要将电子束缚在原子核内（$\sim 3\times10^{-13}$ cm）必须有很深的势阱，而已知的相互作用都不能形成这样的势阱. 另外，一些实验都表明氮原子核必须由偶数个费米子（自旋为半整数）组成. 质子和电子都是费米子，按照这一模型，氮核有 21 个费米子，是奇数，它的自旋应是半整数，而实验测得氮核的自旋是 1，为整数.

中子的发现：1930 年，玻特利用 α 粒子轰击锂、铍等轻元素时，发现它放出一种贯穿能力较强的中性辐射，这种辐射能穿透很厚的铅板. 他们认为这种辐射是γ射线，并根据它在铅中的吸收厚度估计出它的能量约为 5MeV. 1931 年约里奥・居里夫妇(F. Joliot Curie，1900～1958，法国；I. Joliot Curie，1897～1956，法国）利用他们实验室有强的钋 α 源，进一步研究玻特发现的射线，惊奇地发现，当这种射线打在石蜡上时，会发射出质子. 由质子在空气中的射程，推算出质子的能量为 5.2MeV. 他们认为放出质子的过程是 γ射线和石蜡中的质子发生康普顿散射而将质子打出的. 由此，他们推出“γ射线”的能量约为 50MeV. 显然，这与玻特用吸收法测定的能量相矛盾. 这个能量值之大很难令人信服，并且这样得出的碰撞截面比理论预期值要大 10^6 倍. 当在卢瑟福实验室工作的查德威克(J. Chadwick，1891～1974，英国)将约里奥・居里夫妇在 1932 年 1 月 18 日发表的实验结果及他们的解释告诉卢瑟福时，卢瑟福表示根本不相信他们的观点. 查德威克重复了他们的实验. 他不仅将铍发射出的辐射打在氢上，还用氦和氮作靶，比较各种反冲情况. 他证明了这种辐射是一种新的、其质量和质子相近的中性粒子，并称这种粒子为**中子**. 他的工作于 1932 年 2 月 17 日发表. 约里奥・居里夫妇虽然首先观察到反冲质子的新现象，但错过了这一伟大的发现. 查德威克能如此快成功的原因之一是他在卢瑟福的影响下早就有了关于存在“中性质子”的概念. 他曾设计各种实验企图产生中子，但都没找到；而当中子一旦出现，他立即就抓住了，并明确而令人信服地证实了它.

例 5.1.1

用 α 粒子轰击铍产生的辐射照射氮和氢时，分别测出反冲氮核和氢核的反冲速度为 4.7×10^6 m/s 和 3.3×10^7 m/s. 按照查德威克的中子概念，计算中子的质量.

解 高速中子和静止核发生弹性碰撞将核打出. 设碰撞前质量为 m_n 的中子速度是 v_0，质量为 m 的靶核是静止的，碰撞后中子的速度为 v_1，反冲核的速度为 V. 由能量、动量守恒关系，在正碰撞情况下，有

$$\begin{cases}\frac{1}{2}m_n v_0^2=\frac{1}{2}m_n v_1^2+\frac{1}{2}mV^2\\ m_n v_0=mV-m_n v_1\end{cases}$$

从这两个式子可得

$$V=\frac{2m_n}{m+m_n}v_0$$

查德威克分别测量了氢和氮两种反冲核的速度 V_H、V_N，利用关系式

$$\frac{V_H}{V_N}=\frac{m_N+m_n}{m_H+m_n}$$

其中，$m_N\approx14m_p$，$m_H=m_p$，将 V_H、V_N 代入，则得

$$m_n=\frac{14V_N-V_H}{V_H-V_N}m_p\approx1.16m_p$$

现代测量给出中子质量 $m_n=1.0014m_p$.

中子的发现对了解原子核的构成具有重大意义. 海森伯提出原子核由质子和中子组成. 中子和质子除有微小质量差别以及电荷不同外，其余性质十分相似. 海森伯认为中子与质子只是核子的两个不同状态，统称它们为**核子**(nucleon). 按此观点，氮原子核由 7 个质子和 7 个中子组成，具有偶数个费米子，自旋应该是整数(和实验结果相符). 查德威克因发现中子而获得 1935 年的诺贝尔物理学奖.

原子核中的质子数等于原子核外的电子数，质子数以 Z 表示. 原子核里的中子数以 N 表示，而核子数以 A 表示. 具有确定的质子数和核子数的原子核称为核素，用符号 $^A_Z\mathrm{X}$ 来表示，其中，X 是元素符号. 例如，氢的三种核素分别表示为 $^1_1\mathrm{H}$、$^2_1\mathrm{H}$、$^3_1\mathrm{H}$. $^2_1\mathrm{H}$ 表示 $A=2$、$Z=1$ 称为重氢或氘，氘核也可用符号 D 表示. $^3_1\mathrm{H}$ 的 A 为 3，称为氚，氚核常用符号 T 表示. 核素可以分为几类.

(1) **同位素**(isotope). 具有相同质子数的核素. 上面提到的氢的三种核素就是同位素，另外，如 $^{234}_{92}\mathrm{U}$、$^{235}_{92}\mathrm{U}$ 和 $^{238}_{92}\mathrm{U}$ 是铀的三种同位素. 同位素在周期表中占据同一位置.

（2）同量异位素(isobar). 具有相同 A 的核素，如 $^{40}_{18}Ar$、$^{40}_{19}K$、$^{40}_{20}Ca$.

（3）同中子异位素(isotone，或简称同中子素). 中子数相同，质子数不同的核素，如 $^{2}_{1}H$ 和 $^{3}_{2}He$.

（4）同核异能素(isomer). 质量数和质子数均相同，而能量状态不同的核素. 表示同核异能素的方法是在核素符号右上角加写 m，它表示这种核素的能量状态比较高.

5.1.2　原子核的大小

实验表明，原子核是接近于球形的. 原子核并不是一个刚性的球体，内部的核子是有分布的. 通常用核半径来表示原子核的大小. 核半径一般是通过原子核与其他粒子的相互作用来间接测量的. 原子核半径与核子数 A 有关，它们之间可由经验公式

$$R = r_0 A^{1/3} \tag{5.1.1}$$

表示. 根据测量时相互作用的不同，核半径一般有两种定义.

（1）核力作用半径. 由 α 粒子散射实验发现，在 α 粒子能量足够高的情况下，散射粒子的强度不能由卢瑟福散射公式来描述，见图 5.1.1，表明它与原子核的作用不仅有库仑斥力作用，还有很强的吸引力作用，这种强的作用力称为核力. 核力有一作用半径，在此半径以外，核力几乎为零. 实验上通过中子、质子或其他原子核与核的作用测得的核半径就是核力作用半径. 由此测得的 $r_0 \approx 1.4\times10^{-13}$ cm$=1.4$fm(飞米). 飞米是核物理中常用的长度单位，1fm$=10^{-15}$m. 因此，核力作用半径 $R=1.4A^{1/3}$fm.

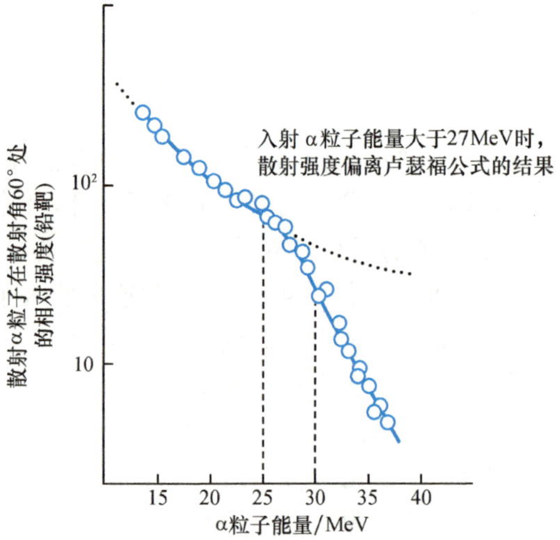

图 5.1.1　较高能量的 α 粒子与核的散射实验结果

（2）电荷分布半径. 原子核内电荷分布半径实际上就是质子分布的半径. 电子和原子核的作用只能是电子和质子间的库仑相互作用，所以利用高能电子和原子核散射的角分布数据，可以获得核内电荷分布的形状. 图 5.1.2 为原子核的电荷分

布情况，在图5.1.2(a)中，ρ为核内电荷密度，R为原子核电荷分布的平均半径，r为离原子核中心的距离. 在原子核的中央部分电荷密度几乎是恒定的，在边缘部分逐渐下降. 电荷密度从90%下降到10%的厚度称为边界厚度t. 以密度50%处所对应的距离作为核的半径R. 由此测得半径与核子数的关系为

$$R=(1.1\sim1.2)\times A^{1/3}\,\text{fm}$$

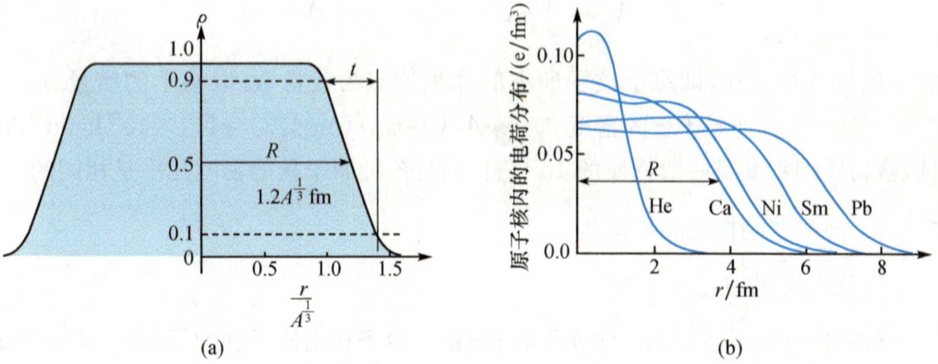

图5.1.2 原子核的电荷分布

图(a)描绘了原子核内的电荷分布；图(b)是几种原子核的电荷分布，标出的R是Ca原子核电荷分布的平均半径

原子核的电荷分布反映了核内质子的分布，这是否代表核物质的分布呢？近年来对不稳定核的研究发现，对于具有较大中质比(即中子数与质子数之比较大)的原子核，中子分布的半径要略大于质子分布的半径，即存在所谓的“中子皮”，其厚度约为0.2fm. 而对于丰中子的轻核，它的密度分布能扩展到离核中心很远处，如只有3个质子的^{11}Li，它的空间范围竟然和具有82个质子的^{208}Pb差不多，如图5.1.3所示. 远离原子核中心的外围中子形成所谓的“中子晕”，例如，^{11}Li和^{12}Be的中子晕有两个中子. 中子晕所延伸的范围几乎超出了核力的力程，对丰中子核的实验和理论研究将有助于对核结构的理解.

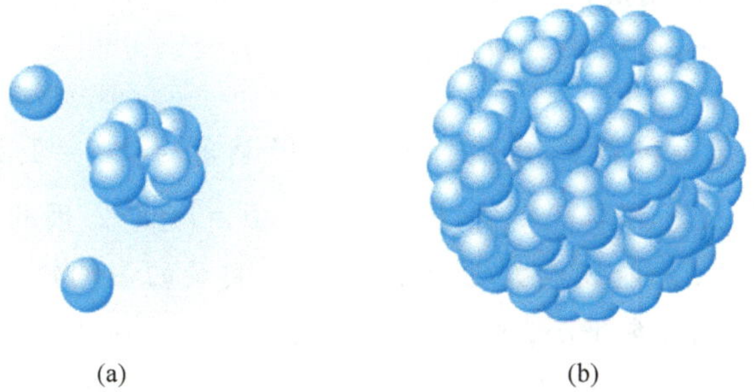

图5.1.3 (a)是^{11}Li中子晕核(超大核)的示意图；(b)表示铅核

5.1.3　核物质密度

原子核的质量近似等于核子数乘上单个核子的质量：

$$m = Zm_\mathrm{p} + Nm_\mathrm{n} \approx (Z+N)m_\mathrm{N} = Am_\mathrm{N}$$

故 A 也称为质量数. 由式(5.1.1)可知，原子核的体积

$$V = \frac{4}{3}\pi R^3 = \frac{4}{3}\pi r_0^3 A \propto A \tag{5.1.2}$$

它近似与 A 成正比，即每个核子所占的体积近似为一常数. 取核子的质量 m_N 为 $1.66\times10^{-27}\,\mathrm{kg}$，则原子核的密度 $\rho=m_\mathrm{N}A/V=m_\mathrm{N}/(4\pi r_0^3/3)\approx1.4\times10^{17}\,\mathrm{kg/m^3}$. 可见，核物质的密度是一般物质的 10^{13} 倍！而且各种原子核的密度几乎是相同的.

5.1.4　原子核的自旋和核磁矩

1. 原子核的自旋

核的自旋是原子核的一个重要特性. 由于原子核由质子和中子组成，质子和中子是自旋为 1/2 的粒子，它们在核内还有相对运动，因而具有相应的轨道角动量. 所有核子的轨道角动量和自旋角动量的矢量和就是原子核的自旋. 原子核自旋角动量为 I，遵循量子力学的角动量规则，它的大小为

$$I^2 = I(I+1)\hbar^2 \tag{5.1.3}$$

其中，I 为整数或半整数，是核自旋量子数. 原子核自旋在空间给定 z 方向上的投影 I_z 为

$$I_z = m_I\hbar, \quad m_I = I, I-1, \cdots, -I+1, -I \tag{5.1.4}$$

其中，m_I 称为原子核的**磁量子数**. 通常用 I 来表示核自旋的大小. 实验发现，所有基态原子核的自旋都满足下面的规律：偶 A 核的自旋为整数，其中，偶偶核（质子数和中子数都是偶数）的自旋都为零；奇 A 核的自旋都为半整数.

例 5.1.2

钠原子光谱 D1 谱线（$3^2\mathrm{P}_{1/2}$ 和 $3^2\mathrm{S}_{1/2}$ 之间的跃迁）的超精细结构为双线，它们的相对强度之比为 5∶3. 求钠原子核的自旋 I.

解　钠原子的 $3^2\mathrm{P}_{1/2}$ 和 $3^2\mathrm{S}_{1/2}$ 能级，它们的原子总角动量 $J=1/2$，则和核自旋合成的角动量量子数 F 可取两个值：$F=I+1/2$，$F=I-1/2$. 因此它们分别分裂为两个能级，由于 $3^2\mathrm{S}_{1/2}$ 能级最靠近原子核，受核自旋的影响较大，其能级分裂就大，而 $3^2\mathrm{P}_{1/2}$ 能级的分裂很小，可忽略，所以谱线的超精细结构为双线.

设 R_1 和 R_2 分别是能级 $F_1=I+1/2$ 和 $F_2=I-1/2$ 的相对强度，而跃迁强度与终态的简并数成正比，所以有

$$\frac{R_1}{R_2}=\frac{2F_1+1}{2F_2+1}=\frac{2\left(I+\frac{1}{2}\right)+1}{2\left(I-\frac{1}{2}\right)+1}=\frac{5}{3}$$

由此解得 $I=3/2$.

2. 原子核磁矩

1）核子的磁矩

质子和电子一样是自旋为 $\hbar/2$ 的带电费米子，不同的是质子带正电，它的磁矩应该和自旋的方向相同. 在 20 世纪 30 年代，根据对电子磁矩的认识，人们想当然地认为质子的固有磁矩为

$$(M_p)_z=g_p\frac{e\hbar}{2m_p}s=g_p\mu_N s \tag{5.1.5}$$

其中，s 为质子的自旋量子数；μ_N 称为核磁子.

$$\mu_N=\frac{e\hbar}{2m_p}=5.05\times10^{-27}\mathrm{J/T}=3.152\times10^{-8}\mathrm{eV/T} \tag{5.1.6}$$

根据狄拉克理论，对于自旋为 $\hbar/2$ 的带电费米子，“$g_p=2$”. 1933 年施特恩测量质子磁矩的实验结果是 $g_p=5.6$（现代较精确的数值是 5.586).

中子不带电，按照点粒子自旋磁矩的理论，它的磁矩应为零. 然而，实验的结果却是

$$\begin{aligned}(M_n)_z&=g_n\frac{e\hbar}{2m_n}s\\ g_n&=-3.82\end{aligned} \tag{5.1.7}$$

一般都是以磁矩在 z 方向投影的最大值来表征磁矩大小，质子和中子自旋的投影为 1/2，所以质子和中子的磁矩的值分别为

$$\begin{aligned}M_p&=2.79285\mu_N\\ M_n&=-1.91304\mu_N\end{aligned}$$

质子和中子的磁矩都不能简单地用狄拉克的理论来描述，通常称它们具有反常磁矩. 如何理解核子有这么大的反常磁矩？这些事实是否隐含着更深的物理内容？粒子物理的发展表明，质子和中子都不是简单的点粒子，而是有内部结构的粒子，所以不能简单地用点粒子来讨论. 这也就说明为何核子有如此大的反常磁矩. 由朴素的夸克模型可求出的质子与中子磁矩之比，其数值也与实验值相符.

2）原子核磁矩

与原子磁矩相似，原子核的磁矩和原子核的自旋 $\boldsymbol{I}$ 有如下关系式：

$$\boldsymbol{\mu}_I=g_I\frac{e}{2m_p}\boldsymbol{I}$$

其中，g_I 为原子核的 g 因子. 通常用核磁矩在 z 方向上的最大分量表示核磁矩的大小，即

$$(\mu_I)_{z,\max} = g_I \frac{e\hbar}{2m_p} m_I = g_I \mu_N I \tag{5.1.8}$$

利用原子光谱的超精细结构（谱线分裂的多重数、谱线间隔和强度等）可测得核的自旋. 测量核磁矩实质是测定 g_I. 核磁共振的方法不仅可测量自由原子，还可以测量液体和固体中原子核的磁矩.

5.1.5 电四极矩

在前面的讨论中我们一直认为原子核是一个对称的球. 但在一些同位素光谱的超精细结构中发现，能级结构不符合间隔规则，其原因是原子核的电四极矩和电子壳层电场的静电作用.

许多原子核，特别是对核自旋 $I \geqslant 1$ 的核，都是旋转的椭球，但偏离球形的程度都很小. 一个电荷均匀分布的旋转椭球的电场不再是球对称的，在一级近似下可以用电四极矩来描述. 一个体积为 τ，电荷密度为 ρ，轴对称的椭球的电四极矩 eQ_0 为

$$eQ_0 = \int (3z'^2 - r^2)\rho \mathrm{d}\tau \tag{5.1.9}$$

其中，r 表示与对称轴的垂直距离；z' 为电荷在旋转对称轴的坐标. Q_0 具有面积的量纲，常用 b 作单位，$1\text{b} = 10^{-24}\,\text{cm}^2$. 若电荷是均匀分布于轴对称椭球形的核内，则它在对称轴方向所产生的电势可以看成是一个单电荷电势和四极子电势之和. 而四极子电势和原子核的形状密切相关. 球对称的原子核的 $Q_0 = 0$，长椭球状的 $Q_0 > 0$，而扁椭球的 $Q_0 < 0$，如图 5.1.4 所示.

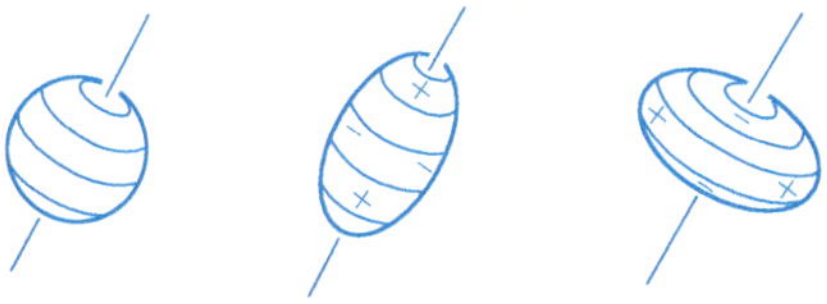

图 5.1.4　原子核的电四极矩与电荷分布的形状

一些核的电四极矩值，例如，^{7}Li 核 $Q = -0.04$b，^{176}Lu 核的 $Q = +4.92$b. 具有电四极矩的核在不均匀电场中相互作用会引起能级的移动

$$\Delta E_Q = eQ \frac{\partial^2 V}{\partial z^2} \frac{(3/4)K(K+1) - I(I+1)J(J+1)}{2I(I-1)J(2J-1)} \tag{5.1.10}$$

其中，$K = F(F+1) - J(J+1) - I(I+1)$. 上式中对 F 的依赖关系显然和超精细结构中磁相互作用不同，所以超精细结构能级的间隔规则不再成立.

5.1.6 原子核的宇称

原子核与其他微观系统一样，用波函数来描述它的状态，宇称和统计性都是波函数的重要特性.

原子核是由质子和中子组成的微观体系. 它的状态往往可以近似地用在中心力场中独立运动的各核子的波函数的乘积来描写. 一个多粒子体系的宇称等于组成粒子的宇称乘积再乘上波函数的宇称. 规定质子和中子的宇称为偶宇称或称宇称为“+”,因此原子核的宇称由各核子轨道宇称的乘积决定

$$P = \prod_{i=1}^{A}(-1)^{l_i} \tag{5.1.11}$$

由量子力学知道,在中心力场中轨道量子数 l 是好量子数,所以一定的原子核状态具有确定的宇称. 只有原子核的状态改变时,原子核的宇称才会改变. 因此,对原子核宇称的测定可以推知核内核子运动的状态,这是研究原子核结构的重要手段之一. 通常,核状态的宇称是用 J^+ 和 J^- 分别表示宇称的正(偶)或负(奇)态,J 是原子核的自旋,例如,^{4}He 核基态的自旋为零,宇称为正,则表示为 0^+.

在 1956 年以前,人们想当然地认为在一切微观过程中宇称是守恒的,即体系变化前后的宇称保持不变. 李政道和杨振宁在分析了各种实验事实后提出在弱相互作用中宇称可能是不守恒的,并指出可通过 β 衰变的实验来检验,他们的观点很快由吴健雄等用实验得到了证实.

5.2 核　力

5.2.1 原子核的结合能

原子核是核子(质子和中子)组成的强束缚态. 原子核的质量总是小于组成它的核子的质量之和. 自由核子结合成原子核的时候有能量释放出来,所释放的能量称为原子核的结合能,我们以 $B(Z,A)$ 表示,即

$$B(Z,A) = [Zm_p + (A-Z)m_n - m(Z,A)]c^2 \tag{5.2.1}$$

其中 m_p、m_n、$m(Z,A)$ 分别表示质子、中子和原子核的质量;c 为真空中的光速. 这里,我们利用了质能关系式 $E=mc^2$.

在计算结合能时,我们可用原子量 $M(Z,A)$ 来代替相应的原子核的质量 $m(Z,A)$,由氢原子质量来代替 m_p. 于是,式(5.2.1)可写为

$$B(Z,A) = [ZM(^1\mathrm{H}) + (A-Z)m_n - M(Z,A)]c^2 = \Delta M(Z,A)c^2 \tag{5.2.2}$$

$\Delta M(Z,A)$ 是组成原子核的核子质量和该原子核的质量之差,称为原子核的质量亏损.

在某些原子核数据表中,不是直接列出核素的原子质量,而是列出 $(M(Z,A)-A)$,称为核素的质量过剩(mass excess),其中,M 为原子质量,A 为核子数,并常以质量过剩所对应的能量 $\Delta(Z,A)$ 表示,以 MeV 为单位. 利用质量过剩,结合能可写成

$$B(Z,A) = Z\Delta(^1\mathrm{H}) + (A-Z)\Delta(\mathrm{n}) - \Delta(Z,A)$$

例 5.2.1

求氦核${}^4_2$He 的结合能. 已知氢原子质量 $M({}^1\mathrm{H})$ 为 1.007825u, m_n 为 1.008665u, 氦原子质量 $M({}^4_2\mathrm{He})=4.002603$u. u 是原子质量单位.

解 $B({}^4\mathrm{He})=[2M({}^1\mathrm{H})+2m_n-M({}^4\mathrm{He})]c^2$

$$=0.030377\mathrm{u}=0.030377\times 931.494=28.3(\mathrm{MeV})$$

国际标准以${}^{12}_6$C 的原子质量定为 12 个原子单位 u.

$$1\mathrm{u}=1.6605402\times 10^{-27}\mathrm{kg}=931.49432\mathrm{MeV}/c^2$$

原子核中单个核子的平均结合能又称为**比结合能**,用 ε 表示.

$$\varepsilon=\frac{B(Z,A)}{A} \tag{5.2.3}$$

常用的单位是兆电子伏/核子(MeV/核子). 比结合能的大小可用以标志原子核结合的松紧程度. ε 越大的原子核结合得越紧. 在核素中,氘核^{2}H 的比结合能最小,只有 1.112MeV/核子. 对核素${}^A_Z$X,以 ε 为纵坐标,A 为横坐标作图,可以得到比结合能曲线,如图 5.2.1 所示. 由图中可找到一些规律.

(1) $A<30$ 时,曲线有上升趋势,但有明显的起伏. 可看出峰的位置都在 A 为 4 的倍数处,如^{4}He、^{12}C、^{16}O 等. 这些原子核的质子数和中子数都是偶数,是偶偶核,而且它们的质子数和中子数还相等.

(2) 当 $A>30$ 时,$\varepsilon\approx 8$MeV/核子,近似为常数. 这表明原子核的结合能粗略地和核子数成正比,表明核子间的相互作用力有饱和性,否则应近似与 A^2 成正比.

(3) 曲线的形状是中间高,两头低. 在铁核附近的比结合能最大,见图 5.2.2. 说明 A 为 50~120 的中等质量的核是结合得比较紧的,比结合能 $\varepsilon\approx 8.5$MeV/核子,而很轻及很重的核($A>200$)都结合得比较松散,如^{235}U 的 $\varepsilon\approx 7.6$MeV/核子,^{2}H 的 $\varepsilon\approx 1.11$MeV/核子. 正是根据这样的结合能曲线,物理学家预言了原子核能的利用,重核的裂变及轻核的聚变都能释放大量的能量.

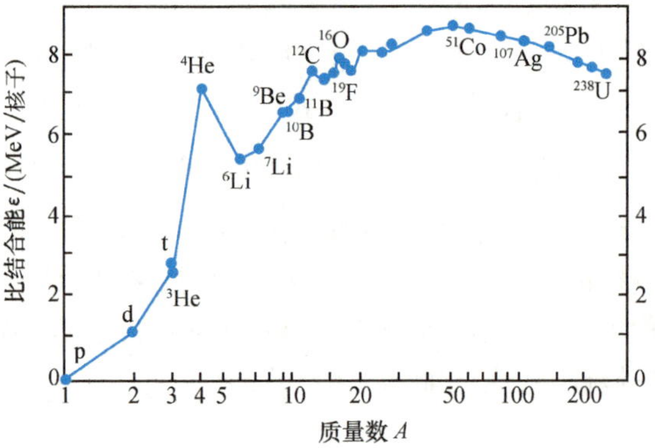

图 5.2.1 比结合能曲线

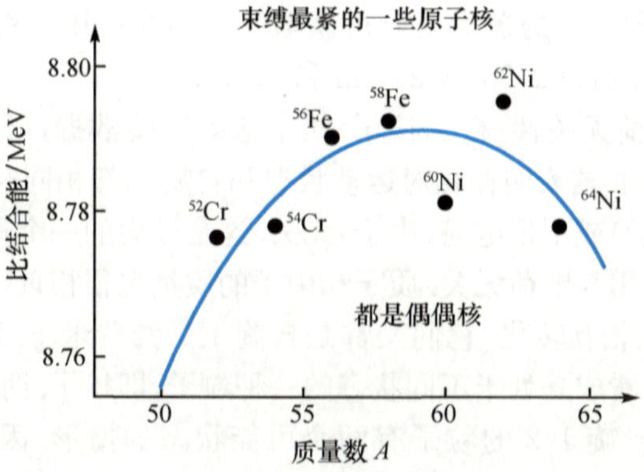

图 5.2.2　铁核附近的比结合能

例 5.2.2

计算一个^{235}U核俘获一个热中子后裂变为两个中等质量的核并放出三个快中子所释放出的能量.

解　$^{235}\text{U}+\text{n}\longrightarrow{}^{236}\text{U}$，^{236}U裂变为两个碎片和三个中子，U的比结合能$\varepsilon\sim7.6$，碎片的$\varepsilon\sim8.5$，一个^{235}U一次裂变释放的能量为

$$E\approx233\times8.5-235\times7.6=195(\text{MeV})$$

5.2.2　核子间的相互作用

稳定原子核的存在及核内每个核子的平均结合能很大，约是8MeV，这些都说明核子间有很强的作用力，且主要是吸引力. 原子核由质子和中子组成，在原子核内，质子间的库仑相互作用只能起排斥作用，核子间的磁力要比静电力小得多. 那么，是什么力使核子如此紧密地结合在一起形成原子核的呢？人们假设在核子间存在着一种比电磁力强得多的作用力，称为核力. 核力是一种强相互作用力，其作用强度约比电磁力的强度大两个数量级.

长期以来人们通过对原子核基本性质的分析，通过原子核与核子间的散射实验来研究和了解核力. 近年来，随着量子场论的发展，人们试图通过高能重离子实验由量子色动力学的理论来了解核力. 目前，对核力的了解仍然不能像对电磁力和万有引力那样用一个基本的公式来描述. 通过实验研究得到核力具有以下的基本特征.

(1) 核力的短程性和饱和性. 核力的力程比原子核的线度还小. 核的结合能近似正比于核子数 A，比结合能 B/A 的值近似为常数，都反映了核力的短程性和饱和性.

通过核子-核子的碰撞实验可了解核力. 通过质子-质子(p-p)，中子-质子

(n-p) 和中子-中子(n-n)的散射实验可获取关于相互作用力程的数据，定出核力作用的有效力程，分别为 2.83fm、2.7fm 和 2.4fm.

(2) 核力的电荷无关性. 根据核子-核子散射实验数据，可以认为 p-p、n-p 和 n-n 的核力近似相同. 这表明在相对运动状态和自旋态都相同时，核子之间的作用与核子带电荷(质子)或不带电荷(中子)无关. 这是核力的一个重要性质.

核子之间的作用与电荷无关. 质子和中子的质量也很相近，它们可以通过放出带电介子、β 衰变而相互转化，它们又都是自旋 1/2 的费米子. 所有这些使我们有理由把质子和中子看成是处于不同状态的一种粒子，即核子. 两者的主要差别是电荷态不同，就犹如自旋 1/2 的粒子有两个可能状态的情形. 因此，引入新的量子数——核子的同位旋. 对于核子，同位旋量子数为 1/2，它的第三分量 I_3 只能有两个值：+1/2 和 −1/2，分别表示质子和中子. 这样，核力的电荷无关性可以表述为核力的同位旋不变性.

(3) 核力和自旋有关. 两核子间的核力与它们自旋的相对取向有关. 由一个质子和一个中子组成的氘核只有一个束缚态，就是它的基态. 对于氘核性质的测定可以有很高的精度，由它可得到关于核力的许多知识. 实验测得氘核基态的角动量 $J=1$，宇称为+，又测得它的磁矩值为 $+0.857\mu_N$，由此确定它只能是 $^3S_1$ 和 $^3D_1$ 的混合态. 氘核是自旋三重态，所以质子和中子的自旋是平行的. 氘核只有一个束缚态，就是说不存在自旋单态的束缚态. 这表明，两核子的自旋平行或自旋反平行，它们的相互作用是不同的. 另外，从中子与质子的散射实验中也发现中子和质子自旋平行和反平行时，散射截面十分不同. 这些都表明核力的自旋相关性.

(4) 核力有排斥芯. 在高能核子-核子散射实验时，由于核子的波长很短，对势阱形状可分辨得较清楚，所以可以提供更多关于核子-核子作用势的知识. 实验表明在 $r_c\approx 0.4$fm 处势函数有强的排斥作用.

根据核力的这些特性，可以提出关于核子作用的势函数，并以此来解释各种物理现象. 由对核力基本性质的研究，1935 年，汤川秀树(H. Yukawa，1907～1981，日本)仿照电磁场量子理论中两个荷电粒子通过交换光子而产生电磁力，提出了核力的介子场论. 他认为核子间的相互作用是由交换介子而引起的，可用图 5.2.3 表示. 一个核子释放的虚介子在经过 Δx 距离后被另一个核子吸收，其存在的时间间隔为 Δt. 设它以光速前进，则它走过的距离 $\Delta x\sim c\Delta t$. 由不确定关系，可以从 Δt 给出在这段时间内的能量不确定值，就是交换粒子的质量范围，$\Delta E=\dfrac{\hbar}{\Delta t}=\dfrac{\hbar c}{\Delta x}=mc^2$，或者说，能量守恒在作用时间 Δt 内是破坏的，破坏的范围就是 $\Delta E=mc^2$. 设核力的力程 $\Delta x\sim 2$fm，则虚介子的能量

$$mc^2\approx\frac{\hbar c}{\Delta x}=\frac{197\text{fm}\cdot\text{MeV}}{2}\sim 100\text{MeV}$$

约为电子质量的 200 倍. 虚粒子的能量介于电子和质子之间，所以称为**介子**.

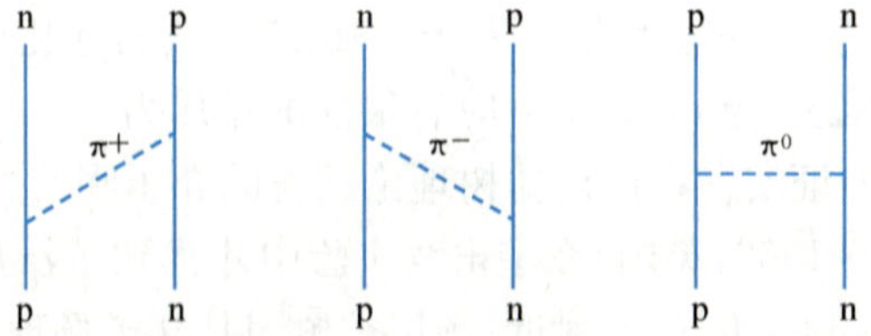

图 5.2.3 核力是通过两核子间不断交换 π 介子而相互作用的

从电磁场理论知道,在原点的点电荷 e 产生的静电势为 $\phi \propto e/r$. 相距 r 的两个电荷 e 之间的库仑作用势能是

$$V = e\phi \propto e^2/r$$

传递电磁力的光子的静止质量为零,所以电磁力是长程力. 与此类似,在原点的核子产生介子场,由于介子的静止质量不为零,因此介子场的势 Φ 是

$$\Phi = \frac{g}{r}\exp\left(-\frac{m_\pi c}{\hbar}r\right) \tag{5.2.4}$$

距离为 r 的两个核子之间的核力作用势能为

$$V = -g\Phi = -\frac{g^2}{r}\exp\left(-\frac{m_\pi c}{\hbar}r\right) = -\frac{g^2}{r}\exp\left(-\frac{r}{\bar{\lambda}_\pi}\right) \tag{5.2.5}$$

其中,g 表示相互作用强度,相当于电磁作用中的电荷 e,式中的负号表示是吸引力. 这个势函数称为**汤川势函数**. $\bar{\lambda}_\pi = \hbar/(m_\pi c)$ 是 π 介子的康普顿波长,反映了核力的作用距离,势函数随 r 的增大很快地趋于零,说明核力是短程力. 电磁作用常用常数 $\alpha = e^2/(4\pi\varepsilon_0 \hbar c) = 1/137.036$ 来表征,而核力作用常数由实验推得 $g^2/(\hbar c) \approx 15$. 核力比电磁力的作用要强得多,所以称核力是一种强相互作用力. 图 5.2.4 粗略地给出了在不同 r 处两个带电量为 $\pm e$ 的粒子间的库仑力和两个核子间核力

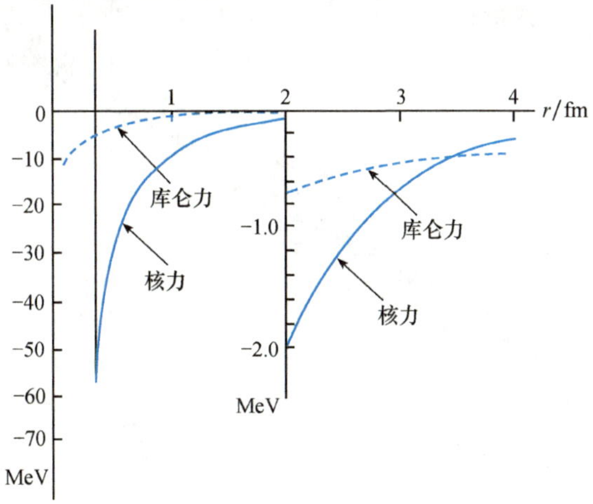

图 5.2.4 核力和库仑力

的势能. 由图显示出核力是短程力，只有 $r<3\text{fm}$ 时，核力才比库仑力强很多. 而在非常近时核力有排斥芯，当 $r<0.5\text{fm}$ 时有很强的排斥力.

通过实验是否能证实存在汤川秀树理论预言的介子呢？直到 1947 年，鲍威尔(C. F. Powell，1903～1969，英国)在宇宙线实验中才找到了汤川秀树预言的粒子，即 π 介子，其质量在 $140\text{MeV}/c^2$ 附近. 汤川秀树因其介子场理论而获得 1949 年诺贝尔物理学奖，鲍威尔获得了 1950 年诺贝尔物理学奖.

核力的介子场理论是认识核力本质的一个方向，但它仍存在许多困难. 20 世纪 70 年代以后发展起来的量子色动力学是研究强相互作用的成功理论，在处理高能强子的相互作用中取得了很大成功，但在解决原子核范围内的相互作用问题上却仍需进一步的发展和研究.

5.3 原子核结构的模型

5.3.1 原子核的稳定性

通过实验已经发现的核素有近 3000 种，将这些核素标绘在 Z-N(质子数-中子数)平面上，发现这些核素都集中在一条狭长的区域内，如图 5.3.1 所示. 图上每个 Z-N 网格的黑度反映了此核素寿命的长短，黑色表示稳定核. 其中只有 200 多种是稳定的，如 ^{1}H、^{2}H、^{12}C、^{133}Cs 等. 而更多的核是不稳定的，会自发地放出粒子而转变为另一种核素，如 ^{3}H、^{14}C、^{137}Cs、^{210}Po 等可经 α、β、γ 衰变或自发裂变等方式转化为稳定的原子核.

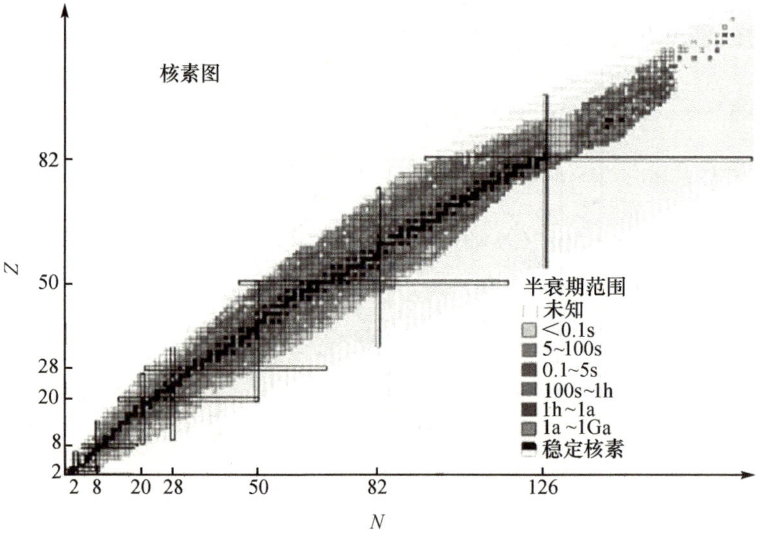

图 5.3.1 核素图

通过稳定区的中心可以作一条曲线，称为β稳定线．对于 $A<40$ 的核素，β稳定线近似地为直线，$Z=N$，即 $N/Z=1$．对于 $A>40$ 的核素，β稳定线的 $N/Z>1$，例如，${}^{56}_{26}Fe$ 的 $N/Z=1.15$，${}^{208}_{82}Pb$ 的 $N/Z=1.54$．β稳定线可用经验公式

$$Z=\frac{A}{1.98+0.0155A^{2/3}} \tag{5.3.1}$$

表示，其中，$A=Z+N$．β稳定线的右下部的核素属丰中子核素，具有 β^- 放射性．通过放出β粒子而向β稳定线靠拢．稳定线的左上部的核素是缺中子核素，具有电子俘获(electron capture，EC)放射性(原子核从核外俘获一个电子)，或 β^+ 放射性，经EC过程或放出 β^+ 粒子转变为稳定的原子核．这个过程也是向β稳定线靠拢．

β稳定线显示原子核中的核子有要求中子、质子数对称的趋势，即 $N\approx Z$ 的核素具有较大的稳定性．对于重核，随着质子数增多，库仑排斥作用增大了，要构成稳定的核素，就需要更多的中子以降低库仑作用，所以它的 N/Z 也逐渐增大．在稳定的259种核素中有一大半(156种)是偶偶核，而奇奇核只有5种．这表明质子数、中子数各自成对时，原子核有较大的稳定性．

实验发现，能发生α衰变的天然放射性都是一些重核，其中最轻的是 ${}^{142}Ce$，很重的核素几乎都有α放射性．$Z>83$ 和 $A>209$ 之后稳定核素不再存在．如果把不稳定的区域比作海洋，稳定核素存在的区域就像是个半岛．理论曾预言在不稳定区的 $Z\approx114$、$N\approx184$ 附近可能存在一个稳定的超重核素岛，但这还有待实验的证实．

5.3.2 原子核的结构

原子核结构是物质结构的一个重要层次．核内的核子是通过核力结合在一起的，但至今对核力的性质的了解仍然很不够．另外核子在核内是平等相处的，没有一个中心，原子核又是多粒子体系，目前量子力学在解决这类强作用多体问题上还存在许多困难，因此原子核结构的理论还很不成熟．关于核结构的理论大多数是半唯象的，即在一定实验事实的基础上，对原子核作某种模型假设，用来解释原子核的某些性质．尽管这些模型都不是全面的，但它们指出了原子核内部运动的一些特点．

自1932年以来，人们已提出了许多核结构模型．在20世纪30年代，尼·玻尔首先提出可把原子核看作一个带电的液滴，就是所谓的“液滴模型”．核子间彼此有强的相互作用，像液滴中的分子，在核内核子随机地运动且不断地和其他核子碰撞，它们的平均自由程比核的尺寸要小得多．液滴模型能给出核的质量、结合能的半经验公式，并出色地解释核裂变现象，还成功地用于许多核反应截面的计算．与此相反的是独立粒子模型——壳模型，把核子看作是独立粒子在核力的平均场中运动．核内核子运动必须服从泡利不相容原理，即不可能有两个质子(或中子)同时

处在相同的状态. 这样中子和质子可以分别处理，各自有它们自己的量子态. 在壳模型的基础上又发展了集体运动模型.

5.3.3 液滴模型

前面知道原子核的密度与 A 无关，近似为常数，这表示原子核的不可压缩性与液体的不可压缩性相类似. 核的比结合能，除轻核区外，随 A 的变化也近似不变，即 $B\propto A$. 这说明核子间的相互作用力有饱和性，否则 B 应近似地与 A^2 成正比. 这种饱和性与液体中分子力的饱和性类似. 这些特征都表明可把原子核看作荷电的液滴.

根据液滴模型，原子核的结合能 B 主要包含体积能 B_V、表面能 B_S 和库仑能 B_C 三项.

$$B = B_V + B_S + B_C$$

其中，体积能是结合能中的主要项，它与原子核的体积成正比，也就是与 A 成正比

$$B_V = a_V A$$

其中，a_V 为正的常数. 在液滴表面的核子与体内的核子不同，没有四周核子的包围，因此表面核子的结合能要弱一些，所以表面能应是负的. 表面能与核的表面积成正比.

$$B_S = -a_S A^{2/3}$$

质子间的静电库仑斥力会导致结合能变小，所以库仑能也是负的. 对于电荷均匀分布的球形核，可以得

$$B_C = -a_C Z^2 A^{-1/3}$$

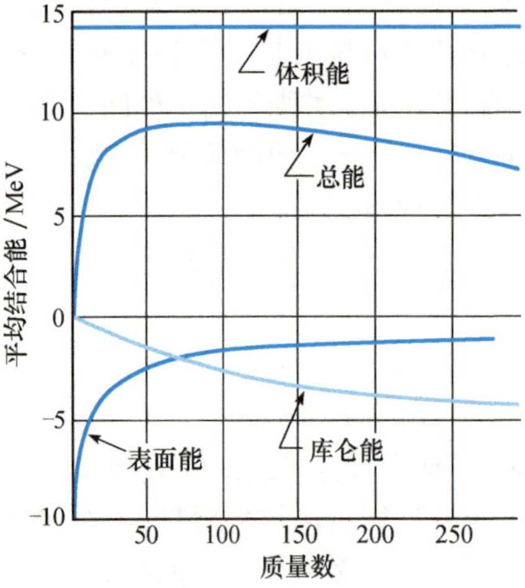

图 5.3.2 经典液滴模型给出的平均结合能

如果只是把原子核看成是经典的带电液滴，大体能给出平均结合能的趋势，如图 5.3.2 所示，但并不能解释稳定核素的一些特点. 只考虑这三项就会引出对于一定的 A，Z 越小结合能越大的结论，很明显这与实际情形不符. 经典荷电液滴不能正确地描述稳定核素和核结合能的特性.

从核素图中可看出，稳定的轻核其中子数和质子数都是相等的，即原子核有质子数 Z 和中子数 N 相等的趋势，如果不相等，结合能要降低. 在结合能中应加有一项对称能，当 $N=Z$ 时对称能为零，对称能依

赖于 N/Z，且与 A 有关.

$$B_a = -a_a\left(\frac{A}{2}-Z\right)^2 A^{-1}$$

另外，从稳定核素的奇偶分类还看到，偶偶核最多，奇奇核最少. 说明偶偶核最稳定，在原子核中有质子和中子各自成对的趋势，同类核子成对时较稳定，即结合能较大. 所以结合能中还要有一项对能 B_P，或称奇偶能.

$$B_P = \delta a_P A^{-1/2}$$

其中，a_P 为大于零的常量，而

$$\delta = \begin{cases} 1, & \text{偶偶核} \\ 0, & \text{奇偶核} \\ -1, & \text{奇奇核} \end{cases} \tag{5.3.2}$$

对称能和对能都是量子效应的结果.

综合上面的考虑，原子核的结合能半经验公式常称为魏扎克(Weizsäcker，1912～2007，德国)公式，可写为

$$\begin{aligned} B(Z,A) &= B_V + B_S + B_C + B_a + B_P \\ &= a_V A - a_S A^{2/3} - a_C Z^2 A^{-1/3} \\ &\quad - a_a\left(\frac{A}{2}-Z\right)^2 A^{-1} + a_P \delta A^{-1/2} \end{aligned} \tag{5.3.3}$$

其中，各常量可由此公式与实验数据作最佳拟合来确定. 它们分别为

$$\begin{cases} a_V = 15.8\text{MeV} \\ a_S = 18.3\text{MeV} \\ a_C = 0.71\text{MeV} \\ a_a = 92.8\text{MeV} \\ a_P = 11.2\text{MeV} \end{cases} \tag{5.3.4}$$

由结合能的半经验公式可以导出β稳定核素的 Z、A 关系式

$$Z = \frac{[a_a + m_n - M(^1\text{H})]A}{2(a_a + a_C A^{2/3})} \tag{5.3.5}$$

这与β稳定线的经验公式基本一致. 液滴模型物理图像清楚，能够成功地计算原子核基态的结合能和质量，以液滴形变解释原子核裂变也取得很大成功.

5.3.4 壳模型

当原子中的电子数等于某些特殊的数目(2，10，18，36，54，86，…)时，该元素特别稳定，它们为惰性气体元素. 由原子中电子的壳层结构知道，这些数目正是填满壳层时的电子数目.

一些实验事实揭示，组成原子核的质子数或中子数为 2、8、20、28、50、82 和中子数为 126 时，原子核特别稳定，这些特殊的数目称作**幻数**(magic number). 说明幻数存在的一些实验事实有：

(1) 质子数或中子数为幻数的核素在自然界中的含量较多. 由地球和陨石的化学成分表明，下列核素的含量比附近核素的含量显得特别多，它们是${}^{4}_{2}He_2$、${}^{16}_{8}O_8$、${}^{40}_{20}Ca_{20}$、${}^{60}_{28}Ni_{32}$、${}^{88}_{38}Sr_{50}$、${}^{90}_{40}Zr_{50}$、${}^{120}_{50}Sn_{70}$、${}^{138}_{50}Ba_{82}$、${}^{140}_{58}Ce_{82}$、${}^{208}_{82}Pb_{126}$. 可以看出这些核素的质子数或中子数是幻数，或两者都是幻数.

(2) 当质子数 $Z=8$、20、28、50 和 82 时，稳定同位素的数目比邻近的元素多，例如，${}_{8}O$、${}_{20}Ca$、${}_{28}Ni$、${}_{50}Sn$、${}_{82}Pb$ 分别有 3 个、6 个、5 个、10 个和 4 个稳定同位素，而它们附近的元素都只有 1 个或 2 个稳定同位素.

(3) 当中子数 $N=20$、28、50、82 时，同中子数的稳定核素数目最多. $N=20$ 和 $N=28$ 的有五个，$N=50$ 的有六个稳定同中子素.

(4) 当质子数或中子数等于幻数时，原子核的结合能比邻近核的大，表明这些核结合得更紧密. 双幻数核如${}^{4}_{2}He_2$、${}^{16}_{8}O_8$，其结合能特别大.

原子核中幻数的存在是否可以用壳层结构来解释呢？原子中电子的壳层结构的基本思想是：

(1) 原子中存在一个平均的有心力场.

(2) 每个电子可看作独立地在平均力场中运动.

(3) 在每一个能级上，容纳的电子数目应当有一定限制.

对原子核而言，核内所有的核子都是一样的，且核子间有强相互作用，怎么确定核子有“独立”运动呢？1949 年梅耶夫人(M. G. Mayer，1906～1972，德裔美国)和詹森(J. H. Jensen，1907～1973，德国)提出了原子核的壳模型，成功地解释了幻数(他们因此而获得了 1963 年的诺贝尔物理学奖).

壳模型的基本思想如下.

(1) 原子核中虽然不存在与原子中类似的有心力场，但我们可以把原子核中的每个核子看成是在一个平均场中运动，这个平均场是所有其余的 $A-1$ 个核子对一个核子作用场的总和. 对于接近球形的原子核，可以认为这个平均场是个有心力场.

(2) 泡利不相容原理不但限制了每一能级所能容纳核子的数目，而且也限制了原子核中核子与核子的碰撞. 因为原子核处于基态时，它的低能态都填满了核子，如果两个核子发生碰撞而改变核子的运动状态，那这两个核子只能占据未满能级. 这种碰撞的概率是极小的，因此单个核子只能保持在原来的运动状态上，即单个核子在核中独立运动. 因此，壳模型又称为**独立粒子模型**.

我们以直角势阱为例，它的数学表示式为

$$V(r)=\begin{cases}-V_0(\text{常量}), & r\leqslant R\\ 0, & r>R\end{cases} \tag{5.3.6}$$

其中,r 为有心力场的径向参量;R 为原子核的半径;V_0 为势阱深度(为常量). 直角势阱的物理意义表示核子在原子核内部和外部都不受力,只在核的边界上才受到很强的向内的力. 这种势阱显然是一种极端的近似,和实际情形并不完全相符,但理论计算表明,不同势阱对能级次序的影响不大.

设直角势阱的壁是无限高,通过解薛定谔方程可以求出核子在直角势阱中运动的能量

$$E_{vl} = \frac{\hbar^2 X_{vl}^2}{2mR^2}$$

其中,m 为核子质量;v 为径向量子数;l 为轨道量子数;X_{vl} 为贝塞尔函数的根. X_{vl} 的数值决定了能级的次序. 每个 l 态有 $2(2l+1)$ 个简并态. 这样得到的能级次序是 1s,1p,1d,2s,1f,…,相应的同类核子总数是 2,8,18,20,34,…,由它能解释三个幻数:2、8、20,但却不能解释其他幻数.

梅耶和詹森提出必须考虑核子的自旋-轨道耦合,实验表明,核子的自旋-轨道耦合不但存在,而且这种耦合作用很强. 考虑自旋-轨道耦合后,使每个能级分裂为 $j=l\pm1/2$ 的两个能级. 在原子核中,由于核的自旋-轨道耦合很强,所劈裂的两能级的间隔很大,间隔与 $2l+1$ 成正比. 随 l 的增加而增大,甚至可能改变原来的能级次序. 另外,和原子的情形相反,$j=l+1/2$ 的能级低于 $j=l-1/2$ 的能级. 考虑自旋-轨道耦合后,能级以三个量子数(v,l,j)来表征,每个能级可容纳 $2(2j+1)$个同类核子. 能级次序如图 5.3.3 所示,左边是势阱计算的结果,右边是考虑了自旋-轨道耦合后的能级. 由于能级的劈裂,形成了新的原子核壳层,它们给出了全部幻数. 两个幻数间的能级形成一个主壳层,主壳层之间的能量间隔较大. 主壳层内的每一能级称为支壳层,支壳层之间的能量间隔较小.

质子和中子各有一套能级,其能级次序大致相同,只在核子数大于 50 后它们的排列才有所不同. 由于质子间具有库仑斥力,质子的能级比中子的能级要高一些,能级间距要大一些,特别是当核子数较多时更为明显. 对于稳定的原子核,两套能级中最后填补的核子能量应接近相等. 因此相应的中子能级数目越多,也即中子数比质子数多. 原子核越重,中子能级多得越多. 质子数为 82 的能级大致相当于中子数为 126 的能级,再往上除了^{209}Bi 外,都是不稳定的核素.

壳模型除了能解释原子核的幻数外,基本上也能正确地给出大多数原子核基态的能级的特性——自旋和宇称. 原子核的自旋应该是核内所有核子的角动量的矢量和.

对于双幻数核,由于质子和中子都填满各自的主壳层,每个角动量为 j 的支壳层上填满了 $2j+1$ 个核子,它们的角动量取 $2j+1$ 个不同方向,这样它们的合成矢量必定为零,所以双幻数核的自旋为零. 可以认为对一个满的主壳层,核子是球对称分布的,所以双幻数核是球形核. 由于同一能级上的核子的宇称都是相同的,填

满的每条能级上的核子数总是偶数,因此,双幻数核的宇称一定是正的.

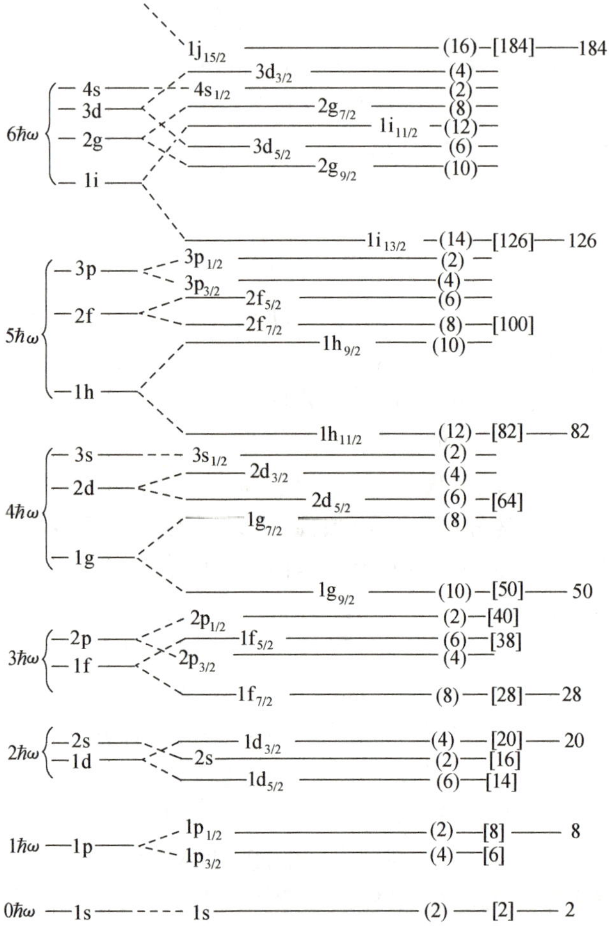

图 5.3.3 壳模型的能级次序

偶偶核. 在基态,核子占满最低能级,所以每个能级上的核子数都是偶数. 同一能级中的核子具有相同的角动量量子数 j. 而由于核力的对力作用,成对的两个核子的角动量一定是方向相反的. 因而同一能级的所有核子的角动量矢量和为零,所以偶偶核的自旋为零. 偶偶核的每一能级的核子数都为偶数,因此它具有偶宇称. 实验测得 ${}^{4}_{2}\mathrm{He}_2$、${}^{12}_{6}\mathrm{C}$、${}^{40}_{20}\mathrm{Ca}_{20}$、${}^{208}_{82}\mathrm{Pb}_{126}$ 的 J^P 均为 0^+,磁矩也为零. 至今尚未发现例外.

对于奇 A 核,按照壳模型,显然原子核的基态性质(自旋和宇称)由填充壳层的最后那个奇数核子的状态决定,原子核的自旋应与最后一个奇核子的角动量 J 相同,宇称应由那个核子的轨道量子数 l 决定. l 为偶数时,宇称为正;l 为奇数时,宇称为负.

奇奇核的自旋则完全取决于最后一个奇中子和奇质子的耦合. 由于中子和质

子的自旋都是 1/2,而轨道角动量总是整数,因此奇奇核的自旋必定是整数.它的宇称等于最后两个奇核子的宇称之积.

5.3.5 集体模型

壳模型在解释原子核的幻数、基态自旋和宇称及β衰变等方面,都取得了巨大成功,但存在许多缺陷.例如,对远离双幻数区域核的磁矩、电四极矩的解释有很大困难.这表明壳模型的应用范围有一定的局限性,局限于双幻数附近的原子核,即球形核.为了使理论能适用于所有原子核,需要有新的核模型.

许多核的电四极矩的实验值比壳模型预言的值要大一个量级,这提示可能要考虑核的形变.原子核的电四极矩,是核内电荷分布偏离球形的量度.雷恩沃特(J. Rainwater,1917~1986,美国)指出,具有大的电四极矩的核素,其核不会是球形的,核形变的存在会导致核的新运动形式,从而应在核能谱上得到反映.

许多实验的事实表明,原子核内除了存在核子的独立运动外,还具有集体运动的形式.例如,实验发现偶偶核的低激发态能级规律有三类:

第一类是在双幻数核附近,它们可用壳模型来解释,可由壳模型的单核子激发产生的能级来解释.

第二类是那些核子数离双幻数稍远的原子核,它们的低激发态有近于等间隔的能级.表现出有谐振子振动能级的特点.双幻数核是球形核,如果在闭壳层外有少量核子,那会导致满壳层分布的极化,引起原子核的形变.核芯中的核子要反抗这种形变而保持原形.在这两种作用下,原子核有可能在准球形平衡态、附近振动,因而出现**振动能级**.

第三类能级是远离双幻数的原子核.当满壳层外有足够多的核子时,极化作用增大,反极化作用相对变小,这时原子核将产生稳定形变.形状偏离球形,这时核的势场不再是球对称的了,而是具有一定的方向.当势场的方向在空间变化时,我们就说原子核进行了转动.对于角动量 $I=0,2,4,\cdots$ 的能级,它们的能量正比于 $I(I+1)$,如图 5.3.4 所示.

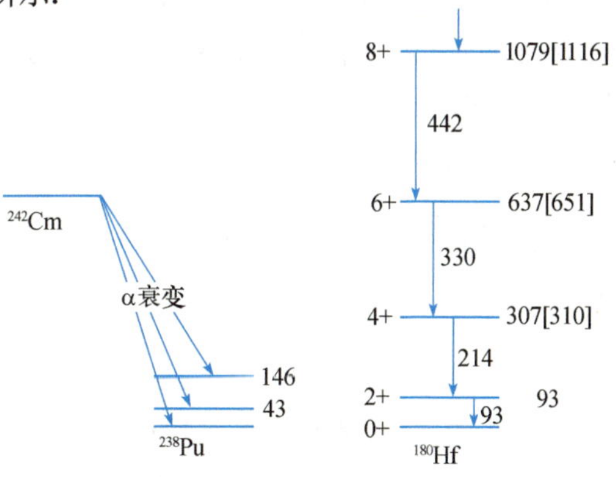

图 5.3.4 ^{238}Pu 和 ^{180}Hf 的转动谱

原子核的转动和振动都是大量核子参加的集体运动. 原子核一方面在做集体运动，另一方面核内核子又在各自的轨道上独立运动. 然而，集体运动的周期比核内单个核子运动的周期要长得多，所以可以首先研究在平衡形状和某一方向的核场中的单粒子运动，然后再考虑原子核缓慢的集体运动. 集体运动模型对原子核的转动和振动能级的定量描述和实验符合较好，能由形变核的势场很好地解释奇 A 核基态的自旋和宇称等. 但集体模型只是近似理论，尚不能全面描绘原子核的运动，例如，对高自旋转动态的实验数据中出现的奇异现象，有待理论的进一步完善. 集体运动模型由奥格·玻尔（A. N. Bohr，1922～2009，丹麦）、莫特尔松（B. R. Mottelson，1926～2022，美裔丹麦）和雷恩沃特在 20 世纪 50 年代提出. 他们发现了集体运动与单粒子运动的联系并发展为核结构的理论，获 1975 年诺贝尔物理学奖.

5.4 核 衰 变

5.4.1 核衰变及放射性

1896 年贝可勒尔（H. Becquerel，1852～1908，法国）在研究铀盐的荧光现象时，发现铀盐能发射出穿透力很强并能使照相底片感光的不可见的射线，首先发现了铀的放射性（贝可勒尔与居里夫妇分享了 1903 年的诺贝尔物理学奖）. 原子核自发地放射各种射线的现象称为**放射性**. 到目前为止，人们已经发现的放射性衰变类型有 α、β、γ 衰变，除此以外还有一些少见的类型，例如，质子放射性、碳离子放射性等. 放射性现象是由原子核的变化引起的，与原子核外的电子状态的改变关系很小，因此对放射性现象的研究是了解原子核的重要手段.

放射性有天然放射性和人工放射性. 天然放射性是指天然存在的放射性核素所具有的放射性，它们大多属于由重元素组成的三个放射系（即钍系、铀系和锕系）. 此外，还存在一些非系列的天然放射性核素，例如，${}^{3}_{1}\mathrm{H}$、${}^{14}_{6}\mathrm{C}$、${}^{40}_{19}\mathrm{K}$ 等. 人们还可以用人工办法（反应堆和加速器）来产生放射性核素，此为人工放射性. 人工放射性核素远比天然放射性核素要多.

5.4.2 原子核衰变的一般规律

放射性和原子核衰变密切相关. 原子核因放射出 α 或 β 射线而发生的转变称为原子核的 α 或 β 衰变.

1. 指数衰变规律

原子核是一个量子体系，核衰变是原子核自发产生的变化，是一个量子跃迁过程. 核衰变服从量子力学的统计规律. 一个放射性原子核，它什么时刻发生衰变是不能预知的，衰变是一种随机过程. 但对大量放射性核素的集合，它的衰变规律是确定的. 对于任何放射性物质，原有放射性原子核的数量将随时间的推移而变得越来越少. 对一个大量原子核体系统计的结果，在 dt 时间间隔内由于发生衰变而使原核素的原子核数目改变了 dN，dN 正比于原子核的数量 N 和时间间隔 dt，即

$$dN = -\lambda N dt \tag{5.4.1}$$

其中，比例系数 λ 表示单位时间每个原子核的衰变概率，对于一定的核素是常数，称为**衰变常数**，量纲是 1/T. 式中的负号表示核数目的减少. 对式(5.4.1)积分得

$$N = N_0 e^{-\lambda t} \tag{5.4.2}$$

其中，N_0 为 $t=0$ 时刻该核素的数目；N 为 t 时刻核素的数目. 可看出核素的数目将随时间按指数规律减少.

2. 放射性活度

物质内含有放射性核的数目是不能直接测量的. 实验上感兴趣的是在单位时间内有多少个原子核发生了衰变，即放射性核素的衰变率 $-dN/dt$，或称"**放射性活度**"

$$A = -\frac{dN}{dt} = \lambda N = A_0 e^{-\lambda t} \tag{5.4.3}$$

其中，$A_0 = \lambda N_0$，是 $t=0$ 时刻的放射性活度. 活度同样具有指数衰减规律. 国际上规定的放射性活度的单位是贝可[勒尔](Bq)，1Bq=1 次衰变/s，以前常用的单位是居里(Ci)，$1Ci = 3.7\times10^{10}$ Bq. 活度表示的是单位时间内衰变的原子核数目，并不是放射出来的粒子数，因为有的核一次衰变会放射出几个粒子. 单位时间内放射出的粒子数，称为**放射性强度**.

3. 半衰期和平均寿命

描述衰变的快慢除了用衰变常数 λ 表示以外，还常用**半衰期** $T_{1/2}$(即放射性原子核数目衰减到原来数目的一半所需的时间)来描述

$$T_{1/2} = \frac{\ln 2}{\lambda} = \frac{0.693}{\lambda} \tag{5.4.4}$$

对大量的放射性原子核来说，有的核先衰变，有的后衰变，各个核的存在时间长短是不一样的，从 $t=0$ 到 $t\to\infty$ 都有可能. **平均寿命** τ 是指放射性原子核平均生存的时间. 对某一核素而言，平均寿命只有一个. 由式(5.4.2)可知，在 t 时刻的时间间隔 dt 内有 dN 个核发生衰变，则这 dN 个核的寿命为 t. 设 $t=0$ 时原子核数为 N_0，

则平均寿命

$$\tau = \frac{1}{N_0}\int_0^{\infty} t\,\mathrm{d}N = \frac{1}{N_0}\int_0^{\infty} t\lambda N\,\mathrm{d}t = \frac{1}{N_0}\int_0^{\infty} t\lambda N_0 \mathrm{e}^{-\lambda t}\,\mathrm{d}t = \frac{1}{\lambda} \tag{5.4.5}$$

其中，平均寿命与衰变常数互为倒数.将此式代入式(5.4.4)可得 $T_{1/2}=0.693\tau$.

例 5.4.1

已知^{60}Co 的半衰期 $T_{1/2}=5.27\mathrm{a}$，求 1 μCi 的^{60}Co 所含的原子核数目及它的放射性强度（1 个^{60}Co 核发射一个 β 粒子和两个γ光子）.

解 由式(5.4.3)，1 μCi 的^{60}Co 所含的原子核数目 N 为

$$N = A/\lambda = AT_{1/2}/\ln 2 = 3.7\times10^4\times5.27\times3.16\times10^7/0.693 = 8.89\times10^{12}\text{（个）}$$

由题可知，1 μCi 的^{60}Co 每秒放射出 3.7×10^4 个 β 粒子和 7.4×10^4 个γ光子.

当核素具有多种分支衰变时，按衰变常数的物理意义，总的 λ 应当是各分支的衰变常数 λ_i 之和，即

$$\lambda = \sum \lambda_i \tag{5.4.6}$$

第 i 种分支的部分放射性活度为

$$A_i = \lambda_i N = A\lambda_i/\lambda \tag{5.4.7}$$

其中，$A=\sum A_i = \lambda N_0 \mathrm{e}^{-\lambda t}$ 是总的放射性活度.可见，部分放射性活度总是和总放射性活度成正比.第 i 种分支衰变的部分放射性活度与总放射性活度之比，称为这种**衰变的分支比** R_i，即

$$R_i = A_i/A = \lambda_i/\lambda \tag{5.4.8}$$

5.4.3 放射系

原子核的衰变常常有级联发生，即放射性衰变的产物仍不稳定，还要衰变，直至最后达到稳定为止，这种衰变称为**递次衰变**.在递次衰变中，每个衰变都满足指数衰减规律，但混在一起的情况要复杂得多.

递次衰变系列统称**放射系**，地壳中的放射性核素形成三个天然的放射系，它们的母体半衰期都很长，和地球年龄（$\sim10^9$ a）接近或更长.它们的成员大多数具有 α 放射性，少数具有 β^- 放射性，一般都伴随有γ辐射.

天然放射系从母体开始经过多次连续衰变，最后达到稳定的铅同位素.它们的介绍如下.

1. 钍系

从$^{232}_{90}$Th 开始，经过 10 次连续衰变，最后到稳定核素$^{208}_{82}$Pb 为止，如下式所示：

$$^{232}\mathrm{Th} \xrightarrow{\alpha(1.4\times10^{10}\mathrm{a})} {}^{228}\mathrm{Ra} \xrightarrow{\beta^-(5.76\mathrm{a})} {}^{228}\mathrm{Ac} \xrightarrow{\beta^-(6.13\mathrm{h})} {}^{228}\mathrm{Th} \xrightarrow{\alpha} \cdots \longrightarrow {}^{208}\mathrm{Pb}$$

这个系的成员，其质量数 A 都是 4 的整数倍，即 $A=4n$. 母体 $^{232}_{90}Th$ 的半衰期为 1.4×10^{10} a，子体的半衰期最长的有 $T'=5.76$a. 在递次衰变中，若母体的半衰期比子体的半衰期长得多，则设子体中最长的半衰期为 T'，在经过相当长的时间后，一般在 $t\geqslant 7T'$ 以后，子体核的数目和放射性活度达到饱和，并且子、母体的放射性活度相等，这叫**长期平衡**. 所以钍系需要几十年时间建立起平衡.

2. 铀系

从 $^{238}_{92}U$ 开始，经过 14 次连续衰变，最后到稳定核素 $^{206}_{82}Pb$：

$$^{238}_{92}U \xrightarrow{\alpha(4.5\times10^9 a)} {}^{234}Th \xrightarrow{\beta^-(25d)} {}^{234}Pa \xrightarrow{\beta^-(6.7h)} {}^{234}U \xrightarrow{\alpha(2.3\times10^5 a)} \cdots \longrightarrow {}^{206}Pb$$

该系成员的质量数 A 都是 4 的整数倍加 2，即 $A=4n+2$，所以铀系也叫 $4n+2$ 系. 母体 $^{238}_{92}U$ 的半衰期 $T_{1/2}=4.5$Ga，子核半衰期最长的是 $^{234}_{92}U$，$T_{1/2}=0.23$Ma. 所以，铀系建立平衡需要几百万年的时间.

3. 锕系

从 $^{235}_{92}U$ 开始，经 11 次连续衰变，最后到稳定的核素 $^{207}_{82}Pb$：

$$^{235}_{92}U \xrightarrow{\alpha(7.1\times10^8 a)} {}^{231}Th \xrightarrow{\beta^-(25h)} {}^{231}Pa \xrightarrow{\alpha(3.2\times10^4 a)} {}^{227}Ac \longrightarrow \cdots \longrightarrow {}^{207}Pb$$

由于 $^{235}_{92}U$ 俗称锕铀，因而该系称为锕系. 这个系的成员的质量数都满足 $A=4n+3$ 的关系. 母体 $^{235}_{92}U$ 的半衰期为 $T_{1/2}=0.71$Ga，半衰期最长的子体是 ^{231}Pa，$T_{1/2}=32$ka. 所以，锕系建立起平衡需要几十万年的时间.

4. 镎系

从上面的讨论可以看到，在地壳中存在 $4n$、$4n+2$、$4n+3$ 三个天然放射系，但却没有 $4n+1$ 这种放射系. 后来用人工方法合成了 $4n+1$ 系，把 ^{238}U 放在反应堆中照射，连续获得三个中子变成了 ^{241}U，它经两次 β^- 衰变，变成了具有较长寿命($T_{1/2}=14.4$a)的 ^{241}Pu. ^{241}Pu 具有下列递次衰变：

$$^{241}Pu \xrightarrow{\beta^-(14.4a)} {}^{241}Am \xrightarrow{\alpha(433a)} {}^{237}Np \xrightarrow{\alpha(2.14Ma)} {}^{233}Pa \xrightarrow{\beta(27d)} {}^{233}U \longrightarrow \cdots \longrightarrow {}^{209}Bi$$

其中，^{237}Np 的半衰期最长. 当足够长时间后，^{241}Pu 和 ^{241}Am 几乎衰变完了，而 ^{237}Np 还会存在，并与其子体建立起平衡. 所以这个系叫镎系. 该系成员的质量数 $A=4n+1$. 由于 ^{237}Np 的半衰期比地球年龄小很多，地壳中原有的 ^{237}Np 早已变为 ^{209}Bi，所以在地壳中不存在天然的 $4n+1$ 系.

5.4.4 α 衰变

α 衰变是原子核自发地放射出 α 粒子而发生的转变，它的半衰期随核素的不同而变化很大，最短可小于 10^{-7} s，最长可达 10^{15} a，α 粒子的能量一般分布在 4～9MeV 范围内.

α 射线由高速运动的氦原子核组成. 它通过物质时，由于库仑作用，物质发生强烈电离，而本身丢失能量，因此它穿透物质的本领很小. 例如，^{210}Po 发出的 α 射线，能量为 5.3MeV，经过 3.8cm 厚的空气后几乎失去全部能量，即它在空气中的射程是 3.8cm. α 射线很容易被吸收，一般的衣服就能阻挡 α 射线进入人体. 但若具有 α 放射性的物质进入人体内，则由于它有很强的电离本领会引起严重的危害.

1. α 衰变的衰变能

原子核要自发地发射 α 粒子，必要的条件是衰变时放出 α 粒子的能量大于零，即衰变能 E_d 大于零. 衰变能可表示为衰变前后各粒子的静止质量之差所对应的能量. 若将 α 衰变过程表示为

$$^{A}_{Z}X \longrightarrow {}^{A-4}_{Z-2}Y + {}^{4}_{2}He \tag{5.4.9}$$

其中，X 为母核；Y 为子核. 衰变前的母核可以看作为静止，所以衰变能

$$E_d = (M_X - M_Y - m_\alpha)c^2 \tag{5.4.10}$$

其中，M_X、M_Y、m_α 分别代表母核、子核和 α 粒子的质量. 衰变能以 α 粒子的动能及子核的反冲动能的形式出现，因此，若衰变后 α 粒子和子核的速度分别为 v 和 V，可以通过测量 α 粒子的动能 T_α 来确定衰变能. 由于衰变前母核静止，动量为零，由动量守恒定律有 $V=m_\alpha v/M_Y$，所以

$$E_d = \frac{1}{2}M_Y V^2 + \frac{1}{2}m_\alpha v^2 = T_\alpha\left(1+\frac{m_\alpha}{M_Y}\right) \tag{5.4.11}$$

α 粒子的能量可由测量 α 粒子射程、用磁谱仪测量它的动量、用半导体探测器或电离室等来测定. 用磁谱仪对 α 放射源的测量结果表明，有的时候 α 粒子的能量并不单一，有的情形有几组数值，表 5.4.1 给出磁谱仪测得^{226}Th α 粒子的能量. 由表可见，能谱是由四组单一谱线组成的，称为 α 能谱的精细结构. α 能谱的精细结构反映了原子核的能级结构.

表 5.4.1 ^{226}Th 的 α 衰变数据

	T_α/MeV	E_d/MeV	$(E_d(\alpha_0)-E_d)$/MeV	E_γ/MeV	相对强度/%
α_0	6.330	6.444	0	—	79
α_1	6.220	6.332	0.112	0.112	19
α_2	6.095	6.205	0.239	0.242, 0.131	1.7
α_3	6.029	6.137	0.307	0.197, 0.112	0.6

2. α 粒子的能量与核能级

由表 5.4.1 的数据可看出，α 粒子能谱具有离散的、不连续的特征. 这与原子的情况类似，原子核的内部能量也是量子化的，就是说原子核可以处于不同的离散能级状态. 当母核放出 α 粒子而衰变为子核时，它可以衰变到子核的基态，也可以先衰变到子核的激发态，然后放出γ射线再到基态. 因此 α 粒子的能谱是离散的，测量母核放射出来的 α 粒子的能量就可以确定子核能级的能量，从而为研究原子核结构提供数据. 例如，由 $^{226}_{90}Th$ 的衰变数据，可推知原子核 $^{222}_{88}Ra$ 的能级，如图 5.4.1 所示.

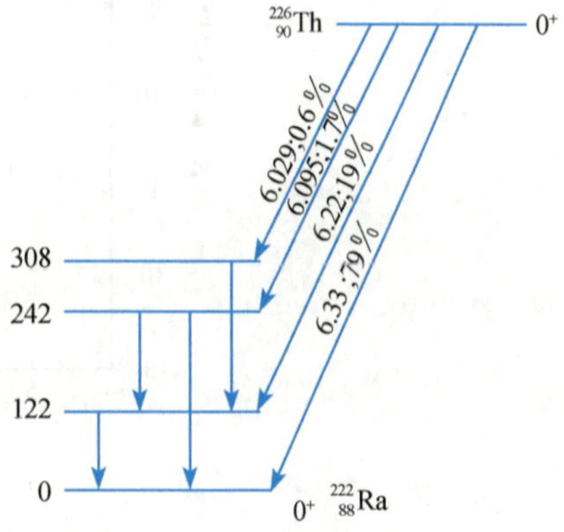

图 5.4.1 $^{226}_{90}Th$ 的衰变

图 5.4.1 简明地给出放射性核素的一些基本性质，这种图也称**衰变纲图**. 通常把原子序数大的核素画在右边；箭头向左表示使原子序数减小的衰变，如 α 衰变或 β^+ 衰变，箭头向右表示 β^- 衰变，箭头向下表示γ衰变；跃迁线旁边标有衰变类型、能量和分支比；每条能级旁边标有能量、半衰期、状态量子数.

3. 衰变能和衰变常数的关系

对 α 放射性的实验研究表明，α 衰变主要发生在重核，只有 $A>140$ 的原子核才能发生 α 衰变. 另外，对各种原子核 α 衰变放出的 α 粒子的能量 E_α 和半衰期的测量表明，衰变能和衰变常数间有着一定的依赖关系，如图 5.4.2 所示. 1911 年盖革和努塔尔(J. M. Nuttall)总结出经验定律

$$\lg\lambda = C + 86.25\lg E_\alpha \tag{5.4.12}$$

式中的 C 是常数. 虽然，盖革-努塔尔定律有很大的近似性，但 α 衰变能越大，α 衰变概率越大的趋势是正确的. 进一步的实验表明，半衰期和衰变常数的关系可写为

$$\lg\lambda = A + BE_\alpha^{-1/2} \tag{5.4.13}$$

式中，A 和 B 对同一元素是常数.

量子力学中用 α 粒子穿透核势垒来解释衰变常数和衰变能之间强烈的依赖关系. α 粒子在核内与其他核子之间存在两种相互作用：核力和库仑力. 前者是吸引力，后者是排斥力，而且核力的强度比库仑力大很多. 但由于核力是短程力，因而可认为，衰变前 α 粒子在母核内运动，α 粒子在核内所受的力近似地达到平衡，从而合力为零，于是 α 粒子在核内可自由地运动，势能曲线可用水平线表示. 当 α 粒子

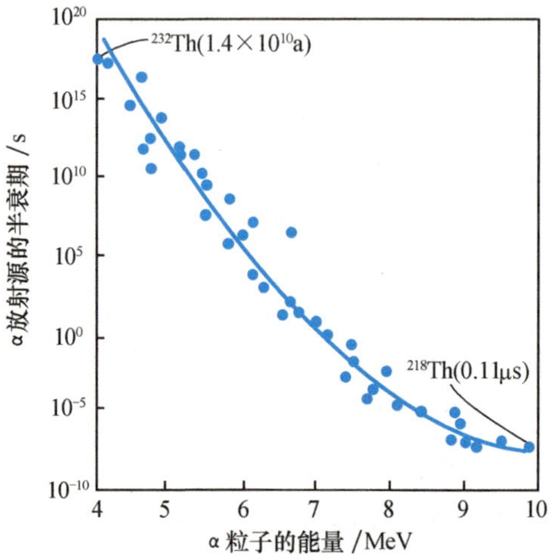

图 5.4.2　α 粒子的能量 E_α 和半衰期的关系

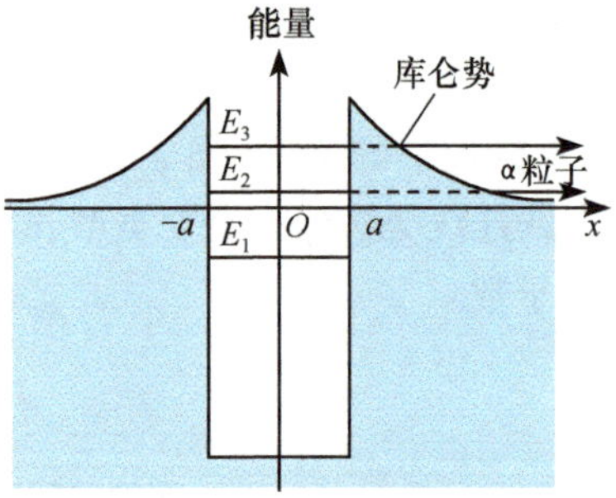

图 5.4.3　α 衰变时的势能曲线

在母核的边界处时，它受到很强的向核心的吸引力，所以势能曲线很陡. 若 α 粒子脱离了母核，则由于 α 粒子与子核间的库仑排斥力，势能具有库仑势的形式. 可见，α 粒子处于母核核内时，势能曲线是势阱. 势能曲线在母核外围高高突起，像个壁垒，α 衰变时的势能可用图 5.4.3 表示.

由量子力学知道，粒子具有一定的概率穿透势垒，且粒子动能越大，穿透的概率也越大. 由量子力学的势垒穿透理论可计算 α 粒子穿透势垒的概率与 α 粒子能量的关系，给出了对经验规律的量子解释，还给出了公式中的常数只与原子序数、核半径有关.

5.4.5　β 衰变

β 衰变有三种类型. 原子核衰变时放出电子的过程，就称为 β^- 衰变. 原子核中并不存在自由电子，β 衰变可以认为是原子核内质子和中子互相转化的过程. 放出正电子的过程称为 β^+ 衰变. 原子核从核外的电子壳层中俘获一个轨道电子的过程，称为**轨道电子俘获**. 一般俘获 K 层电子的概率最大，称为 **K 俘获**.

β^- 粒子实际上就是高速运动的电子. 电子通过物质时的库仑作用会使原子电离. 但它的电离能力比 α 粒子弱得多，所以它贯穿物质的能力比 α 粒子要强. 一般的薄金属板就能阻挡大部分 β 粒子，例如，5mm 的铝板能吸收 90% 的 2MeV 电子束流.由于电子的质量很小,因此在与物质原子作用时引起β射线多次散射,并会产生轫致辐射,有大量光子发射出来.

β^+衰变过程中放出的是正电子,正电子的概念是狄拉克首先从理论上提出的.他在建立电子的相对论量子力学方程时发现存在负能解.1930年狄拉克提出正电子理论,认为正负能态都是物理实在,在一般情况下所有的负能级由$-m_0c^2$到$-\infty$均被电子所占满,由于泡利不相容原理的限制,处于正能态的电子不能跃迁到负能态.但如果在负能态的电子海中跑出一个电子,负能态的海洋中就出现了一个空穴.空穴的行为与电子一样,只是带正电,是电子的反粒子,这就是正电子.1932年,美国物理学家安德森在宇宙线的研究中在威尔逊云室中首先发现了正电子,图5.4.4是正电子在云室中的径迹的照片.正电子通过物质时,和电子一样,会引起原子的电离、激发,而它本身会丢失能量.但和电子不同的是,正电子通过物质时还会发生湮灭作用,即正电子和物质中的电子湮灭而产生一对光子.

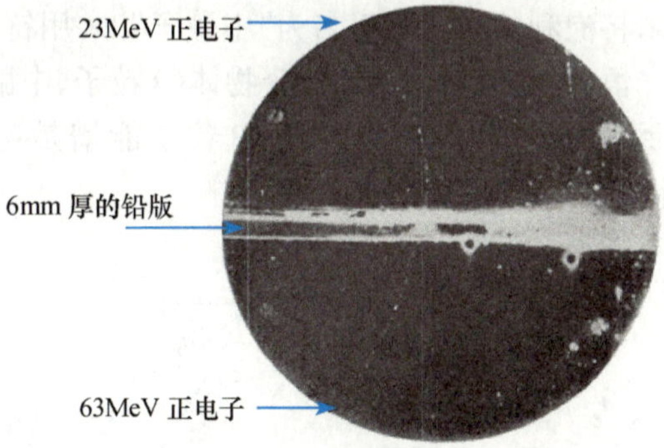

图5.4.4　发现正电子的云室照片

1. β射线能谱和中微子

用磁谱仪测量原子核衰变时发出的β粒子的能量,得到的β粒子能谱是连续的,即β衰变时放出来的β粒子的强度随能量的变化为一连续分布.图5.4.5是典型的β射线动量谱.图的横坐标是磁谱仪磁铁线圈的电流I,它和β粒子的动量成正比.图中$I<2.0$A部分是相应于^{137}Cs的β射线动量谱.由图可见:①β粒子的能量是连续分布的;②有一确定的最大能量$E_{\beta\max}$(0.511MeV);③曲线有一极大值,即在某一动量处强度最大.

大量事实证明,核衰变过程中放出的α射线和γ射线的能量是离散的,它与原子核的离散的能级相对应.既然β粒了也是原子核衰变时发出的,β衰变时应有确定的衰变能,原子核只能具有离散的能量状态,为什么β粒子的能量不是离散的呢?如何理解这样的实验事实呢?1930年泡利大胆提出中(微)子假设,即原子核

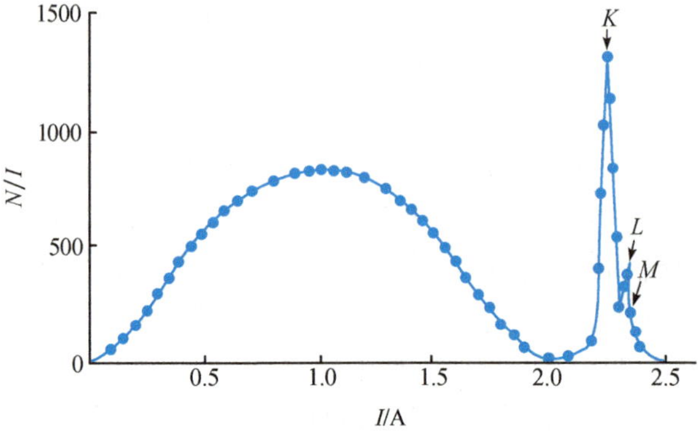

图 5.4.5 ^{137}Cs 的 β 射线与内转换电子动量谱

在 β 衰变中，不仅放出一个 β 粒子，同时还放出不带电荷、静止质量几乎为零的粒子，叫中微子(当时泡利将这种粒子命名为“中子”，1932 年真正的中子被发现后，意大利物理学家费米将泡利的“中子”正名为“中微子”.)，用符号 ν 来表示. 这样 β 衰变过程中的动量守恒、能量守恒都涉及三个物体(β 粒子、中微子和反冲核)，β 粒子的能量可以在零到 $E_{\beta max}$ 之间，这就解释了 β 粒子能谱是连续分布的现象. 核素^{137}Cs 的衰变如图 5.4.6(b)所示.

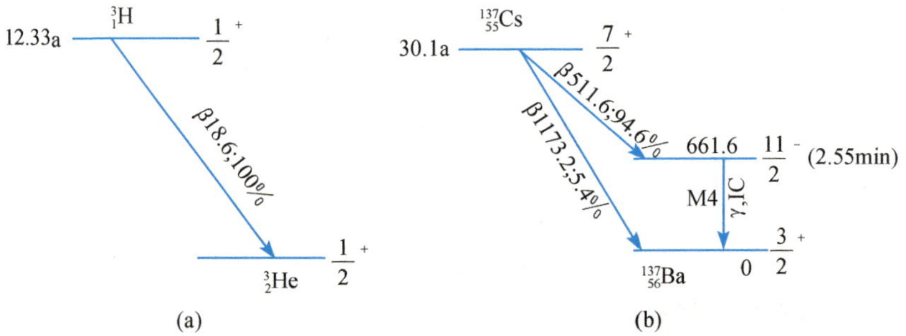

图 5.4.6 核素^3H 和^{137}Cs 的衰变纲图

IC 为内转换(internal conversion)

实验表明，β 射线能量的最大值 $E_{\beta max}$ 和从核反应或质谱方法得到的 β 衰变能 E_d 非常接近，这表明中微子的质量 m_ν 确实很小. 目前测量中微子质量的一种方法是测量氚的 β 谱在 $E_{\beta max}$ 附近的形状，测到的结果是 $m_\nu < 3eV/c^2$.

β 衰变过程中母核和子核的质量数不变，因此衰变前后，母、子核的自旋必定同为半整数或整数. 由于 β 粒子(即电子或正电子)的自旋为 1/2，衰变前后角动量守恒，所以中微子的自旋必定为半整数，理论研究表明中微子自旋只能为 1/2. 实验测得中微子的磁矩 $\mu < 1.08 \times 10^{-9} \mu_B$.

在中微子假说提出后不久，1934 年费米基于中微子假说和 β 衰变的实验数据建立了β衰变理论.费米认为,β衰变的本质在于原子核内的一个中子转变成质子,或者一个质子转变成中子,而中子和质子可以看成是同一核子的两个不同的量子状态.它们之间的相互转变就相当于核子从一个量子状态跃迁到另一个量子状态.在跃迁过程中,放出电子和中微子,所以,β粒子是核子的不同状态之间跃迁的产物,事先并不存在于核内,正如原子的情形,光子是原子不同状态之间跃迁的产物,事先并不存在于原子内一样.与电磁辐射理论类比,费米认为β衰变是电子-中微子场与原子核的相互作用.作用的结果使核子不同的状态间引起跃迁,发射出电子和中微子.但原子发光和β衰变过程中的相互作用是不同的,前者是电磁相互作用,后者是一种弱相互作用.由理论和实验数据比较,得到弱作用常量 $G_F/(\hbar c)^3=1.166\times10^{-5}$GeV.这个常量很小,说明电子-中微子场与核子的相互作用是非常弱的.这也说明β衰变过程为什么比γ衰变过程慢以及为什么很少观察到激发态的β衰变.费米理论是早期的弱相互作用理论,但这里我们已看到弱相互作用与电磁作用有可类比之处,在20世纪70年代理论物理学家提出了弱电统一的量子场论.

由上可知,中微子是一种自旋为1/2的费米子,不带电,没有磁矩,静止质量为零.由相对论可知,它以光速运动,穿过物质时不会引起电离,和物质粒子只有很弱的相互作用,作用截面在$10^{-42}\sim10^{-44}\,cm^2$的数量级,普通物质的原子密度约为$10^{23}\,cm^{-3}$,它在物质中的自由程约为$10^{14}$km,比地球直径要大百亿倍以上.因此,要探测到中微子就需要有很强的中微子源以及庞大而又灵敏的设备.

在20世纪30年代许多实验物理学家认为中微子是探测不到的.1941年,中国物理学家王淦昌提出用轻原子的K俘获过程,可以根据测量原子核反冲的方法来验证中微子的存在.但是,当时浙江大学因战争而西迁,无法进行自己所设想的实验,只能将论文投给美国的《物理评论》,论文在1942年1月发表.半年后美国科学家艾伦(J. S. Allen)根据王淦昌的方案,用实验观察到了反冲核,证实了中微子的存在.所以,这一实验又被称为“王淦昌-艾伦实验”.发现中微子存在的直接实验证明直到1956年才得到.莱因斯(F. Reines)和考恩(C. Cowan)在1953年提出利用中子衰变的逆过程

$$\bar{\nu}+p\longrightarrow n+e^{+}$$

来探测反中微子.若实验能探测到此过程中同时产生的中子和正电子,那就直接证明了中微子的存在.反应堆中的裂变碎片具有级联的β^-衰变,因而产生了很强的反中微子流,一个典型的裂变反应堆每秒钟能产生10^{18}个反中微子.1953年他们开始了实验,观测到了这种“延迟符合”信号,但还不足以作为证据.因此,他们改进了装置,将各装有200L $CdCl_2$水溶液的两个水槽作为质子靶,再用含有1400L液态闪烁体的探测装置来进行实验.反中微子射入装有$CdCl_2$的水靶,若被质子俘

获，则产生中子和正电子. 正电子很快在水中损失掉动能，而与靶中的电子湮灭产生一对能量为 0.511MeV 的γ光子，它们被液态闪烁体探测，这一过程大约持续 10^{-9}s. 另外，中子在水中慢化后被镉吸收，放出几个γ光子，被闪烁体探测到，此过程约持续 10^{-5}s. 由延迟符合信号及对实验装置的屏蔽给出了可靠的结果. 由于反应截面很小，实验中平均每小时只记录到三个事例，还需排除本底事例. 经过 100 天的实验数据积累，终于在 1956 年获得了满意的结果，给出中微子的反应截面为 $(1.10\pm0.26)\times10^{-43}\mathrm{cm}^2$，令人信服地直接证实了（反）中微子的存在. 莱因斯和 τ 轻子的发现者佩尔（M. L. Perl，1927～2014，美国）分享了 1995 年度的诺贝尔物理学奖（考恩于 1974 年去世）.

2. 三种类型的 β 衰变的衰变能

（1）β^- 衰变是原子核内一个中子转化为一个质子的过程. 此过程可用下式表示：

$$\mathrm{n}\longrightarrow \mathrm{p}+\mathrm{e}^-+\bar{\nu} \tag{5.4.14}$$

其中，$\bar{\nu}$ 为中微子的反粒子，称为反中微子. 衰变的结果使原子核的原子序数 Z 增加 1，可表示为

$${}^{A}_{Z}\mathrm{X}\longrightarrow {}^{A}_{Z+1}\mathrm{Y}+\mathrm{e}^-+\bar{\nu} \tag{5.4.15}$$

若忽略原子中电子结合能的差异，则相应的衰变能可写为

$$E_{\mathrm{d}}(\beta^-)=[M_{\mathrm{X}}(Z,A)-M_{\mathrm{Y}}(Z+1,A)]c^2 \tag{5.4.16}$$

其中，M 为相应的原子质量. 由式可知，只有母核与子核的原子质量差大于零时才能发生 β^- 衰变.

（2）β^+ 衰变是核内一个质子转化为一个中子的过程，衰变的结果是原子核的 Z 减少 1，可用下式表示：

$${}^{A}_{Z}\mathrm{X}\longrightarrow {}_{Z-1}^{\ \ A}\mathrm{Y}+\mathrm{e}^++\nu \tag{5.4.17}$$

衰变能为

$$E_{\mathrm{d}}(\beta^+)=[M_{\mathrm{X}}(Z,A)-M_{\mathrm{Y}}(Z-1,A)-2m_{\mathrm{e}}]c^2 \tag{5.4.18}$$

所以，只有母核与子核的质量差大于两个电子的质量时才能发生 β^+ 衰变.

（3）轨道电子俘获（通常用 EC 来表示）是原子核俘获一个核外电子，核内一个质子转化为中子. 衰变结果使原子核的 Z 减少 1，可用式

$${}^{A}_{Z}\mathrm{X}+\mathrm{e}^-\longrightarrow {}^{A}_{Z-1}\mathrm{Y}+\nu \tag{5.4.19}$$

来表示. 由于轨道电子被俘获，必须克服它在原子中的结合能 W_0，于是

$$E_{\mathrm{d}}(\mathrm{EC})=[M_{\mathrm{X}}(Z,A)-M_{\mathrm{Y}}(Z-1,A)]c^2-W_0 \tag{5.4.20}$$

所以，只有母核和子核的原子质量差大于被俘获的轨道电子的结合能时，才能发生轨道电子俘获. 轨道电子俘获过程使原子的内层电子缺少了一个，子核原子处于不稳定的激发状态，这样就会发射出特征 X 射线. 由于 K 层电子最靠近原子核，所以 K 俘获的概率最大. 但是，当母核和子核的原子质量差比 K 层电子的结合能 W_K 小，而满足 $W_K > [M_X(Z,A) - M_Y(Z-1,A)]c^2 > W_L$ 时，L 俘获的概率就最大了.

比较 β^+ 的衰变能和轨道电子俘获的衰变能就可以发现，能发生 β^+ 衰变的原子核一定也能发生轨道电子俘获. 而能发生轨道电子俘获的原子核不一定能发生 β^+ 衰变.

5.4.6 γ衰变

原子核经过 α 衰变和 β 衰变所形成的子核，往往处于激发态. 原子核通过发射 γ 光子，从激发态到较低激发态或基态的过程称为 γ 衰变或是 γ 跃迁. 由于 γ 跃迁的性质和激发态的性质相联系，因而通过对它的研究，就可以获得原子核激发态能级特性的知识.

处于激发态的原子核，还可以通过直接把能量交给核外的电子而回到低能态. 核外电子将获得的一部分能量用来克服结合能，其余部分作为电子的动能而脱离原子. 这种现象称为**内转换**，用 IC(internal conversion)表示. 内转换电子的能量为 $E_e = E_i - E_f - W$，其中，W 是核外电子的结合能. 内转换电子的能量是具有确定值的. 在图 5.4.5 的电子动量谱中高动量处出现的尖峰，即为 0.662MeV γ 射线的相应 K、L、M 层的内转换电子动量. 直接放出 γ 光子或放出内转换电子这两种跃迁过程是相互竞争的.

核衰变中 γ 射线的能量一般在 10keV～10MeV 内. γ 射线和物质的作用主要有以下三个过程：

1) 光电效应

γ 光子被物质吸收而使原子电离，光电离使电子脱离原子的束缚. 光子和原子发生光电效应的截面和 Z^5 成正比，并随 γ 射线能量的增大而减小. 因此，低能 γ 射线比高能 γ 射线的光电效应截面大得多，重元素的光电效应要比轻元素的强得多.

2) 康普顿散射

当光子的能量比原子中电子的束缚能大得多时，所发生的和束缚电子的散射，可以看成是和自由电子发生的散射，γ 光子和电子碰撞而损失能量. 康普顿散射的截面大致和 Z 成正比.

3) 光生电子对

光子通过物质时，将它的全部能量转换为一对电子，即正电子和电子的过程. 产生电子对的阈能为

$$h\nu_0 = 2m_e c^2\left(1+\frac{m}{M}\right) \tag{5.4.21}$$

其中，M 为吸收反冲能的原子核（或电子）的质量. 因此在原子核电磁场中产生电子对的阈能接近于 $2m_e c^2$. 电子对效应的截面与 Z^2 成正比.

这三种效应的质量截面如图 5.4.7 所示.

当准直的强度为 I_0 的 γ 射线穿过厚度为 d 的吸收物质时，它的强度 I 服从指数衰减规律

$$I = I_0 e^{-\mu d} \tag{5.4.22}$$

其中，μ 为吸收物质对 γ 射线的总吸收系数. 它包含了 γ 光子被介质吸收和散射而离开准直束的效应. 在实际应用中，吸收厚度常使用质量厚度单位 g/cm²，相应的吸收系数以 cm²/g 为单位.

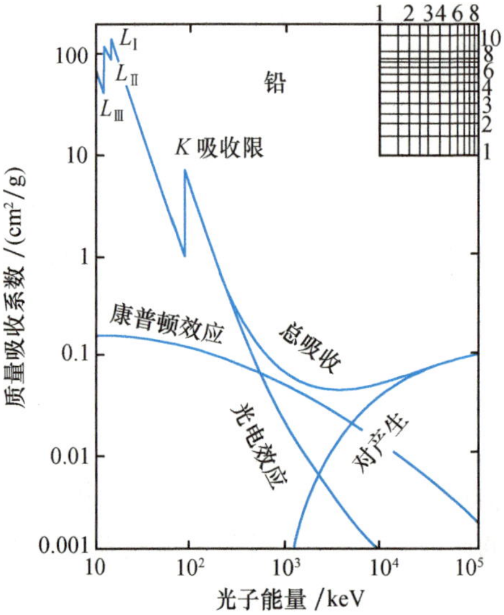

图 5.4.7　铅对光子的质量吸收系数

例 5.4.2

已知铅对 1MeV 光子的总吸收系数约为 0.1cm²/g，若要将 γ 射线强度减小一半，试问要用多厚的铅片来阻挡？

解　射线强度 I_0 经厚度为 x 的吸收体后减为 I，$I=I_0 e^{-\mu x}$，其中，μ 称为线吸收系数，单位为 cm^{-1}.

已知铅的总吸收系数 μ_m 约为 0.1cm²/g，则

$$\mu = \mu_m \cdot \rho = 1.135\mathrm{cm}^{-1}$$

其中，$\rho=11.35\mathrm{g/cm^3}$ 是铅的密度.

$$\ln(I/I_0) = -0.693 = -\mu x$$

得

$$x = 0.61\mathrm{cm}$$

5.4.7　放射性的应用

所有的放射性辐射都可能引起介质原子发生电离. 核辐射对介质产生的效应的强弱可以用物体吸收辐射的剂量来度量，即以在单位质量内沉积的能量来度量. 吸收剂量的国际单位是戈[瑞]（Gy，gray）. 有的场合也可看到以拉德（rad）为单位. 1Gy 定义为电离辐射在 1kg 物质内沉积了 1J 能量，1Gy=100rad. 辐射在吸收介质

中引起的辐射效应(对材料的辐射损伤,对人体的生物效应)除了与吸收剂量有关外,还与辐射的种类和能量有关.不同种类的辐射引起的生物效应有很大差别.人们通过定义辐射的相对生物效应(relative biological effectiveness,RBE)来对各种辐射进行比较,以γ射线的因子为1.将吸收剂量乘以相对生物效应而给出生物剂量当量,它的国际单位是希[沃特](Sv,Sievert),过去也有用雷姆(rem)为单位,1Sv=100rem.表5.4.2列出了常见的核辐射的RBE.

表5.4.2 常见的核辐射的RBE

辐射种类	辐射能量	辐射权重因子
光子	所有能量	1
电子	所有能量	1
中子	<10keV	5
	10~100keV	10
	>100keV~2MeV	20
	>2MeV~20MeV	10
	>20MeV	5
质子	>2MeV	5
α粒子、裂变碎片、重核	—	20

由表5.4.2可看到,α射线的相对生物有效因子最高能达20.在地球上我们都会受到宇宙线的辐照、土壤和食物中天然放射性物质的照射、电视等辐射,每年人体受到的剂量当量为1~2mSv.表5.4.3列出了人体受到各种辐射的剂量当量.国际辐射防护委员会(International Commission on Radiological Protection,ICRP)推荐核辐射工作人员与公众每年允许的全身吸收剂量当量分别为50mSv和5mSv.

表5.4.3 人体受到各种辐射的剂量当量

各种辐射	剂量当量
国家规定一般公众的安全剂量	5mSv/a
宇宙线	0.45mSv/a
食物	0.2mSv/a
砖制房屋	0.4mSv/a
吸烟20支/天	1mSv/a
泥土、空气	0.5mSv/a
CT	大于3mSv/次
胸部透视	大于0.1mSv/次

由于射线会对人体细胞造成破坏,因此放射性物质有很大危害,在放射性的环境下,必须注意和采取各种防护措施.另外,放射性也有着广泛的应用价值.下面简单介绍几个方面.

(1) 利用核衰变的指数衰变规律,测定生物的年代.^{14}C记年代法:由于宇宙线中的中子与大气中的^{14}N可发生下面的反应：

$$ {}_{0}^{1}n+{}_{7}^{14}N \longrightarrow {}_{6}^{14}C+{}_{1}^{1}H \tag{5.4.23}$$

而$^{14}_{6}$C是碳的一种同位素，是不稳定的，具有β放射性.

$$ {}_{6}^{14}C \longrightarrow {}_{7}^{14}N+e^{-}+\bar{\nu} \tag{5.4.24}$$

它的衰变半衰期为$T_{1/2}=5730\text{a}$，$E=0.518\text{MeV}$. 这两种过程，即^{14}C的形成与衰变过程，经过相当长的时间后会达到平衡，使^{14}C在大气中的含量保持恒定. 空气中^{14}C和^{12}C的比例约为1.2×10^{-12}. 活生物通过代谢等过程将含有与大气中相同比例的^{14}C. 但当生物死去后，不再由大气中摄取CO_2，于是它在活着时得到的^{14}C含量会由于衰变而减少. 所以根据古生物中的^{14}C含量和活生物对照，就可以定出古生物的年代. 它主要用于考古学中对有机物质的年代测定. 在地质年代测量中常用一些寿命与地球年龄相近的放射性核素，如铀系、锕系衰变系列，^{40}K($T_{1/2}=1.277\times10^{9}\text{a}$，0.0117%)、^{87}Rb($T_{1/2}=4.75\times10^{10}\text{a}$，27.83%)等长寿命核素.

(2) 示踪方法和射线成像. 由于放射性核素和它的稳定同位素具有相同的化学性质，所以如果在系统内引入放射性同位素，通过探测放射性就可以对这种化学元素的活动和作用进行跟踪，这称为示踪方法. 它广泛地应用于工业(如测量地下管道的泄漏)、农业、医学、生物学. 放射性同位素也广泛用于诊断医学和治疗. 例如，放射性同位素^{131}I(半衰期为8天)可用来诊断甲状腺疾病，因为碘主要积存在甲状腺附近. ^{131}I发射γ射线，通过测量^{131}I的分布及强度，可以诊断甲状腺肿瘤或甲状腺亢进. 近年来，探测技术、电子学及射线扫描仪成像技术迅速发展，在工业发达的国家，大约有1/3的病人用核技术来诊断和治疗疾病，用射线成像技术对人体(脑、心脏等)的功能、人体新陈代谢的研究也有了很大的进展.

(3) 利用物质对射线的吸收特性. 当α、β、γ射线经过物质时，由于物质对它的吸收或散射，射线中粒子的数目会减少，会按式(5.4.22)衰减. 衰减系数由射线的性质、能量和物质的特性决定. 测量射线通过已知物质的减弱，就可以确定射线穿过的物质厚度或密度. 对薄的、密度小的物质可利用α和β射线，对高密度物质或大块物质可利用γ射线. 若采用具有成像功能的工业CT(计算机断层扫描)，则可精确测定工件内部缺陷. 各种测厚仪、流量计、料位计等已广泛应用.

(4) 辐照. 放射性在它发现后不久就被应用于辐照治疗癌症. 随着对辐照引起的化学、生物等过程的了解，光分解、辐射改性、辐照保鲜和消毒等应用已大量展开.

5.4.8 穆斯堡尔效应及其应用

在核物理的研究工作中发明和发现的新原理和新技术在其他各领域，例如，生物、医学和凝聚态物理中也得到了广泛应用. 在前面已提到核磁共振技术，这里再介绍穆斯堡尔效应.

原子核能级的跃迁将伴随γ光子的发射和吸收.人们预期与原子光谱中存在共振吸收的情形类似,在原子核情形,当入射γ射线的能量等于原子核激发态的能量时,也会发生共振吸收.但实验上很长时间并没观察到.当原子核发射γ光子时,将会受到反冲.设γ光子的能量为 E_γ,动量为 P_γ,$P_\gamma=E_\gamma/c$.根据动量守恒定律,原子核的反冲动量 P_R 应等于 P_γ.在非相对论情形,原子核获得的动能相应为

$$E_R=\frac{P_R^2}{2M}=\frac{P_\gamma^2}{2M}=\frac{E_\gamma^2}{2Mc^2} \tag{5.4.25}$$

其中,M 为原子核的质量.设发射γ光子相应的核能级间隔为 E_0,由能量守恒定律

$$E_0=E_\gamma+E_R \tag{5.4.26}$$

衰变能的大部分能量给了光子,很小一部分给了反冲核的动能 E_R,$E_0\approx E_\gamma$.由式(5.4.25)和式(5.4.26),忽略 $E_0/(Mc^2)$ 的高次项,得

$$E_\gamma=E_0-E_R\approx E_0-\frac{E_0^2}{2Mc^2} \tag{5.4.27}$$

同样,原子核在吸收γ光子时,也会发生反冲,只有当γ光子能量

$$E'_\gamma=E_0+E_R\approx E_0+\frac{E_0^2}{2Mc^2} \tag{5.4.28}$$

时,才能使能级间隔为 E_0 的原子核发生共振吸收.这样原子核同一激发态γ射线的发射谱和吸收谱,其平均能量相差 $2E_R$.如果这个差值大于核能级的宽度,原子核放射的γ光子就不可能为同种原子核的相应能级所共振吸收.为了观察到γ射线的共振吸收,必须想办法补偿反冲能量损失.

1958年,年轻的德国物理学家穆斯堡尔(R. L. Mössbauer,1929~2011,德国)发现,可以采用一个更为聪明的方法:在固体晶格上的原子,受周围原子核的束缚,使反冲有效质量增大,因而反冲能量就很小,这样,整个过程可看成无反冲的过程.这种效应称为**穆斯堡尔效应**,也称作无反冲共振吸收.他将^{191}Ir晶体作为γ射线(129keV)的发射源,将^{191}Ir晶体放在88K低温下,观察到了共振吸收.

穆斯堡尔效应测量装置原理如图5.4.8(a)所示.放射源和吸收体都可放在低温环境中,放射源放在一个振动装置上,以不同速度 v 对吸收体做往返运动.由于多普勒效应,对于一个以速度 v 相对探测器移动的γ射线源,若γ射线的能量为 $E_{\gamma0}$,则探测器测到的能量 E_γ 为

$$E_\gamma=E_{\gamma0}\sqrt{\frac{1+v/c}{1-v/c}}$$

当 $v/c\ll1$ 时,可写成

$$E_\gamma=E_{\gamma0}(1+v/c) \tag{5.4.29}$$

其中,$E_{\gamma0}$ 就是核跃迁的能量.当 $v=0$ 时,$E_\gamma=E_{\gamma0}$,正好发生共振吸收.吸收率随着

v 的变化如图 5.4.8(b)所示. 吸收曲线的宽度 Γ 约为核能级自然宽度的两倍.

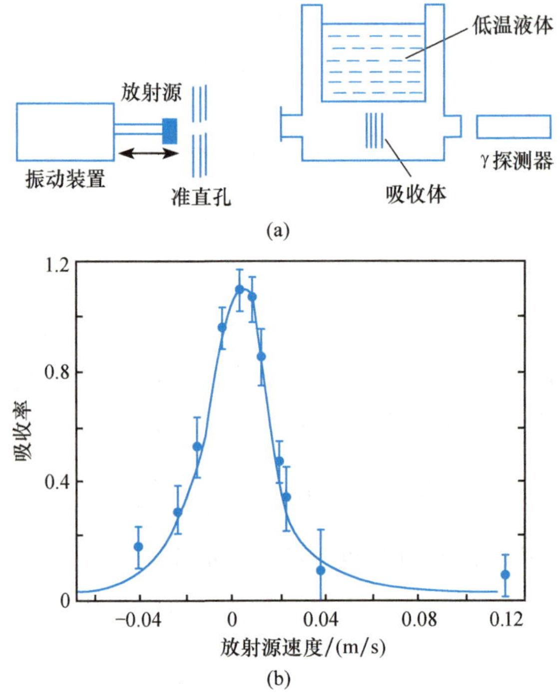

图 5.4.8　穆斯堡尔效应

(a) 实验装置示意图；(b) ^{191}Ir 的共振吸收曲线

利用穆斯堡尔效应测量γ射线可以有极高的相对精度，例如，对^{57}Fe 的 14.4keV γ射线相对精度为 4×10^{-13}、对^{67}Zn 的 93keV γ射线则有 5×10^{-16}. 所以，由它可以测定核能级的自然宽度，直接观测核能级的超精细结构以及用来测量谱线红移，验证广义相对论效应. 在地球表面附近，高度相差 h 的两点观测光子的相对频率变化为

$$\Delta\nu/\nu = gh/c^2 \approx 1.1\times10^{-16}h$$

1960 年庞德(R. V. Pound，1919～2010，美国)和雷布卡(G. A. Rebka，1931～2015，美国)利用穆斯堡尔效应在实验室内测量了光子在重力场中频率的变化. 这是穆斯堡尔效应在基础研究中突出的成就.

穆斯堡尔效应还可作为研究原子核周围环境的灵敏探针，而这种探针所提供的微观信息在物理学、化学、生物学、地质学和冶金学等学科得到了广泛应用.

(1) 同质异能移位的测量. 核外电子在原子核所在位置的电场对核能级有一定的影响，引起能级的微小位移. 由于基态和激发态原子核的电荷分布不同，这种能级移动也不同. 基态和激发态引起的能级移动之差称为同质异能移位. 由于同质异能移位的大小与核外电子分布有关，因此利用穆斯堡尔效应测量同质异能移位，可研究核的不同化学环境.

(2) 原子核的塞曼效应研究. 由于核磁矩很小，因此在外磁场中核能级的分裂很小. 但应用穆斯堡尔效应仍能清楚分辨这些能级. 图 5.4.9 给出在外磁场中^{57}Fe核能级的分裂和相应的跃迁. 图 5.4.10 给出几种铁样品的穆斯堡尔谱.

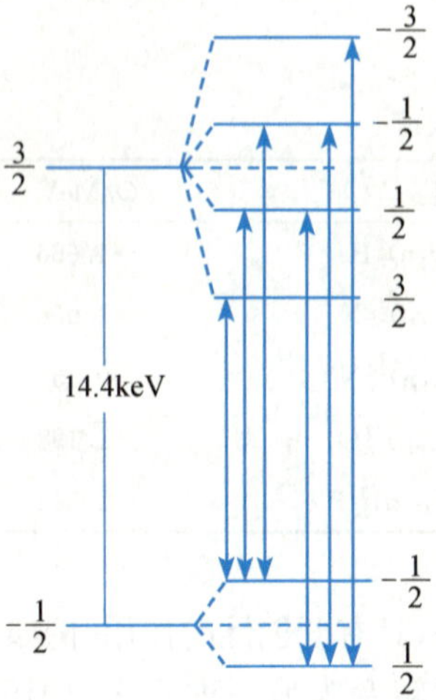

图 5.4.9 外磁场中^{57}Fe 核能级的分裂和相应的跃迁

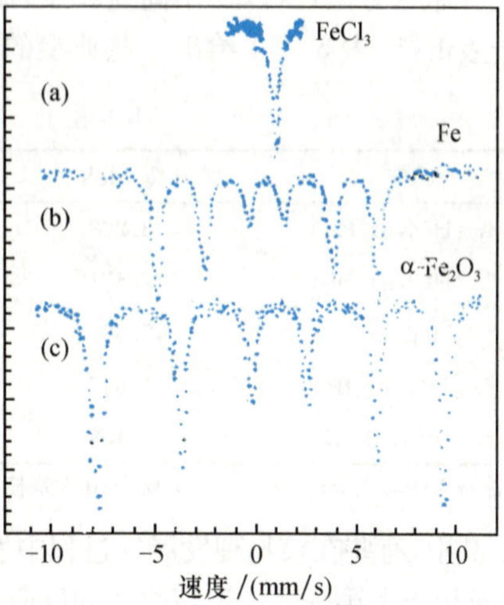

图 5.4.10 几种铁样品的穆斯堡尔谱
(a) $FeCl_3$ 在无外磁场时的单一谱线；
(b) 天然铁；(c) α-Fe_2O_3 在外磁场中的谱线

5.5 核 反 应

5.5.1 原子核的碰撞

核衰变是不稳定的核素自发发生的过程，它总是向较稳定的核转变. 用粒子轰击靶原子核，当轰击粒子能量足够大，入射粒子能非常接近原子核时，就会发生与普通的散射不同的事件，入射粒子与原子核会发生核反应. 在讨论卢瑟福散射时，我们已看到入射 α 粒子除了入射能量很大和碰撞参数足够小以外，大部分是被散射的，由于核的库仑势垒作用，它们被偏转到一边. 入射粒子能量低时，散射是主要的. 而在能量高时，入射粒子或原子核非常接近另一个原子核，它们的距离达到核力的作用力程时，核反应就可以发生. 核反应可以提供关于核的内部信息.

下面讨论的核反应只限于入射粒子与靶核反应而出射一个粒子及剩余核的简单过程. 暂不讨论那些核受到轰击后碎裂为许多碎片的反应. 与化学反应类似，核反应的过程可以用反应方程来表示. 靶原子核 A 受到粒子 a 的轰击，生成 B 核及 b

粒子的过程可写为

$$A+a\longrightarrow B+b \quad 或 \quad A(a,b)B \tag{5.5.1}$$

如果反应产生的 b 粒子和入射粒子是一样的，这种过程就是散射反应．假如反应后 B 和 b 的动能总和与反应前的相同，这就是弹性散射．要使核反应过程能够发生，入射粒子必须很接近靶原子核，即必须进入核力的范围．在用带电粒子作射弹时需要克服库仑势垒，所以要用高速粒子，用放射源射出的 α 粒子或加速器产生的高能粒子轰击靶．表 5.5.1 给出一些典型的核反应．

表 5.5.1　一些典型的核反应

反应	Q/MeV	反应	Q/MeV
1. ${}^{2}_{1}H(d,n){}^{3}_{2}He$	3.268	6. ${}^{9}_{4}Be(\gamma,n){}^{8}_{4}Be$	−1.666
2. ${}^{3}_{1}H(d,n){}^{4}_{2}He$	17.571	7. ${}^{10}_{5}B(\alpha,n){}^{13}_{7}N$	1.068
3. ${}^{7}_{3}Li(p,\alpha){}^{4}_{2}He$	17.337	8. ${}^{11}_{5}B(\alpha,n){}^{14}_{7}N$	0.154
4. ${}^{7}_{3}Li(p,n){}^{7}_{4}Be$	−1.647	9. ${}^{14}_{7}N(\alpha,p){}^{17}_{8}O$	−1.198
5. ${}^{9}_{4}Be(\alpha,n){}^{12}_{6}C$	5.708	10. ${}^{27}_{13}Al(\alpha,n){}^{30}_{15}P$	−2.642

注：γ为伽马光子；n 为中子；p 为质子；d 为氘核；α 为阿尔法粒子．

其中，有些在核物理发展的过程中发现了新现象，具有开创性的作用．例如，反应 9 就是历史上第一个人工核嬗变的反应，使一种元素转变为另一种元素．1919 年卢瑟福研究 α 粒子和轻核的散射，当用 ${}^{214}Po$ 的 α 粒子轰击氮原子核时，发现产生一种辐射，这种辐射在空气中的射程比 α 粒子要长．在确认这种辐射粒子是质子后，才证实通过下面的反应是氮核被转变为氧核：

$$ {}^{14}_{7}N+\alpha\longrightarrow {}^{17}_{8}O+p \quad 或写成 \quad {}^{14}_{7}N(\alpha,p){}^{17}_{8}O$$

若干年后，1930 年在用 α 粒子轰击铍(Be)或硼(B)时发现了一种穿透性更强的辐射．1932 年查德威克证实这种辐射实际上是中子，反应 5、7 和 8 是发现中子的相关反应．1930 年考克饶夫(J. D. Cockcroft，1897～1967，英国)和瓦尔顿(E. T. S. Walton，1903～1995，爱尔兰)发明高压倍加器，把质子加速到几百 keV 实现了反应 3，这是第一个实验室中用加速器产生的射弹轰击靶产生的核转变反应．反应 1、2 和 7 是用加速的质子和氘核通过核反应产生中子，这些至今仍是常用的产生中子源的反应．1934 年法国约里奥・居里夫妇用反应 10 第一个实现了产生人工放射性核素的反应．

1. 反应能

核反应过程中必须遵守能量和动量守恒定律，在反应过程中释放出的能量 Q，称为反应能．因此反应能就是反应后的动能减去反应前的动能．核反应的方程也可以写成

$$A+a\longrightarrow B+b+Q \tag{5.5.2}$$

其中，$Q>0$ 的反应称为**放能反应**；$Q<0$ 的反应称为**吸能反应**.

设 E_A、E_a、E_B、E_b 分别为靶核、入射粒子、剩余核和出射粒子的动能，M_A、M_a、M_B 和 M_b 是相应粒子的静止原子质量. 假设反应前后的粒子都处于基态，我们可用原子质量来替代核的质量，这是因为电子总数不变而原子的结合能变化的影响很小，可以忽略不计. 根据能量守恒定律，有

$$E_A + M_A c^2 + E_a + M_a c^2 = E_B + M_B c^2 + E_b + M_b c^2$$

所以

$$M_A c^2 + M_a c^2 - M_B c^2 - M_b c^2 = E_B + E_b - E_A - E_a$$

于是根据定义：

$$Q = E_B + E_b - E_A - E_a$$

一般情况下，靶核都是静止的，即 $E_A=0$，所以上式可写成

$$Q = E_B + E_b - E_a \tag{5.5.3}$$

同样，反应能也等于反应前后静止能的减少，即

$$Q = (M_A + M_a - M_B - M_b)c^2 \tag{5.5.4}$$

Q 既可以通过实验测量反应前后各粒子的动能求得，也可以由已知的各粒子的原子质量算出.

2. Q 方程

由于剩余核的动能 E_B 一般较小，且有时它还不能穿出靶物质，因此根本无法测定. 这样我们就需要综合利用动量守恒定律和能量守恒定律来求 Q.

用 $\boldsymbol{p}_a$、$\boldsymbol{p}_B$ 和 $\boldsymbol{p}_b$ 分别表示粒子的动量，由动量守恒定律

$$\boldsymbol{p}_a = \boldsymbol{p}_b + \boldsymbol{p}_B$$

设 θ 表示出射粒子方向与入射粒子方向的夹角，如图 5.5.1 所示，得

$$p_B^2 = p_a^2 + p_b^2 - 2p_a \cdot p_b \cos\theta$$

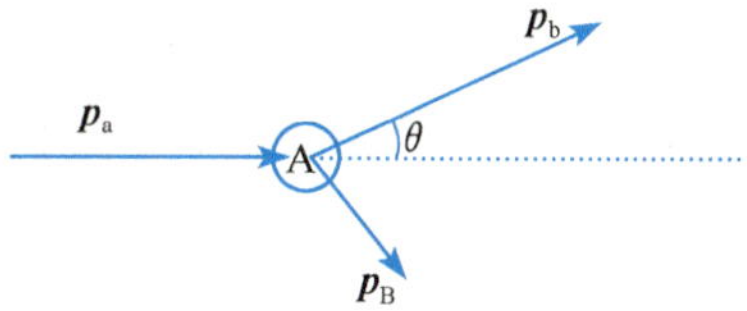

图 5.5.1 核反应中粒子的动量

在动能 $E \ll mc^2$ 的条件下，m 是粒子的质量，可以用 $p^2=2mE$ 的关系，代入上式，再用式(5.5.3)消去 E_B 就可得

$$Q = E_b\left(1+\frac{m_b}{m_B}\right) - E_a\left(1-\frac{m_a}{m_B}\right) - \frac{2(m_a m_b E_a E_b)^{1/2}\cos\theta}{m_B} \tag{5.5.5}$$

一般计算 Q 时，可以把式中的质量之比改写为质量数之比.

3. 反应阈能

对于吸能反应，$Q<0$，只有当入射粒子的动能大于一定数值时反应才可能发生. 入射粒子的动能除了要提供体系所要吸收的反应能以外，还要提供反应产物必要的动能以保证动量守恒. 为了能够引起核反应，入射粒子所需的最低能量，称为该反应的**阈能**，用 E_{th} 表示.

由式(5.5.5)，可计算 E_b，即

$$(E_b)^{1/2}=\frac{(m_a m_b E_a)^{1/2}\cos\theta\pm\sqrt{m_a m_b E_a\cos^2\theta+(m_B+m_b)[(m_B-m_a)E_a+m_B Q]}}{m_B+m_b}$$

物理上有意义的反应过程 E_b 必定是大于零的实数. 对于放能反应 $Q>0$，只要 $m_B>m_a$，那对 E_a 及 θ 的任何值，E_b 都能满足这个条件. 但对于吸能反应 $Q<0$，入射 E_a 至少要大于一定的数值才能使上式的解为实数，即

$$E_a>\frac{-(m_B+m_b)Q}{m_B+m_b-m_a+m_a m_b(\cos^2\theta-1)/m_B}$$

在 θ 为零时，E_a 有最小值，这就是吸能反应的阈能

$$E_{th}=\frac{-(m_B+m_b)Q}{m_B+m_b-m_a}\tag{5.5.6}$$

在阈能的公式中分子和分母都出现核质量，这时可以用质量数 A 来代替这些相应核的质量，为计算方便而引起的误差小于 0.001. 由于 Q 相对于核的质量要小得多，故可以写成

$$E_{th}=\frac{-(A_B+A_b)Q}{A_B+A_b-A_a}\quad\text{或}\quad\frac{-(A_A+A_a)}{A_A}Q$$

4. 反应截面

在讨论 α 粒子的卢瑟福散射时，我们已引入过截面的概念. 设一个厚度为 t 的薄靶，单位体积内的靶原子核数为 N，打在靶上的入射粒子数目为 n，与靶核发生反应的粒子数 n' 应与入射粒子数和靶核的数目成正比，单位面积内的靶核的数目为 Nt，即

$$n'\propto nNt$$

令这个比例系数为 σ，则

$$n'=\sigma nNt$$

因此

$$\sigma=\frac{n'}{nNt}=\frac{\text{发生的反应数(或出射粒子数)}}{\text{入射粒子数}\times\text{单位面积的靶核数}}\tag{5.5.7}$$

其中,σ 称为**反应截面**,表示一个入射粒子与一个靶原子核发生反应的概率. 就如每个靶核占有一个有效面积 σ,如果入射粒子打在 σ 内就一定发生反应.

在推导上式时,实际上已引用了薄靶的概念,即认为入射粒子通过靶时它的能量基本不变,在靶内不同深度处穿过的入射粒子数都相同. σ 有面积的量纲,它的数量级应和原子核的几何面积相近. 截面的单位是靶恩(b):$1b=10^{-24}cm^2$.

对于一定的入射粒子和靶核,往往有若干个反应道. 如果 n' 是发生的各种反应的总数,则相应的截面称为核反应的**总截面**. 如果 n' 是发生的某一种反应的数目,则相应的截面称为**分截面**.

例 5.5.1

用 10MeV 的氘核轰击溴化钠(NaBr)靶,入射束流为 2 μA,靶的厚度为 $3.0mg/cm^2$. 经过 10min 的轰击,由 $^{23}Na(d,p)^{24}Na$ 反应产生的 ^{24}Na 的活度是 5.08×10^5 Bq. 试计算这种反应的截面. (^{24}Na 具有 β^- 放射性,半衰期为 15h)

解 由 ^{24}Na 的活度可以计算出反应所产生的 ^{24}Na 核的数目 n'.

^{24}Na 的衰变常数

$$\lambda = 0.693/T_{1/2} = 1.283\times10^{-5}s^{-1}$$

活度

$$A=\lambda n',\quad n'=5.08\times10^5/1.28\times10^{-5}=3.96\times10^{10}$$

入射的氘核数

$$n=\frac{2\times10^{-6}\times600}{1.6\times10^{-19}}=7.5\times10^{15}$$

单位面积内的靶核数

$$Nt=\frac{3\times10^{-3}g/cm^2}{102.9g/mol}\times6.023\times10^{23}=1.76\times10^{19}$$

$$\sigma=\frac{n'}{nNt}=\frac{3.96\times10^{10}}{7.5\times10^{15}\times1.76\times10^{19}}=0.3\times10^{-24}(cm^2)=0.3(b)$$

实际上氘轰击 Na 时还会发生 $^{23}Na(d,n)^{24}Mg$ 和 $^{23}Na(d,\alpha)^{21}Ne$ 反应. 所以我们只是计算了 $^{23}Na(d,p)^{24}Na$ 反应的分截面.

核反应截面是十分重要的核数据. 理论上计算反应截面就要对核反应的机制有清楚全面的了解. 但正如核结构一样,至今仍没有一个完整的理论,所以只能用一些唯象的方法,根据实验事实推测反应机制,建立核反应模型. 常用的模型有光学模型、复合核模型等. 核反应现象十分丰富,特别是近年来发展起来的重离子核反应和利用放射性核束流的核反应,观察到了更为丰富的新的实验现象. 通过对它们的研究,以及更加严格地检验已建立的核结构和核反应的模型理论,可以深化人们对核力与原子核内部运动规律的认识.

5.5.2 原子核的裂变

1. 核裂变的发现

1932 年发现中子以后，人们马上想到，由于中子不带电荷，它与靶核作用不受库仑势垒的阻挡，因此能量很低的中子就可能和核作用引起核反应. 用中子束辐射重元素以寻找元素周期表中更重的新元素的工作引发了科学家很大的热情. 1934 年意大利物理学家费米用慢中子辐射天然铀，产生了许多种放射性核素，大多具有 β^- 放射性. 许多研究者把这些核素和超铀元素联系起来，认为发现了多种超铀元素. 有的认为是产生了镭（^{231}Ra）和它的 β^- 衰变产物锕（^{231}Ac）. 基于对中子辐射实验产生的放射性核素的各种方法的分析，在 1939 年，哈恩（O. Hahn，1879～1968，德国）和斯特拉斯曼（F. Strassmann，1902～1980，德国）宣布这种所谓的“镭”是一个钡同位素，而曾经被认为是“锕”的核素是镧的一种放射性同位素. 这个结论在当时是很难接受的. 铀的原子序数 $Z=92$，而钡的原子序数是 56，镧的为 57，为什么中子轰击铀的产物会出现中等质量的原子核呢？迈特纳（L. Meitner，1878～1968，奥地利）和弗里施（O. R. Frisch，1904～1979，英国）首先提出：这是中子诱发的原子核裂变. 一个重核分裂为两个（或多个）质量相近的原子核的过程，称为裂变. 这是一种新的反应.

裂变现象及其机制的研究是原子核物理的一个重要方面，裂变所释放的大量能量为人类提供了一个重要能源，目前世界上的核能源约占总能源的 17%. 这里仅简单介绍裂变的一些实验现象.

2. 自发裂变和诱发裂变

1）自发裂变

自发裂变是原子核在没有外来粒子轰击的情形下发生的核裂变. 由原子核结合能的讨论可知，中等质量的核的结合能比重核的要大，因此裂变中会有能量放出. 但实验发现，只有很重的核才能发生自发裂变，由此可见，有能量放出只是原子核自发裂变的必要条件. 很重的原子核大多具有 α 放射性，重核衰变时 α 衰变和自发裂变是两种互相竞争的衰变方式. 对于^{235}U，它的 α 衰变半衰期为 7.8×10^8 a，而自发裂变的半衰期为 3.5×10^{17} a，自发裂变比起 α 衰变可以忽略. $^{254}_{98}$Cf 自发裂变的半衰期为 60.5d，自发裂变的分支比是 99.7%，裂变是其主要的衰变方式.

2）诱发裂变

在外来粒子的轰击下重原子核发生的裂变，称为诱发裂变. 入射粒子进入靶核，组成复合核，除了带入的动能外还要释放结合能，因而使形成的复合核处于激发态. 和

α衰变的势垒穿透类似，原子核裂变也要穿透一个势垒. 中等质量的原子核的裂变势垒很高，例如，^{173}Lu的势垒高度约为28MeV. 而重核的势垒就比较低，对^{236}U和^{239}U的裂变，势垒高度分别为5.9MeV和6.2MeV. 激发能和裂变势垒高度的差值决定了裂变概率的大小. 如果激发能超过裂变势垒的高度，那裂变概率就显著地增大.

中子和其他粒子如p、d、α和γ都能诱发核裂变. 在诱发裂变中，中子诱发的裂变最重要，也研究得最多. 由于中子和靶核的作用没有库仑势垒，能量很低的中子，例如，热中子(其能量相当于温度300K的粒子动能，约0.03eV)就可以进入核内，使核激发而发生裂变.

诱发裂变概率的大小用裂变截面σ_f来表示. 裂变截面代表单位面积有一个靶核时入射一个粒子发生核裂变的概率. 图5.5.2给出^{235}U和^{238}U的σ_f随中子入射能量的关系. ^{235}U、^{233}U、^{239}Pu等都有很大的热中子裂变截面. 这些核燃料中只有^{235}U在自然界中天然存在，丰度为0.7%. 天然铀中主要是^{238}U，其丰度是99.3%. ^{238}U、^{234}U、^{232}Th只有在入射中子能量增高到一定数值时，才发生裂变，这样的裂变称为**阈裂变**. 中子能量在裂变阈以下，裂变截面很小；在裂变阈附近裂变截面迅速增大.

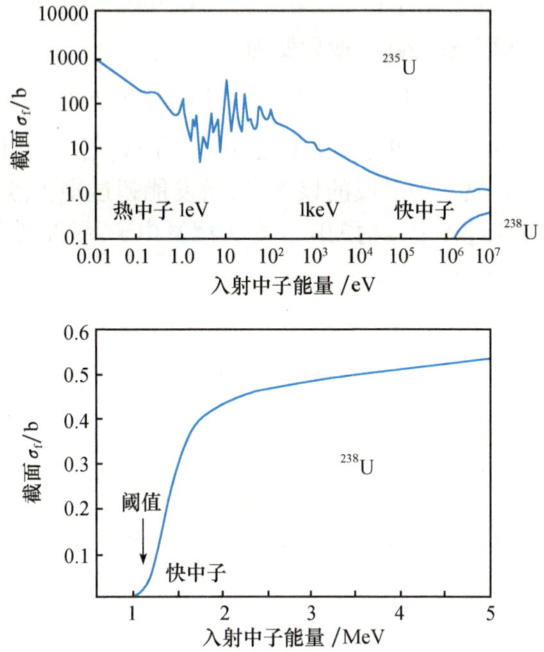

图5.5.2 ^{235}U和^{238}U裂变截面和能量的关系

3. 裂变产物和裂变能量

原子核裂变成两个中等质量的裂变碎片后，在库仑斥力作用下，分离飞开的碎片具有很大的动能. 两个碎片的总动能占裂变释放能量的绝大部分，约 80%. 裂变碎片又有较高的激发能，是很不稳定的原子核，这些碎片都是丰中子核. 具有高激发能的碎片会放出 1～3 个中子，中子动能约为 5MeV. 放出中子后，初级裂变产物的激发能降到小于 8MeV 不足以发射核子，这时它们还会以γ跃迁方式退激发. 一般地，发射中子和γ射线的过程分别在裂变后小于 10^{-15}s 和 10^{-11}s 的短时间内完成. 这些中子和γ射线分别称为瞬时裂变中子和裂变γ射线. 例如

$$n + {}^{235}U \longrightarrow {}^{144}Ba + {}^{89}Kr + 3n$$

$$n + {}^{235}U \longrightarrow {}^{139}Xe + {}^{95}Sr + 2n$$

其中，产物^{144}Ba、^{89}K、^{139}Xe 和^{95}Sr 皆为丰中子的核素，经过β衰变或多次β衰变链，最后转变为稳定的核素. 例如

$$ {}^{139}_{54}Xe \xrightarrow{\beta^-} {}^{139}_{55}Cs \xrightarrow{\beta^-} {}^{139}_{56}Ba \xrightarrow{\beta^-} {}^{139}_{57}La \qquad (5.5.8)$$

$$ {}^{95}_{38}Sr \xrightarrow{\beta^-} {}^{95}_{39}Y \xrightarrow{\beta^-} {}^{95}_{40}Zr \xrightarrow{\beta^-} {}^{95}_{41}Nb \xrightarrow{\beta^-} {}^{95}_{42}Mo \qquad (5.5.9)$$

其中，${}^{139}_{57}$La、${}^{95}_{42}$Mo 为稳定核. 因此，最后变为

$$n + {}^{235}_{92}U \longrightarrow {}^{139}_{57}La + {}^{95}_{42}Mo + 2n + 7e \qquad (5.5.10)$$

β衰变半衰期一般是 10^{-2}s 或更长，比上述发射中子或γ射线的时间长得多. 在β衰变过程中，偶尔也有些衰变中形成的核素，其激发能超过中子激发能，又有可能发射中子. 这种在β衰变过程中发射的中子称为**缓发中子**. 缓发裂变中子的产量约占裂变中子总数的 1%.

例 5.5.2

试计算式(5.5.10)的反应能. 并估计 1kg 铀释放的能量相当于多少 TNT 的炸药.

解 在计算反应能时，用 U、La、Mo 的原子量代替核质量. 已知它们的质量分别为 235.043925u，138.90635u，94.905838u 和 1.008665u，计算可得质量亏损

$$\Delta M = 0.22307u$$

所以释放能量

$$Q = 0.22307 \times 931.494 = 207.78(\text{MeV})$$

因此，一个^{235}U 裂变释放能量 208MeV. 1kg 的^{235}U 如果全部裂变则释放能量

$$N_A/235 \times 208 \times 10^3 = 5.3 \times 10^{26}(\text{MeV})$$

1kg 化学炸药释放的能量：炸药的元素成分为碳、氢、氧和氮，化学反应放出的能量一般是 3～4eV(如$C+O_2 \longrightarrow CO_2+4.1eV$). 平均原子量设为 10，则释放的能量为

$$N_A/10\times4\times10^{-3}=2.4\times10^{20}(MeV)$$

即 1kg 的^{235}U相当于 2.2×10^3t TNT 炸药.

4. 链式反应和裂变反应堆

裂变物质，例如，^{235}U吸收一个慢中子后发生裂变，裂变中发射的中子又可以引起裂变物质发生新的裂变. 这样一个使裂变反应持续下去的反应过程称为**链式反应**. 产生链式反应的最基本条件是：当一个核吸收一个中子而发生裂变，而裂变释放的若干中子如能再与其他核碰撞，有的则可引起新的裂变，每次裂变又可产生若干中子. 如果中子的再生率不小于 1，则反应得以不断地进行下去. 如果中子再生率大于 1，则反应越来越剧烈，裂变的数目按指数增长，如果不控制就可能引起爆炸.

对纯^{235}U的体系，若其体积很小，裂变中子大部分逃出体外，链式反应将会因中子再生率低于 1 而不能实现. 能维持链式反应的最小体积称为**临界体积**，对于有反射层的^{235}U临界体积的球体半径约 2.4cm，相应的质量约 1kg. 核燃料的运输和储存的过程中都将使燃料体积小于临界体积. 裂变产生的中子会由于一些非裂变的核过程或几何尺寸而不能再引起裂变. 原子弹引爆时迅速将几块稍小于临界体积的核燃料同时挤到一起，这时将超过临界体积，随即就发生裂变链式反应的爆炸. 由此可见，要实现可控的链式反应以产生能量，需要一种适当的装置，这种装置称为**反应堆**，第一个反应堆是 1942 年由费米领导在芝加哥大学建成的.

反应堆除了作为能源外，还可以用来产生同位素，例如，^{239}Pu、超铀元素^{252}Cf或其他放射性核素等. 反应堆还能提供中子源和γ辐射源. 利用核反应堆产生的中子流和固体或液体样品的散射中，通过观察中子的弹性散射可以了解其结构，通过中子的非弹性散射可得到物质的动力学知识. 中子散射技术[在利用中子散射技术研究凝聚态物质的工作中做出先驱贡献的布罗克豪斯(B. N. Brockhouse，1918～2003，加拿大)和沙尔(C. G. Shull，1915～2001，美国)获 1994 年诺贝尔物理学奖]已被广泛应用于不同的领域，如新型陶瓷超导材料、高分子聚合物的弹性性质以及病毒的结构等研究项目. 核反应堆已是开展原子核理论、固体物理、辐射化学、辐射生物学研究的重要设备.

5.5.3 原子核的聚变

从原子核比结合能曲线看，轻元素的比结合能在^4He处有一个峰，^2H、^3H、^3He、^6Li及^7Li的比结合能都比它小. 因此，如果这些轻核聚合成^4He，则将放出大

量的能量. 这种核反应称为核聚变. 例如

$$d + d \longrightarrow {}_{2}^{3}He + n + 3.27MeV \quad (5.5.11)$$

$$d + d \longrightarrow {}_{1}^{1}H + t + 4.04MeV \quad (5.5.12)$$

$$d + t \longrightarrow {}_{2}^{4}He + n + 17.58MeV \quad (5.5.13)$$

$$d + {}_{2}^{3}He \longrightarrow {}_{2}^{4}He + {}_{1}^{1}H + 18.34MeV \quad (5.5.14)$$

都可用作聚变能源. 这四个过程可综合写成

$$6d \longrightarrow 2{}_{2}^{4}He + 2{}_{1}^{1}H + 2n + 43.23MeV$$

这相当于每克氘可产生 2.16×10^{24}MeV 或 10^{5}kW·h 的能量，比每克^{235}U 裂变产生的能量 2.3×10^{4}kW·h 要大得多. 一般来说，轻原子核聚变比重原子核裂变具有更大的质量-能量效率.

在自然界中氘和氢的含量比是 1∶6000. 由于海水中含有丰富的氘，所以聚变的氘燃料是非常充裕的. 在上面四个反应中 d-t 反应能释放大量能量，但氚并不存在于自然界，必须人工产生. 元素锂在地球上有相当的丰度，可通过锂的增殖反应产生氚

$${}_{3}^{6}Li + n \longrightarrow {}_{2}^{4}He + t + 4.8MeV$$

有人估计，如果全部电力都由聚变反应堆提供，氘的储量可维持百万年. 地壳中的锂可维持千年. 人工可能利用的轻核聚变反应主要是氘-氘和氘-氚两类. 与裂变反应相比，聚变反应基本上没有放射性产物，相对较安全. 在宇宙中能量的主要来源就是原子核的聚变，太阳和宇宙中的其他恒星能长时间发光、发热主要是轻核聚变的结果. 所以聚变能是非常吸引人的能源，但是它的实现也是很艰巨和困难的，最重要的是要解决等离子的约束问题.

1) 高温等离子体

以 d-t 反应为例，它们是氘和氚的原子核或是它们的离子. 由离子组成的气体称为等离子体. 参与聚变反应的离子都是带正电的，相互间有静电斥力. 要能发生聚变反应，入射原子核必须有足够高的动能来克服排斥力，使两个核的距离小于 10fm 而发生反应. 入射核有大的动能也就意味着要有高的温度才能产生和维持聚变反应. 计算表明，氘-氘聚变约为 4×10^{8}K，氘-氚聚变约为$(1\sim1.5)\times10^{8}$K 的温度时，才能有足够的能量克服库仑斥力，以实现聚变反应，这也是称之为热核反应的原因.

宇宙中的星体、星河中的物质大部分是高度电离的，处于等离子体状态. 在实验室人工条件下，如气体放电、电弧等，也能实现等离子体. 把等离子体加热到 10keV 是实现聚变能的基本条件之一. 主要加热手段有欧姆加热、高能中性粒子束注入加热和射频电磁波的共振吸收加热等方法.

2) 等离子体的约束

假如我们能在真空室中将氢气加热到所需温度，在这样的高温条件下，原子是

完全电离的. 这些离子和电子都以很快的速度运动着,如果能防止它们和室壁接触(与器壁的碰撞会由于传导而损失大量的能量),就有可能形成自持的核聚变链. 所以主要问题是将等离子体在足够长的时间内维持住而不和器壁接触,这就是能在一定的时间内约束等离子体. 在星体中,当热核反应减慢时,恒星的巨大质量产生引力收缩,就足以使温度及压力再升高而使反应率升高,例如,太阳的中心,温度能维持在 1.5×10^7 K 的等离子体状态. 这种约束称为**引力约束**.

在实验室中约束的方法主要有两种:惯性约束和磁约束. 磁约束装置的原理是,由于等离子体是导电体,利用磁场和等离子体的相互作用来控制,使它约束在一定的区域内. 目前最普遍、最有希望的磁约束装置是基于环形磁场的环流器(或称为**托卡马克**). 中国科学院等离子体物理研究所 EAST 全超导托卡马克装置已建成. 欧盟委员会已开始实施"国际热核聚变实验堆"(International Thermonuclear Experimental Reactor,ITER)的建造,其目标是要建造一个可自持燃烧的托卡马克聚变实验堆,验证聚变反应堆的工程可行性,聚变输出功率可达 500~700MW,Q(输出与输入功率之比)为 5~10,计划将于 2035 年全面投入运营.

惯性约束是利用强激光束或电子束或离子束从各方向同时照射到一个尺寸极小的聚变材料组成的小靶上,使物质在极短时间内达到高温、高密度状态. 惯性约束的本质就是利用等离子体由于惯性还来不及迅速飞散的这段时间,发生足够多的聚变反应.

由以上讨论可以看出,要能利用核聚变能,必须解决三个主要问题:①找到将等离子体温度加热的方法;②能控制及隔绝等离子体一定的时间;③建立聚变反应器,将聚变能直接而且经济地转换为电能.

5.6 粒子的基本性质和分类

1932 年查德威克发现了中子,人们认为物质的基本构成就是:质子、中子、电子和光子. 然后,在 1932 年发现了正电子以后,在宇宙线的研究中又发现了新粒子:μ子、π 介子和一些奇异粒子. 20 世纪 50 年代后粒子加速器可以将电子、质子加速到几百 MeV 或更高的能量,在加速的质子轰击靶的实验中发现了更多的新粒子——一些短寿命的核子共振态(如 Δ 粒子)、介子激发态以及各种反粒子(如反质子、$\bar{p}$). 至今各种粒子的数目已有四百多种,远超过化学元素的数目. 于是产生了研究这些粒子的性质、相互作用和内部结构的学科——粒子物理.

这些粒子的尺度很小,如质子的电荷分布半径为 0.87fm,要探索粒子的内部结构就需要波长很短的"显微镜". 动量为 p 的粒子的德布罗意波长 $\lambda=h/p$,要能分辨 0.1fm 则要用动量约为 2GeV/c 的高能粒子作探针. 除了光子、电子和质子以外绝大多数粒子都是不稳定粒子,要研究它们首先要产生它们. 根据爱因斯坦的质

能关系 $E=mc^2$，如要产生质量为 91GeV 的 Z^0 中间玻色子，两粒子对撞时质心系的能量要达到 $E_c\geqslant 91\text{GeV}$ 才有可能.

宇宙线是天然的高能粒子源，但在地面的实验只能测量到各种高能反应的次级粒子，实验受到一定的限制. 高能加速器能提供高能质子束或电子束，通过它们互相对撞（e -ē 对撞，e -p 对撞，p -p 对撞）或用高能粒子轰击靶来进行粒子物理实验研究. 目前世界上最高能量的加速器是美国费米实验室的质子-反质子对撞机（TEVATRON），直径为 2.2km，质心能为 2TeV（$1\text{TeV}=10^{12}\text{eV}$）. 已于 2008 年建成并启动的欧洲粒子物理中心的“大型强子对撞机”（LHC），加速器周长 27km，质心能 14TeV. 为了能精密测量一些物理参数和粒子特性，需要高亮度（即单位时间单位面积有很大的粒子数）加速器，如日本的 KEKB 加速器，质心能是 10.6GeV，亮度为 $1.6\times10^{34}\text{cm}^{-2}\cdot\text{s}^{-1}$，称为 B 介子工厂. 我国已建成的北京正负电子对撞机（BEPCⅡ），质心能在 3～5GeV，最大亮度为 $1\times10^{33}\text{cm}^{-2}\cdot\text{s}^{-1}$.

进行粒子物理实验，除了需要高能加速器提供高能粒子束流外，还需要各种粒子探测仪器测量作用前后的初末态粒子的类型、数目、出射角度、动量、能量等. 粒子物理的实验装置要根据实验的目标选用探测器，一般对撞机谱仪包括：超导磁铁提供轴向的均匀磁场；径迹室测量带电粒子的动量（由粒子在磁场中径迹的曲率半径确定粒子动量）和能量沉积；飞行时间谱仪测量粒子的速度；电磁和强子量能器测量电子、光子和强子的能量；μ计数器识别μ子等.

5.6.1 粒子的基本性质

每一种粒子都有一些区别于其他粒子的物理性质，下面介绍一些主要的物理量.

1. 质量

测定粒子质量是分辨粒子的一种基本方法. 自由粒子的静止质量和它的能量及动量有如下关系：

$$m_0^2c^4=E^2-p^2c^2 \tag{5.6.1}$$

其中，m_0 为粒子的静止质量；E 为粒子的总能量；p 为粒子的动量；c 为真空中的光速. 在粒子物理中，常用粒子的静止能表示粒子的质量. 各种粒子的质量分布在非常宽的范围内，例如，光子的质量为零，电子的质量为 0.511MeV，而中间玻色子 Z^0 的质量为 91.2GeV.

对于稳定粒子及寿命大于 10^{-8}s 的粒子，可由测量动量及速度等方法来确定粒子的质量. 对于寿命小于 10^{-10}s 的粒子，可由粒子的衰变产物的动量（$\boldsymbol{p}_i$）和能量（E_i）重建其质量 m_0 如下：

$$m_0^2c^4 = \left(\sum E_i\right)^2 - c^2\left(\sum \boldsymbol{p}_i\right)^2 \quad (5.6.2)$$

例如，1974年丁肇中实验组发现的J粒子，就是通过测量它的衰变产物来得到它的质量的. 利用衰变道$J/\Psi \longrightarrow e^+ + e^-$，实验中要用探测设备确认衰变的终态粒子是电子，并测量两个电子的动量和出射方向等，于是由下面的关系式求得J粒子的质量(图5.6.1)：

$$m_J^2c^4 = m_{e1}^2 + m_{e2}^2 + 2(E_1E_2 - \boldsymbol{p}_1 \cdot \boldsymbol{p}_2)$$

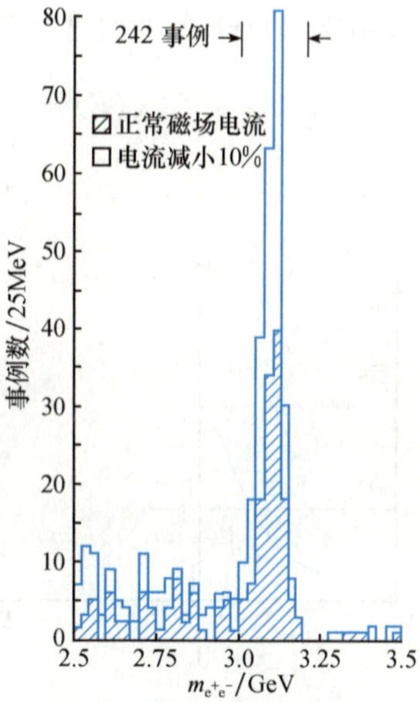

图5.6.1 J/Ψ粒子的质量谱

2. 寿命和质量宽度

已知的绝大多数粒子是不稳定的，粒子在衰变前的平均存在时间称为平均寿命τ. 粒子的衰变实际上是通过某种相互作用转化为质量更小的粒子. 每个衰变过程可能是通过强相互作用、电磁相互作用或弱相互作用进行的. 由强相互作用发生衰变的粒子的寿命最短，强子中有一大批寿命极短(小于10^{-20}s)的共振态粒子. 各粒子的寿命有很大差别，例如

$$\Delta^{++} \xrightarrow{\text{强作用}} p + \pi^+, \qquad \Gamma \approx 120\text{MeV}, \quad \tau = 5\times10^{-24}\text{s}$$

$$\pi^0 \xrightarrow{\text{电磁作用}} \gamma + \gamma, \qquad \tau = 8.4\times10^{-17}\text{s}$$

$$\Lambda^0 \xrightarrow{\text{弱作用}} p + \pi^-, \qquad \tau = 2.63\times10^{-10}\text{s}$$

$$n \xrightarrow{\text{弱作用}} p + e + \bar{\nu}_e, \qquad \tau = 886\text{s}$$

至今，实验上还未观察到衰变行为的只有电子、质子、光子和中微子及它们的反粒子. 在粒子物理理论中，将不能通过强相互作用衰变的粒子称为“稳定粒子”.

类似于前面关于核素的衰变的讨论，已知对平均寿命为τ的粒子，设在$t=0$时刻的粒子数为N_0，则在t时刻的粒子数$N(t)$为

$$N(t) = N_0 e^{-t/\tau} \quad (5.6.3)$$

若将不稳定粒子的波函数写为

$$\Psi(x,t) = \Psi(x,0)e^{-\Gamma t/(2\hbar)}e^{-iE_0t/\hbar} = \Psi(x,0)e^{-i(E_0 - i\Gamma/2)t/\hbar} \quad (5.6.4)$$

则粒子在t时刻的概率密度为

$$\Psi^*(x,t)\Psi(x,t) = \Psi^*(x,0)\Psi(x,0)e^{-\Gamma t/\hbar}$$

和式(5.6.3)对比就可以得到$\tau\Gamma = \hbar$，Γ相应于粒子的质量宽度. 如果我们对粒子

波函数作 $t \to E$ 间的傅里叶变换转到能量空间，则有

$$g(E) = \frac{1}{\sqrt{2\pi\hbar}} \int_0^\infty \Psi(x,0) e^{-i\left(E_0 - i\frac{\Gamma}{2}\right)t/\hbar} e^{iEt/\hbar} dt$$
$$= \frac{\Psi(x,0)}{\sqrt{2\pi\hbar}} \frac{i}{(E-E_0) + i(\Gamma/2)}$$

利用归一化条件，可以得到粒子处在能量 E 附近的概率密度 $P(E)$，则得

$$P(E) = \frac{\Gamma/(2\pi)}{(E-E_0)^2 + (\Gamma/2)^2} \quad (5.6.5)$$

这就是布雷特-维格纳（Briet-Wigner）公式. $P(E)$ 随 E 的变化见图 5.6.2，其中，E_0 对应粒子的质量能 $E_0 = m_0 c^2$. 曲线的半高宽(FWHM) Γ 对应粒子的质量宽度. 对于一些寿命很短的粒子，只能测量它的质量宽度，例如，ρ(770)介子的质量为(775.8±0.5)MeV/c^2，质量宽度为(150.3±1.6)MeV/c^2.

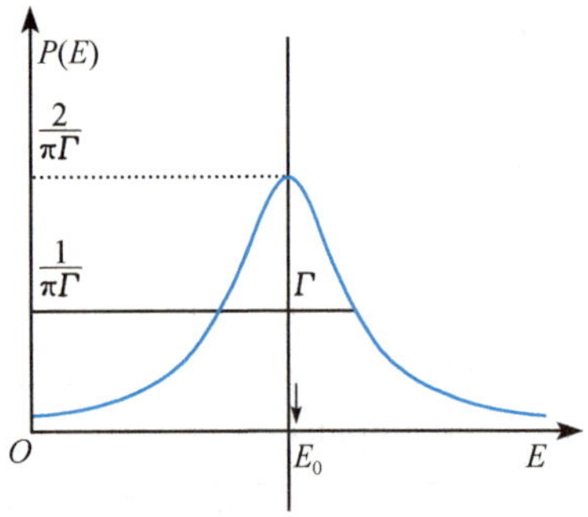

图 5.6.2　布雷特-维格纳共振曲线

3. 电荷

粒子所带的电荷都是电子电荷绝对值的整数倍，现在已发现的粒子的电荷最大值为电子电荷的 2 倍.

4. 自旋

自旋是粒子的固有角动量，它的大小是粒子的固有属性. 粒子的自旋量子数 J 的值只能是整数或半整数. 例如，光子的自旋为 1，π 介子的自旋为 0，Δ 重子的自旋为 3/2.

5. 同位旋

在核物理中，我们知道核力与电荷无关，即质子和中子参与强相互作用时它们的相互作用行为基本相同. 因此引入了同位旋的概念，认为核子的同位旋为 1/2，质子与中子只是同位旋第三分量（同位旋矢量在特定方向上的投影）I_3 不同，分别为 +1/2 和 −1/2的核子. 在粒子物理中，有些粒子的许多特性都一样，质量也非常接近，在强相互作用过程中的行为也基本相同，只是它们的电荷态不同，可以把它们视作同一种粒子，是同位旋的多重态. 同位旋为 $\boldsymbol{I}$ 的多重数为 $2I+1$，即它们相应有 $2I+1$ 个粒子，例如，π^+、π^0、π^-，它们是同位旋为 1 的粒子，它们的差别只是同位旋第三分量 I_3 为 +1、0 和 −1. 在强相互作用过程中同位旋是一个守恒量.

6. 内禀宇称

宇称是描述粒子运动状态的空间波函数在空间反射下对称性性质的表述. 粒子内部波函数在空间反射下的对称性即为内禀宇称，是粒子的固有特性. 可以证明，只有纯中性粒子(即相加量子数都为0的粒子)具有确定的内禀宇称，例如，γ光子，由电磁场理论可以推出它的宇称为负(或为奇)，π^0 的宇称也为负. 对于相加性量子数(如电荷数、重子数等)不为零的粒子，它的内禀宇称只有相对意义，一般对这些粒子作如下规定：

(1) 核子(中子和质子)的宇称为正.

(2) 一组同位旋多重态成员的宇称相同，如 π^+、π^0、π^- 的宇称都是负.

(3) 对于奇异粒子，规定K介子的宇称为负，Λ的宇称为正.

由量子场论可以证明，正反费米子的宇称相反，正反玻色子的宇称相同. 基于上面的规定和守恒律，可以通过实验确定各种粒子的宇称.

在粒子数据表中，对粒子的自旋和宇称以 J^P 的形式表示，例如，γ光子的 $J^P=1^-$、π介子 $J^P=0^-$. 对于具有整数自旋的粒子，根据它的自旋和宇称，常形象地称 $J^P=0^+$ 的粒子为标量粒子，0^- 的为赝标量粒子，1^- 的为矢量粒子，1^+ 的为赝矢量粒子(或轴矢量粒子)，自旋为2的粒子为张量粒子.

5.6.2 粒子的分类

根据粒子的性质，即质量、自旋和参与相互作用的情况等，可有不同的分类方法. 例如，按照自旋可将粒子分为**费米子**(具有半整数自旋的粒子)和**玻色子**(具有整数自旋的粒子)两类. 按照粒子参与相互作用的性质，可把粒子分为三大类：轻子、强子和规范玻色子.

1. 轻子

不参与强相互作用的费米子称为**轻子**(lepton). 由于人们最早认识的轻子是电子和中微子，它们的质量都很小，故称它们为轻子. 轻子都参与弱相互作用，带电轻子参与电磁相互作用. 现有的理论和实验证据认为它们是无内部结构的“类点粒子”. 实验上已发现的轻子有：电子、μ子、τ子、电子中微子ν_e、μ中微子ν_μ和τ中微子ν_τ6种，连同它们的反粒子共有12种.

1) 三种带电轻子

电子是人们最早认识的带电轻子，质量为 $0.511\text{MeV}/c^2$，自旋为1/2，是原子的基本组成部分，参与电磁相互作用；也是原子核β衰变的产物，参与弱相互作用；不参与强相互作用. 电子是最轻的带电轻子，实验给出它的平均寿命大于 4.6×10^{26}a.

1936 年，安德森(C. D. Anderson，1905～1991，美国)和尼德迈耶(S. H. Neddermeyer)等在云室的宇宙线径迹中发现了一种新粒子. 根据它在磁场中的偏转和在气体中的电离损失，可以测得它的质量是电子的 207 倍，介于质子和电子之间，当时，以为它就是汤川所预言的传递核作用力的介子，称它为μ介子. 但进一步观测它和原子核的作用，发现它并不参与强相互作用. μ子带有和电子一样的电荷，自旋 1/2，在相互作用的性质上和电子一样，只参与电磁作用和弱相互作用，不过它的质量为 $105.66\mathrm{MeV}/c^2$，要比电子重得多，可以认为它是一种“重电子”. 它可以通过弱相互作用衰变到比它轻的电子，寿命是 2.2 μs. 衰变的过程可表示为

$$\begin{aligned}&\mu^- \longrightarrow e^- + \bar{\nu}_e + \nu_\mu\\&\mu^+ \longrightarrow e^+ + \nu_e + \bar{\nu}_\mu\end{aligned} \tag{5.6.6}$$

1975 年，在美国斯坦福实验室的正负电子对撞实验中，佩尔(M. L. Perl，1927～2014，美国)发现了τ子和反τ子(佩尔因此工作获 1995 年诺贝尔物理学奖). 它的质量为 $1777\ \mathrm{MeV}/c^2$，差不多是质子的两倍，自旋为 1/2，不参与强相互作用，具有和电子及μ子相似的特性. τ子不仅可以衰变为电子和μ子，它还可以衰变为质量比它轻的介子，寿命为 2.9×10^{-13} s. 典型的衰变过程有

$$\begin{aligned}&\tau^- \longrightarrow \mu^- + \bar{\nu}_\mu + \nu_\tau\\&\tau^- \longrightarrow \pi^- + \nu_\tau\\&\tau^- \longrightarrow \pi^- + \pi^0 + \nu_\tau\end{aligned} \tag{5.6.7}$$

2) 三种中微子

在原子核β衰变中已讨论了电子中微子. 在π介子的衰变过程 $\pi^+ \longrightarrow \mu^+ + \nu_\mu$ 中会产生μ子和中微子，这种中微子称为μ中微子. 它和电子中微子有什么不同？它们的质量都为 0，不带电荷，自旋为 1/2. 那如何识别它们？它们和物质的相互作用是否相同？中微子和物质的相互作用很弱，在物质中的平均自由程非常长，因此要识别它们非常困难. 1961 年莱德曼(L. M. Lederman，1922～2018，美国)、施泰因贝格尔(J. Steinberger，1921～2020，美国)和施瓦茨(M. Schwartz，1932～2006，美国)实验组用质子来轰击铍靶，产生大量π介子，并利用π衰变产生的中微子流(共积累了 10^{14} 个中微子)轰击由钢板与火花室组成的探测装置，观测到了 29 条μ子的径迹，而没有观测到电子的径迹. 他们的实验确认了μ中微子是和电子中微子不同的粒子，它们属于不同的族，或者说它们有不同的“代”. 可以把电子等与它们相应的中微子归成如下三个组：

$$\begin{pmatrix}\nu_e\\ e\end{pmatrix},\quad \begin{pmatrix}\nu_\mu\\ \mu\end{pmatrix},\quad \begin{pmatrix}\nu_\tau\\ \tau\end{pmatrix}$$

括弧内上、下的轻子属于同一代.

为区别不同"代"的中微子，定义"代"轻子数：L_e、L_μ、L_τ. 电子和电子中微子ν_e属于电子类轻子，电子和ν_e的轻子数L_e为+1；反电子和$\bar{\nu}_e$的轻子数L_e为−1；其余轻子的L_e为0. 对于μ子和τ子有相似的定义. 任何反应过程必须遵守"代"轻子数守恒的规则，即反应前后

$$\sum L_e = \text{常数}, \quad \sum L_\mu = \text{常数}, \quad \sum L_\tau = \text{常数} \tag{5.6.8}$$

如过程

$$\begin{array}{ccccccc} & \mu^- & \longrightarrow & e^- & + \nu_\mu & + \bar{\nu}_e \\ L_\mu & +1 & & 0 & +1 & 0 \\ L_e & 0 & & +1 & 0 & -1 \end{array}$$

服从"代"轻子数守恒规则.

τ中微子. 由于τ子的寿命非常短，因此很难形成τ中微子束，2000年美国费米实验室的实验组宣称观察到了τ中微子的直接实验证据.

由以上讨论可知有三种带电轻子和相应的中微子，表5.6.1给出轻子的主要性质.

表 5.6.1　轻子表

粒子	符号	反粒子	静止质量/(MeV/c^2)	轻子数 L			寿命/s
				e轻子数 (L_e)	μ轻子数 (L_μ)	τ轻子数 (L_τ)	
电子	e^-	e^+	0.511	+1	0	0	稳定
中微子(电子)	ν_e	$\bar{\nu}_e$	0(<3eV)	+1	0	0	稳定
μ子	μ^-	μ^+	105.7	0	+1	0	2.2×10^{-6}
中微子(μ子)	ν_μ	$\bar{\nu}_\mu$	0(<0.19)	0	+1	0	稳定
τ子	τ^-	τ^+	1777	0	0	+1	2.91×10^{-13}
中微子(τ子)	ν_τ	$\bar{\nu}_\tau$	0(<18.2)	0	0	+1	稳定

是否还有更多的轻子呢？由欧洲粒子物理中心的大型正负电子对撞机实验对Z^0玻色子的衰变宽度的测量结果见图5.6.3，实验的数据点和中微子的代数$N_\nu=3$的曲线符合. 另外，宇宙中氢/氦的丰度比和宇宙学大爆炸模型中核合成过程都和中微子种类的数目有关. 如果中微子的代数多，则会使氦的丰度增加. 现在的测量值是26%，根据这推断出有三代中微子.

中微子是否有质量？至今的实验不能给出确定的值，大部分实验的结果都与

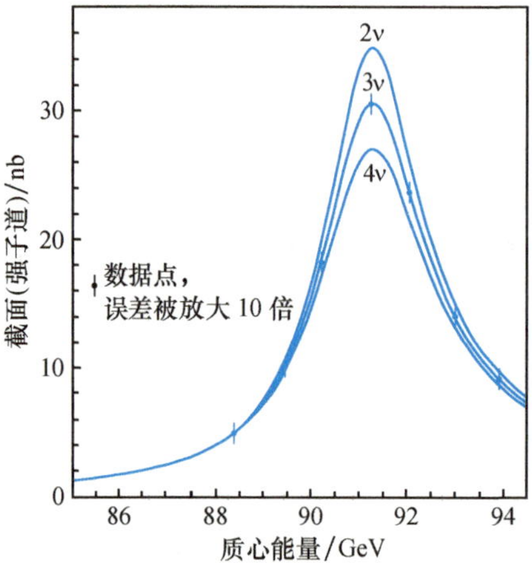

图 5.6.3　Z^0 玻色子衰变宽度的测量

质量～0 相符，每类中微子的质量比起它相应的带电轻子的质量都可忽略. 粒子探测装置在超新星 1987A 爆发时在测到γ光子的同时测到了中微子，小柴昌俊所领导的日本超级神冈（Super-Kamiokande）实验组在 15s 的时间内测到 10 个中微子，这些中微子的行程为 180000 光年，它们的能量至少有 3 倍之差，由这些可以估算中微子的静止质量 $m_{10}<50\text{eV}/c^2$. 近年来，几个大型实验利用镓元素作靶，测得的太阳中微子流都比标准太阳模型预言的少. 大气中微子主要由宇宙线粒子与大气分子碰撞产生 π 介子，再从 π 介子衰变而来，反应过程如下：

$$\pi^+ \longrightarrow \mu^+ + \nu_\mu, \quad \mu^+ \longrightarrow \bar{\nu}_\mu + e^+ + \nu_e$$

$$\pi^- \longrightarrow \mu^- + \bar{\nu}_\mu, \quad \mu^- \longrightarrow \nu_\mu + e^- + \bar{\nu}_e$$

由以上反应式，我们知道大气中μ中微子与电子中微子的比应是 2∶1，超级神冈实验测到的是 1.3∶1. 有理论提出，如果中微子的质量不为 0，且每种中微子的质量不同，那么由于有质量差，不同中微子的代之间可能有振荡，振荡的概率 P 为

$$P(\nu_e \rightarrow \nu_\mu) \propto \sin^2\left(\frac{\pi x}{L}\right), \quad L = \frac{2.5E_\nu(\text{MeV})}{(m_2^2 - m_1^2)(\text{eV}/c^2)^2}(\text{m})$$

其中，x 为中微子所走的距离；L 称为振荡长度；E_ν 为中微子的能量；$m_2^2 - m_1^2$ 是两种中微子的质量的平方差. 当 $x \sim L$ 时应能显著观察到振荡. 该实验组进一步测量μ中微子的流强随入射角的变化，结果是从天顶方向射来的μ中微子数目比从地球另一端射出的中微子数目多，实验推算得到的质量平方差 Δm^2 大约是 2.5×10^{-3} $(\text{eV}/c^2)^2$. 中微子是近年来粒子物理的一个热点. 一些利用反应堆群所产生的中微子或加速器产生的中微子束在 2～3 个站点设置探测器来精确测量中微子振荡的实验已在进行或正在筹备.

2. 强子

参与强相互作用的粒子统称**强子**（hadron）. 强子也参与弱相互作用和电磁相互作用. 强子按照它的自旋量子数可分为两类.

（1）自旋为半整数的强子称为**重子**或**反重子**，重子的重子数 $B=1$，质子是重子中质量最轻的. 所有的反应过程都必须遵守重子数守恒的规律，因此质子是一个

稳定粒子(目前实验给出的寿命下限>10^{32}年).

(2) 自旋为整数的强子称为介子,它们的重子数 $B=0$. 介子中质量最轻的是 π 介子.

在表 5.6.2 和表 5.6.3 中列出一些介子和重子的特性.

表 5.6.2 一些介子的特性

介子	同位旋	自旋,宇称	夸克组成	静止质量/(MeV/c^2)	奇异数(S)	粲数(C)	寿命/s	主要衰变模式
π^+ π^-	1	0^-	$d\bar{u}$ $\bar{d}u$	139.6	0	0	2.6×10^{-8}	$\mu^+\nu_\mu$ $\mu^-\bar{\nu}_\mu$
π^0	1	0^-	$u\bar{u}-d\bar{d}$	135.0	0	0	8.4×10^{-17}	2γ
K^-	1/2	0^-	$s\bar{u}$	493.7	−1	0	2.4×10^{-7}	$\mu^-\bar{\nu}_\mu,\pi^-\pi^0$
K^0	1/2	0^-	$\bar{s}d$	497.7	+1	0	—	—
η	0	0^-	$u\bar{u}+d\bar{d}$	548.8	0	0	5×10^{-19}	$2\gamma,3\pi$
ρ^+	1	1^-	$u\bar{d}$	775.8	0	0	4×10^{-24}	$\pi\pi$
ρ^0	1	1^-	$u\bar{u}-d\bar{d}$	775.8	0	0	4×10^{-24}	$\pi\pi$
ω	0	1^-	$u\bar{u}+d\bar{d}$	782.6	0	0	7.7×10^{-23}	$\pi^+\pi^-\pi^0$
ϕ	0	1^-	$s\bar{s}$	1019.5	0	0	1.5×10^{-22}	$K^+K^-,K^0\bar{K}^0$
D^+	1/2	0^-	$c\bar{d}$	1869.4	0	+1	1.0×10^{-12}	$K^+\cdots,e^+\cdots$
D^0	1/2	0^-	$c\bar{u}$	1864.6	0	+1	4.1×10^{-13}	—
J/Ψ	0	1^-	$c\bar{c}$	3096.9	0	0	7.2×10^{-21}	e+e−,μμ
B^-	1/2	0^-	$b\bar{u}$	5279	0	0	1.6×10^{-12}	D+⋯
B^0	1/2	0^-	$b\bar{d}$	5279	0	0	1.5×10^{-12}	$K^++\cdots$
Υ	0	1^-	$b\bar{b}$	9460.3	0	0	1.2×10^{-20}	ee,μμ

表 5.6.3 一些重子的特性

重子	电荷(e)	夸克组成	静止质量/(MeV/c^2)	自旋	同位旋	粲数(C)	奇异数(S)	寿命/s	衰变模式
p	+1	uud	938.3	1/2	1/2	0	0	稳定	—
n	0	ddu	939.6	1/2	1/2	0	0	885.7	$pe^-\bar{\nu}_e$
Λ	0	uds	1115.6	1/2	0	0	−1	2.6×10^{-10}	$p\pi^-,n\pi^0$
Σ^+	+1	uus	1189.4	1/2	1	0	−1	8×10^{-11}	$p\pi^0,n\pi^+$
Σ^0	0	uds	1192.6	1/2	1	0	−1	7×10^{-20}	$\Lambda^0\gamma$
Σ^-	−1	dds	1197.3	1/2	1	0	−1	1.5×10^{-10}	$n\pi^-$
Δ^{++}	+2	uuu	1232	3/2	3/2	0	0	6×10^{-24}	$p\pi^+$

续表

重子	电荷(e)	夸克组成	静止质量/(MeV/c^2)	自旋	同位旋	粲数(C)	奇异数(S)	寿命/s	衰变模式
Δ^+	+1	uud	1232	3/2	3/2	0	0	6×10^{-24}	$p\pi^0$
Δ^0	0	udd	1232	3/2	3/2	0	0	6×10^{-24}	$n\pi^0$
Δ^-	−1	ddd	1232	3/2	3/2	0	0	6×10^{-24}	$n\pi^-$
Ξ^0	0	uss	1315	1/2	1/2	0	−2	2.9×10^{-10}	$\Lambda\pi^0$
Ξ^-	−1	dss	1321	1/2	1/2	0	−2	1.64×10^{-10}	$\Lambda\pi^-$
Ω^-	−1	sss	1672	3/2	0	0	−3	8.2×10^{-11}	$\Xi^0\pi^-$，Λk^-
Λ_c^+	+1	udc	2281	1/2	0	+1	0	2×10^{-13}	$pK^-\pi^+$

1947 年在宇宙线研究中发现了一些质量～500MeV/c^2 的新粒子，这些粒子具有“奇异”的特性. 1953 年 3GeV 的质子同步加速器建成后，加速器实验中对这些粒子的特性才有了系统的研究. 它们具有两个特征.

(1) 奇异粒子是协同产生，非协同衰变. 它们产生时都是成对地出现的，例如，质子-质子反应产生

$$p+p\longrightarrow p+\Lambda+K^+ \tag{5.6.9}$$

然而在衰变时，奇异粒子可以单独地衰变为非奇异粒子. 如

$$K^+\longrightarrow \pi^++\pi^0,\quad \Lambda\longrightarrow p+\pi^- \tag{5.6.10}$$

(2) 奇异粒子是快产生，慢衰变. 实验上测得奇异粒子产生过程的截面在毫靶(mb)量级，属于强相互作用过程. 然而它们衰变的平均寿命在 $10^{-10}\sim10^{-8}$s，属于弱相互作用. 这些规律很奇特，因而称它们为**奇异粒子**. 为了解释这类现象，盖尔曼(M. Gell-Mann，1929～2019，美国)和西岛(K. Nishijima，1926～2006，日本)引入了一个新的整数量子数，即奇异数 S，来表征奇异粒子. 例如，Λ 的奇异数为−1. 在强相互作用和电磁相互作用过程中奇异数守恒. 在产生反应式(5.6.9)中，反应前系统的奇异数为 0，反应产生粒子的奇异数总和也必须为 0，定义了 Λ 的奇异数为−1，那么 K^+ 的奇异数必定为+1 才能遵循强相互作用过程奇异数守恒的要求. 而式(5.6.10)的衰变过程是弱相互作用过程，不要求奇异数守恒.

同位旋多重态的粒子的电荷值(以电子电荷的绝对值为单位)和同位旋第三分量 I_3 的联系可以用盖尔曼-西岛关系式表示为

$$Q=I_3+\frac{B+S}{2}=I_3+\frac{Y}{2} \tag{5.6.11}$$

其中，$Y=B+S$ 称为**超荷**. 例如，Ω^- 重子，它的同位旋为 0，奇异数为−3，重子数 $B=1$，$Q=-1$. 由公式 $I_3=Q-(B+S)/2=-1-(1-3)/2=0$，所以 Ω^- 重子的同

位旋为 0.

在 1970 年后，陆续发现了 J/Ψ 粒子、Υ(upsilon)粒子等，以后又引入了新的量子数：粲数、底数和顶量子数. 超荷的计算要加入这些量子数. 例如，D^+ 介子，它的粲数 $C=+1$，重子数为 0，它的超荷为 $Y=B+C=1$，$Q=1$，由公式得到它的同位旋的第三分量 $I_3=1/2$. 它的同位旋多重态伙伴为 D^-.

重子数、粲数 C、奇异数 S、电荷、同位旋及其第三分量，它们都是强相互作用过程中的守恒量子数.

3. 规范玻色子

规范玻色子(或称为“媒介子”)是传递相互作用的粒子. 量子场论认为各种相互作用都是由交换相应的玻色子来进行的(汤川型). 弱、电磁和强相互作用过程中交换的都是自旋为 1 的粒子，表 5.6.4 给出规范矢量玻色子的一些主要特性. 实验上间接证实了胶子的存在，它的质量理论预期值为 0.

表 5.6.4 规范矢量玻色子

粒子	符号	电荷	质量	自旋，宇称	寿命/s 质量宽度 Γ
光子	γ	$0(<5\times10^{-30}e)$	$0(<6\times10^{-17}\text{eV})$	1^-	稳定
W 粒子	W	$\pm1\|e\|$	80.425GeV	1	2.085GeV
Z 粒子	Z	0	91.1876GeV	1	2.4952GeV
胶子	g	0	0	1^-	

例 5.6.1

试列出质子-质子碰撞产生反质子的一种反应方程式及反应阈动能.

解 根据反应过程必须遵循重子数守恒的原则，此过程反应初态的重子数 $B=2$，而反应末态中反质子的 $B=-1$，所以末态至少要有三个重子和一个反重子. 再根据电荷守恒，可以写出反应式(最低能量)为

$$\mathrm{p}+\mathrm{p}\longrightarrow \mathrm{p}+\mathrm{p}+\mathrm{p}+\bar{\mathrm{p}}$$

在质心系中反应初态粒子和末态粒子的总动量都为零. 如果质心系中各末态粒子的动量都为零，则质心系的总能量全部转换为末态粒子的静止能量，这种反应称为**阈能反应**.

根据不变质量公式

$$\left(\sum E_i\right)^2-c^2\left(\sum \boldsymbol{p}_i\right)^2=E_{\mathrm{cm}}^2$$

在阈能反应时 $E_{\mathrm{cm}}^{2}=\left(\sum m_i\right)^2c^4$，其中，$m_i$ 是末态粒子的质量.

对于入射质子轰击静止靶的实验，设入射粒子的总能为 E_{a}，质量为 m_{a}，靶粒子的质量为 m_{b}，则

$$(E_{\mathrm{a}}+m_{\mathrm{b}}c^2)^2-c^2p_{\mathrm{a}}^2=\left(\sum m_i\right)^2c^4$$

又

$$E_{\mathrm{a}}^2-c^2\boldsymbol{p}^2=m_{\mathrm{a}}^2c^4$$

得

$$E_{\mathrm{a}}=\frac{\left(\sum m_i\right)^2-(m_{\mathrm{a}}^2+m_{\mathrm{b}}^2)}{2m_{\mathrm{b}}}c^2$$

入射粒子的动能 $T_{\mathrm{a}}=E_{\mathrm{a}}-m_{\mathrm{a}}c^2$，将上式代入，则

$$T_{\mathrm{a}}=\frac{\left(\sum m_i\right)^2-(m_{\mathrm{a}}+m_{\mathrm{b}})^2}{2m_{\mathrm{b}}}c^2$$

反应末态是三个质子和一个反质子，因此 $\left(\sum m_i\right)^2c^4=(4m_{\mathrm{p}})^2c^4$，又 $m_{\mathrm{a}}=m_{\mathrm{b}}=m_{\mathrm{p}}$，所以

$$T_{\mathrm{a}}=6m_{\mathrm{p}}c^2=6\times0.9383=5.63(\mathrm{GeV})$$

5.6.3 反粒子

1928年，在狄拉克建立电子的相对论量子力学方程中，引入了关于反粒子的概念. 认为真空实际上是完全填满了负能级的海. 如果外界能提供 $E>2m_{\mathrm{e}}c^2$ 的能量，那就可以发生由负能级跳到正能级的跃迁，在负能级中留下一个空位，在正能级上多了一个电子. 此过程相应于电子-正电子对的产生. 1929年，中国物理学家赵忠尧在美国加利福尼亚州理工学院从事研究工作时，观察到硬γ射线(即能量较大的γ射线)通过不同物质的吸收系数是有很大差异的，通过轻元素时的吸收系数较小，而通过重元素时吸收系数大得多，有一种“反常吸收”. 在反常吸收的同时，重元素放出一种“特殊辐射”. 他发表了两篇论文，描述了在研究γ射线的实验中的发现. “反常吸收”实际上就是高能光子和物质作用产生电子-正电子对的过程，而“特殊辐射”就是正电子湮灭时发射的两个γ光子. 1932年安德森在威尔逊云雾室中观察到了宇宙线中的一种带正电荷的粒子的径迹，他对此径迹的仔细研究发现这种粒子的质量与电子的相同，故称为**正电子**，这是历史上第一个反粒子的发现，并因此获得了1936年诺贝尔物理学奖. 安德森从宇宙线中发现正电子以后，寻找狄拉克预言反粒子是实验的重要探索目标. 1955年，张伯伦(O. Chamberlain，1920～2006，美国)和塞格雷(E. G. Segrè，1905～1989，意大利)在美国伯克利大学的6GeV的高能质子加速器上用质子轰击薄靶，打出了反质子(他们二人由于发现

反质子的工作而获得 1959 年的诺贝尔物理学奖)；接着几年又发现了反中子，反拉姆达粒子 $\bar{\Lambda}$，以及王淦昌领导的我国实验组在苏联杜布纳联合核子研究所联合实验室发现的反西格马负超子 $\bar{\Sigma}^-$.

每一种粒子都有它相应的反粒子，那中微子是否有反粒子，中微子和反中微子能区分吗？在 5.4 节核衰变与放射性中我们已介绍了莱茵斯的证明 β^- 衰变中存在(反)中微子的实验. 在核聚变的过程中会产生大量的中微子，太阳的能量中重要的 p-p 反应链是氢核聚变为氦的过程，$4p \longrightarrow \alpha + 2e^+ + 2\nu + 26.7\text{MeV}$，其过程中产生了两个中微子. 所以，太阳日夜都在辐射大量中微子到地球上. 为了探测中微子，可以考虑中微子轰击中子从而产生质子和电子的过程，即

$$\nu + n \longrightarrow p + e^-$$

为此要采用富中子的原子核. 意大利物理学家庞蒂科夫(B. M. Pontecorvo，1913～1993，意大利)建议用 ^{37}Cl，这是由 17 个质子和 20 个中子组成的一种稳定的同位素，在自然界中的含量为 24.2%，它和中微子的作用过程为

$$\nu + {}^{37}\text{Cl} \longrightarrow {}^{37}\text{Ar} + e^-$$

会产生 ^{37}Ar(含 18 个质子和 19 个中子). ^{37}Ar 在常温下是气体，如果利用液态的氯化合物作靶材料，就很容易把氩分离出来. ^{37}Ar 具有放射性，因此可根据其衰变特性来探测和识别. 戴维斯(R. E. Davis，1914～2006，美国)利用四氯化碳(一种干洗剂)作为靶. 在最初实验时，他用反应堆作为中微子源(当时人们并没有认识到中微子和反中微子是两种不同的粒子)，实验结果是几乎没有观测到氩. 后来他考虑测太阳中微子，在地下一千五百多米的矿井里用 380000L 四氯化碳(615t)做实验，测到了中微子信号，但测得的中微子流量只是标准太阳模型预言值的 1/3. 戴维斯实验证实了中微子的存在，中微子和反中微子是两种粒子，更重要的是提出了所谓的太阳中微子问题——太阳中微子缺失(由于在中微子实验中的贡献，戴维斯与小柴昌俊(Masatoshi Koshiba，1926～2020，日本)分享了一半的 2002 年诺贝尔物理学奖，贾科尼(R. Giacconi，1931～2018，美国意大利裔)由于发现宇宙 X 射线源的贡献而获得另一半的诺贝尔物理学奖).

中微子不带电，没有磁矩，那如何区分中微子和反中微子？定义一个物理量——**螺旋度**(helicity)H，设中微子的自旋为 $\boldsymbol{s}$，动量为 $\boldsymbol{p}$，则它的螺旋度为

$$H \equiv \frac{\boldsymbol{s} \cdot \boldsymbol{p}}{|\boldsymbol{s} \cdot \boldsymbol{p}|} \tag{5.6.12}$$

如果粒子的自旋矢量与动量矢量方向相同，那么它的螺旋度为正，反之为负. 中微子的质量为 0，以光速运动，它的螺旋度也称为**手征性**(chirality)，是一个洛伦兹不变量. 定义中微子的 $H=-1$，是左旋的，反中微子的 $H=+1$，见图 5.6.4.

戈德哈伯(M. Goldhaber,1911～2011,美国)在 1958 年,利用在${}^{152}_{63}Eu(0^-)+e^- \longrightarrow {}^{152}_{62}Sm^*(1^-)+\nu$的电子俘获 β 衰变过程中,反冲 Sm 核和中微子间满足动量和螺旋度守恒,通过实验测量 Sm 原子核的螺旋度,确认了中微子是左旋性的.

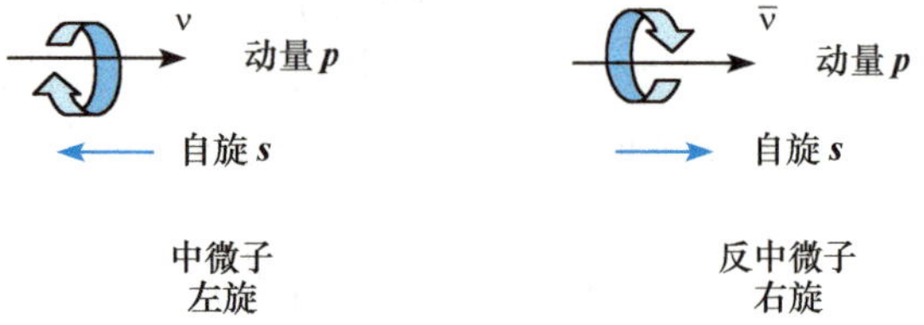

图 5.6.4　中微子左旋和反中微子右旋的示意图

正反粒子有相同的质量、自旋和同位旋,但其他量子数如电荷、磁矩、重子数、轻子数、奇导数、粲数等则等值而异号. 存在反粒子是所有粒子的普遍性质,但任何过程中费米子与反费米子数目的差在反应前后必定相等,即费米子的数目必须守恒,所以费米子和反费米子必定成对产生或成对消失.

除了反粒子,人们还致力于探索反原子核、反原子. 1965 年,用反质子和反中子合成出反氘核. 1995 年欧洲核子中心使正电子和反质子相结合,合成出反氢原子.

5.7　强子的夸克模型

在 20 世纪 50 年代发现了大量强子后,物理学家们面临的问题是:这些粒子是处在物质结构的同一层次吗? 它们有内部结构吗? 下一层次是什么? 由对元素周期表规律的探索,理解了原子中电子的壳层结构;那强子有没有像周期表那样的规律,按照强子特性的何种分类可能揭示出强子的内部结构?

盖尔曼-西岛公式反映了超荷数 Y 与同位旋第三分量 I_3 之间的内在联系. 将重子和介子分别按照其自旋 J 和宇称 P 进行分类,分别把它们放置在 Y-I_3 的二维图上对应的位置,图 5.7.1(a)和(b)分别是自旋/宇称为$(1/2)^+$的重子和 0^- 的介子.

图上 Y 相同的粒子构成同位旋的多重态. 同一多重态中粒子质量基本相同,例如,π 多重态,$\pi^\pm$ 的质量为 139.57MeV,π^0 的质量为 134.97MeV. 多重态间的质量差只有 3%,这种质量差异可以认为是由电磁作用 I_3 引起的质量劈裂,它们在强相互作用中是一种粒子. 对其他 Y 相同的粒子也是如此,如质子和中子. 这样就使“独立强子”的数目大为减少. 对同一 I_3-Y 图上不同 Y 的粒子的质量约差 200MeV,可以看成是强相互作用引起的精细结构劈裂. 这样就可以把$(1/2)^+$八重态看成是由同一粒子派生出的家族,对 0^- 的介子八重态也完全类似. 图上排列的规律性,意味着同一组中的强子成员具有很强的内部结构的相关性. 它们的结构成分应该带有同位旋 I 和超荷 Y 这些特征量子数.

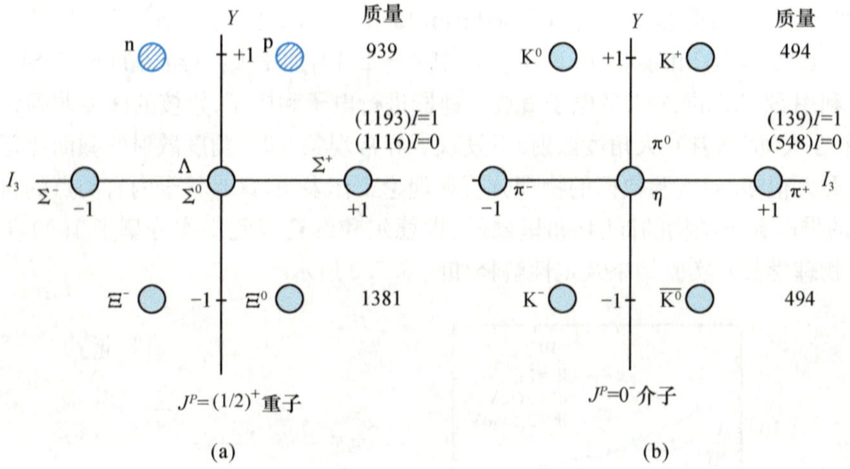

图 5.7.1　八重态(a)自旋为 1/2 的重子和(b)0^- 的介子在 Y-I_3 二维图上的对称性

盖尔曼和奈曼(Y. Neenman)认为,强子分类中蕴含着一种数学对称性.他们由此得出的结论是:每个强子必定是某个特定强子家族的一员;同一家族的强子具有相同的自旋和宇称,它们只是电荷和超荷数不同. 1961 年,他们提出了 SU(3)八重态方案,SU(3)群的基础表示是三维的.他们将当时已发现的$(3/2)^+$的 9 个重子排在 I_3-Y 图上,如图 5.7.2.由图形的对称性认为应该存在一个十重态,对应于 SU(3) 的十维表示,并预言有一个 $Y=-2$(即奇异数 $S=-3$)、$I=0$ 的带负电的新重子.不同奇异数引起的质量间隔约为 $150\text{MeV}/c^2$,由此推断新重子的质量为 1676MeV. 1964 年 1 月,美国布鲁克海文国家实验室的实验组在气泡室照片的分析中发现了 Ω^- 的产生事例,得出此粒子的奇异数 $S=-3$,质量为 1686MeV,正是盖尔曼预言的粒子. 1964 年盖尔曼和茨威格(G. Zweig)分别提出了强子结构模型,认为强子是由三个更基本的成分组成的,这些基本构成带有分数电荷($+2/3$)或($-1/3$),盖尔曼称这为“**夸克**”.有两个夸克属于同位旋为 1/2 的多重态,即上夸克(u),它的 $I_3=+1/2$,另一个称为下夸克,$I_3=-1/2$.还有一个是有奇异数的夸克,即奇异夸克(s),同位旋单态. 1965 年我国的理论物理学家提出了有关强子结构的“层子模型”.

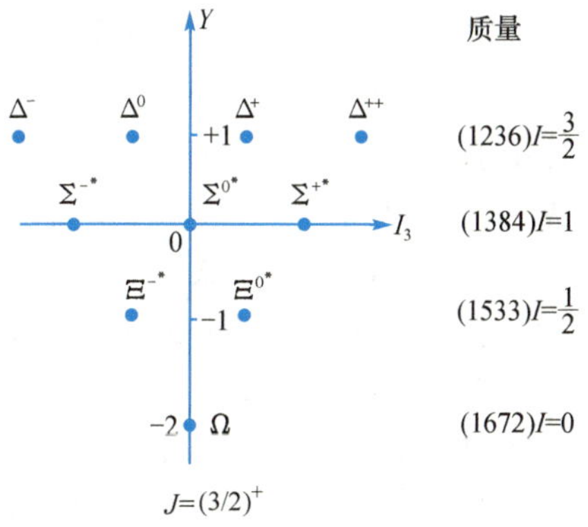

图 5.7.2　$J^P=(3/2)^+$的重子十重态

夸克理论模型在强子分类方面的成功掀起了在加速器和宇宙线实验中寻找“自由夸克”的热潮,但都失败了.“夸克”到底是强子的物理组成成分,还是仅仅是理论假设？1967 年由弗里德曼(J. I. Friedman，1930～　，美国)、肯德尔(H. W. Kendall，1926～1999，美国)和泰勒(R. E. Taylor，1929～2018，加拿大)等组成的 MIT-SLAC 实验组利用 SLAC 的 20GeV 电子直线加速器进行电子和质子、氘核的深度非弹性散射实验. 在大动量转换(大角度散射)下发现了异常现象，即大角度散射的截面比理论预期的要大很多. 对实验数据的物理分析和理论工作表明，这是核子内有类点的自旋为 1/2 的带电粒子结构的证明(弗里德曼、肯德尔和泰勒因此工作分享了 1990 年的诺贝尔物理学奖). 实验结果及定性解释如图 5.7.3 所示.

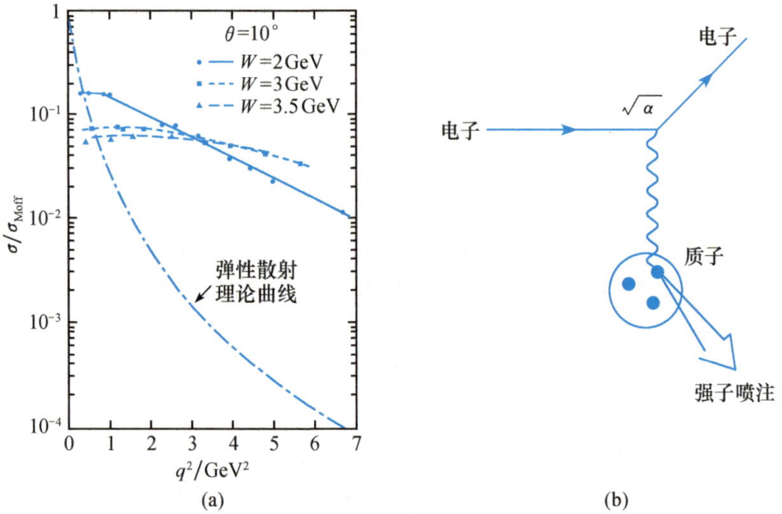

图 5.7.3　(a) e-p 深度非弹性散射的实验结果；(b) 实验结果的理论解释

5.7.1　夸克的基本性质

(1) 夸克是参与强相互作用的，自旋为 1/2 的费米子. 它的宇称定为 +1，反夸克的宇称为 −1. 夸克常以符号 q 表示.

(2) 夸克(q)的重子数 B 为 1/3，反夸克($\bar{q}$)的重子数为 −1/3. 重子数是相加性量子数. 重子由三个夸克(qqq)组成，重子数 B 为 1. 介子由夸克和反夸克($q\bar{q}$)组成，重子数为 0.

(3) 夸克有 6 种“味”(flavor). 盖尔曼已提到三种夸克. 1974 年，华裔美籍物理学家丁肇中(S. C. C. Ting)用美国布鲁克海文国家实验室的 30GeV 质子束轰击铍靶的实验，和美国物理学家里克特(B. Richter，1931～2018，美国)在正负电子对撞机(SPEAR)上的实验，同时发现了 J/Ψ 粒子. 进一步的实验和理论分析证明：J/Ψ 是由新的一类夸克，称为粲夸克 c 及其反夸克 $\bar{c}$ 构成的介子. 这个发现被称为 1974 年的“11 月革命”，丁肇中和里克特分享了 1976 年的诺贝尔物理学奖. 1976 年莱德曼的实验组在美国费米实验室 400GeV 的质子束打固定靶的实验中发现了 Υ(Upsilon)粒子，这是由底夸克 b 及其反夸克 $\bar{b}$ 组成的新粒子. 1995 年在美国费米实验室 1TeV 质子和 1TeV 反质子对撞的实验中发现了含顶夸克 t 的粒子.

按照夸克的同位旋 I、奇异(strange)数 S、粲(charm)数 C、底(bottom)数和顶(top)数，夸克共有 6 种味. 表 5.7.1 给出了夸克的量子数.

表 5.7.1 夸克的量子数

味	下 (down)	上 (up)	奇异 (strange)	粲 (charm)	底 (bottom)	顶 (top)
重子数	1/3	1/3	1/3	1/3	1/3	1/3
电荷数	−1/3	+2/3	−1/3	+2/3	−1/3	+2/3
同位旋 I	1/2	1/2	0	0	0	0
同位旋第三分量 I_3	−1/2	+1/2	0	0	0	0
奇异数	0	0	−1	0	0	0
粲数	0	0	0	1	0	0
底量子数	0	0	0	0	−1	0
顶量子数	0	0	0	0	0	1

(4) 夸克的电荷 Q(以电子电荷绝对值 e 为单位)服从盖尔曼-西岛公式

$$Q = I_3 + \frac{1}{2}\left(B + \sum \text{味量子数}\right) \tag{5.7.1}$$

其中，B 为重子数. 夸克具有分数电荷，它的电荷为 +2/3、−1/3. 规定带电介子的味量子数和它的电荷符号相同，即 K^+ 的奇异数为 +1. 反夸克的味量子数和夸克的相反.

例 5.7.1

试用盖尔曼-西岛公式计算 u 夸克、s 夸克和 c 夸克的电荷.

解 (1) u 夸克的 I_3 量子数为 +1/2，B=1/3，味量子数为 0，所以

$$Q = \frac{1}{2} + \frac{1}{2}\left(\frac{1}{3} + 0\right) = +\frac{2}{3}$$

(2) s 夸克的 I_3 量子数为 0，B=1/3，味量子数(奇异数)为 −1，所以

$$Q = 0 + \frac{1}{2}\left(\frac{1}{3} - 1\right) = -\frac{1}{3}$$

(3) c 夸克的 I_3 量子数为 0，B=1/3，味量子数(粲数)为 +1，所以

$$Q = 0 + \frac{1}{2}\left(\frac{1}{3} + 1\right) = +\frac{2}{3}$$

(5) 夸克具有色量子数. 由图 5.7.2 可看到 $J^P=(3/2)^+$ 的重子十重态,它们是基态,因此可以认为这些重子是处于轨道角动量的 $S(L=0)$态,即组成的夸克是处在空间波函数对称的基态. 由 $J=3/2$ 可推出三个夸克的自旋是平行的,如 Δ^{++},必定有(u↑u↑u↑)(参见图 5.7.4). 因此,$J^P=(3/2)^+$ 十重态的 Δ^{++} 的三个夸克的波函数关于空间、味和自旋都是对称的. 这明显违反了泡利不相容原理,因为任何两个全同费米子不可能处在相同的量子态. 这可能表明夸克还存在其他量子数,为此物理学家引入了新量子数"色". 借用光学中颜色的原色概念,夸克具有三种色量子数:红、绿和蓝,分别记作 R、G 和 B,三种原色能混合成无色. 而反夸克具有原色的补色,$\bar{R}$、$\bar{G}$、$\bar{B}$. 所有观测到的强子都是无色的. 所以,组成重子的三个夸克的色应该是色的单态(即色的交换反对称). 构成重子波函数中的色部分波函数应该是

$$(RGB-RBG+GBR-GRB+BRG-BGR)/\sqrt{6}$$

而组成介子的两个夸克的颜色必定是互补的. 对 Δ^{++} 粒子的波函数,三个具有不同颜色 u 夸克组成了"色"的反对称态,满足泡利不相容原理. "色"量子数的引入不仅解决了重子波函数组成的量子统计的困难,也说明了为什么重子是由三个夸克组成. 更重要的意义还在于,夸克具有"色荷",它是夸克之间相互作用的"源",就像电荷是电磁相互作用的"源"一样. 它的引入为强相互作用的动力学——**量子色动力学**(quantum chromodynamics, QCD)奠定了基础. 所有观测到的强子都是无色的. 这是 QCD 理论中的"色禁闭"的特征.

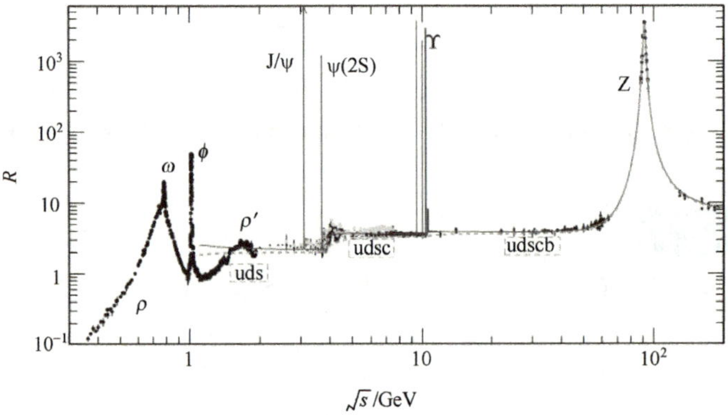

图 5.7.4 实验测得的 R 和计算值

夸克具有色量子数的假定得到了实验的支持. 一个明确的验证就是在高能正负电子的对撞实验中测量终态为强子和终态为μ子的截面之比 R. 正负电子对撞(1GeV<质心能<50GeV)主要是电磁过程. 截面与终态粒子的电荷平方和以及可能产生的粒子种类成正比. 对带电轻子μ的截面为

$$\sigma(e^+ + e^- \longrightarrow \mu^+ + \mu^-)=\frac{4\pi\alpha^2}{3s}$$

其中,α 为精细结构常数;s 为系统质心能的平方. 夸克是费米子,产生夸克应该有相同的截面公式,只是要以夸克的电荷 $Q_i e$ 来替代上式 α 中的 e. 由于夸克有“色”,这样截面和可能有的“色”的数目 N_c 成正比

$$\sigma(e^+ + e^- \longrightarrow q_i + \bar{q}_i) = N_c \times \frac{4\pi\alpha^2}{3s} \times Q_i^2$$

终态为强子的截面,显然应该和可能产生的夸克的种类数目成正比,即

$$\sigma(e^+ + e^- \longrightarrow 强子) = N_c \times \frac{4\pi\alpha^2}{3s} \sum_i Q_i^2$$

所以

$$R = \frac{\sigma(e^+ + e^- \longrightarrow 强子)}{\sigma(e^+ + e^- \longrightarrow \mu^+\mu^-)} = N_c \sum_i Q_i^2$$

在不同质心能下测得的 R 见图 5.7.4. 在质心能小于 3GeV 时只可能有 u、d 和 s 三种夸克产生,因此

$$R = N_c[Q_u^2 + Q_d^2 + Q_s^2] = N_c\left[\left(\frac{2}{3}\right)^2 + \left(\frac{-1}{3}\right)^2 + \left(\frac{-1}{3}\right)^2\right] = N_c\left(\frac{2}{3}\right)$$

实验值为 2,于是得 $N_c = 3$. 由图可以看到当质心能大于一对新夸克产生的阈能时,R 值就有一个跳跃. 由于夸克具有“色”量子数,而实际存在的强子又都是无色的,所以“色”是一个隐藏的量子数. 这也提供了为什么不存在“自由夸克”的一个解释.

(6) 夸克的质量. 从最简单的直觉来讨论,质子的质量为 938.27MeV,由两个 u 夸克和一个 d 夸克组成,写作(uud),中子是由两个 d 夸克和一个 u 夸克组成的,写作(udd),它的质量为 939.57MeV,它们的质量几乎一样,可以推测它们的“组分”(constituent)夸克的质量几乎相同,且为核子质量的1/3,即 $m_u = m_d = \frac{m_N}{3} \sim 310\text{MeV}/c^2$. 由重子十重态的质量看到,奇异数相差 1 的重子间的质量差约为 150MeV,可以推测奇异夸克的“组分质量”$m_s = m_u + (150\sim500)\text{MeV}/c^2$. 但对另一些粒子,如 π^+ 介子,它是由一个 u 夸克和一个 d 反夸克组成的,它的质量只有 140MeV! 而由同样夸克组成的ρ介子的质量却是 770MeV! 由经典的质量概念来看这是很奇怪的. π 介子是赝标量粒子,角动量为 0. 两个自旋为 1/2 的夸克和反夸克的自旋是反平行的. 而ρ介子是矢量介子,角动量为 1,即两个夸克的自旋是平行的. 在夸克间的强相互作用对自旋平行的态有更高的能量(就像磁矩在磁场中的情形),表现出具有更大的质量能. 由上面的讨论可推测,从质子、介子的质量推测得到的夸克质量实际上反映了相互作用过程,夸克总是与胶子耦合在一起的,所以在讲组分夸克的质量时总是包含了夸克的束缚效应. 然而,在非常高的能量时,可以认为在一个瞬间,夸克会和胶子分开,这时相关的质量称为夸克的“流(current)夸克的质量”或“裸(bare)质量”,这个质量比组分质量要小得多(约小 0.3GeV/c^2),见表 5.7.2.

表 5.7.2　夸克的质量　　单位：GeV/c^2

味	u	d	c	s	t	b
组分质量	0.31	0.31	1.5	0.48	174	4.6
流质量	$(1.5\sim4)\times10^{-3}$	$(4\sim8)\times10^{-3}$	$1.1\sim1.4$	$0.080\sim0.13$	174	$4.1\sim4.4$

由夸克的电荷、同位旋及质量可以把夸克分为三代，即

$$\begin{pmatrix}\mathrm{u}\\ \mathrm{d}\end{pmatrix},\quad \begin{pmatrix}\mathrm{c}\\ \mathrm{s}\end{pmatrix},\quad \begin{pmatrix}\mathrm{t}\\ \mathrm{b}\end{pmatrix}$$

第一代是 $I=1/2$ 的多重态，它们的同位旋第三分量分别为 $+1/2$ 和 $-1/2$. 每一代的上部夸克的电荷都是 $+2/3$，下部夸克的电荷为 $-1/3$. 夸克的质量则随代而增加.

5.7.2　重子和介子的夸克组成

1. 重子

重子由三个夸克组成，这些夸克可以是同一味的也可以是不同味的. 若我们只考虑三种夸克，即味 SU(3)，可以有 $\underline{3}\otimes\underline{3}\otimes\underline{3}=\underline{1}\oplus\underline{8}\oplus\underline{10}\oplus\underline{8}$ 共 27 种组合. 它们可组成完全反对称（味，自旋）的单态，两个混合反对称的八重态和对称的十重态.

对味 SU(3)对称的十重态，其波函数对任意的味量子数的交换具有完全对称性，分别为

$$\mathrm{uuu},\quad \mathrm{ddd},\quad \mathrm{sss}$$

$$(\mathrm{ddu}+\mathrm{udd}+\mathrm{dud})/\sqrt{3}=(\mathrm{ddu})_{\mathrm{s}}$$

$$(\mathrm{uud}+\mathrm{duu}+\mathrm{udu})/\sqrt{3}=(\mathrm{uud})_{\mathrm{s}}$$

$$(\mathrm{dds}+\mathrm{sdd}+\mathrm{dsd})/\sqrt{3}=(\mathrm{dds})_{\mathrm{s}}$$

$$(\mathrm{uus}+\mathrm{suu}+\mathrm{usu})/\sqrt{3}=(\mathrm{uus})_{\mathrm{s}}$$

$$(\mathrm{ssd}+\mathrm{dss}+\mathrm{sds})/\sqrt{3}=(\mathrm{ssd})_{\mathrm{s}}$$

$$(\mathrm{ssu}+\mathrm{uss}+\mathrm{sus})/\sqrt{3}=(\mathrm{ssu})_{\mathrm{s}}$$

$$(\mathrm{dsu}+\mathrm{uds}+\mathrm{sud}+\mathrm{sdu}+\mathrm{usd}+\mathrm{dus})/\sqrt{6}=(\mathrm{dsu})_{\mathrm{s}}$$

它们在 I_3-S 二维图上可以找到各自的位置，如图 5.7.5 所示为重子十重态的夸克组成.

基态重子的八重态，夸克的空间部分波函数具有完全的对称性，处于 $L=0$. 对于 SU(3)味八重态，“味”部分的波函数具有部分交换反对称，部分交换对称. 它们同样描述了 $J=1/2$ 的 8 个粒子 n，p，Σ，Λ，Ξ. 两个中性态 Λ 和 Σ^0 的区别在于，Λ 属于同位旋单态，对于味道 d、u 的交换是反对称的，而 Σ^0 属于同位旋三重态，对于味道 d、u 的交换是对称的. 三个夸克的自旋只能构成部分反对称. 重子八重态的夸克组成如图 5.7.6 所示.

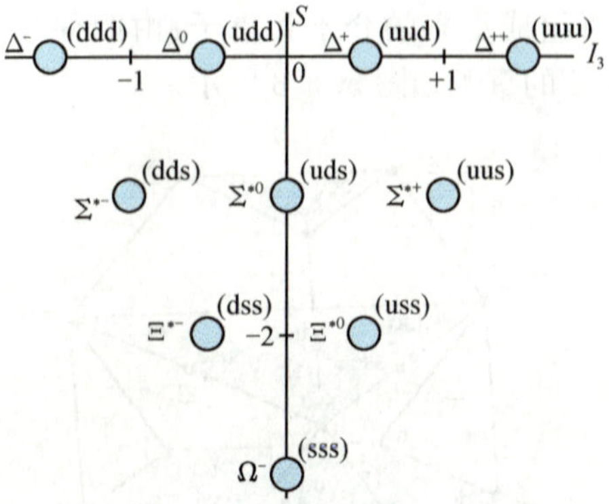

图 5.7.5　重子十重态的夸克组成

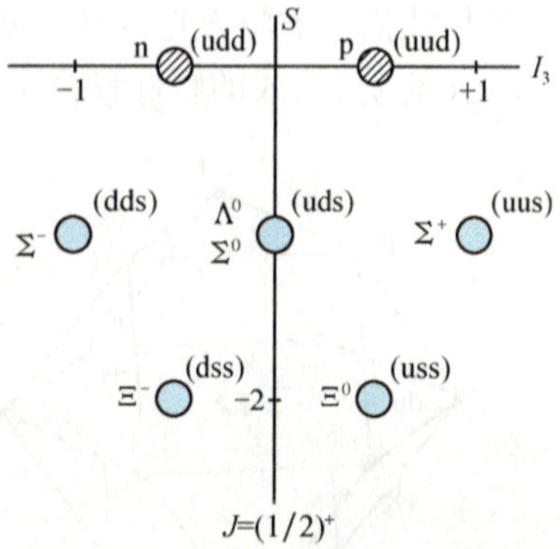

图 5.7.6　重子八重态的夸克构成

当夸克间的相对运动轨道角动量不为 0 时,它们形成各种重子激发态.

2. 介子

介子由一个夸克和一个反夸克组成的束缚态. 夸克 u、d、s 和反夸克 $\bar{u}$、$\bar{d}$、$\bar{s}$ 可以组合成 $\underline{3}\otimes\underline{3}=\underline{1}\oplus\underline{8}$,共 9 种介子态. 其中,8 个构成了 SU(3)味的八重态,还有一个同位旋单态. 如果夸克和反夸克间的相对角动量为 L,由于夸克和反夸克的宇称相反,于是系统的宇称 $P=(-1)^{L+1}$. 对纯中性粒子,即由同味夸克和反夸克组成的介子,有确定的 C 宇称(电荷反演的对称性),对两个粒子的系统 $C=(-1)^{L+S}$,这里的 S 是系统的总自旋,两夸克的系统 S 可以为 0 或 1. 总角动量 J,介子以 J^{PC} 分类(P 表示宇称,C 表示电荷共轭宇称). 对 $L=0$ 的介子,可以有赝标量介子(0^{-+})和矢量介子(1^{--}). 它们在 S-I_3 二维平面上的分布如图 5.7.7 所示.

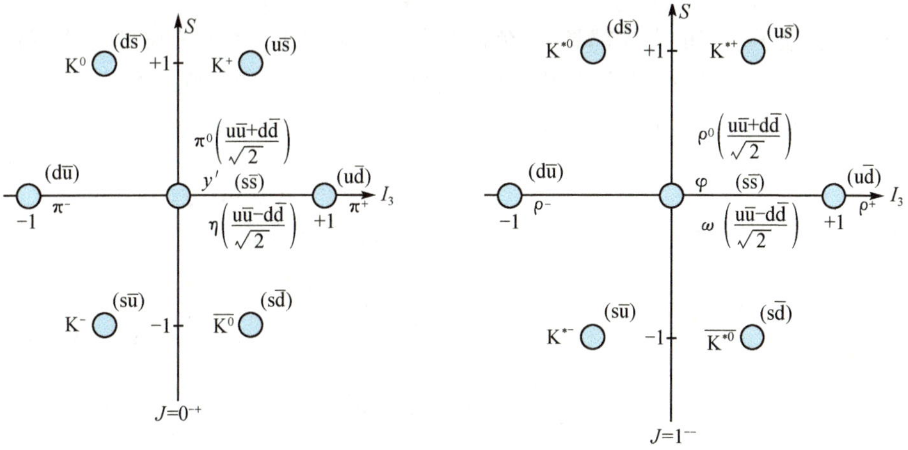

图 5.7.7　赝标量介子(0^{-+})和矢量介子(1^{--})的夸克组成

如果我们考虑将夸克的味扩展，那么可组成更多的介子和重子. 由四种夸克(u、d、s、c 夸克)组成的赝标量介子和 $J=1/2$ 的重子如图 5.7.8 所示.

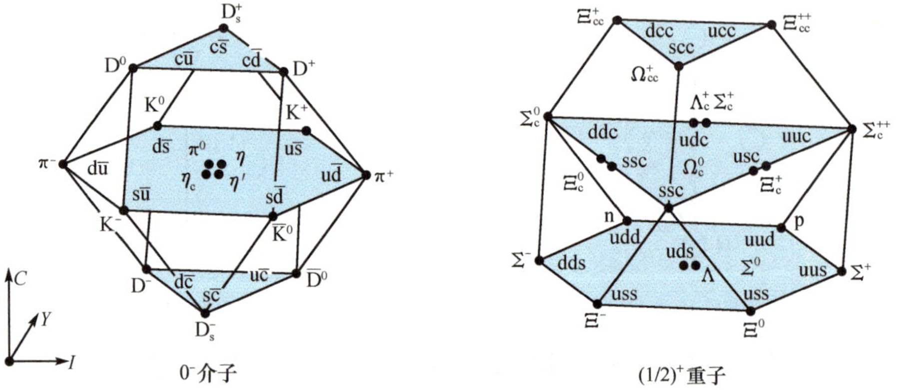

图 5.7.8　含粲夸克的赝标量介子和 $J=1/2$ 的重子

用夸克模型还可以给出它们构成强子的一些性质，如质量. 强子的质量可以认为主要决定于三个因素. 第一，由于味对称性的破缺，夸克组成成分 u、d、s 夸克的质量不同($m_u=310\text{MeV}$，$m_d=310\text{MeV}$，$m_s=480\text{MeV}$)，使得多重态成员的质量随着超荷而变化. 第二，夸克间的电相互作用使同一超荷组的同位旋多重态的质量有微小差别，这个质量差可由库仑作用来估计，其数量级约为 e^2/R_0(由上面两点可以说明同一 J^P 族粒子的质量). 第三，夸克间的强相互作用，可以与氢原子中的超精细结构的自旋间的磁相互作用能

$$\Delta E=\boldsymbol{\mu}\cdot\boldsymbol{B}=\frac{2}{3}\frac{\alpha}{m_i m_j}(4\pi)\mid\psi(0)\mid^2$$

类比. 组成强子系统的夸克都具有"色荷"，夸克自旋形成一个具有强相互作用特征的"色矩"(与磁矩对应). 色矩与构成强子的夸克(反夸克)的自旋态有关. 设组成夸克的质量为 m，夸克间的相互作用以标量介子和矢量介子为例来讨论.

介子：

$$\Delta E(q\bar{q})=A\frac{\boldsymbol{s}_1\cdot\boldsymbol{s}_2}{m_1 m_2},\quad A=\frac{8}{9}\alpha_s(4\pi)\mid\psi(0)\mid^2$$

$$\boldsymbol{s}_1\cdot\boldsymbol{s}_2=[S(S+1)-s_1(s_1+1)-s_2(s_2+1)]\hbar^2/2=\begin{cases}\hbar^2/4, & S=1\\ -3\hbar^2/4, & S=0\end{cases}$$

介子质量 $M=m_1+m_2+A\frac{\boldsymbol{s}_1\cdot\boldsymbol{s}_2}{m_1 m_2}$，π 和 ρ 介子的组成夸克都是 u 和 d 夸克.

$$M_\pi=m_u+m_d-A\frac{3\hbar^2}{4m_u m_d}=139\text{MeV},\quad M_\rho=m_u+m_d+A\frac{\hbar^2}{4m_u m_d}=780\text{MeV}$$

其中，π 和 ρ 介子的质量为实验值，由此可求得 $A=\left(\frac{2m_{\mathrm{u}}}{\hbar}\right)^2 160\mathrm{MeV}$，以此可求得其他标量介子和矢量介子的质量，和实验值符合得相当好(对 η，要考虑它和 η' 的混合，这里不作进一步的讨论，对 ω 也有这情况). 这些都有力地支持了夸克模型.

5.8 基本相互作用与守恒律

粒子间的基本相互作用有四种：引力、弱、电磁和强相互作用. 引力和电磁相互作用力与作用粒子间的距离平方成反比，是长程力. 强相互作用力和弱相互作用力是短程力，因此，在宏观的物理现象中遇到的只是引力和电磁力，弱相互作用和强相互作用只是在原子核物理的现象中才被人们认识. 四种相互作用的特征列在表 5.8.1 中. 在讨论微观粒子间的相互作用时，由于引力和其他三种作用相比是极微弱的，一般予以忽略.

表 5.8.1　四种相互作用

	引力相互作用	电磁相互作用	弱相互作用	强相互作用
场量子	引力子	光子γ	中间玻色子 $W^{\pm}$，Z	胶子 gluon
作用力程/m	∞	∞	10^{-18}	$\leqslant 10^{-15}$
源	质量	电荷	弱荷	色荷
耦合常数	$\frac{G_{\mathrm{N}}M_{\mathrm{p}}^2}{4\pi\hbar c}=5\times 10^{-40}$	$\alpha=\frac{e^2}{4\pi\varepsilon_0\hbar c}=\frac{1}{137}$	$\frac{G_{\mathrm{F}}(M_{\mathrm{p}}c^2)^2}{(\hbar c)^3}=1.16\times 10^{-5}(\mathrm{GeV})^{-2}$ $G_{\mathrm{F}}=\frac{\sqrt{2}g^2}{8M_{\mathrm{W}}^2}$	$\alpha_{\mathrm{s}}\leqslant 1$
典型截面/b		10^{-5}	10^{-11}	10^{-2}
典型寿命/s		10^{-19}	10^{-10}	10^{-23}
典型现象	天体运动	光电效应，π^0 衰变	β 衰变，$K^{\pm}$，$\pi^{\pm}$ 衰变，中微子反应	强子产生

5.8.1 电磁相互作用

在位置 A 和 B 有两个荷电粒子 1 和 2，带电荷为 $-e$，它们间的电磁相互作用通过交换光子来实现，如图 5.8.1 所示. 粒子 1 在 A 处发射携带着动量 q 的光子. 由于动量守恒，电子被反冲，虚光子在 B 处被粒子 2 吸收，电子受到排斥力. 显然，这种情况下光子和电子间不能同时满足能量守恒，所发射的光子称为“虚光子”. 虚光子不可能独立于发射和吸收它的带电粒子而存在，它只能在短暂的时间内存在，不确定关系允许的时间 $\Delta t\approx\hbar/\Delta E=\hbar/qc$，因此虚光子的传播距离 $r=c\Delta t=\hbar/q$，qc 的最小值为传播子的静止能 mc^2，所以最大的传播力程为 $r=\hbar/mc$，$\hbar/mc$ 是相应场传播子的康普顿波长. 光子是自旋为 1，不带电和质量为 0 的玻色子 $J^{PC}=1^{--}$. 虚光子的传播距离$\to\infty$，电磁相互作用是长程力.

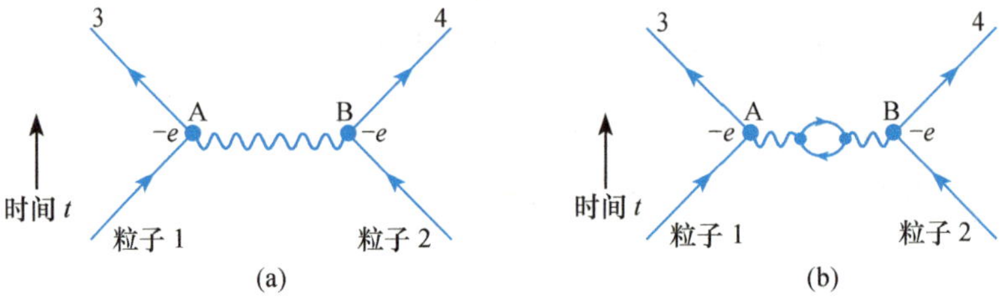

图 5.8.1　带电粒子间的电磁相互作用的费恩曼图

(a) 最低次过程;(b) 真空极化

相互作用的强度是作用力性质的一个重要标志.在量子场论中以相互作用的耦合常数来表示作用强度,耦合常数是一个无量纲的量,粒子间相互作用的最低阶截面与耦合常数的平方成正比.电磁相互作用强度以精细结构常数 α 来度量,$\alpha = e^2/(4\pi\varepsilon_0 \hbar c)$,可以认为一个电子发射或吸收光子的概率为 α,若带电粒子的电荷是 Qe,则这个概率为 $Q^2\alpha$.

实际上,电磁相互作用的强度与能量有关.把 α 作为一个巡行耦合常数(或称跑动耦合常数,running coupling constant),它取决于过程所涉及的质量或动量转移值.在物理图像上可以认为是由于不断吸收和发射的虚光子瞬时产生的正负电子对引起的屏蔽效应,以至于使 α 是转移动量 q 的函数,随着 q 的增大而增大.真空极化引起作用荷之间的屏蔽效应表现为 α 随作用距离(动量传递)而变化,称为"跑动",人们通常选择一个参照能标,测量在该能标下的 α 值,$\alpha(\mu^2)$.相对于 $\alpha(\mu^2)$,α 随 q^2 的跑动可以用量子场论中的重整化方程来描述,得

$$\alpha(q^2) = \frac{\alpha(\mu^2)}{1 - \frac{\alpha(\mu^2)}{\pi}\ln\left(\frac{q^2}{\mu^2}\right)}$$

在 $\mu = 1\text{MeV}$ 的参考能标下,$\alpha_{\text{em}} = 1/137$,在 $q \approx 100\text{GeV}$ 时,$\alpha_{\text{em}}(M_Z) \sim 1/129$,欧洲粒子物理中心的大型正负电子对撞机(LEP)实验在 $E_{\text{cm}} = 91.19\text{GeV}$,测得 $\alpha_{\text{em}}(M_Z) = 1/128$.

5.8.2　弱相互作用

原子核的 β 衰变是人们首次遇到的弱相互作用过程.自由中子的 β 衰变过程为

$$\mathrm{n} \longrightarrow \mathrm{p} + \mathrm{e}^- + \bar{\nu}_\mathrm{e}, \quad \tau = (885.7 \pm 0.8)\mathrm{s} \tag{5.8.1}$$

粒子弱相互作用衰变的寿命都相当长,弱相互作用过程的截面非常小,在前面提到的中微子,它是唯一的只参加弱相互作用的粒子,它的截面约为 10^{-43}cm^2. 20 世纪 50 年代建立的普适费米弱相互作用理论(即 V-A 理论,V 表示矢量流,A 表示轴矢量流)表明,弱相互作用与电磁相互作用有一个重要的相似处,即它的普适流-流

作用的形式. 但是弱相互作用也在一些基本性质上与电磁相互作用有类型上的差异,电流只有矢量(V)成分,而弱流却为矢量和轴矢(A)两种成分的叠加,并且两种成分具有同等的大小. 另外,弱流与弱流之间的作用是直接的,即力程为零. 电磁相互作用是一种规范作用,而 V-A 理论不是. V-A 理论虽在唯象上获得很大成功,但在理论上存在着严重困难:它不可重整化,在计算高阶修正时面临发散困难,这表明它不是一个完整的理论,只能给出初级近似的结果. V-A 理论的流-流耦合特性使人们想到弱相互作用也可能像电磁相互作用那样,是通过某种矢量玻色子传递的(光子也是一种矢量玻色子),这种传递弱相互作用的矢量玻色子通常又称为中间玻色子. 弱相互作用的极短程特性可以归结为中间玻色子具有很大的质量. 在夸克层次来看,中子衰变实质上是中子内的一个 d 夸克转换为 u 夸克,其过程可用图 5.8.2(a)表示,作用过程交换的是 W 粒子,在弱相互作用过程中它的味量子数改变了,反应前后夸克的电荷改变了,这类过程也称为带电弱流. 轻子的弱相互作用过程如图 5.8.2(b)所示,只在同一代的轻子间进行. μ^+ 衰变时交换的是带+1电荷的 W 粒子(记作 W^+). 中子衰变时带−1/3 电荷的 d 夸克发射一个带负−1电荷的 W 粒子(记作 W^-)而成为带+2/3 电荷的 u 夸克,d 和 u 夸克是 $I=1/2$ 的同位旋多重态,它们属于同一代夸克. 那是否说明夸克间的弱相互作用也只能在同一代中发生呢? K^+ 介子衰变中过程 $K^+ \longrightarrow \mu^+ + \nu_\mu$ 的分支比为 63.4%,K^+ 是由 u 和 $\bar{s}$ 夸克组成的,弱流必定是存在于它们之间的,如图 5.8.3 所示.

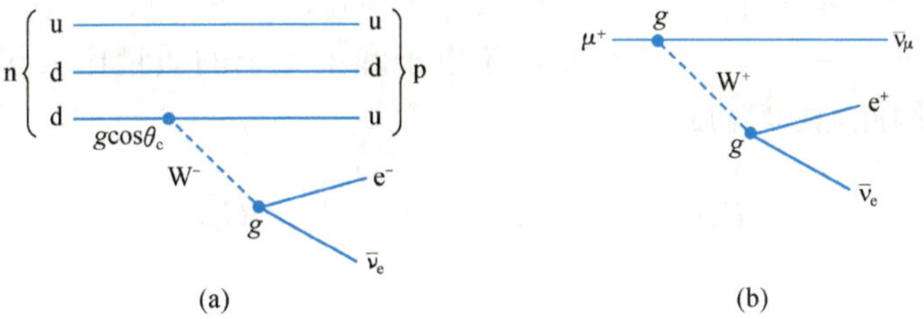

图 5.8.2 弱衰变过程

(a) 中子的 β 衰变过程;(b) μ^+ 的衰变过程

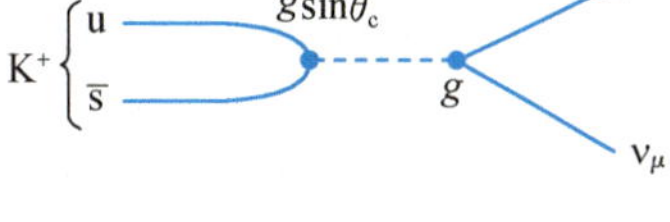

图 5.8.3 $K^+ \longrightarrow \mu^+ + \nu_\mu$ 的衰变

20 世纪 60 年代,卡比博(N. Cabibbo,1935~2010,意大利)提出 d 和 s 夸克是夸克的质量本征态,但不是弱相互作用的本征态,它们实际上有混合,混合角 θ_c 称为**卡比博角**. 在当时只知道存在 u、d、s 三种夸克,与弱相互作用中电荷改变的轻子二重态为

$$\begin{pmatrix} \nu_e \\ e \end{pmatrix}, \quad \begin{pmatrix} \nu_\mu \\ \mu \end{pmatrix}$$

对应的夸克二重态是

$$\begin{pmatrix} \mathrm{u} \\ \mathrm{d}\cos\theta_c + \mathrm{s}\sin\theta_c \end{pmatrix} \tag{5.8.2}$$

其中，$\theta_c \approx 13°$. 弱相互作用的本征态是电荷为$-e/3$的两个味夸克的混合. 夸克二重态的弱耦合常数g与轻子二重态的耦合相同，但对奇异数改变$\Delta S=0$的过程，如中子衰变中含u和d的过程，其有效耦合常数是$g\cos\theta_c$，而对$\Delta S=1$的过程，如$K^+ \longrightarrow \mu^+ + \nu_\mu$，在u和s处的耦合强度应是$g\sin\theta_c$. 类似的混合也发生在其他电荷为$-e/3$的夸克之间；但在电荷为$2e/3$的夸克间并没有发现混合.

带电弱流的场量子$W^\pm$称为中间玻色子，由衰变过程的角分布实验等分析可证实W粒子的自旋为1. 弱相互作用的力程很短，由此W的质量必定很大，理论预言其质量～80GeV，实验值为80.4GeV. 由费米β衰败理论可知，费米弱相互作用常数G_F，$G_F \approx 1.4 \times 10^{-49}\,\mathrm{erg \cdot cm^2}$或$G_F/(\hbar c)^3 = 1.166 \times 10^{-5}\,\mathrm{GeV^{-2}}$，$G_F$是一个很小的量. 弱相互作用强度所用的耦合常数$g$和$G_F$有关系式

$$\frac{G_F}{\sqrt{2}} = \frac{g^2}{8(M_W)^2} \tag{5.8.3}$$

以纯轻子的弱相互作用μ子衰变为例，μ子的寿命是和它的衰变宽度成反比的，衰变宽度应和它与W玻色子的耦合常数g^4，即G_F的平方成正比，G_F的量纲是E^{-2}，所以从量纲分析可得，它的衰变宽度应和μ子质量的5次方成正比（以$\hbar = c = 1$的单位制，$1\,\mathrm{GeV^{-1}} = 6.59 \times 10^{-25}\,\mathrm{s}$）. 由于电子和中微子的质量比$\mu$子的质量小很多，可忽略，因此，衰变宽度为

$$\Gamma(\mu^+ \longrightarrow e^+\ \nu_e + \bar{\nu}_\mu) = \frac{1}{\tau} \propto G_F^2 m_\mu^5$$

具体计算，可得衰变宽度

$$\Gamma(\mu^+ \longrightarrow e^+\ \nu_e + \bar{\nu}_\mu) = \frac{G_F^2 m_\mu^5}{192\pi^3}$$

这样，μ子的衰变寿命为

$$\tau = 2.19 \times 10^{-6}\,\mathrm{s}$$

5.8.3 电弱统一

描述电磁相互作用的量子理论是量子电动力学，它是一种规范理论，可通过重整化方法消除发散困难，以极高的精度与实验结果相符合，是物理学中最成功的理论. 光子作为规范场的量子，静质量为零，自旋为1.20世纪50年代末，在弱相互作

用宇称不守恒基础上发展了弱相互作用的中间玻色子理论，认为弱相互作用通过交换中间玻色子而传递，中间玻色子自旋为 1，带正电或负电，质量很大，因为弱相互作用是短程力. 这一理论的缺点是不可重整化，即不能消除其中的发散困难.

电磁相互作用是一种阿贝尔规范作用. 1954 年杨振宁和米尔斯(R. L. Mills, 1927～1999，美国)把规范作用推广到带有内部对称性的情况，提出了非阿贝尔规范场理论，这就为规范理论的扩大应用创造了条件. 但直接将此理论应用到弱相互作用有一个重大障碍，即规范理论要求其中的矢量玻色子必须是零质量的，而中间玻色子则应具有很大的质量. 另外，弱相互作用的宇称不守恒也为建立严格的对称性理论带来了困难. 当后来能巧妙地将非阿贝尔规范概念应用到弱相互作用时，则发现规范玻色子除了带电的以外，还应有一个中性的玻色子.

20 世纪 60 年代后期，温伯格(S. Weinberg, 1933～2021，美国)、萨拉姆(A. Salam, 1926～1996，巴基斯坦)和格拉肖(S. L. Glashow, 1932～ ，美国)提出弱电理论，把电磁和弱相互作用看成是电弱相互作用的两种不同的表现，提出有四种质量为 0 的中间玻色子，它们是 $W_\mu^{(1)}$、$W_\mu^{(2)}$、$W_\mu^{(3)}$(属于弱同位旋为 1 的三重态)和单态 B_μ. 它们与希格斯(higgs)粒子作用，通过希格斯机制发生“自发对称破缺”，而形成大质量的玻色子 W_μ^+、W_μ^- 和 Z_μ^0，而另一个 A_μ 仍保持质量为 0. 由 $W_\mu^{(3)}$ 与 B_μ 态的混合组成 A_μ 和 Z_μ^0，相应于电磁相互作用和弱中性流. 在理论中引入弱混合角 $\sin\theta_W$，则

$$g\sin\theta_W = e \tag{5.8.4}$$

$$\begin{aligned} Z_\mu &= W_\mu^{(3)}\cos\theta_W - B_\mu\sin\theta_W \\ A_\mu &= W_\mu^{(3)}\sin\theta_W + B_\mu\cos\theta_W \end{aligned} \tag{5.8.5}$$

由此可得，中间玻色子的质量

$$M_{W^\pm} = \left[\frac{g^2\sqrt{2}}{8G_F}\right]^{1/2} = \left(\frac{e^2\sqrt{2}}{8G_F\sin^2\theta_W}\right)^{1/2} = \frac{37.4}{\sin\theta_W}\ \text{GeV} \tag{5.8.6}$$

$$M_{Z^0} = \frac{M_{W^\pm}}{\cos\theta_W} = \frac{75}{\sin 2\theta_W}\ \text{GeV} \tag{5.8.7}$$

这是用最简单的(萨拉姆-温伯格)模型得出的质量，其中，引入了弱同位旋二重态的标量希格斯粒子. 在很大的动量转换($q^2 \gg 10^4\,\text{GeV}^2$)下，电磁和弱相互作用具有对称性，它们的耦合强度相当，只是在低能时对称性破坏了. 在这一理论中有一个任意常数——弱混合角，$\sin\theta_W$. θ_W 称为**温伯格角**，实验测量得到 $\sin^2\theta_W \approx 0.23$.

对带电弱流($W^\pm$ 为场量子)的过程是宇称不守恒的，例如，它涉及的是中微子和电子的左手态(LH). 电磁相互作用是宇称守恒的，包含带电轻子的 LH 和 RH(右手)态. 对轻子的 LH 的二重态和 RH 的单态，以第一代轻子为例，如表 5.8.2 所示.

表 5.8.2　轻子的左手二重态和右手单态

	弱同位旋 I	第三分量 I_3	电荷数 Q	弱超荷 Y
$\psi_L=\begin{pmatrix}\nu_e\\e^-\end{pmatrix}_L$	1/2	+1/2	0	−1/2
	1/2	−1/2	−1	−1/2
$\psi_R=(e^-)_R$	0	0	−1	−1

在中性弱流过程中轻子及夸克都不改变味，左手和右手费米子和 Z 的耦合系数有

$$g_L = I_3 - Q\sin^2\theta_W,\quad g_R = -Q\sin^2\theta_W \tag{5.8.8}$$

对矢量流和轴矢量流的系数相应的为

$$c_V = g_L + g_R = I_3 + 2Q\sin^2\theta_W,\quad c_A = g_L - g_R = I_3 \tag{5.8.9}$$

对夸克的左手二重态可表示为 $\begin{pmatrix}u_i\\d_i'\end{pmatrix}_L$，其中，$i$ 代表第 i 代的夸克，每个夸克都有相应的右手单态. 对各费米子相应的系数列在表 5.8.3. 对反费米子和 Z 的耦合可由 $g_L\leftrightarrow g_R$ 交换得到.

表 5.8.3　费米子和弱中性流 Z 的耦合系数

费米子	$2c_V$	$2c_A$
ν_e,ν_μ,ν_τ	1	1
e,μ,τ	$-1+4\sin^2\theta_W$	−1
u,c,t	$1+\frac{8}{3}(\sin^2\theta_W)$	1
d,s,b	$-1+\frac{4}{3}(\sin^2\theta_W)$	−1

电弱统一模型预言了存在弱中性流、中间玻色子 $W^\pm$、Z^0 及希格斯粒子，由弱电理论可以计算各种弱相互作用过程的截面等. 1973 年实验证实了弱中性流的存在. 温伯格、萨拉姆和格拉肖因建立弱电统一理论而获得了 1979 年诺贝尔物理学奖. 1983 年在欧洲粒子物理中心的 270GeV 质子-270GeV 反质子对撞机上由卢比亚(C. Rubbia)领导的实验组首次通过下列过程观测到了 $W^\pm$ 和 Z 玻色子：

$$u+\bar{d}\longrightarrow W^+\longrightarrow e^++\nu_e,\quad \mu^++\nu_\mu$$
$$\bar{u}+d\longrightarrow W^-\longrightarrow e^-+\bar{\nu}_e,\quad \mu^-+\bar{\nu}_\mu$$
$$\left.\begin{array}{l}u+\bar{u}\\d+\bar{d}\end{array}\right\}\longrightarrow Z^0\longrightarrow e^++e^-,\quad \mu^++\mu^-$$

范德米尔(S. van der Meer)由于发明束流的随机冷却技术在反质子-质子对撞机

建造中的贡献与鲁比亚分享了1984年的诺贝尔物理学奖. 1989年在CERN建成的大型电子-正电子对撞机(LEP)上的实验和20世纪90年代建成的美国斯坦福直线对撞机的实验精确验证了弱电统一理论，测定$M_W=(80.425\pm0.038)\text{GeV}/c^2$，$M_Z=(91.1876\pm0.0021)\text{GeV}/c^2$，但至今并没有直接观测到希格斯粒子的存在，只是由实验给出它的质量范围为$M_H=113^{+56}_{-40}\text{GeV}/c^2$.

5.8.4 强相互作用

由前面的讨论可知强相互作用要比电磁相互作用强很多，一般强相互作用过程的截面在100mb的量级，由强相互作用衰变的粒子寿命在10^{-23}s的量级，由此可推出强相互作用的耦合常数要比电磁相互作用大$10^2\sim10^3$倍. 参与强相互作用的粒子叫强子. 夸克是强子的基本组成，因此，强相互作用必定是夸克之间的相互作用. 实验事实表明：

(1) 夸克间的强相互作用和夸克的“味”无关. 在强相互作用过程中味量子数守恒.

(2) 强相互作用过程中同位旋及同位旋的第三分量守恒.

(3) 实验没有观察到自由夸克.

强相互作用的本质是什么？夸克间强相互作用的“荷”是什么？由以上事实知道，不可能是“味”和电荷. 在讨论重子SU(3)味十重态时，从费米子系统的统计性的要求，引入夸克的“色”的自由度. 每一种夸克存在着三种“颜色”：红、蓝、绿. 强相互作用的荷是“色”. 色SU(3)定域规范变换不变性，引出了胶子场，基于此建立的理论称为量子色动力学(QCD).

SU(3)定域规范不变性要求其规范玻色子——胶子(gluon，以符号g表示)的质量一定为零. 带色荷的夸克之间通过交换胶子来实现相互作用. 夸克的色在交换胶子过程中改变，强相互作用顶点“色荷”必须守恒，由此必须由发射(吸收)的胶子的色荷填补. 所以胶子本身是带色的. 在分析正负电子对撞产生的末态强子的喷注形态时，给出胶子存在的实验证据和相应的强相互作用耦合常数. 从胶子喷注相对于夸克喷注的角分布，肯定了胶子自旋为1.

强相互作用的主要特点如下.

(1) 夸克都带有“色”，可以有R、G和B三种色.

(2) 夸克的色可通过交换胶子而改变. 胶子带有色荷，每个胶子带有一个“色”和“反色”. 三种“色”和三种“反色”可以有9种组合，但其中一组全对称的组成$(R\bar{R}+G\bar{G}+B\bar{B})$是无色的，所以QCD强相互作用的传播子的胶子可以有8种色：

$$R\bar{B},\quad R\bar{G},\quad B\bar{G},\quad B\bar{R},\quad G\bar{R},\quad G\bar{B},\quad \frac{1}{\sqrt{2}}(R\bar{R}-B\bar{B}),\frac{1}{\sqrt{6}}(R\bar{R}+B\bar{B}-2G\bar{G})$$

(3) 夸克和胶子的耦合常数以 α_s 表示. 如图 5.8.4(b)所示,在电磁相互作用的顶点,耦合常数为 α. 胶子是质量为 0、自旋为 1 的粒子.

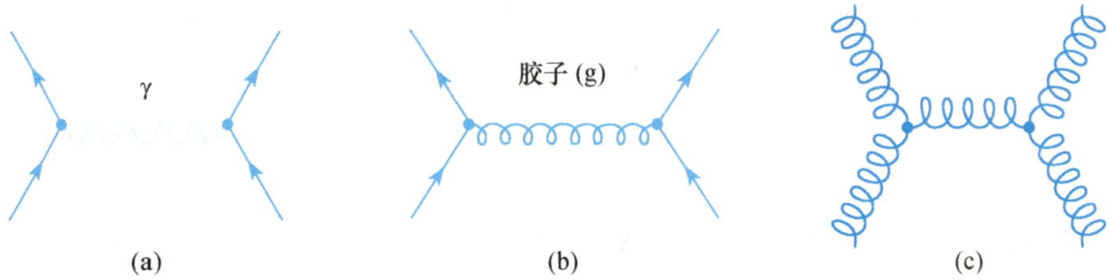

图 5.8.4 强相互作用与电磁相互作用的比较

(a) 电磁相互作用;(b) 强相互作用;(c) 强相互作用中胶子的自耦合

(4) 胶子本身是带有色荷的,所以胶子之间有相互作用,如图 5.8.4(c). 这是和电磁相互作用的最主要的不同,光子是不带电荷的,光子间没有相互作用.

(5) 渐近自由. QCD 的规范玻色子是具有色荷的胶子,胶子可以在"真空"中散射和吸收胶子,两个"色荷"之间激发起的色胶子"云"对两个相互作用的色荷起着反屏蔽的效应,随着 q^2 的增加(随两者距离的减小)而使耦合变弱. 当夸克之间非常接近时,强相互作用力是如此之弱,以至于它们完全可以被当作自由粒子处理. 这种现象称为"渐近自由". 然而,当它们间的距离增加时就有更强的吸引力. 强相互作用的这种特点在 1973 年由三位美国物理学家格罗斯(D. J. Gross,1941～　,美国)、威尔切克(F. Wilczek,1951～　,美国)和波利策(H. D. Politzer,1949～　,美国)在理论上明确表示出来,他们三人分享了 2004 年的诺贝尔物理学奖. 强相互作用耦合常数 α_s 随动量转移 q^2 的变化有下面关系:

$$\alpha_s(q^2) = \frac{\alpha_s(\mu^2)}{1+\frac{\alpha_s(\mu^2)}{12\pi}(33-2f)\ln\left(\frac{q^2}{\mu^2}\right)}$$

其中,f 表示夸克"味"的数目. QCD 这一理论在最近几年的实验中得到了很好的证实,α_s 的实验数据明显地表明其随 q^2 的变化,见图 5.8.5. 在 $q\sim 100\text{GeV}$ 时,LEP 的实验得 $\alpha_s(M_Z)=0.12$.

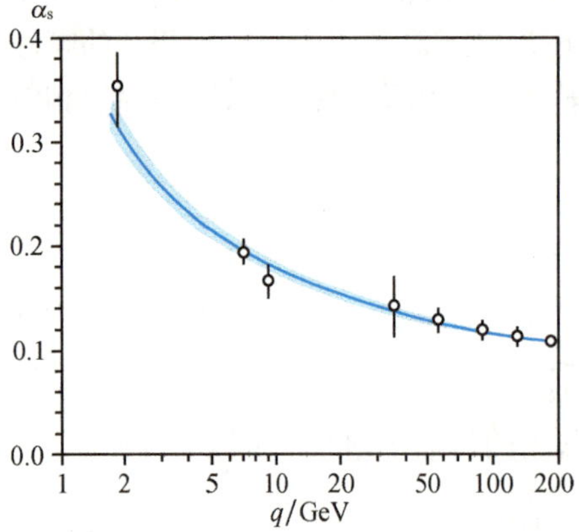

图 5.8.5 强相互作用的耦合系数随动量转移的变化

由胶子的质量为 0,可以预期静态 QCD 的势能应和 QED 类似有 $1/r$ 的形式. 通过对介子的激发态谱等的研究给出夸克间的势能可以用下式描述:

$$V_s = -\frac{4}{3}\frac{\alpha_s}{r} + kr \tag{5.8.10}$$

其中,第一项与库仑势相似.由于胶子有八种色态,对三种夸克的色取平均可得因子 8/3,历史上对 α_s 定义时引入一个因子 2,所以在式(5.8.10)中出现的因子为 4/3.第二项是线性项,$k\approx$1GeV/fm.可以想象夸克间由于胶子间相互作用,色场的力线像弹力线一样拉在一起,形成色管或弦.随着一对夸克间距离 r 的增大,势能($\sim kr$)不断增加,当势能超过产生一对夸克-反夸克所要求的能量时,就产生了一个介子(夸克-反夸克束缚在一起)而不可能把一端夸克拉出成为一个孤立夸克,这就是所谓的"色禁闭".夸克只能禁闭在强子内,而不可能以自由粒子的形式存在,可形象地用图 5.8.6 说明.

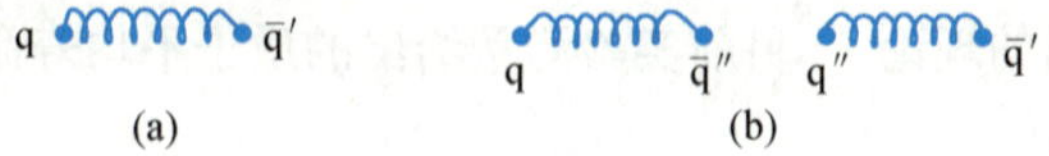

图 5.8.6 弦模型示意图

(a) 连接两个夸克之间的胶子"弦"将夸克间距离拉大所消耗的能量和弦的长度成正比;
(b) 弦断裂为两个短弦而产生了一个介子

前面讨论了夸克禁闭,在什么条件下可能把禁闭解除呢?物理学家设想在极高温或极高能量密度下的强子物质应可以通过相变进入夸克-胶子等离子的状态,例如,在极高能量下的核-核碰撞,夸克和胶子可能解除禁闭,发生相变,由夸克和胶子束缚(禁闭)在强子内的低能相,转变为在一定尺度范围的"夸克-胶子等离子体".格点 QCD 的计算表明这种相变的临界温度~170MeV.对这种新物质形态的寻找,高能核物理学界自 20 世纪 70 年代开始就做了许多努力,目前美国布鲁克海文国家实验室的相对论重离子对撞加速器(RHIC)可以提供每核子 100GeV 的金核-金核对撞(总质心能为 39.4TeV),即将建成的欧洲大型强子对撞机可实现铅核-铅核的对撞(质心能为 1312TeV).实验的主要目标就是寻找和研究夸克-胶子等离子体.在 RHIC 的实验中已发现了一些新的实验现象(有部分物理学家已宣称实现了夸克-胶子等离子体),正待进一步深入.

5.8.5 守恒定律与对称性

量子力学中存在着与经典物理中相应的一些守恒量,如能量、动量、角动量.此外,量子物理中还存在着一些特有的守恒量.它们描绘着亚原子世界的各个成员的基本特性以及它们之间相互作用应服从的一些基本规律.守恒定律的深刻物理内涵是物理系统的对称性.

守恒定律在粒子物理的研究中具有重要意义,守恒定律都是相互作用的哈密顿量具有相应的对称性或运动方程的拉氏量具有在某种变换下的不变性的表现.通过守恒定律可以检验各种动力学理论,另外,对守恒定律的测试也可了解相互作用的拉氏量.

1. 在各种相互作用中需遵守的守恒律

在粒子物理中除了已熟悉的经典物理中的能量、动量、角动量和电荷的守恒律是严格遵守的之外，还有一些新的守恒律是在各种相互作用中都要遵守的.

1）重子数守恒

在各种相互作用过程中，反应初态的重子数的总和必须等于反应末态的重子数的总和. 重子数守恒可表示为

$$\sum_{\text{反应前}} B = \sum_{\text{反应后}} B = \text{常数} \tag{5.8.11}$$

我们知道质子是最轻的重子，如果质子会衰变，那重子数就不再守恒了，就突破我们已有的相互作用的理论了. 目前实验测量给出的质子平均寿命为$>10^{31}$年.

2）轻子数守恒

在所有的反应过程中轻子数及味轻子数守恒. 至今所有的实验表明，在各种相互作用中

$$\begin{cases} \sum\limits_{\text{反应前}} L_e = \sum\limits_{\text{反应后}} L_e = \text{常数} \\ \sum\limits_{\text{反应前}} L_\mu = \sum\limits_{\text{反应后}} L_\mu = \text{常数} \\ \sum\limits_{\text{反应前}} L_\tau = \sum\limits_{\text{反应后}} L_\tau = \text{常数} \end{cases} \tag{5.8.12}$$

2. 在一定条件下遵守的守恒律

1）奇异数守恒

“味”在强和电磁相互作用过程中守恒，但在弱相互作用中可以不守恒. 从夸克的层次上来看，在强相互作用过程中夸克间只是通过胶子交换“色”，可以改变“色”但不改变“味”. 所以强相互作用过程是“味”守恒的，因此奇异数一定是守恒的. 但在弱相互作用过程中“味”可以改变，所以弱相互作用中奇异数可以不守恒，在弱相互作用中奇异数的改变有两种情形：$\Delta S=0$，或$|\Delta S|=1$. 例如，弱相互作用衰变过程中有

$$\mathrm{n} \longrightarrow \mathrm{p} + \mathrm{e}^- + \bar{\nu}_e, \quad \Delta S = 0$$

$$\Lambda \longrightarrow \mathrm{p} + \pi^-, \quad \Delta S = 1$$

2）同位旋守恒和同位旋第三分量守恒

（1）在强相互作用过程中，同位旋 I 和同位旋第三分量 I_3 是一个守恒的量子数. 最早的证明来自核子间的强相互作用只和 I 有关，与电荷无关的实验. 由夸克模型的概念，质子(uud)和中子(udd)的差别只是组成中的一个 u 夸克换成了 d 夸克，中子和质子的质量非常接近，这反映了 d、u 夸克的质量很接近. 在强相互作用过程中 u、d 夸克可以看作是等同的，这就表现为同位旋量子数守恒.

例 5.8.1

试确定氘核的同位旋.

解 每个核子的 $I=1/2$,由两个核子组成的系统的同位旋波函数,类似于两个自旋为 1/2 的粒子组成系统的总自旋的波函数,系统的同位旋波函数是具有交换对称波函数的同位旋为 1 的三态和交换反对称的同位旋为 0 的单态. 即

$$\chi(1,1)=p(1)p(2)$$

$$\chi(1,0)=\frac{1}{\sqrt{2}}[p(1)n(2)+n(1)p(2)]$$

$$\chi(1,-1)=n(1)n(2)$$

$$\chi(0,0)=\frac{1}{\sqrt{2}}[p(1)n(2)-n(1)p(2)]$$

两个核子系统的总波函数是由三部分的波函数组成的:空间位置波函数、自旋波函数和同位旋波函数,可以写成

$$\Psi=\phi(\text{空间})\alpha(\text{自旋})\chi(\text{同位旋})$$

中子和质子的 I_3 分别是$-1/2$ 和$+1/2$. 它们可以组成的同位旋量子数(I,I_3),$I_3=0$,可能是 $I=1$ 和 $I=0$ 的态.

已知氘的自旋为 1,轨道角动量 $l=0$(混有少量的 $l=2$). 所以它的空间波函数是交换对称的,自旋波函数也是交换对称的. 两个核子(费米子)系统的波函数必定是交换反对称的,因此,在这种情况下它们的同位旋波函数必定是交换反对称的,也就是它们的同位旋量子数必定是 $I=0$、$I_3=0$.

例 5.8.2

试求下列两个反应的截面比:

(1) $\mathrm{p}+\mathrm{p}\longrightarrow\mathrm{d}+\pi^+$;

(2) $\mathrm{p}+\mathrm{n}\longrightarrow\mathrm{d}+\pi^0$.

解 氘的 $I=0$,π^+ 的 $I=1$、$I_3=+1$,π^0 的 $I=1$、$I_3=0$.

反应(1) $\mathrm{p}+\mathrm{p}\longrightarrow\mathrm{d}+\pi^+$

粒子	同位旋 I	同位旋第三分量 I_3
d	0	0
p	1/2	+1/2
π^+	1	+1
p+p	1	1
$\mathrm{d}+\pi^+$	1	1

反应(2) $p+n \longrightarrow d+\pi^0$

粒子	同位旋 I	同位旋第三分量 I_3
d	0	0
p	1/2	+1/2
π^0	1	0
n	1/2	−1/2
p+n	1,0	0
$d+\pi^0$	1	0

两个反应的终态都是 $I=1$,反应(1)的初态是纯的 $I=1$,而反应(2)的初态有50%是 $I=1$,另外的50%是 $I=0$. 由同位旋守恒,两个反应只有对 $I=1$ 的初态才能发生. 所以它们的截面 σ 比为

$$\frac{\sigma(2)}{\sigma(1)}=0.5$$

(2) 在电磁相互作用过程中,同位旋不守恒,但同位旋第三分量守恒.

(3) 在弱相互作用过程中,同位旋和同位旋第三分量都不守恒.

例 5.8.3

写出 $\Lambda \longrightarrow p+\pi^-$ 过程中每个粒子的 I 和 I_3,并指出这是哪种相互作用的过程.

解

粒子	同位旋 I	同位旋第三分量 I_3
Λ	0	0
p	1/2	+1/2
π^-	1	−1

此过程中同位旋和同位旋第三分量都不守恒,只能是一个弱相互作用的衰变过程.

此讨论粒子系统的量子数时,根据守恒律和量子数的行为可以把量子数分为两类:一类是相加性量子数,例如,电荷、重子数、轻子数、奇异数(包括其他的味量子数)和同位旋第三分量等,它们遵守量子数的总和守恒的规律. 另一类量子数的值只有+1或−1两种,例如,宇称、粒子系统的宇称是各部分波函数宇称的乘积,这些量子数称相乘性量子数,在这类守恒律中,量子数的乘积是一个不变量.

3) 宇称守恒

宇称的概念在讨论波函数及介绍粒子的内禀特性时已经引入,宇称算符的运算就是进行空间反射. 物理规律在空间反射下的不变性导致宇称守恒. 但空间反射对称性不是普适的,弱相互作用过程破坏宇称守恒.

观察宇称守恒是否被破坏的一个方法是,以平面镜来反射真实实验. 空间反演

的操作相当于对镜面反射加上绕镜面法线旋转 180°. 若转动不变性成立,则镜面反射对称性的检验就等价于对空间反演对称性的检验. 经典物理规律都具有镜面反射对称性. 于是人们自然地推测微观物理现象也是空间反射对称的. 在电磁和强相互作用过程的现象确实遵守宇称守恒的规律.

1956 年以前,人们发现经典物理的各种过程以及各种原子过程的左右对称性都严格成立. 人们对各种亚原子过程左右对称性,即宇称守恒是否严格成立,并没有认真地考察过. 20 世纪 50 年代在加速器实验中观测到了带正电的介子 τ^+ 和 θ^+,它们的衰变过程分别为

$$\tau^+ \longrightarrow \pi^+ + \pi^+ + \pi^-, \quad \theta^+ \longrightarrow \pi^+ + \pi^0$$

即分别衰变到 3π 和 2π 的末态. 实验测量发现它们都是自旋为 0 的奇异粒子,质量几乎相同,都为～500MeV. 平均寿命也没什么差别,约为 10^{-8}s,是弱衰变的粒子. 它们重要的量子数(电荷、质量、自旋、平均寿命)都相同. 由这些特性推测,它们应该是同一个粒子. 但它们的衰变末态又不同,那么,2π 末态和 3π 末态有什么重大的区别呢? π^+、π^-、π^0 是一组 $I=1$ 的同位旋多重态,强相互作用不能分辨它的三个成员. 因此,π^+、π^-、π^0 都具有相同的内禀宇称,它们的 $J^P=0^-$. 由于 θ^+ 的自旋为 0,所以末态 2π 系统的宇称只能为$+1$,即 θ^+ 的宇称为$+1$. 对 τ^+ 的末态为 3π,它的宇称只能是-1. 如果支配 τ^+ 和 θ^+ 衰变的弱相互作用过程宇称是守恒的,那它们就不可能是一种粒子,而是两个完全不同的粒子. 但是从它们的强相互作用产生过程来看,例如

$$\pi^+ + \mathrm{n} \longrightarrow \begin{cases} \tau^+ + \Lambda \\ \theta^+ + \Lambda \end{cases}$$

τ^+ 和 θ^+ 是无法区别的,从宇称来分析,中子和 Λ 的 $J^P=(1/2)^+$,所以 τ^+ 和 θ^+ 的宇称都是-1. 这就是所谓的 τ-θ 困惑.

1956 年,李政道和杨振宁查阅了许多物理实验资料,发现电磁相互作用过程和强相互作用过程宇称守恒有很多实验资料支持. 而当时对弱相互作用过程宇称守恒还没有任何实验真正检验过. 于是他们率先提出弱相互作用过程可能不服从宇称守恒定律,实际上 τ、θ 是一种粒子,称为 K 粒子. K^+通过衰变到达不同宇称的末态. 为此,他们提出了用一些实验对弱相互作用过程宇称不守恒进行检验. 其中的一个实验就是极化^{60}Co 原子核 β 衰变的角分布测量. 吴健雄及其合作者在 1957 年用实验证实了在 β 衰变中宇称不守恒.

实验的物理构思和重要的物理结果可用图 5.8.7 来说明. 设想 ^{60}Co 原子核的自旋向上,在镜像中它的自旋是向下的. 与自旋反向发射 β 粒子的镜像是沿自旋方向发射 β 粒子. 因此,如果宇称守恒,则沿自旋方向和反自旋方向发射 β 粒子的概率应该是一样的;否则,就表明宇称不守恒. 吴健雄在实验时使 ^{60}Co 原子核处在很低的温度

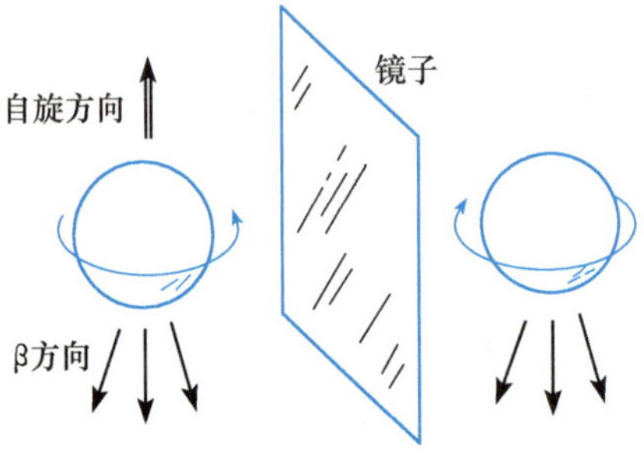

图 5.8.7　极化^{60}Co 原子核 β 衰变过程的镜像

(0.01K)和非常强的磁场中，以实现原子核的极化，测量结果是 β 粒子背向 ^{60}Co 极化方向发射的概率比沿着极化方向发射的要高出约 20%. 实验结果令人信服地表明在 β 衰变过程中空间反射变换下的对称性破缺. 此后发现，其他一系列的实验，例如，Λ 的衰变也表明在弱相互作用中宇称不守恒. 李政道和杨振宁因发现弱相互作用中宇称不守恒而获得 1957 年诺贝尔物理学奖.

4) C 宇称守恒

(1) 电荷共轭变换是把粒子(反粒子)变为反粒子(粒子). 如果用狄拉克符号来表示 π 粒子的波函数，例如，π^+ 写为 $|\pi^+\rangle$，电荷共轭变换用 $\hat{C}$ 来表示，则在 $\hat{C}$ 运作下

$$\hat{C}\mid\pi^+\rangle=\mid\pi^-\rangle$$

显然，π^+ 不是 $\hat{C}$ 的本征态. 粒子和反粒子具有符号相反、绝对值相同的相加性量子数. 对相加性量子数全为零的粒子，为纯中性粒子，它们的反粒子即为它本身. 所以，纯中性粒子是电荷共轭宇称的本征态. 中性 π 介子是相加性量子数全为零的粒子，它是 $\hat{C}$ 的本征态.

$$\hat{C}\mid\pi^0\rangle=\eta\mid\pi^0\rangle$$

其中，η 是常数，再用 $\hat{C}$运行一次，$\hat{C}(\eta|\pi^0\rangle)=\eta C|\pi^0\rangle=\eta^2|\pi^0\rangle=|\pi^0\rangle$，$\eta^2=1$，所以

$$\hat{C}\mid\pi^0\rangle=\pm1\mid\pi^0\rangle$$

γ光子也是纯中性粒子，运动的电荷产生电磁场，在 $\hat{C}$ 变换下电流要改变符号，电磁矢量势 $\boldsymbol{A}$ 改变符号，因此光子的 C 宇称为-1. C 宇称是相乘的量子数，一个多光子系统的 C 宇称为$(-1)^n$. 中性 π 介子的衰变为

$$\pi^0\longrightarrow2\gamma$$

由此定出中性 π 介子的 C 宇称为$+1$，$C|\pi^0\rangle=+1|\pi^0\rangle$.

对一个相加性量子数总和都为零的粒子系统，应该是电荷共轭变换算符的本征态. 对一个粒子和一个它的反粒子构成的系统，其本征值由系统的轨道角动量和自旋的取值确定. 它的 C 宇称的本征值为$(-1)^{L+S}$.

(2) 现有的实验和理论证明，电磁相互作用和强相互作用过程中 C 宇称都守恒.

(3) 弱相互作用过程电荷共轭变换对称性破缺. 已有的实验发现弱相互作用过程中 C 宇称不守恒.

5) CP 联合变换和时间反演变换不变性

(1) 在电荷共轭换算下，一个左手(LH)中微子转换为 LH 的反中微子，这种 LH 反中微子态是不存在的. 然而，在 CP 的联合运算下，LH 中微子 ν_L 转换为右手(RH)的反中微子 $\bar{\nu}_R$，如图 5.8.8 所示. 所以，虽然弱相互作用过程中空间反演(宇称)和电荷共轭变换(C 宇称)都不守恒，但 CP 联合变换却是守恒的. 许多实验证明在弱相互作用过程中 CP 联合变换是守恒的.

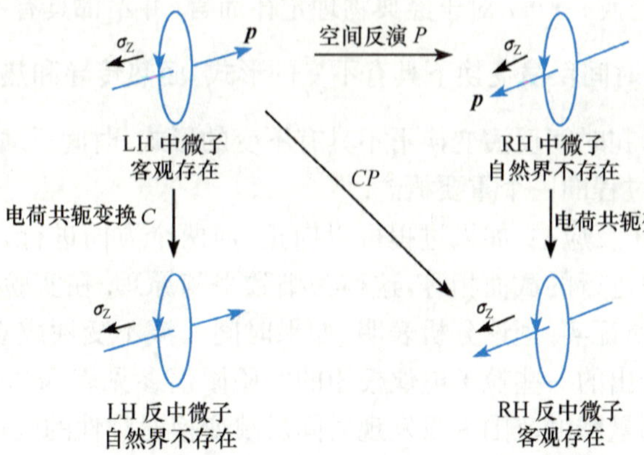

图 5.8.8 C、P 和 CP 算符对中微子和反中微子态的运作结果

(2) 弱相互作用过程中的 CP 破坏现象. 1964 年前物理学界认为，在各种相互作用过程中 CP 联合变换都是守恒的. 强相互作用和电磁相互作用中奇异数守恒，强相互作用产生的介子 K^0 和它的反粒子 $\bar{K}^0$ 具有确定的奇异数，由 $p+\bar{p}\longrightarrow\bar{K}^0+K^++\pi^-$ 反应，可确定 $\bar{K}^0$ 的奇异数为-1，它的夸克组成为 $\bar{d}s$. 弱相互作用过程中奇异数不守恒，K^0 和 $\bar{K}^0$ 均不是弱相互作用的本征态，它们的混合构成中性 K 介子的弱相互作用的本征态 K_1 和 K_2. K_1 衰变为 2π，2π 系统的 CP 宇称为$+1$. K_2 衰变为 3π，CP 宇称为-1. 它们的寿命分别为

$$\tau(K_1)=8.9\times10^{-11}\,s,\quad \tau(K_2)=5.18\times10^{-8}\,s$$

寻找长寿命的中性 K_L 的 2π 衰变就是寻找 CP 宇称破缺的实验证据. 1964 年，克罗宁(J. W. Cronin，1931～2016，美国)和菲奇(V. L. Fitch，1923～2015，美国)等在研究中性 K 介子衰变的实验中发现了长寿命中性 K 介子衰变到 2π 的稀有现象，该过程 CP 联合变换对称性破缺. 克罗宁和菲奇因此项工作而获得了 1980 年的诺贝尔物理学奖.

K 介子在研究弱相互作用理论中扮演着重要角色，τ-θ 谜，即带电 K 介子衰变的奇特性质，使杨振宁和李政道提出宇称不守恒的弱相互作用理论. 中性 K 介子衰变证实了该过程中 CP 联合变换的对称性破缺. 为什么都和 K 介子有关？K 介子是由 s 夸克(第二代夸克的成员)组成的介子，那么在第三代 b 夸克组成的介子

中是否也存在 CP 破坏的现象呢？在 20 世纪 90 年代后期建成的高亮度的能量～10GeV 的加速器（B 介子工厂）上进行实验的实验组、日本的 Belle 和美国的 BABAR 组都观测到了 B 的衰变中 CP 破坏的直接证据，B 衰变幅度的不对称的值为

$$\frac{\Gamma(\bar{\mathrm{B}}_0 \to \mathrm{K}^- + \pi^+) - \Gamma(\mathrm{B}^0 \to \mathrm{K}^+ + \pi^-)}{\Gamma(\bar{\mathrm{B}}_0 \to \mathrm{K}^- + \pi^+) + \Gamma(\mathrm{B}^0 \to \mathrm{K}^+ + \pi^-)} = -0.113 \pm 0.020$$

（3）时间反演变换 $t \to -t$ 对于经典物理定律而言，并不都具有不变性．牛顿第二定律 $\boldsymbol{F} = m\dfrac{\mathrm{d}^2\boldsymbol{r}}{\mathrm{d}t^2}$ 在时间反演变换下具有不变的形式，而热传导和热扩散方程包含着时间的一次微分，在时间反演变换下不具有不变的形式．时间反演变换不变性是近代物理研究微观过程的一个重要概念．

在原子核和粒子反应中，如果过程可以向正、逆两个方向进行，时间反演不变要求反应的正、逆向进行的截面相等，这称为细致平衡原理．在实验误差范围内这为原子核物理实验所证实．理论分析表明，如果时间反演不变性成立，则粒子的电偶极矩为零．实验给出的一些粒子电偶极矩的实验限值参见表 5.8.4，实验数据表明，在电偶极矩的测量精度范围内没发现时间反演变换对称性的破坏．

表 5.8.4　一些粒子的电偶极矩的实验值

粒子	n	p	e^-	μ
EDM/(e·cm)	$<6.3\times10^{-26}$	$<5.4\times10^{-24}$	$(7\pm7)\times10^{-28}$	$(3.7\pm3.4)\times10^{-19}$

3. CPT 定理

量子场论要求所有相互作用过程在 C、P 和 T 变换的联合作用下具有不变性，不管它们的顺序如何放置．这是量子场论的一个最重要的定理．此定理是从物理学的最基本假设得来的．CPT 定理预言粒子和它的反粒子应有相同的质量和寿命．表 5.8.5 列出一些粒子的相关量的实验结果．

表 5.8.5　一些粒子及其反粒子的质量和寿命

粒子	质量差/质量平均值	寿命差/寿命平均值	磁矩差/磁矩平均值
(e^+, e^-)	$<8\times10^{-9}$	—	$(-0.5\pm2.1)\times10^{-12}$
(μ^+, μ^-)	—	$(2\pm8)\times10^{-5}$	$(-2.6\pm1.6)\times10^{-8}$
(π^+, π^-)	$(2\pm5)\times10^{-4}$	$(6\pm7)\times10^{-4}$	—
(K^+, K^-)	$(-0.6\pm1.8)\times10^{-4}$	$(0.11\pm0.09)\%$	—
$(p, \bar{p})$	$<1.0\times10^{-8}$	—	$(-2.6\pm2.9)\times10^{-3}$

5.9 粒子物理标准模型

5.9.1 粒子物理的标准模型简述

综合前面几节的讨论，可以认为所有已知的物质是由 6 种夸克（每种夸克有三种“色”）和 6 种轻子（夸克和轻子都是费米子），通过交换相互作用力载体（规范玻色子）而结合在一起. 夸克和轻子可以分为三代，它们都是自旋为 1/2 的粒子. 三代基本费米子及夸克的质量分布见图 5.9.1.

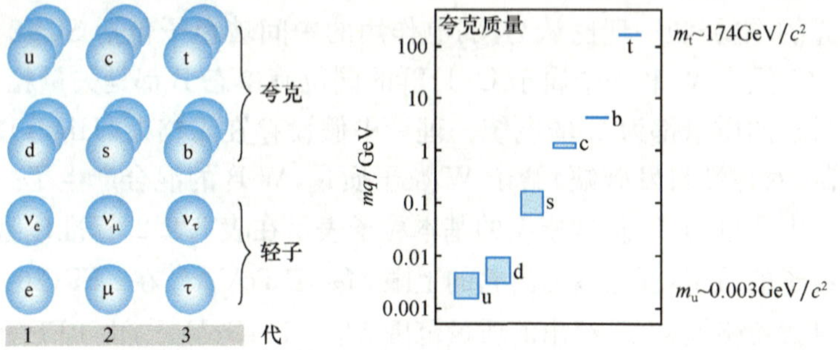

图 5.9.1　三代基本费米子及夸克的质量分布

每一代夸克之间的电荷差是 (e)，每代轻子的电荷差也是 (e). 至今的实验表明，在 10^{-18}m 的线度上仍可以认为这些粒子是点粒子. 第一代费米子组成了与我们日常生活密切相关的物质世界. 另外，基本费米子的质量是一代比一代重. 夸克的质量分布在很宽的范围，最轻的第一代夸克的质量～3MeV/c^2，而第三代顶夸克的质量为 174GeV/c^2.

四种相互作用力支配着宇宙中的一切运动：引力相互作用、弱相互作用、电磁相互作用和强相互作用，见图 5.9.2. 引力是四种相互作用力中最弱的力，主宰大物体，如恒星等天体的运动，但在原子核及亚核粒子等微观粒子的作用中基本可忽略. 强相互作用力使夸克束缚在一起形成强子，使核子结合为原子核. 电磁力将原子核和电子组成原子，构成分子，由它决定物质的化学和物理性质. 弱力支配着 β 衰变那类过程，所有的粒子间都存在弱相互作用，只是当其他相互作用与它同时存在且能量较低 ($q \ll M_W$) 时，它的影响很小而可忽略. 这些相互作用对应的规范玻色子及相应的理论列在表 5.9.1 中.

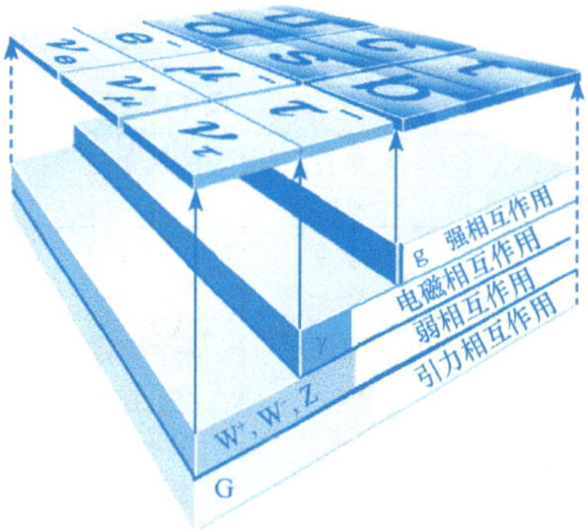

图 5.9.2　已知的四种相互作用

表 5.9.1　三种作用力相应的矢量规范玻色子

	弱作用力	电磁力	强作用力
媒介子	W^+,W^-,Z^0	光子	胶子
作用于	夸克，轻子	夸克，带电轻子，W^+，W^-	夸克，胶子
相关的理论	弱电统一理论		QCD
	标准模型		

标准模型(standard model，SM)是目前用来描述基本粒子及它们之间相互作用的规范量子场理论. 标准模型是用电弱统一理论和量子色动力学来处理微观粒子间相互作用及其运动的理论. 三代夸克和轻子间的相互作用都是以矢量规范玻色子为媒介的. 电弱统一理论认为，弱电作用的中间玻色子包括 SU(2)群的弱同位旋为 1 的三重态 W 和一个属于 U(1)群的同位旋单态 B 都是矢量粒子. 规范理论要求场量子的质量都为 0. 弱电统一理论中假设存在希格斯(Higgs)场，引入了希格斯机制(对称性自发破缺)给予 W 粒子质量，W-B 的混合产生了一个质量为零的光子和大质量的 Z^0. 标准模型的基本粒子表示在表 5.9.2. 标准模型并不能给出希格斯粒子的质量，理论只给出它的上限 $M_H<1\text{TeV}/c^2$. 在 LEP(200GeV)的实验中直接寻找希格斯粒子，给出的质量范围 $M_H>114\text{GeV}/c^2$，由 LEP 和 Tevatron 数据对电弱参数的测量给出希格斯粒子的质量范围 $M_H\approx117\sim251\text{GeV}/c^2$. 在标准模型中是用对称破缺的 SU(2)×U(1)的电弱统一理论来处理电弱作用，其中 SU(2)包含左手弱同位旋二重态(就如 e_L^- 和 ν_e)和 U(1)包含右手同位旋单态(如 e_R^-). 强相互作用由量子色动力学(QCD)来描述. 标准模型能基本解释至今粒子物理的实验，主要的预言能精确地被实验验证，例如，在由 LEP 的实验数据给出顶夸克的质量为 $M_t\approx170\text{GeV}/c^2$，与后来费米实验室 CDF 组的实验测量值很接近，并取得很大的成功，Higgs 玻色子于 2012 年 7 月 4 日在欧洲核子研究中心的大型强子对撞机(LHC)上被发现，这一发现验证了标准模型的 Hiffs 机制.

表 5.9.2　标准模型

费米子				玻色子	自旋	质量/(GeV/c^2)	
夸克	上夸克 u	粲夸克 c	顶夸克 t	光子 γ	1	0	相互作用力的载体
	下夸克 d	奇夸克 s	底夸克 b	Z Z 玻色子	1	91.187	
轻子	电子中微子 ν_e	μ 子中微子 ν_μ	τ 子中微子 ν_τ	W W 玻色子	1	80.425	
	电子 e	μ 子 μ	τ 子 τ	g 胶子	1	0	
				H 希格斯粒子	0	125	

5.9.2 其他物理理论模型

虽然标准模型取得很大成功,得到实验精确验证,然而,标准模型仍存在一些弱点和问题:理论本身引入了多个(约 19)参数,在标准模型中希格斯的质量是一个自由参数,其他参数有:标量粒子的各种自作用耦合常数以及标量粒子与各费米子间的耦合常数等.目前仍有许多问题标准模型无法给出解答和解答不完善.例如,为什么基本费米子都是三代?而且各代间的质量有如此大的差别;费米子的质量来源;夸克的味有混合,轻子的不同代之间是否也有混合?1998年已有实验证据表明中微子间有混合,中微子有质量,这已不是标准模型可解释的现象.

1. 大统一理论

物理学家总是追求更完美、更基本和更简单的统一理论.弱电统一理论的成功促使物理学家希望能有一个理论在更高的能量下使得强相互作用和弱电作用实现统一,即具有更高的对称性.一些大统一理论模型(GUT)估计在能量 M_X 约为 10^{15}GeV 时三种耦合常数能趋于一致.用 α_1、α_2、α_3 表示耦合强度,$\alpha_1=\frac{8}{3}\alpha_{EM}=\frac{8}{3}\frac{e^2}{4\pi}$,$\alpha_2=\frac{g^2}{4\pi}$,$\alpha_3=\alpha_s$(这里 g 是弱相互作用的耦合常数).大统一理论意味着在 $E=M_X$ 时三个耦合系数将相等,即

$$\alpha_1(M_X)=\alpha_2(M_X)=\alpha_3(M_X)=\alpha_{GUT}$$

但将实验测到的这些系数外推到高能,这些耦合系数并不能汇合在一个点,如图 5.9.3(a)所示.

大统一理论中,夸克可以通过交换 X 玻色子转换为轻子,这将会引起质子衰变.非超对称的大统一理论 SU(5)预言质子衰变的寿命 $\tau_p\approx10^{30\pm1}$a.综合 2022 年的数据给出质子寿命 $\tau_p>9\times10^{29}$a.

2. 超对称理论

超对称(SUSY)理论认为存在"费米子-玻色子"的对称性,即所有已知的费米子(玻色子)都有它对应的玻色子(费米子)配偶.超对称理论可实现三种相互作用的统一,见图 5.9.3(b),可避免希格斯粒子的质量在非常高能量时不稳定和发散的"层级问题"(hierarchy problem),并为解释"暗物质"提供可能的组成.

在超对称理论中引入一个新量子数 R,在超对称粒子的产生时要遵循量子数 R 守恒,即超对称粒子是 $R=\pm1$ 成对产生的.例如,在夸克-反夸克湮灭时可产生超对称夸克($\tilde{q}$)和超对称反夸克 $\tilde{\bar{q}}$对,写为 $q+\bar{q}\longrightarrow\tilde{q}+\tilde{\bar{q}}$,在粒子符号上加一个弯

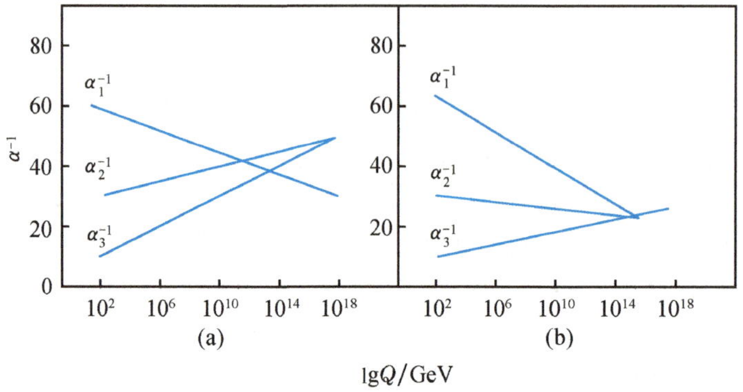

图 5.9.3　耦合系数随能量标度的变化

(a) 大统一理论预言；(b) 超对称理论预言

曲符号表示是超对称粒子. 最常用的是“最小超对称标准模型”(minimal supersymmetric stardard model, MSSM). 表 5.9.3 给出相应的超对称粒子.

表 5.9.3　粒子及它的超对称配偶

粒子	自旋	超对称粒子	自旋
夸克 q	1/2	标量夸克 $\tilde{q}$	0
轻子 l	1/2	标量轻子 $\tilde{l}$	0
光子γ	1	$\tilde{\gamma}$	1/2
胶子 g	1	$\tilde{g}$	1/2
$W^{\pm}$	1	$\tilde{W}^{\pm}$	1/2
Z^0	1	$\tilde{Z}^0$	1/2

SUSY 粒子间的耦合和质量由四个参数(三个质量和一个混合角)来描述. 混合角以 β 表示, $\tan\beta = \upsilon_2/\upsilon_1$, 其中, υ_1、υ_2 是希格斯场 H_1 和 H_2 的真空期待值. 至今实验上没有发现超对称粒子, 只是给出标量夸克和标量轻子的质量下限约 100GeV, 因此寻找超对称粒子也是下一代加速器实验的一个主要目标.

其他的理论模型还有: 物理学家预期在普朗克能标, 即约 10^{19} GeV 时, 四种相互作用统一, 引力应和其他的作用力一样强, 但在低能时引力比起其他三种相互作用弱太多了(是电磁相互作用的 10^{-37}), 这很难给出自然的解释. 超弦理论在四维时空中不能自洽, 要求有额外的空间维. “额外维”(extra dimension)理论认为, 引力可以在额外维空间中传播, 引力可以和其他相互作用一样强, 但在四维时空中它很弱. 引力在这些额外维中会产生大量的高能电子和光子对, 因此在高能实验中测量和分析电子和光子的产额可以探索这种理论.

粒子物理的发展使我们认识到物质是由一些基本粒子(夸克、轻子和规范玻色子)组成的,粒子是通过交换作用力的载体(中间玻色子)而相互作用结合在一起的. 以标准模型而论,基本费米子有夸克(有 6 种味,每种味有 3 种颜色)和轻子(6 种),它们都有相应的反粒子,所以总共就有 48 种基本费米子. 如果再考虑这些粒子的手征性,那数目还要多. 这就使我们不得不考虑:这些粒子是基本的吗? 是否还有进一步的结构层次? 夸克的禁闭能解除吗? 夸克的质量是由什么决定的? 粒子物理的成就将我们引向一个新的前沿,提出更多的挑战.

5.10 宇宙演化

人类一方面在微观领域探索,粒子越来越小,能量越来越高,另一方面又向越来越广阔的领域开拓,研究各种星体乃至整个宇宙的问题,同样能量越来越大. 人们惊奇地发现,两个方向的规律竟会融合在一起. 在微观世界我们总结出了一个成功的理论,称为**粒子标准模型**(partical standard model,PSM),在研究宇宙演化的宇观领域,多年的研究发展出一套理论,即标准宇宙学模型,或为了对称,可以称为**宇宙学标准模型**(standard model of cosmology,CSM).

5.10.1 宇宙学标准模型

宇宙学研究宇宙整体的演化. 宇宙学标准模型基于下面三个出发点.

1. 宇宙学原理

宇宙学原理假设宇宙在空间上(大尺度上)是均匀和各向同性的. 这是大量的观测所支持的. 由此原理确定了四维时空的大致结构.

2. 广义相对论

爱因斯坦把引力几何化,而时空结构由物质分布决定,提出了爱因斯坦方程,它掌管着宇宙的大尺度行为.

3. 状态方程

状态方程主要是指密度和压强之间的关系,状态方程反映了宇宙中构成成分的物性.

由此出发,可以建立宇宙动力学方程,从而讨论标准宇宙学.

标准宇宙学中的一个典型理论是大爆炸理论,认为我们的原始宇宙是由一个高能(高温)高密度的物质奇点经大爆炸而生成. 在开始的时候,温度极高,密度极大,现有各种物质形态和相互作用都不存在. 随着膨胀冷却,各种物质和相互作用相继出现,经历电子、夸克、光子、胶子、强子、中微子、原子核、原子、分子、星云、恒星、星系等阶段而逐步演化到今天的世界.

描述演化需要用一定的参数.可以用温度(能量)或时间.由大爆炸模型可得到辐射温度与膨胀时间的关系

$$kT=\left(\frac{45\hbar^3c^5}{32\pi^3G_N}\right)^{1/4}\frac{1}{t^{1/2}}\approx\frac{1\text{MeV}}{t^{1/2}} \tag{5.10.1}$$

这里 t 以 s 为单位.以时间和能量为基本参数,根据粒子物理和核物理等基本理论,可以推测出我们宇宙演化的历史简貌(表 5.10.1 及图 5.10.1).

表 5.10.1 由大爆炸模型推测的年代简表

时 期	温度/K	能 量	宇宙演化	相关粒子物理的理论及实验
$t<10^{-43}$s $t\approx10^{-43}$s	10^{32}	10^{19}GeV	大爆炸:宇宙由极端高温高密态的奇点膨胀 引力“析出”:所有的基本粒子(夸克,轻子,规范玻色子和尚未发现的粒子,如希格斯粒子、超对称粒子、引力子)及其反粒子处于热平衡,这些粒子与光子共存.引力已从强、弱、电磁中分离出来.强、电磁和弱相互作用大统一,物质-反物质对称	量子引力论 超弦?
$t\approx10^{-35}$s $t\approx10^{-32}$s	10^{27}	10^{16}GeV	暴胀:宇宙的膨胀率指数增加.在约 10^{-32}s 时暴胀停止,在这阶段宇宙的尺寸增加了 10^{50} 倍 强相互作用“析出”:大统一对称性破缺,物质-反物质对称破缺.温度太高,夸克不可能形成强子,而是以夸克-胶子等离子状态存在	大统一理论 超对称模型 实验:质子衰变,中微子实验…… 加速器实验:LHC,RHIC
$t\approx10^{-10}$s	10^{15}	100GeV	电弱对称破缺:随温度下降,弱相互作用与电磁相互作用分离.一些质量很大的粒子,如 Z、W 等已随温度下降而消失	弱电理论 LEP,1990 Tevatron,1994
$t\approx10^{-4}$s $t=1$s	10^{13} 10^{10}	1GeV 1MeV	中子和质子形成:宇宙的尺寸已接近太阳系的大小.随着温度下降,夸克-反夸克的湮灭逐渐停止,剩下的夸克组成质子和中子.中微子退耦,电子和正电子湮灭,停止再生	夸克 规范场理论 强子理论
$t\approx3$min	10^9	0.1MeV	原子核形成.主要是质子(75%)和氦核	原子核理论
$t=3\times10^5$a	6000	0.5eV	原子生成,辐射的能量不足以离解原子.宇宙变得透明	量子力学 原子物理
$t=10^9$a	18	—	星系形成.局部质量密度的涨落成为形成星体的种子.热核反应形成重核	—
$t=15\times10^9$a	3	—	现今的宇宙.化学反应形成分子	—

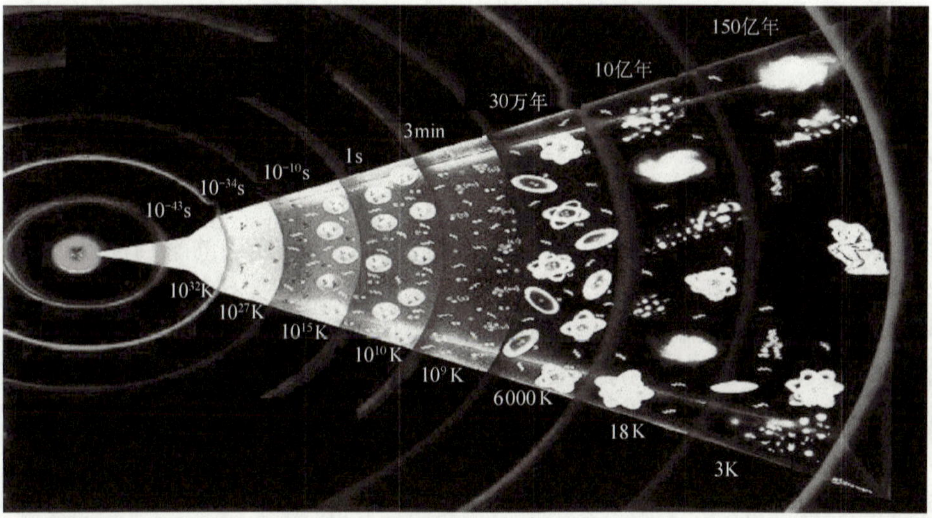

图 5.10.1 宇宙演化示意

5.10.2 三大验证

宇宙标准模型是在一定的观察事实基础上建立的;反过来任何宇宙学理论都必须给这些事实一个明确的解释. 大爆炸理论能很好地说明了以下事实.

1. 宇宙膨胀

1929 年美国人哈勃(E. Hubble, 1889~1953,美国)对河外星系的视向速度与距离的关系进行了研究(图 5.10.2),似乎星系间彼此都在退行或相互离开,其退行速度可以表示为

$$v = H_0 d$$

其中,d 为星系间距离;H_0 称为**哈勃常量**.

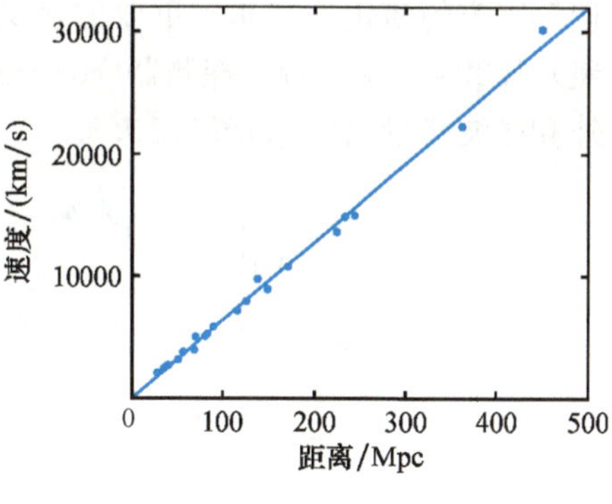

图 5.10.2 星系退行速度与距离的关系

随着观测的增加,哈勃常量也在不断地变化. 现今的观测定出的哈勃常量为 $H_0 = 100h_0$ km/(s・Mpc),$h_0 = 0.67 \sim 0.85$. 这里 Mpc 是个天文长度单位,称为百万秒差距,1Mpc$=3.086\times10^{19}$km$=3.262\times10^{6}$ 光年.

大爆炸宇宙论显然可以给哈勃定律以直观自然的说明.

2. 3K 宇宙微波背景辐射

在大爆炸后约 10^5 年,温度下降到几个电子伏,这时,主要有质子、电子和氢原子,其通过下面的过程和光子处于平衡

$$e^- + p \Longleftrightarrow \gamma + H + Q$$

其中,$Q=13.6\text{eV}$,是氢原子的电离能. 在温度为 T 时,光子的平均能量近似为 $2.7kT$,而 13.6eV 相应于 $kT=5\text{eV}$. 然而,光子的数密度要比物质粒子的密度大 10^9 以上,这样即使当温度进一步降低时,在黑体辐射谱的高能尾巴部分的光子仍能维持过程的平衡,电离的原子处在等离子状态,对各种波长的光子都有很强的吸收,也就是说,电子和质子组成的等离子体是不透明的. 直到温度进一步下降,在 $kT\approx0.3\text{eV}$ 时,氢原子光电离的可能性极小了,质子和电子可以组成稳定的原子. 稳定原子只吸收相应于它们的特征频率和足以使它们电离的光子. 也就是说,冷的气体云对所有波长的光子,至少是对能量低于它的电离能的光子,几乎是透明的,或者说从这以后物质与辐射退耦合了. 相应的时间为 $t_d=10^{13}\text{s}$ 或 $3\times10^5\text{a}$. 这个光子火球逐渐冷却到现今,成为充斥整个宇宙的热辐射背景. 宇宙年龄 t_0 为 13.7Ga(约 10^{18}s),由此推算,现在的辐射温度约是几 K.

1965 年美国贝尔实验室的彭齐亚斯(A. Penzias,1933～2024,美国)与威尔逊(R. Wilson,1936～　,美国)首次观测到各向同性的 3K 宇宙微波背景辐射,这对理解宇宙的演化具有非常重要的意义(他们因此获得了 1978 年的诺贝尔物理学奖). 1989 年,宇宙背景探测器(cosmic background explorer,COBE)卫星测到的红外和微波背景辐射,见图 5.10.3.

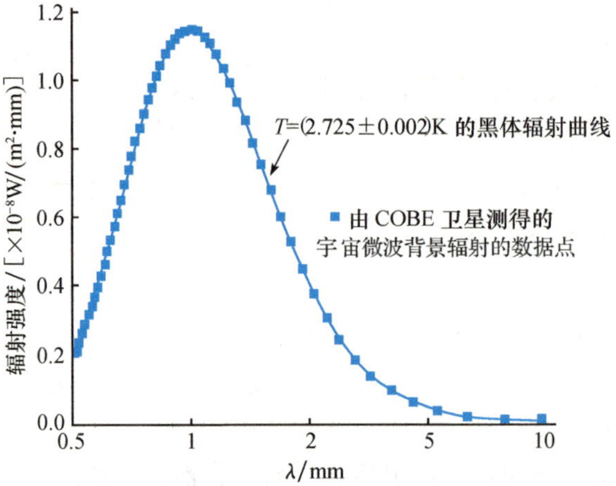

图 5.10.3　COBE 卫星对宇宙微波背景辐射的测量结果

观测到宇宙微波背景辐射有力地支持了"大爆炸"模型. COBE 的测量还发现了背景辐射基本上是各向同性,但在能量密度上还有 10^{-4} 的各向异性. 现在普遍认为,宇宙早期的微小幅度的各向异性经过引力放大作用,最终导致形成现在宇宙中丰富多彩的结构. 暴胀理论能够很自然地解释宇宙微波背景的各向异性. 斯穆特(G. F. Smoot,1945～ ,美国)和马瑟(J. C. Mather,1946～ ,美国)由于在 COBE 宇宙微波背景辐射黑体形式及其各向异性现象上的贡献而获得 2006 年的诺贝尔物理学奖.

3. 氦丰度

宇宙中各种元素的丰度有着定量的测量. 在宇宙演化过程中,这些元素是怎么形成的? 是在宇宙出生时合成的(原初合成),还是在恒星形成后恒星演化(燃烧)过程中产生的?

以宇宙中较多的氦元素为例. 如果氦 4(^{4}He)完全是通过恒星产生的,那么我们就应在宇宙中找到^{4}He 质量百分比明显低于 25%的区域. 事实是,我们没有发现任何这样的低^{4}He 区域. 这就表明,原初核合成是个必需的过程. 大爆炸核合成提供了氦丰度的定量说明.

在 $t\approx 1\text{s}$ 时,对 $\gamma+\gamma \Longleftrightarrow \text{p}+\bar{\text{p}}$ 的过程,当 $kT \ll M_\text{p}c^2$(M_p 为质子质量)时,核子与反核子湮灭后就不会再生(不是所有的核子都消失,仍会有极少的残余形成宇宙中的物质). 由于所有的强子的质量都大于 $100\text{MeV}/c^2$,所以当 $kT<100\text{MeV}$ 时,不稳定的强子都会由于衰变而消失,除了轻子和光子外就是中子和质子了. 这些粒子的数目由下列弱相互作用过程决定:

$$\nu_\text{e}+\text{n} \Longleftrightarrow \text{e}^-+\text{p}$$

$$\bar{\nu}_\text{e}+\text{p} \Longleftrightarrow \text{e}^++\text{n}$$

$$\text{n} \longrightarrow \text{e}^-+\text{p}+\bar{\nu}_\text{e}$$

这时的核子是非相对论的,所以中子和质子的平衡率由玻尔兹曼分布的因子比给出

$$\frac{N_\text{n}}{N_\text{p}}=\exp\left(\frac{-Q}{kT}\right),\quad Q=(M_\text{n}-M_\text{p})c^2=1.293\text{MeV}$$

这些过程是弱相互作用过程. 在 kT 足够小时,中微子反应不再能发生,于是中微子退耦合. 中子和质子的平衡会破坏,计算给出临界温度是 $kT=0.87\text{MeV}$,这时中子和质子的比为 $r=N_\text{n}/N_\text{p}=0.23$. 不过中子的数目会由于衰变而随时间减少,按指数衰变规律如下:

中子 $$N_\text{n}(t)=N_\text{n}(0)\text{e}^{-t/\tau}$$

质子 $$N_\text{p}(t)=N_\text{p}(0)+N_\text{n}(0)(1-\text{e}^{-t/\tau})$$

其中,$\tau=886\text{s}$,为自由中子的寿命.

$$\frac{N_n(t)}{N_p(t)}=\frac{0.23e^{-t/\tau}}{1.23-0.23e^{-t/\tau}}$$

如果没有其他过程发生,那么最终中子会全部衰变掉,而只剩下质子和电子,然而核合成过程能在合成氘核时产生中子

$$n+p\Longleftrightarrow {}^2H+\gamma+Q$$

上式中的 Q 是氘的束缚能,$Q=2.22$MeV. 这是电磁相互作用的过程,作用截面在 0.1mb 的量级. 由于光子的数密度很大(宇宙中核子与光子的比是 10^{-9}),所以在温度下降到 $kT=0.05$MeV 前,过程仍处于热平衡,氘核不会被析出. 在氘核的光分解过程停止后,开始积累氘核,氘核积累了一定数目后,其他核反应过程就可能发生,氦合成的过程开始

$$\begin{gathered}{}^2H+n\longrightarrow {}^3H+\gamma\\ {}^3H+p\longrightarrow {}^4He+\gamma\\ {}^2H+p\longrightarrow {}^3He+\gamma\\ {}^3He+n\longrightarrow {}^4He+\gamma\end{gathered}$$

上面这些过程都是放能反应,因此能自然发生. $kT=0.05$MeV,相当于膨胀时间 $t\approx400$s,这时中子与质子的比 $r=0.14$. 值得注意的是,一旦中子束缚在氘或更重的原子核内就不再衰变,所以中子-质子比就固定了. 可以认为几乎所有的中子都保持在氦核内(由于合成其他比氦重的核的概率极低). 设氦核的数目为 N_{He},则

$$N_{He}=\frac{r}{2(1-r)}N_H$$

氦核的质量近似为氢核的四倍,这样可算出氦的相对质量丰度

$$Y=\frac{4N_{He}}{4N_{He}+N_H}=0.246$$

对于不同天体,包括太阳系、恒星大气和行星星云等的观测得到的值是 0.24 ±0.01. 观测值和计算值是很接近的,这是对大爆炸模型的一个有力的支持.

需要指出,氦的相对质量丰度是和中微子有几代(代数 N_ν)有关,氦的丰度随 N_ν 而增加. 由天体观测得到的 $N_\nu\approx3$,与粒子物理实验的结果一致.

5.10.3 恒星的演化

恒星是宇宙中的典型结构,宇宙的演化与恒星的演化紧密相关. 经过长期的研究,现在可以大致勾画出恒星的一生.

1. 生于星云

宇宙膨胀冷却到一定程度后,各种星云物质(当然主要是氢)开始析出. 虽然开

始时物质分布是基本均匀的，但是由于涨落，会出现均匀性的破坏，接着由于引力作用的不稳定，开始了密者更密、疏者更疏的不可逆过程，出现团粒结构，由结构的不对称会引起旋转. 引力使这团物质继续收缩. 收缩一方面使氢核的密度越来越高，另一方面也使它们的动能越来越大. 到一定程度，就开始了聚变放热反应，发热发光. 放能反应造成的各种气体压力会对抗引力收缩，造成暂时的平衡. 真正意义上的恒星诞生了.

2. 恒星能源

能够保证恒星不停发光发热的能源是各种核反应. 恒星是天上的核电站.

恒星刚形成时的核反应主要是质子链

$$^{1}H + ^{1}H \longrightarrow ^{2}H + e^{+} + \nu_e + 1.19MeV$$

$$^{1}H + ^{2}H \longrightarrow ^{3}He + 5.49MeV$$

$$^{3}He + ^{3}He \longrightarrow ^{4}He + 2\,^{1}H + 12.85MeV$$

或者写下总的反应

$$4\,^{1}H \longrightarrow ^{4}He + 2e^{+} + 2\nu_e + 26.21MeV$$

反应放出的能量以光和热的形式出现，在恒星内心烧出了氦.

要能引发核反应，就要有足够高的密度与温度，因此要能形成恒星，聚集的星体物质有一个临界大小. 计算表明，只有质量大于 0.08 个太阳质量($M \geqslant 0.08M_{\odot}$)的星体才有可能成为恒星.

3. 小质量恒星的演化

经过各种变化后，最终星体质量 M 在百分之一到百分之八太阳质量($0.01M_{\odot} \sim 0.08M_{\odot}$)之间的星体，由于燃料供应的不足，核反应很快停止了，光度暗了下来，就变成了棕矮星(brown dwarf). 褐者，指颜色；矮者，亮度低也. 褐矮星是未成形的恒星. 如果最终质量为 0.08～0.25 个太阳质量，则除了内核烧出了不少氦而形成一个氦核外，还能继续燃烧外层的氢核. 烧到一定程度后，核反应也慢了下来，氢越来越少，氦越来越多，但又不足以点燃烧氦的过程. 这时恒星也要变暗，开始走向死亡，成为白矮星(white dwarf). 当恒星质量更大(最终质量为 0.25～8 个太阳质量)时，在外层烧氢的同时，则可能引发内层氦的燃烧

$$^{4}He + ^{4}He \longrightarrow ^{8}Be + \gamma$$

$$^{8}Be + ^{4}He \longrightarrow ^{12}C + \gamma$$

$$^{1}H + ^{12}C \longrightarrow ^{13}N \longrightarrow ^{13}C + e^{+} + \nu_e$$

$$^{1}H + ^{13}C \longrightarrow ^{14}N + \gamma$$

$$^{1}H+^{14}N\longrightarrow^{15}O+\gamma$$

$$^{15}O\longrightarrow^{15}N+e^{+}+\nu_e$$

$$^{1}H+^{15}N\longrightarrow^{4}He+^{12}C$$

合起来的净过程可写成

$$3^{4}He\longrightarrow^{12}C+\gamma$$

$$4^{1}H\longrightarrow^{4}He+2e^{+}+2\nu_e+\gamma$$

这个过程称为 C—N—O 链. 在反应过程中可能在核心留下碳和氧等核.

在内外层夹烧的情况下，星体可能会激烈膨胀而形成红巨星(red giant). 巨者，体积亦大也. 到一定时候会爆炸，把外壳炸出去，形成行星状星云，部分物质回归星际，作为以后产生恒星的原料；余下的内核则剧烈收缩. 如果爆炸后内核质量小于 1.4 个太阳质量($M'/M_\odot\leqslant1.4$)，则会变成白矮星. 生成白矮星的上限 $M'/M_\odot\leqslant1.4$ 是 1935 年 24 岁的印度人钱德拉塞卡(Subrahmanyan Chandrasekhar，1910～1995，美国)提出的，称为**钱德拉塞卡极限**，当时被其导师爱丁顿当众呵斥. 但是在 1983 年 10 月 9 日，钱德拉塞卡 73 岁生日那天他因此极限而获得诺贝尔物理学奖.

4. 大质量恒星的演化

如果原来的恒星星体更大，超过 8 个太阳质量，则核心积累的能量越高，可能引发新的核反应，如

$$2^{12}C\longrightarrow^{24}Mg+\cdots$$

$$^{4}He+C^{12}\longrightarrow^{16}O+\cdots$$

$$2^{16}O\longrightarrow^{32}S+\cdots$$

$$4^{4}He+^{16}O\longrightarrow^{20}Ne+\cdots$$

$$\cdots\cdots$$

$$^{28}Si+7^{4}He\longrightarrow^{56}Ni\longrightarrow\cdots\longrightarrow^{56}Fe$$

从原子核的平均结合能曲线可知，这些都是放能反应，直到生成铁. 巨大的能量会引起星体激烈的膨胀而形成红超巨星(red supergiant). 然后就会发生超新星(supernova)爆发，恒星外壳的大量物质被抛向星际，而内核则激烈收缩. 如果爆发后剩下的物质质量小于 3 个太阳质量($1.4\leqslant M'/M_\odot\leqslant3$)，则它就会演化为中子星(neutron star). 生成中子星的上限 $M'/M_\odot\leqslant3$ 是美国的原子弹之父奥本海默(J. R. Oppenheimer，1904～1967，美国)在 1939 年提出的，称为**奥本海默极限**. 如果剩下的物质质量非常大，超过 3 个太阳质量($M'/M_\odot\geqslant3$)，则它就会变为黑洞(black hole). 中子星和黑洞是大质量恒星演化的最终产物.

有名的蟹状星云就是超新星爆发的产物. 历史上它最早在中国宋朝宋仁宗至

和元年五月己丑寅时(1054 年 7 月 4 日)被中国人观察并记录在案,故它也被称为 1054 超新星(图 5.10.4).

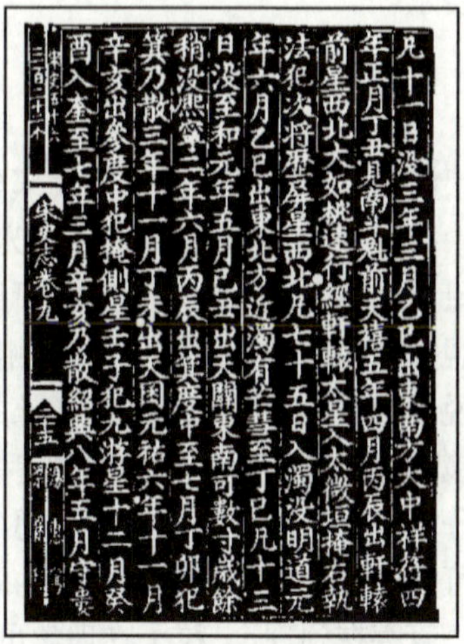

凡十一日没三年三月乙巳出東南方大中祥符四
年正月丁丑見南斗魁前天禧五年四月丙辰出軒轅
前星西北大如桃速行經軒轅大星入太微垣掩右執
法犯次將歷屏星西北凡七十五日入濁没明道元
年六月乙巳出東北方近濁有芒彗至丁巳凡十三
日没至和元年五月己丑出天關東南可數寸歲餘
稍没熙寧二年六月丙辰出箕度中至七月丁卯犯
箕乃散三年十一月丁未出天囷元祐六年十一月
辛亥出參度中犯掩側星壬子犯九游星十二月癸
酉入奎至七年三月辛亥乃散紹興八年五月守婁

宋史志卷九

图 5.10.4 美丽的蟹状星云和中国的观察记录

似乎永远在发光发热的恒星能源一直是个谜. 直到 1936 年,德国人贝特(H. A. Bethe,1906～2005,美籍德国)用核物理的知识给出了答案,并给恒星的演化提供了科学依据,他因此而获得了 1967 年的诺贝尔物理学奖.

5.10.4 太阳的一生

太阳是我们的生命之源,了解它是非常重要的. 太阳是一颗质量不算大的恒星,迄今已经诞生了 45 亿年,但它还正处中年. 将来的 50 亿年,还不会有大变化. 到它 130 亿岁时,就会进入红巨星阶段. 此时太阳将变大 100 倍,表面温度降低到 4000℃. 我们的地球将被它烤焦. 然后太阳就会爆炸,把外壳物质抛向星际,而其几乎全部物质集中到它的白矮核内,最终演化为一颗白矮星而飘荡在太空.

标准宇宙学从有很强观测基础的"宇宙学原理"出发,依据广义相对论和其他已知的物理规律,讨论宇宙演化各个时期的物理状态和演化过程,给出了一幅非常自然的、言之有理的图景. 这真是物理学的嘹亮凯歌!

5.10.5 问题和挑战

微观物理与宏观、宇观物理的结合为人们对世界的认识带来了巨大的成果,但问题和挑战依然很多.

1. 暗物质

早在 1933 年天文学家就发现星系质量的观察值和计算值相差很大. 对银河系

中星体和星际气体旋转速度的测量给出了暗物质存在的证据. 设在离中心 r 处的星体的质量为 m，它旋转的切线速度 v 和在半径 r 内的质量 M 的关系可由下式表示：

$$\frac{mv^2}{r}=\frac{mM(<r)G_N}{r^2}$$

银河系这样的螺旋星云的大部分发光物质都集中在中央的核团和外面的薄盘. 对在中央部分的一个星体，可以认为 $M\propto r^3$，所以它的旋转速度 $v\propto r$，而对中央核团外的星，$M\sim$常数，因此 $v\propto r^{-1/2}$，所以速度在 r 小时随 r 增加，在 r 大时随 r 下降. 但实际观察到的旋转速度在 r 大处（相当于盘的尺寸）却是基本上保持恒定或略有上升，这说明总质量是随 r 呈线性增长的. 这些物质并不发光，但有引力作用（由它的引力透镜效应能推证到这些物质的存在），所以称为**暗物质**（dark matter）. 对银河系的详细分析表明实际上暗物质占了总物质质量的 90%. 目前对暗物质的性质还不清楚. 最可能的假设是存在“非重子”的暗物质，它们是在早期宇宙中产生的，并且是稳定的，一直存在到现今. 粒子物理学可提供几种可能的候选者，但问题远未解决.

2. 暗能量

1998 年，通过对遥远的超新星的红移与距离的数据及其他观测的分析发现，在近 10 亿年，宇宙膨胀速度在加快，表现出存在某种斥力. 这个与引力相反的作用力，可能与某种未知的有着特殊性状的宇宙成分有关，这种物质称为“**暗能量**”（dark energy）. 宇宙学家根据超新星及宇宙微波本底的数据，估计暗能量约占宇宙总的临界能量密度的 62%～76%. 图 5.10.5 给出关于宇宙物质成分的最新数据.

暗能量是啥东西？谜！

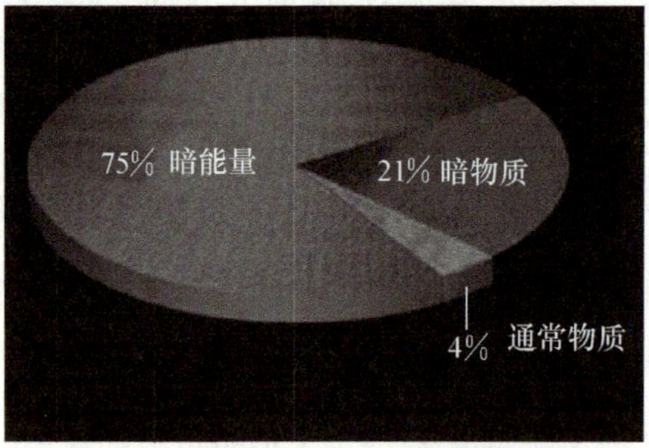

图 5.10.5　目前关于宇宙物质构成的估计

3. 质子和反质子的不对称

在大爆炸发生的最初阶段，各种强子将不断地产生和湮灭，每一种粒子的数目由它的权因子(如自旋、同位旋)决定. 在强子形成后,只有质子和反质子最后能生存下来,其他的都通过衰变而消失了. 这就是说,在初始重子数 $B=0$ 的假设下,大爆炸模型预言重子和反重子的数目应该相等. 但现今观察到的宇宙几乎都是物质的.

根据已有的粒子物理的知识,要产生纯重子宇宙(重子-反重子的不对称),需要满足下列三个条件:①有重子数不守恒的相互作用;②C 和 CP 不守恒;③处在一个不平衡的状态. 现在粒子物理的标准模型得到的有关 CP 不对称的幅度,不足以说明宇宙中重子-反重子有如此大的不对称.

粒子物理学家和宇宙物理学家们正在为解决这类众多的问题而努力. 他们提出大统一模型(grand unified theory,GUT)及一些新的模型如超弦、额外维等来解决这些疑难,但这些理论本身尚有许多不确定,尚需实验确认和验证.

习题与答案

第1章

1.1 在汤姆孙的原子模型中,电荷均匀地分布在一个球形区域内.已知氢原子的电离能是13.6eV,(1)试确定汤姆孙模型中的氢原子半径.

(2) 根据玻尔模型,计算氦粒子 He^{+} 的前两个玻尔半径以及电子在这两个轨道上的速度.

(3) 计算电子的基态动能和它的结合能.

答:(1)1.6×10^{-10}m;(2) 前两个玻尔半径为 2.6×10^{-11}m,1.06×10^{10}m,相应的速度为 4.4×10^{6}m/s,2.2×10^{6}m/s;(3) 电子动能和结合能均为54.4eV.

1.2 处于基态的氢原子是否可以吸收可见光?

答:略.

1.3 氢原子由基态激发到 $n=4$ 的状态,

(1) 计算原子吸收的能量.

(2) 计算原子从激发态回到基态时发出的光子的波长,它们属于哪个谱系?

答:(1) 12.75eV;(2) 97.4nm,102.7nm,121.8nm,莱曼系;487nm,653nm,巴耳末系;1911nm,帕邢系.

1.4 能量为 $h\nu$ 的光子与一个静质量为 m 的静止的电子发生碰撞,证明:在物理上光子不可能将其所有的能量传递给电子.

答:假设光子将所有的能量传递给了电子,那么根据能量和动量守恒定律,有

$$h\nu + mc^2 = m\gamma c^2$$

$$\frac{h\nu}{c} = m\gamma\beta c$$

其中 $\beta=v/c$,$\gamma=1/\sqrt{1-\beta^2}$,$v$ 是碰撞后电子的速度.从中解出 $\gamma\beta=\gamma-1$,这意味着 $\beta=0$,与假设是矛盾的.

1.5 波长为0.071nm的X射线被自由电子散射到与入射方向呈135°夹角的方向,求散射光子的能量.

答:16.5keV.

1.6 显微镜可以分辨的最小间隔原则上约等于照射光的波长.电子显微镜的电子束能量为50keV.计算这种电子显微镜的分辨本领.

答:5.5×10^{-3}nm.

1.7 粒子的约化康普顿波长为 $\lambda_C=\frac{\hbar}{mc}$,$m$ 为粒子的静止质量.电子的经典半径为 $r_e=$

$\dfrac{e^2}{4\pi\varepsilon_0 m_e c^2}$，$m_e$ 是电子的静质量. 计算电子的约化康普顿波长及经典半径与氢原子的玻尔半径之比.

答：氢原子的玻尔半径为 $a_0=\dfrac{4\pi\varepsilon_0\hbar^2}{m_e e^2}\approx 0.53\text{Å}$，

$$\frac{\lambda_C}{a_0}=\frac{e^2}{4\pi\varepsilon_0\hbar c}=\alpha,\quad \frac{r_e}{a_a}=\left(\frac{e^2}{4\pi\varepsilon_0\hbar c}\right)^2=\alpha^2$$

α 为精细结构常数，$\alpha\approx\dfrac{1}{137}$.

1.8　一个 100MeV 的光子被一个质子散射，计算在散射角为 90°的方向上散射光子的能量以及反冲质子的速度.

答：光子能量为 9.6MeV；反冲质子的速度为 0.14c.

1.9　中子的质量为 1.675×10^{-27}kg，在室温（约 25℃）下处于热平衡状态.

(1) 计算中子的动能和相应的德布罗意波长.

(2) 当中子束入射到晶格间距为 2.82Å 的 NaCl 晶体上时，计算反射束出现第一个强度最大时的入射角度.

答：(1) 0.146nm；(2) 15.5°.

第 2 章

2.1　对于定态薛定谔方程

$$\frac{d^2\psi(x)}{dx^2}+\frac{2m}{\hbar^2}[E-V(x)]\psi(x)=0$$

是否存在束缚态取决于在无穷远处 $\psi(x)$ 是否趋于零. 设 $\lim\limits_{x\to\pm\infty}V(x)=V_\pm$，且 $V_+<V_-$. 确定在以下情况下能量为 E 的波函数 $\psi(x)$ 是否为束缚态.

(1) $E>V_-$；(2) $V_->E>V_+$；(3) $V_+>E$.

2.2　证明一维问题的束缚态的能级总是非简并的.

2.3　对于下图给出的一维势能，计算处于其中的质量为 m 的粒子的束缚态能级.

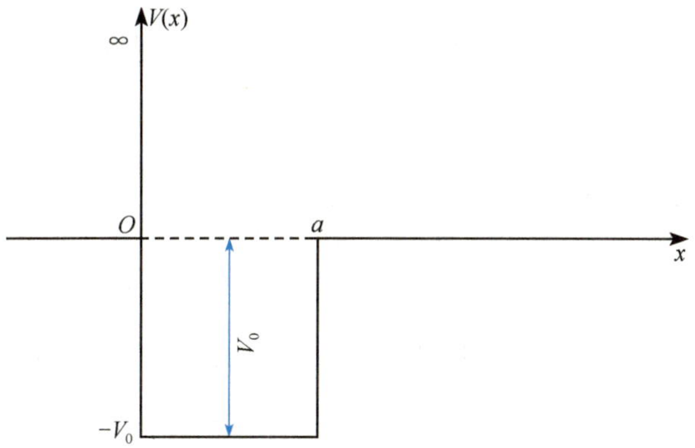

答:当 $a^2V_0 \geq \frac{\hbar^2\pi^2}{8m}$ 时,至少存在一个束缚态能级.

2.4 证明在一维定态问题中,当势能 $V(x)$ 存在有限间断点时,波函数的一阶导数仍然是连续的.

2.5 金属中的自由电子在金属的表面受到一个阶梯势能的约束(如下图所示),根据经典力学的观点,当粒子的能量不足以越过这个阶梯势的时候,透射概率为零,即电子不可能跑到金属外面去.根据量子理论计算当电子的能量 $E>0$ 以及 $-V_0<E<0$ 时电子在金属表面的反射概率和透射概率.

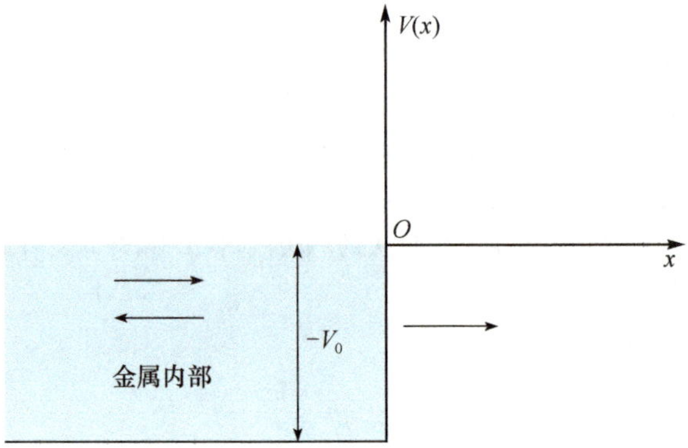

答:当 $E>0$ 时

$$T = \frac{4\sqrt{E(E+V_0)}}{(\sqrt{E+V_0}+\sqrt{E})^2}, \quad R = \frac{V_0^2}{(\sqrt{E+V_0}+\sqrt{E})^4}$$

当 $-V_0<E<0$ 时,$T=0$,$R=1$.但是电子有一定的概率出现在金属外部,即

$$\text{电子出现在金属外部的概率} \propto 4\frac{V_0-|E|}{V_0}\mathrm{e}^{-x/d}$$

2.6 质量为 m 的粒子被束缚在半径为 R 的球形容器中,当粒子处于基态时,求出粒子对容器壁的压强.

答:$\frac{\pi\hbar^2}{4mR^5}$.

2.7 一个质量为 m 的粒子被禁闭在三维无限深势阱中,势阱的形状为立方体,边长为 L.给出能量小于某个给定值 E 的态数目 N 的表达式,假定 $N\gg1$.

答:$\frac{4\pi}{3}\left(\frac{mL^2}{2\pi^2\hbar^2}E\right)^{3/2}$.

2.8 各向异性的谐振子有如下形式的哈密顿量:

$$H = -\frac{\hbar^2}{2m}\nabla^2 + \frac{m}{2}(\omega_1^2x^2+\omega_2^2y^2+\omega_3^2z^2)$$

确定系统的能级 E_n.在各向同性的情形下,即 $\omega_1=\omega_2=\omega_3$,能级 E_n 的简并度是多少?

答:$E_n=\hbar\omega\left(n+\frac{3}{2}\right)$,$n=n_1+n_2+n_3$,$n_1,n_2,n_3=0,1,2,\cdots$

简并情形下，E_n 的简并度为$\frac{1}{2}(n+1)(n+2)$.

2.9 在 $t=0$ 时刻，氢原子的波函数为

$$\psi(\boldsymbol{r},0)=\frac{1}{\sqrt{10}}(2\psi_{1,0,0}+\psi_{2,1,0}+\sqrt{2}\psi_{2,1,1}+\sqrt{3}\psi_{2,1,-1})$$

(1) 计算该体系能量的期望值.

(2) 写出 t 时刻体系的波函数 $\psi(\boldsymbol{r},t)$.

(3) t 时刻体系处于状态 $l=1,m=1$ 的概率是多少？

答：(1) 能量期望值$=\frac{11}{20}\times$氢原子基态能量.

(2) $\psi(\boldsymbol{r},t)=\frac{1}{\sqrt{10}}(2\mathrm{e}^{-\mathrm{i}\omega_1 t}\psi_{1,0,0}+\mathrm{e}^{\mathrm{i}\omega_2 t}\psi_{2,1,0}+\sqrt{2}\,\mathrm{e}^{-\mathrm{i}\omega_2 t}\psi_{2,1,1}+\sqrt{3}\,\mathrm{e}^{-\mathrm{i}\omega_2 t}\psi_{2,1,-1})$，其中 $\omega_1=E_1/\hbar,\omega_2=E_2/\hbar$，$E_1$ 和 E_2 分别为基态和第一激发态的能量.

(3) 概率为 1/5.

第 3 章

3.1 设厄米算子 $\hat{A}$ 的本征值方程为 $\hat{A}|a\rangle=a|a\rangle$，且没有简并.

(1) 证明 $\prod_a(\hat{A}-a)$ 是零算子.

(2) 考虑将算子

$$\prod_{a'\neq a}\frac{A-a'}{a-a'}$$

作用于任意某个态，指出该算子的意义.

答：(1)略；(2) 该算子相当于投影算子$|a\rangle\langle a|$.

3.2 氢原子的波函数为 $\psi_{nlm}(r,\theta,\varphi)$，证明克拉默斯(Kramers)公式，

$$\frac{s+1}{n^2}\langle r^s\rangle-(2s+1)a\langle r^{s-1}\rangle+\frac{s}{4}[(2l+1)^2-s^2]a^2\langle r^{s-2}\rangle=0$$

其中$\langle r^s\rangle$为 r^s 在波函数 $\psi_{nlm}(r,\theta,\varphi)$中的期望值，$a$ 为玻尔半径，$s>-2l-3$.

答：设 $\rho=r/a$，氢原子的径向波函数方程为

$$\frac{\mathrm{d}^2R_{nl}}{\mathrm{d}\rho^2}+\left[\frac{2}{\rho}-\frac{1}{n^2}-\frac{l(l+1)}{\rho^2}\right]R_{nl}=0$$

在该方程的两边同乘以

$$\rho^{s+1}\frac{\mathrm{d}R_{nl}}{\mathrm{d}\rho}-\frac{1}{2}(s+1)\rho^sR_{nl}$$

然后对 ρ 作积分.

3.3 对于势能为 $V(x)$的一维定态情形，证明

$$\Delta E\Delta x \geqslant \frac{\hbar}{2m}\langle \hat{p}_x \rangle$$

3.4 设三个力学量 $\hat{A},\hat{B},\hat{C}$，如果 $[\hat{B},\hat{C}]=\hat{A}$，$[\hat{A},\hat{C}]=\hat{B}$，证明

$$\Delta(\hat{A}\hat{B})\Delta\hat{C} \geqslant \frac{1}{2}\langle \hat{A}^2+\hat{B}^2 \rangle$$

3.5 对于厄米算子 $\hat{A}$ 和 $\hat{B}$，证明，当且仅当 $[\hat{A},\hat{B}]=0$ 时，$[\hat{A},\hat{B}]$ 是厄米算子.

(1) 设 x 和 p_x 是经典情形下一维运动的位置和动量，计算经典泊松括号

$$[x, f(p_x)]_{\text{Poisson}}$$

(2) 在量子力学中，位置和动量分别用算子 $\hat{x}$ 和 $\hat{p}_x$ 表示，计算对易子

$$\left[\hat{x}, \exp\left(\frac{\mathrm{i}a\hat{p}_x}{\hbar}\right)\right]$$

其中 a 为常数.

(3) 设 $\hat{x}$ 的本征值方程为 $\hat{x}|x'\rangle = x'|x'\rangle$，证明

$$\exp\left(\frac{\mathrm{i}a\hat{p}_x}{\hbar}\right)|\,x'\rangle$$

是位置算子 $\hat{x}$ 的本征态. 相应的本征值是多少?

答:(1) $\dfrac{\partial f(p_x)}{\partial x}$；(2) $-a\exp\left(\dfrac{\mathrm{i}a\hat{p}_x}{\hbar}\right)$；(3) 本征值为 $x'-a$.

3.6 考虑一维谐振子. 在海森伯图像中，t 时刻粒子运动的位置算子为 $\hat{x}(t)$，计算如下对易子:

(1) $[\hat{x}(t_1),\hat{x}(t_2)]$；(2) $[\hat{x}(t_1),\hat{p}(t_2)]$；(3) $[\hat{p}(t_1),\hat{p}(t_2)]$.

答:(1) $-\dfrac{\mathrm{i}\hbar}{m}\sin(\omega t_1-\omega t_2)$；(2) $\mathrm{i}\hbar\cos(\omega t_1-\omega t_2)$；(3) $-\mathrm{i}\hbar m\omega\sin(\omega t_1-\omega t_2)$.

结果表明，即使对于同一个力学量，在不同的时刻也未必是对易的.

3.7 粒子在三维空间中运动，哈密顿量为 $\hat{H}=\dfrac{\hat{\boldsymbol{p}}^2}{2m}+V(\hat{\boldsymbol{x}})$，

(1) 计算 $[\hat{\boldsymbol{x}}\cdot\hat{\boldsymbol{p}}, H]$，并证明

$$\frac{\mathrm{d}}{\mathrm{d}t}\langle \hat{\boldsymbol{x}}\cdot\hat{\boldsymbol{p}}\rangle = \left\langle \frac{\hat{\boldsymbol{p}}^2}{m} \right\rangle - \langle \hat{\boldsymbol{x}}\cdot\nabla V(\hat{\boldsymbol{x}})\rangle$$

(2) 为了得到量子情形下的位力定理，上式的左端需为零，在什么情况下可以如此?

答:(1) $[\hat{\boldsymbol{x}}\cdot\hat{\boldsymbol{p}}, H]=\dfrac{\mathrm{i}\hbar}{m}\boldsymbol{p}^2-\mathrm{i}\hbar\boldsymbol{x}\cdot\nabla V(\hat{\boldsymbol{x}})$；(2) 定态情形.

3.8 一维谐振子的基态记作 $|0\rangle$，在位置表象中的具体形式为

$$\psi_0(x) = \langle x\mid 0\rangle = \pi^{-1/4}x_0^{-1/2}\exp\left[-\frac{1}{2}\left(\frac{x}{x_0}\right)^2\right],\quad x_0=\left(\frac{\hbar}{m\omega}\right)^{1/2}$$

(1) 计算 $\exp\left[-\dfrac{\mathrm{i}a\hat{p}}{\hbar}\right]|0\rangle$；

(2) 设 $t=0$ 时刻系统的态由(1)中的结果描述，此时系统处于基态的概率是多少? 当 $t>0$ 时这个概率会有所改变吗?

答:(1) $\pi^{-1/4}x_0^{-1/2}\exp\left[-\frac{1}{2}\left(\frac{x-a}{x_0}\right)^2\right]$;(2) $t=0$ 时,处于基态的概率为 $\exp\left[-\frac{a^2}{2x_0^2}\right]$,$t>0$ 时也如此.

3.9 对于给定的厄米算子 $\hat{x}$ 和 $\hat{p}$ 以及对易关系$[\hat{x},\hat{p}]=\mathrm{i}\hbar$,证明,如果将算子 $\hat{x}$ 表示为一个标量函数 x,那么算子 $\hat{p}$ 的表示为

$$\hat{p}=-\mathrm{i}\hbar\frac{\partial}{\partial x}+f(x)$$

其中 $f(x)$是 x 下的任意函数.

注:狄拉克指出,适当地选择波函数的相因子,可以使函数 $f(x)$为零.

答:略.

3.10 海森伯图像中,位置算子随时间变化,即 $\hat{x}(t)$. 定义关联函数为

$$C(t)=\langle\hat{x}(t)\hat{x}(0)\rangle$$

对于一维谐振子的基态,计算关联函数 $C(t)$.

答:$\frac{\hbar}{2m\omega}\mathrm{e}^{-\mathrm{i}\omega t}$.

3.11 一维谐振子的本征态记作$|n\rangle$,$n=0,1,2,\cdots$.

(1) 构造一个由$|0\rangle$和$|1\rangle$线性叠加而成的态,使得 $\hat{x}$ 在这个态中的期望值为最大.

(2) 设 $t=0$ 时刻系统的量子态为(1)中所得结果,$t>0$ 时系统的态是怎样的?

(3) 分别在薛定谔图像和海森伯图像中计算 $t>0$ 时位置算子 $\hat{x}$ 的期望值.

答:(1) $\frac{1}{\sqrt{2}}(|0\rangle+|1\rangle)$;(2) $\frac{1}{\sqrt{2}}\mathrm{e}^{-\mathrm{i}\omega t/2}(|0\rangle+\mathrm{e}^{-\mathrm{i}\omega t}|1\rangle)$;(3) $\sqrt{\frac{\hbar}{2m\omega}}\cos\omega t$.

3.12 质量为 m 的粒子在一维势能 $V(x)$中运动,哈密顿量为 $H=\frac{\hat{p}^2}{2m}+V(\hat{x})$,证明托马斯-赖歇-库恩公式,即

$$\sum_n(E_n-E_m)\mid x_{nm}\mid^2=\frac{\hbar^2}{2m}$$

其中的求和是对所有的态而言的,x_{nm}是位置算子 $\hat{x}$ 的矩阵元.

答:略.

第 4 章

4.1 设自旋为 1/2 的粒子处于算子 $\hat{\boldsymbol{S}}\cdot\boldsymbol{n}$ 的本征值为 $\hbar/2$ 的本征态,$\boldsymbol{n}$ 是三维空间中的单位向量,

$$\boldsymbol{n}=(\sin\theta,0,\cos\theta)$$

(1) 如果测量力学量 S_x,那么得到的结果为 $\hbar/2$ 的概率是多少?

(2) 计算力学量 S_x 的弥散(dispersion),即

$$\langle(S_x-\langle S_x\rangle)^2\rangle$$

答：(1) $\frac{1}{2}(1+\sin\theta)$；(2) $\frac{\hbar^2}{4}\cos^2\theta$.

4.2 旋转变换的参数可以设为三个欧拉角 α、β、γ. 二维希尔伯特空间中的旋转变换矩阵可以表示为

$$D^{(1/2)}(\alpha,\beta,\gamma)=\exp\left[\frac{-\mathrm{i}\alpha\sigma_z}{2}\right]\exp\left[\frac{-\mathrm{i}\beta\sigma_y}{2}\right]\exp\left[\frac{-\mathrm{i}\gamma\sigma_z}{2}\right]$$
$$=\begin{pmatrix} \mathrm{e}^{-\mathrm{i}(\alpha+\gamma)/2}\cos\frac{\beta}{2} & -\mathrm{e}^{-\mathrm{i}(\alpha-\gamma)/2}\sin\frac{\beta}{2} \\ \mathrm{e}^{\mathrm{i}(\alpha-\gamma)/2}\sin\frac{\beta}{2} & \mathrm{e}^{\mathrm{i}(\alpha+\gamma)/2}\cos\frac{\beta}{2} \end{pmatrix}$$

另一方面，旋转变换也可以用“绕空间某个方向 $\boldsymbol{n}$ 旋转角度 ϕ”来描述. 求出 ϕ 与三个欧拉角之间的关系.

答：$\phi=\arccos\left[2\cos^2\frac{\beta}{2}\cos^2\frac{\alpha+\gamma}{2}-1\right]$.

4.3 设粒子在球对称势场中的波函数为

$$\psi(\boldsymbol{r})=(x+y+3z)f(r)$$

(1) $\psi(\boldsymbol{r})$是不是 L^2 的本征态？如果是，相应的角动量量子数 l 为多少？如果不是，那么在 $\psi(\boldsymbol{r})$上测量 L^2，可能得到的值是多少？

(2) 当角动量量子数 l 给定时，对于不同的 m_l，粒子处于$|l,m_l\rangle$的概率是多少？

答：(1) $\psi(\boldsymbol{r})$是 L^2 的本征态，$l=1$；(2) 处于$|1,0\rangle$、$|1,1\rangle$、$|1,-1\rangle$的概率分别为$\frac{9}{11}$、$\frac{1}{11}$、$\frac{1}{11}$.

4.4 如果一个算子与角动量 $\hat{\boldsymbol{J}}$ 的两个分量对易，那么也将与 $\hat{\boldsymbol{J}}$ 的第三个分量对易. 考虑一个自旋为 1 的粒子，即 $s=1$，

(1) 在$(\hat{S}^2,\hat{S}_z)$表象中写出 $\hat{S}_x,\hat{S}_y,\hat{S}_z$ 的矩阵形式.

(2) 证明三个算子 $\hat{S}_x^2,\hat{S}_y^2,\hat{S}_z^2$ 是彼此对易的.

(3) 在$(\hat{S}_x^2,\hat{S}_y^2,\hat{S}_z^2)$表象中再次写出 $\hat{S}_x,\hat{S}_y,\hat{S}_z$ 的矩阵形式.

答：(1) $\hat{S}_x=\frac{\hbar}{\sqrt{2}}\begin{pmatrix}0&1&0\\1&0&1\\0&1&0\end{pmatrix}$，$\hat{S}_y=\frac{\hbar}{\sqrt{2}}\begin{pmatrix}0&-\mathrm{i}&0\\\mathrm{i}&0&-\mathrm{i}\\0&\mathrm{i}&0\end{pmatrix}$，$\hat{S}_z=\frac{\hbar}{\sqrt{2}}\begin{pmatrix}1&0&0\\0&0&0\\0&0&-1\end{pmatrix}$；(2)略；

(3) $\hat{S}_x=\hbar\begin{pmatrix}0&0&0\\0&0&1\\0&1&0\end{pmatrix}$，$\hat{S}_y=\hbar\begin{pmatrix}0&0&-\mathrm{i}\\0&0&0\\\mathrm{i}&0&0\end{pmatrix}$，$\hat{S}_z=\hbar\begin{pmatrix}0&1&0\\1&0&0\\0&0&0\end{pmatrix}$.

4.5 在对角动量为 $\hat{\boldsymbol{J}}$ 的量子系统作旋转变换的时候，可以定义矩阵 $\boldsymbol{d}^{(j)}(\beta)$，它的矩阵元为

$$d_{mm'}^{(j)}(\beta)=\langle j,m\mid\exp\left(\frac{\mathrm{i}\beta J_y}{\hbar}\right)\mid j,m'\rangle$$

对于任意的角动量量子数 j(整数或半整数)，计算

$$\sum_{m=-j}^{j} \mid d_{mm'}^{(j)}(\beta) \mid m$$

特别地，当 $j=1/2$ 时，上式等于多少？

答：$m'\cos\beta$.

4.6 考虑轨道角动量的 z 分量 $\hat{L}_z$ 以及在球坐标中的表示 $\hat{L}_z=-\mathrm{i}\hbar\dfrac{\partial}{\partial\varphi}$.

(1) 计算对易子$[\hat{\varphi},\hat{L}_z]$.

(2) 设粒子在二维平面上运动，则 $\hat{L}_z$ 的一个本征态可以是 $\psi=\dfrac{1}{\sqrt{2\pi}}$. 计算 $\hat{\varphi}$ 在 ψ 中的方均根偏差 $\Delta\varphi$.

(3) 根据(1)的结果，$\hat{\varphi}$ 和 $\hat{L}_z$ 之间的不确定关系应该是 $\Delta\varphi\Delta L_z\geqslant\hbar/2$，结合问题(2)，说明这一结果是否合理.

答：(1) $[\hat{\varphi},\hat{L}_z]=\mathrm{i}\hbar$；(2) $\Delta\varphi=\pi/\sqrt{3}$；

(3) 如果说 $\Delta\varphi\Delta L_z\geqslant\hbar/2$，那么当 $\Delta L_z=0$ 时，$\Delta\varphi$ 应该趋于无穷大，而(2)给出的上限却是 $\Delta\varphi=\pi/\sqrt{3}$，因此 $\Delta\varphi\Delta L_z\geqslant\hbar/2$ 是不合理的. 原因在于，角度 φ 的变化范围是 $\varphi\in[0,2\pi)$，在这个区间上定义的波函数需满足 $\int_0^{2\pi}\psi^*\psi\mathrm{d}\varphi<\infty$，即波函数是平方可积的. 但是，在满足这个条件的函数所构成的空间中，L_z 不是厄米的. 厄米性的条件意味着 $\langle\psi_1|L_1\psi_2\rangle=\langle L_z\psi_1|\psi_2\rangle$，只有当波函数满足周期性条件 $\psi(0)=\psi(2\pi)$ 的时候，厄米性的条件才成立.

4.7 考虑到上一题中出现的矛盾，Louisell 提出，角度变量可以用 $\sin\varphi$ 和 $\cos\varphi$ 表示.

(1) 证明$[\sin\varphi,\hat{L}_z]=\mathrm{i}\hbar\cos\varphi$，$[\cos\varphi,\hat{L}_z]=-\mathrm{i}\hbar\sin\varphi$.

(2) 求出 $\sin\varphi$ 和 $\hat{L}_z$ 之间以及 $\cos\varphi$ 和 $\hat{L}_z$ 之间的不确定关系.

答：(1)略；(2) $\Delta L_z\Delta(\sin\varphi)\geqslant\dfrac{\hbar\langle\cos\varphi\rangle}{2}$，$\Delta L_z\Delta(\cos\varphi)\geqslant\dfrac{\hbar\langle\sin\varphi\rangle}{2}$.

4.8 两个自旋为 1/2 的粒子组成的两体系统的哈密顿量为

$$H=A(S_z^{(1)}+S_z^{(2)})+B\hat{\boldsymbol{S}}^{(1)}\cdot\hat{\boldsymbol{S}}^{(2)}$$

其中，A 和 B 为常数，上标(1)和(2)表示第一个或第二个粒子. 哈密顿量中与 B 有关的项表示两个粒子间的相互作用或耦合. 求出该哈密顿量的所有能级.

答：$A\hbar+B\dfrac{\hbar^2}{4}$，$B\dfrac{\hbar^2}{4}$，$-A\hbar+B\dfrac{\hbar^2}{4}$，$-\dfrac{3}{4}B\hbar^2$.

4.9 角动量算子 $\hat{J}^2$ 和 $\hat{J}_z$ 的共同本征态记作$|jm\rangle$. 计算

$$(\Delta J_x)^2+(\Delta J_y)^2+(\Delta J_z)^2$$

的最小值.

答：当 $m=j$ 时，有最小值 $j\hbar^2$.

4.10 质量为 m，带电量为 q 的粒子在匀强磁场 $\boldsymbol{B}=B\boldsymbol{e}_z$ 中运动.

(1) 写出哈密顿量，给出正则动量和机械动量的表达式.

(2) 计算速度算子的不同分量间的对易关系.

答:(1) 正则动量 $\boldsymbol{p}$ 在位置表象中仍然被表示为 $-\mathrm{i}\hbar\nabla$. 设磁场的矢量势为 $A(\hat{\boldsymbol{r}})$,则机械动量为 $\hat{\boldsymbol{p}}-qA(\hat{\boldsymbol{r}})$;(2) $[\hat{V}_x,\hat{V}_y]=\mathrm{i}\hbar\dfrac{q}{m^2}B$.

第 5 章

5.1 根据原子核半径的经验公式,计算以下各原子核的半径:${}_{2}^{4}\mathrm{He}$,${}_{47}^{107}\mathrm{Ag}$,${}_{92}^{238}\mathrm{U}$.

答:2.30fm;6.88fm;8.99fm.

5.2 已知${}_{16}^{34}\mathrm{S}$的原子量为 $M=33.967865\mathrm{u}$,计算${}_{16}^{34}\mathrm{S}$的质量亏损和比结合能.

答:质量亏损为 0.313305u,比结合能为 8.58MeV.

5.3 根据原子核的壳模型,给出${}_{29}^{63}\mathrm{Cu}$和${}_{29}^{64}\mathrm{Cu}$核基态的自旋和宇称.

答:${}_{29}^{63}\mathrm{Cu}$核基态的宇称为-1,核自旋为 3/2;${}_{29}^{64}\mathrm{Cu}$核基态的宇称为$+1$,核自旋为 1.

5.4 实验测得${}^{210}\mathrm{Po}$发出的 α 粒子能量为 5.3MeV,求其衰变能.

答:5.4MeV.

5.5 天然铀中${}^{238}\mathrm{U}$的含量为 99.27%,${}^{235}\mathrm{U}$的含量为 0.72%. 它们都具有 α 放射性,${}^{238}\mathrm{U}$的半衰期为 4.5×10^9 年,${}^{235}\mathrm{U}$的半衰期为 7.05×10^8 年. 假设在铀元素形成的时候,它们的分布是相同的,试由此估算地球的年龄.

答:5.94×10^9 年.

5.6 已知${}^{238}\mathrm{U}$每次衰变放出一个 α 粒子,实验测得 1mg 的${}^{238}\mathrm{U}$每分钟发射 740 个 α 粒子. 试计算${}^{238}\mathrm{U}$的半衰期.

5.7 说明以下反应不能发生的原因.

(1) $\mathrm{n}\longrightarrow \mathrm{p}+\mathrm{e}^-$;

(2) $\mathrm{n}\longrightarrow \pi^+ +\mathrm{e}^- +\bar{\nu}_\mathrm{e}$;

(3) $\mathrm{n}\longrightarrow \mathrm{p}+\gamma$;

(4) $\mathrm{n}\longrightarrow \mathrm{p}+\pi^-$.

5.8 求出静止的 π 介子衰变产生的μ子和中微子的动能.

答:μ子和中微子的动能分别为 4.1MeV 和 29.7MeV.

5.9 已知带电 π 介子的寿命是 $2.6\times10^{-8}\mathrm{s}$. 在实验室中测得飞行中的 π 介子的寿命为 75ns,求 π 介子的动能和动量.

答:动能为 263MeV,动量为 378MeV/c.

5.10 一个高速电子与静止电子碰撞,求出产生正电子的阈动能.

答:3.07MeV.